普通高等学校建筑安全系列规划教材

地下建筑工程

主　编　门玉明
副主编　李凯玲　李寻昌　汪班桥

U0316013

北　京
冶金工业出版社
2014

内 容 提 要

本书详细阐述了地下建筑工程的特点、设计计算原理、施工技术等内容。全书分上下两篇，共 11 章。上篇包括第 1 章~第 5 章，主要介绍地下建筑工程的基础知识；下篇包括第 6 章~第 11 章，主要对隧道工程、地下铁道工程、城市地下综合体工程、防空地下室工程、基坑工程等地下工程进行介绍。

本书为普通高等学校安全工程、土木工程、地质工程等专业的教材，也可供公路工程、铁道工程等专业的师生以及广大工程技术人员参考。

图书在版编目（CIP）数据

地下建筑工程／门玉明主编．—北京：冶金工业
出版社，2014.8
普通高等学校建筑安全系列规划教材
ISBN 978-7-5024-6607-7

Ⅰ.①地…　Ⅱ.①门…　Ⅲ.①地下工程—高等学校—
教材　Ⅳ.①TU94

中国版本图书馆 CIP 数据核字（2014）第 191496 号

出 版 人　谭学余
地　　址　北京市东城区嵩祝院北巷 39 号　邮编　100009　电话　（010）64027926
网　　址　www. cnmip. com. cn　电子信箱　yjcbs@ cnmip. com. cn
责任编辑　杨　敏　美术编辑　吕欣童　版式设计　孙跃红
责任校对　王永欣　责任印制　牛晓波
ISBN 978-7-5024-6607-7
冶金工业出版社出版发行；各地新华书店经销；三河市双峰印刷装订有限公司印刷
2014 年 8 月第 1 版，2014 年 8 月第 1 次印刷
787mm×1092mm　1/16；19.75 印张；476 千字；298 页
45.00 元
冶金工业出版社　投稿电话　（010）64027932　投稿信箱　tougao@ cnmip. com. cn
冶金工业出版社营销中心　电话　（010）64044283　传真　（010）64027893
冶金书店　地址　北京市东四西大街 46 号（100010）　电话　（010）65289081（兼传真）
冶金工业出版社天猫旗舰店　yjgy. tmall. com
（本书如有印装质量问题，本社营销中心负责退换）

普通高等学校建筑安全系列规划教材
编审委员会

序

  人类所有生产生活都源于生命的存在，而安全是人类生命与健康的基本保障，是人类生存的最重要和最基本的需求。安全生产的目的就是通过人、机、物、环境、方法等的和谐运作，使生产过程中各种潜在的事故风险和伤害因素处于有效控制状态，切实保护劳动者的生命安全和身体健康。它是企业生存和实施可持续发展战略的重要组成部分和根本要求，是构建和谐社会，全面建设小康社会的有力保障和重要内容。

  当前，我国正处在大规模经济建设和城市化加速发展的重要时期，建筑行业规模逐年增加，其从业人员已成为我国最大的行业劳动群体；建筑项目复杂程度越来越高，其安全生产工作的内涵也随之发生了重大变化。总的来看，建筑安全事故防范的重要性越来越大，难度也越来越高。如何保证建筑工程安全生产，避免或减少安全事故的发生，保护从业人员的安全和健康，是我国当前工程建设领域亟待解决的重大课题。

  从我国建设工程安全事故发生起因来看，主要涉及人的不安全行为、物的不安全状态、管理缺失以及环境影响等几大方面，具体包括设计不符合规范、违章指挥和作业、施工设备存在安全隐患、施工技术措施不当、无安全防范措施或不能落实到位、未作安全技术交底、从业人员素质低、未进行安全技术教育培训、安全生产资金投入不足或被挪用、安全责任不明确、应急救援机制不健全等等，其中，绝大多数事故是从业人员违章作业所致。造成这些问题的根本原因在于建筑行业中从事建筑安全专业的技术和管理人才匮乏，建设工程项目管理人员缺乏系统的建筑安全技术与管理基础理论，以及安全生产法律法规知识；对广大一线工作人员不能系统地进行安全技术与事故防范基础知识的教育与培训，从业人员安全意识淡薄，缺乏必要的安全防范意识以及应急救援能力。

  近年来，为了适应建筑业的快速发展及对安全专业人才的需求，我国一些高等学校开始从事建筑安全方面的教育和人才培养，但是由于安全工程专业设置时间较短，在人才培养方案、教材建设等方面尚不健全。各高等院校安全工程专业在开设建筑安全方向的课程时，还是以采用传统建筑工程专业的教材为主，因这类教材从安全角度阐述建筑工程事故防范与控制的理论较少，并不完全适应建筑安全类人才的培养目标和要求。

随着建筑工程范围的不断拓展，复杂程度不断提高，安全问题更加突出，在建筑工程领域从事安全管理的其他技术人员，也需要更多地补充这方面的专业知识。

为弥补当前此类教材的不足，加快建筑安全类教材的开发及建设，优化建筑安全工程方向大学生的知识结构，在冶金工业出版社的支持下，由长安大学组织，西安建筑科技大学、西安科技大学、中国人民武装警察部队学院、天津城建大学、天津理工大学等兄弟院校共同参与编纂了这套"建筑安全工程系列教材"，包括《建筑工程概论》、《建筑结构设计原理》、《地下建筑工程》、《建筑施工组织》、《建筑工程安全管理》、《建筑施工安全专项设计》、《建筑消防工程》以及《工程地质学及地质灾害防治》等。这套教材力求结合建筑安全工程的特点，反映建筑安全工程专业人才所应具备的知识结构，从地上到地下，从规划、设计到施工等，给学习者提供全面系统的建筑安全专业知识。

本套系列教材编写出版的基本思路是针对当前我国建设工程安全生产和安全类高等学校教育的现状，在安全学科平台上，运用现代安全管理理论和现代安全技术，结合我国最新的建设工程安全生产法律、法规、标准及规范，系统地论述建设工程安全生产领域的施工安全技术与管理，以及安全生产法律法规等基础理论和知识，结合实际工程案例，将理论与实践很好地联系起来，增强系列教材的理论性、实用性、系统性。相信本套系列教材的编纂出版，将对我国安全工程专业本科教育的发展和高级建筑安全专业人才的培养起到十分积极的推进作用，同时，也将为建筑生产领域的实际工作者提高安全专业理论水平提供有益的学习资料。

祝贺建筑安全系列教材的出版，希望它在我国建筑安全领域人才培养方面发挥重要的作用。

2014 年 7 月于西安

前　言

　　建筑安全是安全工程的一个重要组成部分，随着国家安全生产法律、法规和标准的不断完善，建筑安全受到越来越广泛的重视，建筑行业对安全人才的需求也愈来愈迫切。近年来，安全工程专业每年都有大量的毕业生进入建筑行业从事安全技术与安全管理工作。为满足建筑行业对安全技术与管理人才的需求，国内多所高等院校在安全工程专业的建设中都设立了建筑安全方向，有的还设置了建筑安全工程硕士和博士学位授权点。由于我国安全工程专业在建筑安全方向的研究和教育起步较晚，直到现在还没有一套体系完整的教材可供使用，各学校开设的课程门类差别较大，这对于建筑安全人才培养显然是不利的，本教材就是为了弥补国内安全工程专业（建筑安全方向）教材的不足而编写的。

　　建筑安全工程的研究内容既包括地面建筑，也包括地下工程。随着越来越多的地下工程，如公路隧道、铁路隧道、地下铁道、市政工程、水底隧道、桥梁深基础等的修建，各工程建设企业对地下工程安全人才的需求量将会越来越多。

　　由于传统的建筑安全主要是面向地面建筑施工安全，对地下工程施工安全涉及较少，因此许多安全工程专业的毕业生进入地下工程领域后，对地下工程的安全问题认识不足，在安全技术与安全管理方面感到茫然，不能做到得心应手。为弥补这一缺陷，对建筑安全方向的在校大学生补充地下建筑工程的专业知识势在必行。而在地下工程领域从事安全管理的其他技术人员，随着地下工程范围的不断拓展，以及规范规程的更新，也需要补充这方面新的专业知识。

　　地下建筑与地面建筑无论在施工技术、施工组织方面，都有很多不同之处。深入了解地下建筑工程的特点、设计计算原理、施工技术，以及各类地下工程在设计和施工方面的差异，才能对地下工程建设过程中可能出现的各类安全问题做到心中有数，才能正确判断影响地下工程施工与运营安全的各类危险因素，预测和发现存在的安全问题，及时采取措施，将各类不安全因素消灭在萌芽状态，也才能在地下工程安全管理与技术方面真正做到得心应手。本教材在编写过程中，力图结合安全工程专业的特点，尽可能满足建筑安全技术与管理人员对地下工程知识的需求。

本教材比较系统地介绍了地下建筑工程所涉及的诸多领域，全书分为上、下两篇，上篇为地下建筑工程基础，内容包括地下建筑规划、地下结构设计原理、地下建筑施工技术、地下建筑灾害与安全管理；下篇为地下建筑工程技术，内容包括隧道工程、地下铁道工程、城市地下综合体工程、防空地下室工程、基坑工程、地下建筑施工降水与防水等。教材力求体现科学性、系统性和先进性，反映当前地下建筑工程研究的新进展。

本教材的内容按照 60 学时编写。在讲授过程中，任课教师可以根据自己学校的实际情况及专业的需要进行取舍。

本教材由长安大学门玉明教授担任主编，李凯玲副教授、李寻昌副教授、汪班桥博士担任副主编。其中第 1、6、9 章由门玉明编写，第 2、3、8 章由李凯玲编写，第 4、5 章由李寻昌编写，第 7、10、11 章由汪班桥编写。

本教材主要面向安全工程、土木工程、地质工程等专业的本专科生，以及地质工程、地质灾害与科学、防灾减灾与防护工程等学科的研究生。也可以供公路工程、铁道工程等专业的本科生及研究生，以及广大工程技术人员参考。

在编写过程中，参考了大量的文献资料，对这些文献资料的作者表示衷心的感谢。长安大学为本教材的出版提供了资助，在此表示感谢，同时感谢有关领导给予的关心和大力支持。

由于时间仓促，并限于编者的水平，书中不足之处，欢迎读者批评指正。

编　者

2014 年 6 月

目　　录

上篇　地下建筑工程基础

下篇　地下建筑工程技术

上篇

地下建筑工程基础

1 绪 论

1.1 地下建筑的分类

近年来，伴随着我国城市现代化步伐的加快，城市建设发展迅速，城市规模不断扩大，人口急剧膨胀，许多城市不同程度地出现了用地紧张、生存空间拥挤、交通堵塞、生态失衡、环境恶化等问题。解决这些问题，无非有两种途径：一是持续扩张城市的用地面积，占用更多的土地；二是开发利用地下资源，发展城市地下建筑。事实上，盲目扩大城市面积不仅浪费了大量的土地资源，而且也给城市的可持续发展及防灾减灾带来了诸多隐患。近年来在大城市中越来越突出的交通堵塞问题，已让人们尝到了城市人口剧增带来的苦果。城市交通的拥堵已成为影响城市发展的重要因素。为了缓解城市人口剧增所带来的诸多问题，一些发达国家已把开拓地下空间，发展城市地下建筑作为解决城市发展问题的重要途径。

所谓地下建筑，是指建造在地下或水底以下的各类建筑物和构筑物，包括各种工业、交通、民用和军用地下建筑，各种用途的地下构筑物，如房屋和桥梁基础，矿山井巷，输水、输油及输气管线等。地下电缆沟以及其他一些公用和服务性的地下设施，也属于地下建筑工程的范畴。

地下建筑类型不同，其设计内容、施工方法和施工组织也不相同。从不同的途径出发，对地下建筑有不同的分类，目前常见的分类方法如下。

1.1.1 按使用功能分类

（1）工业建筑。工业建筑是指主要用于工业生产或为工业生产服务的各类地下建筑，包括地下工厂（车间）、地下仓库、地下油库、地下粮库、地下冷库，以及火电站、核电站的地下厂房等。

（2）民用建筑。民用建筑是指主要用于非生产的地下建筑，如人（民）防工程、地下商业街、地下车库、地下影剧院、地下餐厅、地下物资储存仓库，以及地下住宅等。

（3）交通建筑。交通建筑是指为各类交通运输服务的地下建筑，包括铁路和道路隧道、城市地下铁道、运河隧道和水底隧道，以及相应的配套建（构）筑物。

（4）水工建筑。水工建筑是指为水利工程服务的各种地下建筑，如水电站地下厂房和附属洞室，引水、尾水等水工隧洞，电缆洞和调压井等。

（5）矿山建筑。矿山建筑是指为矿业工程服务的各种地下建筑，包括各种矿井（竖井和斜井）、水平巷道和作业坑道等。

（6）军事建筑。军事建筑是指用于军事用途的各类地下建筑，包括各种永备的和野战工事、屯兵和作战坑道、指挥部、通讯枢纽部、人员或装备掩蔽部、飞机和舰艇洞库、军用油库、导弹发射井，以及军火、炸药和各种军用物资仓库等。

（7）公用和服务性建筑。公用和服务性建筑包括城市给排水管道、热力和电力管道、输油和煤气管道、通信电缆，以及一些综合性的市政隧道等。

1.1.2　按所处的地质条件和建造方式分类

（1）岩石中的地下建筑。岩石中的地下建筑包括在岩石中修建的地下洞室，以及利用已有的天然溶洞、经过加固和改造后的废旧矿坑筑成的各种地下建筑物。

（2）土层中的地下建筑。土层中的地下建筑包括在土层中采用明挖法施工的浅埋通道和地下室，以及在深层土体中采用暗挖法施工的深埋通道和地下建筑。

1.1.3　按习惯称谓分类

（1）单建式地下建筑。当地下建筑独立地修建在地层内，在其地面直接上方不存在其他地面建筑物的，称为单建式地下建筑。

（2）附建式地下建筑。依附于地面建筑而修建的地下建筑物，如各种高层建筑的地下室部分，就属于附建式地下建筑。

1.1.4　按埋置深度分类

按埋置深度分类的方法是根据洞室顶部土层或岩层厚度与洞室跨度的比值来确定的，它对设计和施工方法的选择具有重要的意义。按埋置深度分类，可分为深埋地下建筑和浅埋地下建筑。

（1）当 $h/b \geqslant a$ 时为深埋地下建筑。

（2）当 $h/b < a$ 时为浅埋地下建筑。

其中 h 为洞顶衬砌外缘至地面的垂直距离；b 为洞顶衬砌外缘的跨度或圆洞的直径。根据土压力理论计算，a 的取值约为 2.5。而对于坚硬完整的岩体，一些设计单位建议 a 值取为 1.0 ~ 2.0，但必须同时满足

$$h \geqslant (2.0 \sim 2.5)h_0 \tag{1.1}$$

式中，h_0 为洞顶岩体压力拱的计算高度。

在对地下建筑分类的各种因素中，工程所在位置、洞室的体型和埋置深度等，是由地下建筑的用途决定的。洞室所在位置、地层性质、洞室形状和埋置深度等不同，对地下建筑所赋予的条件和影响也截然不同。

1.2　地下建筑的特点

1.2.1　地下建筑的优点

与地面建筑相比较，地下建筑具有多种独特的优点。这些优点直接或间接地与地下建

筑在某种程度上与地面隔绝有关。不同的地下建筑,在埋入岩土层中的深度、采用的结构形式、使用的材料、与外界的联系方式、建设费用、能源的消耗量等方面都会有所不同。因此,在讨论地下建筑的优点时,应当基于地下建筑的主要特点。还应指出,地下建筑的优点在某种特殊情况下并不一定完全具备。

地下建筑的优点主要体现在以下几个方面:

(1) 提高土地的利用率。开发地下空间,可大量节省地面的土地资源,提高土地利用率。如果将建筑物的大部分或全部功能放在地面以下,则地面可用作其他用途,这将避免由于地面建筑过分密集所产生的消极影响,提高土地开发利用的可能性。对于要求环境安静的建筑,像医院,研究机构,有防振、防噪声要求的试验室等,如果是建设在地面上,当其位于产生振动和噪声的高速公路、机场、铁路等附近,就必须设置足够宽度的缓冲地带,而如果将其置于地下,就可以设置在距离高速公路、机场、铁路等较近的地方而不必考虑缓冲带的设置。地面建筑一般不能建在坡度超过20%的倾斜地带上,而如果采用地下建筑,就能够修建在陡峭的山坡地上。因此,采用地下建筑可以使一些难以利用的城市高密度地区的倾斜地段得到充分的开发利用。

(2) 提高交通出行与运输效率。地下空间可以在同一地点布置住宅和工作场所,缩短人们的上班路程,减少在路上所需要的时间并且降低能源的消耗量,提高交通出行效率。另外,在地面以下,商店、工厂和仓库等设施能靠近布置,因而可降低材料及商品的运输成本和能源消耗,除了交通运输上的高效率外,建筑物之间的行人往来和活动也更加方便。在人流及交通密集的地方修建地下建筑物能够保留出一定的开敞空间,而且能够提供连接周围建筑物的室内步行的地下通道,避免行人和地面车辆的混杂干扰。

(3) 具有较强的自然防护能力。地下建筑上部有一定厚度的自然岩土覆盖层,并可根据防护和使用要求增加其所需的覆盖层厚度,加上受到周围岩土体的约束,因而具有良好的抵御地面灾害的性能,在战时可免遭或减轻包括核武器在内的空袭、炮轰、爆破的危害,同时也能较有效地抗御地震、飓风等自然灾害,以及火灾、爆炸等人为灾害。试验资料表明,大约10m厚的中等强度岩石,便可有效地防护50kN普通爆破弹的破坏作用;厚约4~5m的中等强度岩石,毛洞跨度不大于5m时,便可达到抵抗1200kPa地面冲击波超压的安全防护要求,而地面建筑则由于大部分暴露于地上,一般在40kPa的超压下即可被完全摧毁。同时地下建筑还可以利用天然岩土层的围护,对某些危险性产品的生产或贮存起一定的隔离和限制作用,如弹药、油料等的生产或贮存;将核电站设置在岩石地下建筑中要比设置在地面建筑中安全得多,防护距离也可相应地缩短。

(4) 能有效地减少外界环境的不良影响。由于地下建筑具有良好的热稳定性和密闭性,因此,除口部地段外,地下建筑内部温度受外界影响很小,这非常有利于大多数物资的贮存。如修建在岩石中的地下冷库,可以不用或少用隔热材料,温度调节系统也比地面冷库简单,备用设备少,经常性的操作费用低,而且还具有良好的冷藏效果,即使在冷冻设备损坏或维修的情况下,也能在一段时间内保持一定的低温,使库内物资不发生变质。另一方面,地下建筑的防振性和密闭性也比地面建筑好,有利于抗震、抗振、排除地面尘土和电磁波的干扰。对于要求恒温、恒湿、超净、防微振、抗电磁波干扰的生产和生活用建筑非常适宜。此外,利用地下建筑的密闭性,还可以将污水处理厂、核废料库等建于地下,这对于保护环境有着良好的效果。

（5）维护管理简单。地下建筑的顶部和墙壁都被岩（土）层所覆盖，使其维护管理简化很多。地下建筑的结构采用了混凝土等经久耐用的材料，并避免暴露在大气中遭受温度变化和冻融交替造成的损害。上覆土层或岩层使建筑材料免受紫外线的照射，也使得建筑材料比地面建筑的更加经久耐用。

1.2.2　地下建筑的缺点

地下建筑处在地表面以下，自然会给设计、施工和使用带来许多特殊的问题。总括起来，地下建筑的缺点可归纳为以下几点：

（1）空间形态单一，方向感不明确。地下建筑由于受到地质环境、结构形式及工程造价等条件的限制，其空间形态较为单一。同时，由于地下建筑内缺少外部参照物及自然光线，在地下建筑内的行人很容易丧失方向感。特别是在大规模的地下空间内，如果没有设置一定数量的指示牌或者其他一些标识，人们很容易迷失方向，找不到需要到达的目标位置及出入口。如果发生火灾等事故，将会给人们的逃生及救援造成较大影响。

（2）容易产生不良心理反应。把地下空间与死亡和埋葬联系在一起，唯恐有坍塌破坏和被埋在里面的危险，以及由一些简陋的设计和通风不好的地下室联想到地下建筑中必然也潮湿和不舒适，结果可能导致人们产生忧虑恐惧症和不良的心理反应。对这一问题需要通过对地下建筑的精心设计，如适当增加空间尺寸，重视出入口的过渡处理，尽可能利用各种自然因素如天然光线、外部景观和绿色植物等，减少引起人们不良心理反应的因素，使其消极的心理作用得到缓解。

（3）防水和防洪问题较为突出。地下建筑与地面建筑相比，渗漏水的可能性更大。如果地下建筑有一部分在地下水位以下，防水的问题就更为突出。修补地下建筑漏水的主要困难通常是很难找到漏水的位置，即使能确定漏水的位置，也要开挖破坏建筑结构，所需施工费用较高。

近年来，由于极端天气的不断出现，我国多个城市都遭受过洪涝灾害的侵袭，导致地下建筑遭到水淹。因此，对于有可能产生洪涝的城市，地下建筑的防洪就成为城市防灾的重要课题。

（4）需经通风、防排水、防潮、防噪声和照明等处理。地面建筑一般都是利用室内外空气压力，通过门窗进行自然通风，以保证室内生产、生活所需要的新鲜空气和适当的温、湿度，并不断地排出污浊空气以及生产、生活中所产生的余热、余湿。但地下建筑内所需的空气必须从地面经洞口进入，排出的空气也要经洞口排至室外。同时，由于地下温度比较稳定，单位时间内的传热量小，以及岩石裂隙中渗透水的存在等，使地下建筑内的余热、余湿难于自然散发，所以必须要有合理可靠的通风和防潮去湿措施，才能保证洞室的正常使用。如果地下建筑要求防护通风，则在通风系统上还要布置消波、除尘、滤毒等设施。

另一方面，由于地下建筑内很少或完全见不到阳光，无论白天还是夜间，都需要人工照明。因此，对于供平时使用的地下建筑，必须考虑洞内的采光效果，使洞内有良好的工作环境。在洞口还要有灯光的过渡段（如采用光棚等），以适应人们视觉的调整。

此外，地下建筑多为封闭而狭长的空间，没有敞开的窗户，洞室内产生的各种声响传不出去，由于声波的多次反射，声能衰减缓慢，混响声级强，混响时间长，对于长期在洞室内工作的人员，往往受到更为强烈的噪声干扰（指声源所产生的混响声级，直达声级是不会增高的）。洞内噪声常常影响信息的传递（如讲话的清晰度受到影响），较强一点的噪声还可能会引起人们耳鸣、头晕、头胀、烦躁、易疲劳、记忆力衰退等，严重的会影响人们的健康，降低工作效率。这就要求进行建筑设计时，必须正确掌握洞室内各房间的使用特性，做好洞内噪声的隔离和控制，并对洞室内进行必要的声学处理。

（5）施工安全问题突出。地面建筑是采用"围"的方法构成使用空间，而地下建筑是使用"挖"的办法取得空间。因此，地下工程开挖土石方工程量大，建设周期长，衬砌等结构费用高，再加上防护、通风、照明、排水、防潮等的处理，总的来说，施工较复杂，一次投资较高。另外，由于作业面小、空间有限，岩土体的分布范围及物理力学性质多变，常受地下水等条件的影响，易产生土石方坍塌、地面沉降等事故，施工期间的安全问题尤为突出。

（6）发生灾害事故时人员疏散和救援困难。地下建筑由于位于城市地面高程以下，人从室内向室外的行走路线与地面多层建筑中的相反，这就使得从地下空间到地面空间的疏散有一个垂直上行的过程，需要比下行消耗更多的体力，从而影响疏散速度。如果人和车辆集中在地下建筑内，在出现灾害或事故时，会出现混乱，给疏散造成困难，严重的会造成巨大的人员伤亡。同时，自下而上的疏散路线，与内部的烟雾及热气流的自然流动方向一致，因此，人员的步行疏散速度必须超过烟雾和热气流的扩散速度，由于这一时间差很短暂，故给人员尤其是老人及儿童的疏散造成很大困难。

当地面以上出现灾害或事故时，救援人员及救援设备可以快速到达救援现场。但是在地下建筑内，就会受到较大的限制，如一些消防设备难以到位，影响到救援工作的进行。而且地下空间的特殊性给采光和眺望带来障碍，供电或照明系统，以及通讯系统很容易遭到破坏，影响和延缓救援的实施。因而地下建筑一旦发生灾害事故，往往会造成更大的人员伤亡。

地下建筑的缺点不可忽视，然而，这些缺点并不构成绝对的障碍。只要通过精心设计和不断的技术革新，这些缺点就可以得到最大程度的克服。随着生产力的提高和科学技术的进步，地下建筑工程的优点将会得到越来越好的发挥。

综上所述可以看出，地下建筑具有独特的优点，特别是从安全防护和良好的热稳定性及密闭性等方面创造的特殊条件，有着很大的优越性，加之它可以节约能源，保护环境，提高地面土地的利用率，解决城市用地紧张和交通拥挤等矛盾，已作为现代城市和地区建设的新途径而逐渐被人们所掌握。有规划地建造各种地下建筑工程，对节省城市占地、克服地面各种障碍、改善城市交通、减少城市污染、扩大城市空间容量、提高工作效率和提高城市生活质量等方面，将会起到重要的作用，是现代化城市建设的必由之路。

1.3　地下建筑的建设程序

地下建筑的建设程序与地面建筑的基本相同，一般包括立项、报建、可行性研究、建设项目选址、工程地质勘察、设计、施工、竣工验收、交付使用等环节。

1.3.1　立项、报建

立项、报建是项目建设单位根据国民经济和社会发展的长远规划、行业规划、产业政策、所在地的内部和外部条件等要求，在调查、预测分析的基础上，提出的某一具体项目的建议文件，它是基本建设程序中最初阶段的工作，是对拟建项目的框架性设想，也是政府选择项目和进行可行性研究的依据。

立项应通过项目建议书的形式上报。项目建议书的内容一般包括以下几个方面：

（1）项目建设的必要性；

（2）拟建项目的规模、建设方案；

（3）地下建筑的主要内容；

（4）建设地点的初选位置、资源情况、建设条件、协作关系等的初步分析；

（5）投资估算；

（6）项目进度安排；

（7）经济效益和社会效益的评价；

（8）环境影响的初步评价。

项目建议书按要求编制完成后，按照建设总规模和限额的划分审批权限报请上级主管部门进行审批。

1.3.2　可行性研究

可行性研究是对项目在技术上是否可行和经济上是否合理进行科学的分析和论证。通过对建设项目在技术、工程和经济上的合理性进行全面分析论证和多种方案比较，提出评价意见。

可行性研究报告必须由经过国家资格审定的适合本项目的等级和专业范围的规划、设计、工程咨询单位编制，并形成报告。

可行性研究工作对于整个项目建设过程有着非常重要的意义，在可行性研究中，必须站在客观公正的立场进行深入调查研究，做好基础资料的搜集工作。对于收集到的基础资料，要按照客观实际情况进行论证评价，从客观数据出发，通过科学分析，得出项目是否可行的结论。报告的基本内容要完整具体，应尽可能多地占有数据资料。

可行性研究报告经批准后，不得随意修改和变更。如果在建设规模、建设方案、建设地区或建设地点、主要协作关系等方面有变动以及突破投资控制数时，应经原批准机关重新审批。经过批准的可行性研究报告，是确定建设项目、编制设计文件的依据。

对于一些各方面相对单一、技术工艺要求不高、前期工作成熟的项目，项目建议书和可行性研究报告也可以合并，即一步编制项目可行性研究报告。

1.3.3　建设项目选址

在建设项目选址过程中，必须按照地下建筑布局的需要以及经济合理和节约用地的原则，考虑战备和环境保护的要求，认真调查地质、水文、交通和原材料等建设条件，在综合研究和多方案比较的基础上，提出选址报告，在经过规划部门和上级主管部门同意批准后，方能最后确定。

1.3.4　工程地质勘察

地下工程都是埋置在地表以下一定深度的岩土体中，地下结构的选型、衬砌的设计、施工方法的选择等都与地质环境的关系密切，因此，在地下工程建设前期，通过工程地质勘察查明拟建地下建筑所在位置的地质条件和岩土体稳定程度是十分必要的。

地下建筑工程勘察的主要任务是通过野外地质测绘、工程地质勘探和测试工作，查明地下工程通过地段内的地形地貌、地层岩性、地质构造、水文地质和不良地质现象、地下工程不同地段的地质特征，划分洞室围岩的类别，明确主要的工程地质问题，提出相应的工程处理措施，以便为地下工程的位置选择、地下建筑结构的设计、施工技术的选择、施工组织等提供必要的地质资料。

根据不同工作阶段对勘察精度的不同要求，勘察工作又可进一步细分为可行性研究勘察、初步勘察、详细勘察和施工勘察。各勘察阶段的工作要求如下：

（1）可行性研究勘察。可行性研究勘察又称选址勘察，其目的是要通过搜集、分析已有资料，进行现场踏勘，必要时，可进行工程地质测绘和少量勘探工作，对拟选场址的稳定性和适宜性做出岩土工程评价，进行技术经济论证和方案比较，以满足选址方案的要求。

（2）初步勘察。初步勘察是在可行性研究勘察的基础上，初步查明工程场址内的自然地理现象、地形地貌、地质构造、地层岩性、岩土体的物理力学性质和水文地质条件，对区内的区域稳定性和工程地质条件给出初步评价，并提出工程总体规划和初步设计的建议，为初步设计或扩大初步设计提供依据。

（3）详细勘察。详细勘察是在初步勘察的基础上，进行各种补充勘察工作，为确定地下工程的轴线位置和方向、设计支撑结构、确定施工方法和拟定施工措施等提供资料。本阶段的任务是要详细查明工程地质测绘区范围内的地层岩性与软弱岩层、软弱结构面的分布状况，厚度变化特征及岩性结构特征，岩土体的物理力学性质、水理性质和变化特征，并预测开挖后可能出现的工程地质问题，各种地质构造的分布、产状、规模、性质和各种结构面的组合关系以及分离体的形状及大小、与洞室主轴线的关系等，核对工程围岩稳定性影响的程度；查明地下水含水层的类型、性质、分布位置、变化规律及补排关系，特别是富水地段的水文地质特点，分析地下水可能造成的涌水和地下水压对洞室稳定性的影响，对洞室沿轴线部位和洞口各种工程地质单元、围岩的稳定性等进行详细的定性与定量分区、分类；提出相应洞室断面的几何形状、大小和开挖方案的建议，并提出处理措施建议。

（4）施工勘察。施工勘察的重点是详细查明岩土体的整体性和围岩的稳定性条件，配合施工单位发现、预测和解决施工中可能出现的工程地质问题。主要工作是编制导坑展示图，进行涌水动态观测，对已开挖出的洞室地层情况进行编录，进行围岩变形、压力、松动范围等的测试工作，并可布置一定数量的长期观测工作，分段提供支护衬砌所需的各种参数值。

1.3.5 初步设计

设计是对拟建工程在技术上和经济上所进行的全面而详尽的安排，是建设计划的具体化，是整个工程的决定性环节，也是组织施工的依据。它直接关系着工程质量和将来的使用效果。可行性研究报告经批准的建设项目应委托或通过招标选定设计单位，按照批准的可行性研究报告的内容和要求进行设计，编制设计文件。根据建设项目的不同情况，设计过程一般划分为两个阶段，即初步设计阶段和施工图设计阶段，重大项目和技术复杂项目，可根据不同行业的特点和需要，增加技术设计阶段。

初步设计是根据批准的可行性研究报告和必要的设计基础资料，对设计对象进行通盘研究，阐明在指定的地点、时间和投资控制数以内，拟建工程在技术上的可能性和经济上的合理性。通过对设计对象作出的基本技术规定，编制项目的总概算。根据国家规定，如果初步设计提出的总概算超过可行性研究报告确定的总投资估算10%以上或其他主要指标需要变更时，要重新报批可行性研究报告。

承担项目设计单位的设计水平应与项目大小和复杂程度相一致。按现行规定，工程设计单位分为甲、乙、丙三级，低等级的设计单位不得越级承担工程项目的设计任务。设计必须有充分的基础资料。设计所采用的各种数据和技术条件要正确可靠；设计所采用的设备、材料和所要求的施工条件要切合实际；设计文件的深度要符合建设和生产的要求。

初步设计文件完成后，应报规划管理部门审查，并报原可行性研究报告审批部门审查批准。初步设计文件经批准后，总平面布置、建筑面积、建筑结构、总概算等不得随意修改、变更。经过批准的初步设计，是设计部门进行施工图设计的重要依据。

1.3.6　施工图设计

施工图设计的主要内容是根据批准的初步设计，绘制出正确、完整和尽可能详尽的地下工程图纸，并编制施工图预算。施工图设计深度应满足地下工程施工要求。

施工图完成后，应将其报有资质的设计审查机构进行审查，并报行业主管部门备案。

1.3.7　施工建设准备

施工建设准备包括编制项目投资计划书、建设工程项目报建备案、建设工程项目招标等。

1.3.8　建设实施阶段

项目在开工建设之前要做好以下准备工作：

（1）征地、拆迁和场地平整。

（2）完成"三通一平"，即通路、通电、通水，修建临时生产和生活设施。

（3）组织设备、材料订货，作好开工前准备。包括计划、组织、监督等管理工作的准备，以及材料、设备、运输等物质条件的准备。

（4）准备必要的施工图纸。新开工的项目必须至少有三个月以上的工程施工图纸。

按规定进行了建设准备并具备各项开工条件以后，建设单位向主管部门提出开工申请。建设项目经批准开工建设，项目即进入了建设实施阶段。

1.3.9　竣工验收

根据建设项目的规模大小和复杂程度，项目的验收可分为初步验收和竣工验收两个阶段进行。规模较大、较为复杂的建设项目，应先进行初验，然后进行全部项目的竣工验收。规模较小、较简单的项目可以一次进行全部项目的竣工验收。

竣工验收一般由项目批准单位或委托项目主管部门组织。建设单位、施工单位、勘查设计单位参加验收工作。验收委员会或验收组负责审查工程建设的各个环节，听取各有关单位的工作报告，审阅工程档案资料并实地查验工程和设备安装情况，并对工程设计、施工和设备质量等方面作出全面的评价。不合格的工程不予验收；对遗留问题提出具体解决意见，限期落实完成。

1.4 地下建筑的结构类型和适用环境

地下建筑结构是地下工程的重要组成部分，是地下工程中承受荷载的主体，也是地下建筑设计的主要内容。地下建筑的结构形式应根据地层的类别、使用目的和施工技术水平等进行选择。按照计算方法的不同，地下结构一般可分为以下 8 类：

（1）拱形结构。拱形结构顶部的横剖面形状均属拱形，根据顶拱和墙体的特征，又可细分为 6 类。

1）半衬砌。只做拱圈、不做边墙的衬砌称为半衬砌。当岩层较坚硬，整体性较好，侧壁无坍塌危险，仅顶部岩石可能有局部脱落时，可采用半衬砌结构。

2）厚拱薄墙衬砌。当洞室的水平压力较小时，可采用厚拱薄墙衬砌。这种衬砌的特点是拱脚较厚、边墙较薄，可将拱圈所受的荷载通过扩大的拱脚传给岩层，使边墙的受力减小，节省建筑材料和减少石方开挖量。

3）直墙拱顶衬砌。直墙拱顶衬砌是岩石地下工程中采用最普遍的一种结构形式，是由拱圈、竖直边墙和底板（或仰拱）组成。对有一定水平压力的洞室，可采用直墙拱顶衬砌。此类衬砌与围岩之间的间隙应回填密实，使衬砌与围岩能整体受力。

4）曲墙拱顶衬砌。曲墙拱顶衬砌由拱圈、曲墙和底板（或仰拱）组成。当围岩的垂直压力和水平压力都比较大时，可采用曲墙拱顶衬砌。如遇洞室底部地层软弱或为膨胀性地层时，应采用底部结构为仰拱的曲墙拱顶衬砌，将整个衬砌围成封闭形式，以增加结构的整体刚度。

5）离壁式衬砌。衬砌与围岩岩壁相分离，之间的空隙不做回填，为了保证结构的稳定性，仅在拱脚处设置水平支撑，使该处衬砌与岩壁顶紧。离壁式衬砌多用在围岩稳定或基本稳定的洞室。这时对毛洞的壁面常需进行喷浆围护，以防止围岩风化剥落。离壁式衬砌常用在对防潮有较高要求的地下仓储工程中。

6）复合式衬砌。分两次修筑、中间加设薄膜防水层的衬砌称为复合式衬砌。复合式衬砌的外层常为锚喷支护，内层常为模筑混凝土衬砌。

（2）梁板式结构。在浅埋地下建筑中，梁板式结构的应用较普遍，如防空地下室、地下医院等。在地下水位较低的地区，或要求防护等级较低的工程中，将顶、底板做成现浇钢筋混凝土梁板式结构，而围墙和隔墙可采用砌体。

（3）框架结构。在地下水位较高或防护等级要求较高的地下工程中，除内部隔墙外，一般均做成钢筋混凝土闭合框架结构。对于高层建筑，地下室结构可兼作箱形基础。

在地下铁道、软土中的地下厂房，地下医院和地下指挥所，以及地下发电厂中也常采用框架结构。沉井式结构的水平断面也常做成矩形单孔、双孔或多孔结构等形式。断面大而短的顶管结构也常采用矩形结构或多跨箱涵结构，这类结构的横断面也属于框架结构。

（4）圆管形结构。当地层土质较差、靠其自承能力可维持稳定的时间较短时，对中等埋深以上土层的地下结构常用盾构法施工，其结构型式相应地采用装配式管片衬砌。该类衬砌的断面外形常为圆形，与盾构的外形一致。断面小而长的顶管结构一般也采用圆管形结构。

（5）地下空间结构。地下空间结构在计算时，不能简化为平面结构，只能采用空间结构的计算方法。如地下立式油罐的顶盖就属于空间壳体结构。软土中的地下工厂有的采用圆形沉井结构，其顶盖也采用空间壳体结构。而用于软土中明挖施工的一些地下仓库、地下商店、地下礼堂等的顶盖，也常采用空间结构。

坑道交叉接头常称为岔洞结构，这类结构在计算时同样应作为地下空间结构分析。

（6）锚喷支护。锚喷支护是把喷射混凝土、钢筋网喷混凝土、锚杆喷混凝土或锚杆钢筋网喷混凝土等结合起来对洞室进行加固的一种措施，锚杆间距、直径、长度、喷层厚度、钢丝网间距及直径等按照围岩的分类等级确定。锚喷支护是一种柔性结构，能更有效地利用围岩的自承能力维护洞室稳定。

（7）地下连续墙结构。地下连续墙结构是用挖槽设备沿墙体位置挖出沟槽，以泥浆维持槽壁稳定，然后吊入钢筋笼架并浇灌混凝土，从而形成截水防渗及挡土的连续墙体。墙体建成以后，可在墙体的保护下明挖基坑，或用逆作法施工修建底板和内部结构，最终建成地下连续墙结构。

（8）开敞式结构。用明挖法施工修建的地下构筑物，需要有和地面连接的引道，它是由浅入深的过渡结构。在无法修筑顶盖的情况下，一般都做成开敞式结构，如地铁车站的出入口。矿石冶炼厂的料室等通常也做成开敞式的地下结构。

1.5　地下建筑的发展历史及前景

1.5.1　地下建筑的发展历史

人类对地下空间的利用经历了一个从自发到自觉的漫长过程。推动这一过程的，一是人类自身的发展，如人口的繁衍和智能的提高；二是社会生产力的发展和科学技术的进步。从历史的角度，可以将地下空间的发展利用历史划分为上古时期，古代时期，中世纪时期和近、现代时期。

1.5.1.1　上古时期（古人类出现～公元前3000年）

人类对地下空间的利用有着悠久的历史。考古学家发现，在距今10000年前，被称为"新洞人"和"山顶洞人"的两种古人类居住地址就在北京周口店龙骨山自然条件较好的天然岩洞中。远在上古时期，我们的祖先就已修建了黄土窑洞和地下墓穴。时至今日，在我国北部干燥的黄土地区，仍然有许多居民居住在黄土窑洞内。我国黄河流域已发现公元前8000～公元前3000年的洞穴遗址就达7000余处。在日本、欧洲、美洲、西亚、中东、北非等地也都发现了这一时期的古人类居住洞穴，说明这种原始居住方式在当时已被广泛采用。

1.5.1.2　古代时期（公元前3000年～公元5世纪）

公元前3000年以后，世界进入了铜器和铁器时代，劳动工具的进步和生产关系的改变，导致生产力有了很大发展。古埃及、巴比伦、印度及中国先后建立了奴隶制国家。人类开始把开发地下空间用于满足居住以外的多种需求。埃及金字塔、巴比伦幼发拉底河引水隧道，均为这一时代的建筑典范。我国秦汉时期的陵墓和地下粮仓建设，在当时已具有相当技术水准和规模，其中建成于公元前206年的秦始皇陵，从目前已发掘出的兵马俑坑来看，可能是中国历史上最大的陵墓工程。我国最早用于交通的隧道为"石门"隧道，位于今陕西省汉中市褒河谷口内，建于公元66年。

1.5.1.3　中世纪时期（公元5世纪～14世纪）

欧洲在中世纪经历了封建社会的最黑暗的千年文化低潮，地下空间的开发利用基本上处于停滞状态。在这一时期，我国地下空间的开发多用于建造陵墓和满足宗教建筑的一些特殊要求。相继建成的陕西子长县钟山石窟（始建于东晋）、大同云冈石窟、洛阳龙门石窟（北魏）、甘肃敦煌莫高窟（从北魏到隋、唐、宋、元各朝），以及甘肃麦积山和河北邯郸响堂山石窟（北齐）等，这些石窟的形成和加工与以佛教故事为题材的浮雕艺术和壁画艺术融为一体，使石窟逐渐由单一的佛殿加僧房功能发展为集建筑和壁画于一体的佛教石窟文化综合体，成为人类文化宝库中的瑰宝。这时期，用于储粮和屯兵的地下空间也有建造。如隋朝（7 世纪）在洛阳东北建造了面积达 $4.2 \times 10^5 \mathrm{m}^2$（600m×700m）的近 200 个地下粮仓，其中第160 号仓，容量 445m³，可存粮 250～300t；宋朝在河北峰峰建造的军用地道，长约 40km。

1.5.1.4 近、现代时期（从 15 世纪开始的近代和现代）

从 14 世纪至 16 世纪出现的欧洲文艺复兴，促进了社会生产力的提高和资本主义生产关系的萌芽。从此，地下空间的开发利用进入了新的发展时期。17 世纪火药的大范围应用，使人们在坚硬岩层中挖掘隧道成为可能，从而进一步扩大了开发利用地下空间的诸多领域。1613 年伦敦地下水道建成，1681 年地中海比斯开湾长 170m 的连接隧道建成，1863年世界第一条城市地下铁道在伦敦建成。我国第一条完全由中国人自行设计和修建的隧道是 1907 年在京包线上建成的八达岭隧道，是由著名工程师詹天佑主持施工的。我国首次采用掘进机施工的隧道是 2000 年开通运营的西康铁路秦岭隧道Ⅰ线工程，该隧道全长18.452km，最大埋深 1600m，隧道长度为当时国内第一位，世界第六位。我国目前最长的隧道是位于石太客运专线上的太行山隧道，全长 27.8km，2007 年底贯通。

第二次世界大战期间，参战国的地面工厂和民用建筑都遭到了严重破坏，而构筑在隧道、岩洞和矿井内的地下工厂、军事设施等则安然无恙。战后，许多国家都有计划地把一些重要工业和军事工程转入地下。特别是在 20 世纪 70 年代的冷战时期，各国为了防御核战争的袭击，修建了大量的地下防御工事和民防建筑。

近年来，世界各国对于地下空间的开发利用都十分重视。城市地下空间的开发利用，已经成为城市建设的一项重要内容，一些工业发达国家，逐渐将地下商业街、地下停车场、地下铁道及地下管线等连为一体，成为多功能的地下综合体。国际上有许多专家称"21 世纪是人类开发利用地下空间的新时代"。

1.5.2 地下建筑的发展前景

随着我国城市化进程的加快，城镇人口快速增长，交通工具密集，使城市中可利用的地面空间日趋紧张，城市环境问题日益严重，城市建设对土地需求的增长与地面土地资源日益紧张的矛盾越来越突显，因此，努力探索和开拓新的生存空间，大力建设地下工程，向地下发展，已成为城市建设者们的一项重要的研究课题。

地下空间是迄今尚未被充分利用的一种自然资源，具有很大的开发潜力。以目前的施工技术和维持人的生存所需花费的代价来看，地下空间的合理开发深度以 2km 为宜。考虑到在实体岩层中开挖地下空间，需要一定的支承条件，即在两个相邻岩洞之间应保留相当于岩洞尺寸 1～1.5 倍的岩体；以 1.5 倍计，则在当前的技术条件下，在地下 2km 以内可供合理开发利用的地下空间资源总量可达 $4.12 \times 10^{17} \mathrm{m}^3$。由于人类的生存与生活主要集中在占陆地表面积 20% 左右的可耕地、城市和村镇用地的范围内，因此，可供有效利用的地下空间资源应为 $2.40 \times 10^{16} \mathrm{m}^3$。我国可耕地、城市和乡村居民用地的面积约占国土总面积的 15%，按照上述计算方法，全国可供有效利用的地下空间资源总量接近 $1.15 \times 10^{15} \, m^3$。由此可见，可供有效利用的地下空间资源的绝对数量十分巨大，从拓展人类生存空间的意义上看，是一种潜力很大的自然资源。

1.6　本课程的主要内容及任务

地下建筑区别于地面建筑的主要特征在于建设条件和环境的差异。特定的存在条件产生了特殊的环境，由此使得地下建筑既是城市空间整体的一部分，又有许多相对独立的特征。

地下建筑包括岩层地下建筑和土层地下建筑两大类，而这两类地下建筑工程无论在规划设计方面，还是在施工方面，都有着显著区别。应当指出，目前，地下建筑还没形成一个独立的学科，但它所涉及的内容却相当广泛，除建筑设计和城市规划的一些基本内容外，还与多种学科交叉，融合多种学科知识，例如，地质学、城市学、环境学、心理学、结构工程学、安全工程学、系统工程学，以及经济学、社会学等；同时，它还涉及到一些生产工艺的领域，如粮食贮存工艺、液体燃料贮运工艺、铁路设计工艺、地下工程施工工艺等；如果对这些工艺没有相当深度的了解，就无法利用地下空间的特点，以满足这些生产工艺的特殊要求，也无法辨识与其相关的不安全因素并进行有效的安全管理。

从学科属性上看，地下建筑研究的范围大体上主要包括：地下空间资源的开发与综合利用；各类地下建筑的规划设计；地下结构施工工艺；地下洞室支护技术；地下建筑结构与地下环境特殊性有关的一些技术问题，如环境问题、防灾问题、防护问题、防水排水问题、环境与人体生理和心理上的相互作用问题等。

本课程主要介绍地下建筑的基本概念、地下建筑的设计理论要点、地下建筑的施工技术、地下建筑的灾害防护等基础知识。

本课程的主要任务为：通过地下建筑工程知识的学习，使读者掌握或了解地下建筑的基本知识，能够根据地下建筑所处的不同介质环境、使用功能和施工方法，辨识地下建筑设计和施工等不同环节中的不安全因素，采取合理的灾害应急处置措施，并针对不同的地下建筑，提出可行的安全管理要求。

思　考　题

1－1　简述地下建筑的定义。

1－2　地下建筑有哪些分类方法？对其进行分类有什么意义？

1－3　简述地下结构的主要形式和适用条件。

1－4　试说明地下建筑和地下建筑结构的区别。

1－5　简述地下建筑的优缺点。

1－6　阐述地下建筑的建设程序。

1－7　与地面建筑相比较，地下建筑在安全方面有哪些突出特点？

1－8　地下建筑勘察分为几个阶段，各阶段的主要任务是什么？

1－9　简述地下建筑详细勘察和施工勘察的区别。

2　地下建筑规划

城市地下建筑规划的目的是依据城市总体规划中的城市性质和规模，对城市地下可利用资源、城市地下空间需求量和城市地下空间的合理开发量展开深入研究，结合城市总体规划中的各种方针、政策和对地面建设的功能、形态、规模等要求，对城市地下空间的各种成分进行统一安排、合理布局，使其各得其所，将各种组成部分有机联系起来。城市地下建筑规划的作用是指导城市地下建筑的开发工作，为城市地下建筑的详细规划和规划管理提供依据。

2.1　地下建筑规划特征及分类

2.1.1　地下建筑规划特征

所谓规划，就是根据城市的地理环境、人文条件、经济发展等客观条件制定的适合城市发展的计划。英国《大不列颠大百科全书》提到，城市规划的目的不仅仅在于安排好城市形体——城市中的建筑、街道、公园、公用事业及其他各种要求，更重要的在于实现社会与经济目标。规划不仅需要以自然科学为基础，还要考虑社会科学和人文科学要素。美国国家资源委员会认为：城市规划是一种科学、一种艺术、一种政策活动，通过设计和指导空间的和谐发展，以满足社会与经济的需要。由此可见，城市地下建筑规划的主要任务是引导城市地下空间的开发，对城市地下空间进行综合布局，探索和实现城市地下空间不同功能之间的相互管理关系，协调地下与地上、地下与地下的建设活动，为城市地下空间可持续开发建设提供技术依据。

地下建筑规划具有以下几个特点：

（1）空间公共性。地下空间的使用与个人生活、集体生活有着紧密的联系。例如在规划地下铁道时，从个人角度看，希望换乘距离越短越好；从城市化角度来看，希望线路迂回，能通过更多的区域；而对那些从中受益较少的居民来说，则会认为施工产生噪声，城市建设过密，反对修建地铁。此时，就需要规划人员进行综合考虑。

（2）空间固定性。地下工程的建设不仅投资大，而且一旦建成，对其进行改扩建将十分困难，因此其设计使用年限至少为 50～100 年。如果规划不合理，无论是在时间上还是空间使用上都会造成极大的负面影响。

（3）空间闭锁性。地下空间是一个封闭的空间，受到地势、出入口的限制，容易受到水灾、火灾、断电、通风等情况的影响，如果处理不好，容易导致重大安全事故的发生。因此，在规划地下设施时，要从技术的角度充分考虑地下空间布局的安全性。

2.1.2　城市地下建筑规划分类

城市地下建筑规划的工作内容是根据城市总体规划等上层次规划要求，在充分研究城市的自然、经济、社会和技术发展条件的基础上，制定城市地下空间发展战略，预测城市地下空间发展规模，选择城市地下空间布局和发展方向，按照工程技术和环境的要求，综合安排城市各项地下工程设施，并提出近期控制引导措施。城市地下建筑规划按照内容，可分为总体规划和详细规划。

城市地下建筑总体规划主要包括以下几个方面：

（1）预测地下空间现状及发展。通过统计地下空间现状，预测城市对地下空间的需求规模；调查城市地下空间的工程地质状况，分析发展条件；提交地下空间现状图和地下工程建设条件评价图。

（2）制定地下空间开发战略。根据前期调查和发展预测，提出城市地下空间发展规模，确定地下空间开发功能，明确开发、建设中的主要技术指标以及技术控制要求。

（3）确定地下空间布局。确定地下空间开发的内容、期限以及整体布局，制定综合平面和竖向规划；提交地下空间利用规划总图和市政公用设施规划图。

（4）制定地下空间开发的实施步骤。确定近期建设项目及远期目标，制定实施措施和步骤；提交近期建设规划图和远景规划图。

详细规划的主要内容包括：明确空间使用性质定位；确定地下空间的开发容量；组织地下空间交通；安排地下空间配套设施；估算工程量和综合技术指标；制定地下空间使用管理规定。

由于城市的自然条件、现状条件、发展战略、规模和建设速度各不相同，规划工作的内容应随具体情况而变化。在规划时，要充分利用城市原有基础，老城区的地下空间开发以解决城市问题为主，新城区的地下空间开发以解决城市基础设施为主，使地下空间与城市建设协调发展。

各公益设施管理者在遵循总体规划的前提下，制定相应的详细规划，其过程见图2.1。

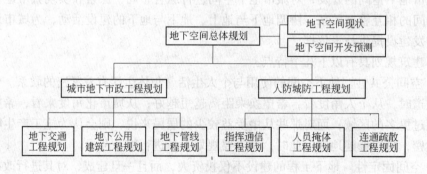

图2.1　地下空间总体规划程序

2.2　地下空间资源分析

作为自然资源，地下空间具有一切自然资源所共有的自然资源属性，如有限性、整体性、地域性、多用性、社会性、再生性和不可再生性等。充分认识地下空间的自然资源学属性和地下空间自身的特点，是科学认识、评估、规划、开发利用和管理地下空间资源的理论基础。

2.2.1　城市地下空间资源

广义的地下空间资源是指陆地表面和海底表面之下能够进行开发并利用的空间。1982年，联合国自然资源委员会正式将地下空间列为自然资源。

自然资源是人类生存发展的前提，地下空间资源是自然资源之一，是土地资源向下的延伸，是人类赖以生存和发展的基础。地下空间资源可进行以下分类：

（1）地下空间可能开发资源。地球的表面积约为 $5.15 \times 10^9 km^2$ ，其中陆地岩石圈厚度33km，海洋岩石圈厚度为7km。从理论上讲，整个岩石圈都具备开发地下空间的条件，城市地下空间资源的天然蕴藏总量约为 $75 \times 10^{17} m^3$ 。但在实际开发中会受到许多条件的制约，因此真正可能开发的范围十分有限。

（2）地下空间可供合理开发资源。由于岩石圈每深入1km，温度即升高 $15 \sim 30℃$ ，内部压力也增大2.736MPa，因此合理开挖深度以2km为宜。此外，在天然蕴藏的地下空间资源区域内，将地质灾害危险区、生态及自然资源保护禁建区、文物与建筑保护区、规划特殊用地等空间区域排除后，剩下的就是潜在可开发利用地下空间的范围和体积。

（3）地下空间可供有效利用资源。对于可供合理开发的地下空间资源范围，利用现有技术手段，可以满足地质稳定性条件以及生态系统保护要求，保持地下空间的合理距离、形态和密度，从而能够实际开发利用的地下资源称为可供有效利用资源，表2.1为我国可供有效利用的地下资源及可提供的建筑面积（以平均层高3m计）。

表2.1　我国可供有效利用的地下空间资源

开发深度/m	可供有效利用的地下空间/m³	可提供的建筑面积/m²
2000	11.5×10^{14}	3.83×10^{14}
1000	5.8×10^{14}	1.93×10^{14}
500	2.9×10^{14}	0.97×10^{14}
100	0.58×10^{14}	0.19×10^{14}
50	0.18×10^{14}	0.06×10^{14}

地下空间资源存在于一定的地质环境中，地质条件直接影响着地下空间资源的价值。充分认识到地下空间的自然资源属性和地质特点，是科学认识、评估、规划、开发、利用和管理地下空间资源的基础。

地壳（岩石圈）的平均厚度为33km，从理论上说地下空间资源的开发几乎是无限的。美国在2009年达科他州建成了深度2438m的地下试验室，我国也于2010年建成了深达2400m的地下试验室，但目前的城市地下空间的开发深度仍在30m左右。瑞典曾有人估计，即使仅对城市总面积1/3的地下空间进行开发，且开发深度保持在30m范围内，其容积就可与城市地面建筑全部容积相等，即不需扩大城市用地，就可使城市的环境容量增加一倍，由此可见城市地下空间资源具有极大的发展潜力。

实际上，即使在利用城市地下空间方面比较先进的国家，如瑞典、日本、加拿大等，到目前为止所开发利用的也仅仅是其地下空间资源的很小部分。以日本东京的23个区为例，其总占地面积为592km²，以开发深度30m计，则地下空间资源拥有量约为 $1.7 \times 10^{10} m^3$ 。据资料显示，目前东京除地下公用设施之外，地下空间面积共为 $5.07 \times 10^6 \mathrm{m}^2$，其中地下室占 76.9%，地下街占 5.3%，地铁占 17.8%。以平均利用高度 $4\mathrm{m}$ 计，已经利用的地下空间共约 $2.028 \times 10^7 \mathrm{m}^3$，仅占可利用资源的 $1.2‰$。可见，即使像东京这样的现代化大城市，地下空间也还远未被充分开发利用。

2.2.2　地下空间的环境特征

2.2.2.1　地质环境特征

地球岩石圈及其上部土体是地下空间形成的物质基础，地质环境的稳定程度直接影响着地下空间形成的难易程度。稳定性好的地层对地下空间的开发十分有利，而稳定性差的地层，地下开发难度很大，甚至无法开发。有时，即使在稳定的地质环境内建设地下结构也可能会破坏原有环境的稳定状态，引起新的地质灾害。例如，上海处于长江三角洲地区，地下空间主要开发利用中厚层的砂层、软土层，其地质环境比较特殊，易引起突发性的地质灾害，如海平面的上升和潮灾、边坡失稳、砂土液化、浅层沼气、水土污染以及软土地基变形等问题。而在西安地铁的设计和建设过程中，人们也遇到了地面沉降、地裂缝、黄土湿陷性、饱和软土层等重大工程地质问题。因此，地下空间的开发利用，首先应该考虑地质环境问题。

2.2.2.2　地下水环境特征

城市水环境包括地表水和地下水。地下空间的开发主要会对地下水的存在条件、分布条件、水位和水量等产生影响。与此同时，地下水也对地下结构的安全稳定有着重要影响。水荷载直接作用在地下结构上，不但会降低地下结构的稳定性，而且可能导致结构混凝土饱和、软化，降低材料强度。

当地下水位超过了施工工程底面标高时，人们通常采用人工降低水位的方法。施工结束后为了建筑防水，某些地区仍旧通过抽水保持相对较低的地下水位。这时，在地下结构周围容易形成"漏斗"区，大大降低土壤含水量，导致地面出现沉陷、开裂。为了防止这种情况的发生，一方面可以在施工期缩短人工降水的时间；另一方面提高地下结构防水工程的质量，防水工程完成后进行人工回灌，恢复原有地下水位。

在较深土层修建地下铁道时，隧道可能阻断地下水的流动，改变原有的储水构造，降低地下水的新陈代谢，加剧城市地下水的污染。因而，在项目的可行性论证阶段应着重考虑这些问题。

2.2.2.3　土壤环境特征

土壤的热性能是影响地下空间利用程度的重要因素。研究发现，太阳的辐射能量能传递到地下 $10\mathrm{m}$，并且随季节波动，越深波动性越小；当地下深度大于 $10\mathrm{m}$ 时，季节性波动趋于稳定。图2.2为随着埋深的增加，地下温度随季节的变化状态。

土壤不仅可以作为抵抗热量流失的绝缘体，还可以充当蓄能体。美国学者吉迪恩·S·格兰尼认为，空气温度需要大约三个月的时间才能传到 $10\mathrm{m}$ 深处。因此，土壤能够保持热量的连贯性，当夏季的空气温度到达地下 $10\mathrm{m}$ 时正是冬季，而冬季的空气温度也将在夏季到达这个深度，这恰恰是最需要它们的时候。

一些仓储、试验以及某些工业生产需要恒定的季节性温度和恒定的昼夜温度，而地表

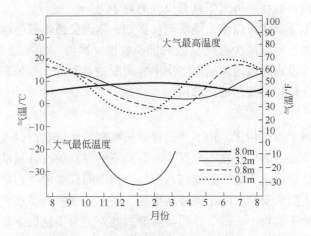

图 2.2 不同埋深随季节温度的变化

以下 10m 或更深的区域能很好地满足这些功能要求。

此外，地下空间可以提供寂静和安宁的环境，对那些精神紧张、受到神经衰弱症困扰的人来说，具有辅助治疗作用。同时，地下空间可以提供稳定的温湿度，尤其在干热的气候中，会创造一个令呼吸舒畅、皮肤柔软的舒适环境。

2.2.3 地下空间开发的效益

经济效益是指社会生产过程中的总产出与总投入的差值，即总产出量大于各种生产要素（包括劳动对象、劳动资料、劳动力等）完全投入量的差额。换句话说，就是以尽可能少的劳动耗费取得尽可能多的经营成果。所谓经济效益好，就是资金占用少，成本支出少，有用成果多。经济效益可以分为直接经济效益和间接经济效益。直接经济效益，是某种投入的产出量与生产要素的直接投入量之差；间接经济效益是指某种投入进行后产生的一系列连锁反应，间接地为投入带来的利润。

由于地下空间的建设具有相当强的不可逆性，因此地下建筑物的初期建设费用要远远高于地上建筑，通常为地面同等面积建筑的 3 ~ 4 倍，最高可达 8 ~ 10 倍。但是，地下空间的恒温性、恒湿性、隔热性、气密性等诸多方面又远胜于地上空间，例如地下粮库、地下冷冻库的造价相比地面同等规模的结构可节省 30% ~ 60%。所以，我们在分析地下空间开发的经济效益时，应综合考虑直接、间接各种因素的影响。

2.2.3.1 地下空间直接经济效益

A 土地费用

地下空间的经济性体现在与同类地上空间的比较上。城市空间的聚集度越高，地下空间开发的价值就越明显。新建筑的总成本一般包括：旧建筑的价值、旧建筑的拆除费、建筑基地的地价、新建筑的建设成本等。在 2005 年公布的统计数字中，日本地价最高的东京银座商业区的中央道一带，每平方米的价格为 1512 万日元，香港中心地价也高达每平方米 20 万美元，地价占总造价的 70%。对于全新开发的地下建筑空间，则免除了旧建筑的补偿和拆除费用，尤其是地价方面的投入大幅度减少。因此，即使地下建筑的单位造价接近地面建筑的 3 倍，但在经济上仍具有极强的竞争力。

另外，便捷的地下交通可以使土地增值。例如，轨道交通不仅能够节省使用者的出行时间和经济成本，而且可以减少道路交通的拥挤程度。同时，能够吸引各种生活、商务、商业、文化、娱乐等设施向轨道站点周围集中，刺激站点附近土地的高密度开发，繁荣轨道交通沿线的经济，促使沿线房地产增值。

B　建设费用

与同等功能的地上建筑相比，地下建筑在地质勘察、区域定位以及施工工艺上的花费要大得多。虽然地下施工的效率在不断提高，但是不断提高的设计标准、安全标准和必要的环境保护措施又使建设成本进一步增加。例如，初期的日本地下购物中心的商店都是相互紧挨着，但是为了防火安全、防止火势的蔓延，新的建设标准要求相邻商店之间必须明显分离，结果导致地下购物中心的收益明显降低。此外，为了使地下空间越来越舒适、安全，人们希望地下空间越来越宽阔，有更多的出入口，提供更多的空地，这都会进一步增加建筑成本。

不过，地上建筑一般对外观都有基本要求，需要花费大量资金进行结构的外部装修，而地下建筑则完全不需要考虑这个要求。

C　能源消耗

由于地下空间相对封闭，因而在温度调节和空间清洁上的费用要比地上建筑少。例如，当采用单纯的取暖或制冷时，地下建筑比同类型传统地上建筑要节约 1/2 ~ 2/3 的能源，尽管通风和照明的费用有所增加，但是与节约的能源相比则显得微乎其微。目前，瑞典、俄罗斯、挪威及美国一些高海拔地区建成了大量地下冷库，已取得了良好的投资收益。

但是在公共地下设施中，由于人体不断产生的热量以及废气，为维持地下环境的舒适性要求，不得不需要取暖、通风和空调设备（统称 HVAC）长时间运转，消耗巨大的能量。日本的学者对东京地区的地下购物中心和地上办公大楼及百货大楼的每单位面积的能量消耗做了比较。如图 2.3 所示，地下购物中心的能量消耗是办公大楼的 4 倍，是百货大楼的 2 倍。

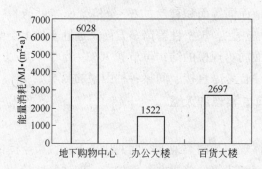

图 2.3　地下购物中心和地上大楼年能量消耗对比图

D　运行费用

地下建筑在运行过程中受到的外界环境影响很小，但是地下建筑的运行费用并没有因此而降低。这是因为地下建筑处于封闭的空间中，无论是光照还是通风都无法从自然环境中获得；同时，人的活动和照明都会产生热，因此，即使是在冬季，空调和通风设备都需要长时间开启。此外，还需要一些特殊的安全和防患措施，防范地下环境中的灾害和事故。

然而，地下建筑的使用寿命要比同样的地上建筑长得多，不像地上建筑那样容易受到外界环境的侵蚀而破坏。只要在技术上仍然能够与现行技术接轨，或者原始的设计与现行规定不相违背，地下建筑几乎能够一直使用下去。例如，铁路隧道的使用寿命一般都在100年以上。

2.2.3.2　地下空间的间接效益

A　环境效益

通过修建地下铁道和多功能地铁车站，建造地下工厂、仓库，把部分停车场、商业街、住宅转入地下，可以不占或少占地面，腾出地表进行绿化，增加城市绿化面积，促进生态系统的良性循环。例如，在1970~1973年期间，德国慕尼黑开通了部分地下铁道交通，研究人员对空气质量进行了测试，发现城市空气中的CO含量下降了25%，碳酸浓度下降了35%，硝酸含量下降了44%。此外，将城市中有污染的、不雅观的建筑，如废物处理厂、垃圾焚化炉、高速铁路和能源储存中心等置于地下，不仅有益于城市环境，而且还可以减少城市污染。从以上的数据可以看出，地下空间的开发不仅对城市环境进行了改善，而且也减少了地面环境污染，美化了城市的环境。

B　防灾效益

我国是一个自然灾害多发的国家。据统计，2000年以来，我国每年因自然灾害造成的损失占全国GDP总量的2%~5%。随着社会经济的发展，自然灾害损失整体上仍然呈上升趋势。

绝大多数灾害对于高度集中的城市人口和城市经济都具有很大的破坏力，而地下空间却对大部分来自外部的灾害，如战争、地震、飓风、雪灾等，有着较强的抵御能力。

地下空间是岩石圈的一部分，具有致密性和一定构造单元内的长期稳定性，其地下30m的地震加速度仅是地表的40%，因而地下结构受地震影响要比地上建筑轻微一些，像日本等多地震国都把地下空间指定为地震时的避难所；与同类地上建筑相比，风暴、龙卷风、霜冻对地下空间几乎没有影响，对贮存粮食及燃油等物品极为有利；随着技术的进步以及新的安全管理规章的制定，地下空间发生火灾的概率和伤害都比地面要低得多。除此之外，地下空间特有的土壤屏蔽功能，可以大大削弱电磁干扰以及核辐射的影响，是防御现代战争和防护核武器的最有效的手段。瑞士、瑞典等国的核掩蔽所，按每人一个床位的标准，已足够全国人口的80%~90%使用。我国也拥有规模巨大的人防工程，除了战时防备敌人空中袭击、减轻战争伤害外，在应对和平时期自然灾害、突发事故以及保障和促进经济发展等方面发挥着重要作用。

C　社会效益

传统城市中的供水、排水、动力、热力、通讯等系统的管道、电缆等，通常按各自的系统直接埋置在土层中，不仅检修不便，而且在检查、维修时常常需要重新开挖，造成城市道路反复受到破坏，对人们的生产生活造成极大的影响。近年来，国际上提倡修建多功能的地下管线廊，将各类管、线综合布置在可通行的廊道中，不但可避免直埋的缺点，还有利于地下空间的综合利用，提高系统工作效率。

此外，地下铁道也能提供极好的社会效益，其不仅能够大大减少工作、居住、购物地点之间的通勤时间，提高整个社会的工作效率，同时还减少了路面交通量，使得路面交通事故发生率降低。例如，慕尼黑使用地铁以后，1970～1977 年路面交通事故率下降了77.6%，车祸率下降 27.1%，死亡率下降 40.7%。

同时，由于地下街及地下车库容量大，进、出口多，交通方便，具有极好的灾害防护能力。因此，有利于平时防灾、战时防护、平战结合，潜在的社会效益十分明显。

2.3　地下空间中人的生理与心理问题

建筑有别于自然环境，不仅要满足不同的建筑功能以及不同的结构要求，还应该满足人的生理和心理上的客观要求。综合考虑生理和心理因素的影响，可根据建筑功能设计，满足三方面的需求：极限需求，指如果低于这一标准，对人体健康就会产生损害，甚至有致命的危险；基础需求，指维持基础生理功能的最低要求；舒适需求，指人在环境中能正常进行各种活动而没有不适感。

2.3.1　地下空间生理效应分析

由于生理环境与心理环境相互作用、相互影响，因此地下环境中的生理影响往往会被人们认为可放大、加剧心理的不适反应。地下环境中，对人的生理产生影响的主要因素有空气、视觉以及听觉环境的质量等。

空气是人类赖以生存的不可缺少的物质。衡量和评价地下建筑的空气质量有两个基本指标，即舒适度和清洁度。

空气的舒适度表现在适当的温度和相对湿度，物质界面的热、湿辐射强度，室内的气流速度以及空气中负离子的浓度等。在自然状态下地下建筑内的湿度很大，影响人体蒸发散热。湿度过大还会促进霉菌的生长，加重人的风湿类病症。

空气清洁度的衡量标准主要是氧气、一氧化碳、二氧化碳的浓度，含尘量，含菌量以及空气中氡及其子体的浓度等。

地下建筑内主要的空气污染物质是从地下的土和岩石及混凝土中释放出来的放射性氡气，氡及其子体对人体健康产生伤害的物质主要是钋 – 218 和钋 – 214。这些放射衰变产物粘附在可吸入颗粒物表面，随呼吸进入人体并沉积在肺部。氡气对人体的健康影响早期不易察觉，但长期接触则危害较大，且发病的潜伏期较长。

其他污染源，如燃料、人的活动（吸烟、呼吸气）、建筑材料及室外污染等，可以产生一氧化碳、可吸入颗粒物、二氧化硫、氮氧化合物、二氧化碳、甲醛、臭氧及室内空气中的微生物等污染物质。与地上建筑相比，地下建筑内这些气体浓度比较高，而享有"空气维生素"之称的氧气负离子则比较少，加之地下建筑通风不良，受污染的空气很难及时排除，因此人如果在地下空间中停留时间太久，容易出现头晕、烦闷、乏力和记忆力下降等不适现象。

衡量视觉环境的指标有照度、均匀度和色彩适宜度等。地下空间中人们完全可以通过人造光源来满足这些功能要求，但是人对阳光的需求不仅仅是为了满足视觉观感，更重要的是要满足某些生理机能。例如紫外线是人体吸收维生素 E 及钙很重要的条件，而且对防止疾病、杀死细菌等都是非常必要的。光的强度和光线成分对细胞的再生作用、人体活动、体质等都有很大的影响。光还能诱发出一种神经激素，影响新陈代谢。现代科学证明环境光能可穿越哺乳类动物的颅骨，使大脑组织中的光电细胞活跃起来，并能扩张血管，增强人体内循环和增加血红蛋白，同时紫外辐射还能提高人的工作效率。虽然人工照明能满足照度及色彩适宜度要求，但是仍然无法满足所有的生理机能要求，因而长期在地下空间内生活可能会对人的身体健康产生一定的不良影响。由于人类已经适应了自然光的作用，即使在较低的人工照明环境下也能生活和工作，但却会为此付出健康状况下降和寿命缩短的代价。

在地下建筑中，非正常噪声会出现两种典型情况。一种是地下空间内的机械噪声，其强度如果很高，会对身在其中的人直接造成损害，如听力损伤等；另一种是与外界噪声源完全隔绝，缺少正常生活中应有的声音，造成绝对安静的环境，从而令人感到不安。研究表明，强噪声引起的生理反应会干扰正常工作，在此环境中工作会使人的注意力变得狭窄，对他人需要变得不敏感，在噪声被消除后的较长时间内仍会对认识功能产生不良影响，尤其是不可控制的噪声，影响更明显。

2.3.2 地下空间心理效应分析

在地下建筑规划中，除了要考虑技术问题，还应该考虑心理问题。任何一种设计都可能会在人的心理上引起舒适、愉快的积极反应，或者产生不适、烦躁的消极反应。当消极心理持续时间较长，或重复次数较多时，容易形成一种条件反射或难以改变的成见，称之为心理障碍。由于地下环境独特的特点以及其历史形成原因，人们在地下建筑的功能使用上一直存在着一些消极心理，主要表现在以下几个方面：

（1）地下建筑工程封闭于地下环境中，没有阳光和外部自然景观，人们难以形成常有的时间观念和方位感，从而引起焦虑和不安。

（2）生活在地下环境中的人们，听不到熟悉的环境声音，感觉不到自然风的存在。这种枯燥乏味、拥挤隔绝的环境容易引起人们的反感。

（3）地下环境往往给人以黑暗、潮湿、隔离、幽闭、贫穷、落后的负面印象，会使人产生压抑、不安、反感等不良情绪反应，从而在人们脑子里形成有关地下空间的"无意识"恐惧，造成大多数人不愿意长时间在地下空间中逗留或工作。

（4）人们身处地下，担心水灾、火灾、断电、无风以及其他骚乱的发生，从而产生不安全感。

（5）人们利用地下空间的目的是为了补充地上空间的短缺，或者是弥补经济上的不足。例如，非洲北部的突尼斯玛特玛塔的"地下村庄"。因而，人们容易把地下居住与相对低的经济收入联系在一起。

事实上，封闭是一个相对的概念，它涉及结构物顶棚的高度、宽度和深度的尺寸，光的渗透，与室外空间的联系，色彩的深浅，以及出入口的空间引入设计。因此对于一些患有幽闭恐惧症以及那些天生对有限空间有压力感的人群，通过对地下空间的特殊的技术处理可以缓和他们的感知，大大减小恐惧感，对治疗幽闭恐惧症有辅助作用。

此外，安静的地下环境可以提供一个非常好的疗养场所，尤其是对于一些精神性疾病患者，地下空间可以为其提供安静的疗养空间，帮助他们更好地控制情绪，如波兰的克拉科夫附近建成的几所地下医院，就是专门为这类病人提供帮助的。

2.3.3 消除心理和生理影响的途径

地下空间的建造是为了创造出适宜人们工作生活的人工环境。因此在规划设计中需要综合考虑地下空间内部空气质量的好坏、出入口的处理、内部空间的功能划分、色彩设计和自然景观的引入等因素对这一人工环境的作用效果。如若处理不好，将会增加人们的心理压力，破坏人们的生理机能。通常，可以通过以下处理方法来改善和消除地下空间对人们心理和生理的影响。

（1）加强出入口设计。地下空间出入口的处理，直接影响人们进入地下空间的心理感觉。因此在地下空间的规划设计中，为了使行人在进入地下空间时，不形成条件刺激，通常需要对出入口进行必要的处理。出入口设计需要解决以下三个问题：

1）建立过渡空间的秩序感，减少人们对空间的陌生感；

2）加强地下与地面环境的连续性；

3）减轻或消除对地下的恐惧。

根据建筑物所处的地理位置、地形和使用功能的不同要求，地下建筑的出入口可以有多种做法。例如建造在斜坡上的建筑，可以将主出入口设置在坡底，不仅可以减少不必要的上下坡，还可以增强空间秩序感，削弱进入地下的恐惧感，如图2.4（a）所示。对全部埋置于地下的建筑结构，最常见的方法是在地面设置一个小型出入口，并用醒目的颜色、夸张的体形吸引外部人流的进入，以消除进入地下的消极影响，如图2.4（b）所示。也可以在地下建筑外部设置下沉式广场或庭院，使人们先通过室外台阶或自动扶梯下行到达室外庭院，然后水平进入建筑物，这一方法保持了传统出入口的很多特色，能够部分地消除消极的联想。由于下降是在室外地带的空间中逐渐进行的，并且通过室外庭院得到了一定的释放，所以消极心理也得到了有效的缓解，如图2.4（c）所示。

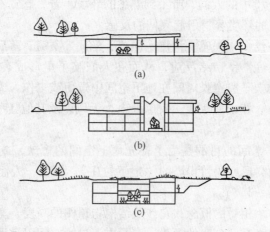

(a)

(b)

(c)

图2.4 地下结构入口形式
（a）出入口设置在坡底的斜坡上的建筑；（b）出入口设置在地表的地下建筑；
（c）以下沉式广场作为出入口的地下建筑

（2）充分利用空间导向手段。人的辨别方向的能力并不是与生俱来的，然而对地点和方向的判断却是每个人获得自由与树立自我意识的前提。由于在地下空间中，所有可以提供方位感的外部景观都已经消失，因而，必须综合应用各种设计手段做好空间导向设计。主要有：

1）空间手段导向。根据格式塔空间理论，明晰的空间结构，如串联式、辐射式、复合式结构等，有利于人的知觉判断和人流的导引，人们可以通过对结构局部构件的细微处理，达到强化空间导向的作用；利用天花板的形态、色彩、质感、材料等不同，以及天花板在第三维空间和照明变化上做文章，结合地段文化特点，增强空间的趣味性；利用空间形状变化、通透性变化、楼梯、扶梯、踏步来暗示空间；利用地面高差、材质和色彩的变化作为有力的暗示手段。

2）视觉手段导向。人从外界获取的信息有87%来源于视觉，因此视觉因素导向设计十分重要。人眼偏爱复杂的刺激，可利用形式适度复杂而有创意的建筑形态，例如1）中提到的天花板、地面以及空间形态等，吸引人的注意力，正确引导人流；利用柱列很强的导向性与柱装修突变的强烈暗示作用，有效地吸引人们的视线；也可以通过对灯具的有效安排，用光线来引导人流，尤其是利用文字图形和图案等有抽象意义的视觉导向符号。

3）嗅觉和触觉手段导向。气味可唤起人对地点的记忆，是识别环境的辅助手段；墙、地面材料质感的变化引起触觉的变化，也是空间划分、引导和实施行为暗示的有力手段。如利用墙面的质感、肌理和墙体材料变化改善触觉环境。

（3）构建易识别的环境。环境的易识别性主要是指人对环境空间和结构的理解及识别能力，以及对所处环境形成认知地图的容易程度。易识别的环境有助于人们形成清晰的方位感，在判断方向、寻找路径时都能起积极的作用。因而，在易识别的环境中，人们的行为比较自由，情绪相对比较放松、安定。在构建易识别环境方面常采用的方法有：

1）路径结构明晰。路径指示简单明了、易于理解，容易形成整体意象。

2）注重节点设计。在大厅、通道、天桥、扶梯（楼梯）等交通转换空间，以及不同功能区域的交接处设置节点，引导交通。节点数目不宜过多，但应易于识别。

3）强化地下空间的标志物。设置表达明确的指示牌，加之足够的照明，并充分利用墙、天花板及地面的特殊处理来形成标识物。指示牌的位置和高度都应在人眼视线易于到达的地方。

（4）合理设计室内光源。封闭型地下空间隔绝了自然光，因而需要大量采用人工光源。然而，人工光源与自然光在照度水平和频谱上有很大差别，因此在设计中除了应注意到视觉工作条件外，还应充分注意到人的健康方面的反应。选用光源时除了满足视觉工作要求的色温和显色性指数外，还应尽可能地保证紫外线辐射与可见光辐射之间的合适比例，以满足健康的要求。对非完全封闭的地下空间，在一些小范围的休息区域应尽可能地采用自然光照射。

（5）充分利用色彩对人的心理调节作用。封闭空间内墙壁的色彩对人的心理情绪也起着重要的调节作用。红、橙、黄等被称为暖色，能引起人们温暖的感觉；而蓝、绿、青、紫等冷色，让人们觉得寒冷。蓝色或绿色是大自然赋予人类的最佳心理镇静剂，能给人平缓、安定、冰凉的感觉。通过合理利用色彩，可以达到调节心理的作用。

（6）阻断设备噪声。在地下环境中连续运转的机械如风机、水泵等都会产生噪声。由于建筑形体和空间的封闭特性使得噪声难以扩散，有时地下空间结构和装修处理不妥，尤其是常用的拱形支护结构，在吸声处理不好的地方，声音会不断反射，回声现象严重。所以在地下空间必须考虑噪声传播方向的布局和平面设计，把产生噪声的设备放在地下空间的外围，或者用密闭的办法进行隔离。另外还可使用背景音乐，使环境舒适化。

地下空间的开发利用已经成为当今世界性的发展趋势，各国地下空间开发所走过的道路，既各具特色，又有许多共同之处。只有在充分了解地下建筑对人的心理、生理等各方面的影响之后，才能综合运用合适的材料、光线、设备、通风系统以及空间处理等方法来消除或缓解人们身处地下时所受到的一些影响，进而创造出一个高质量的地下人工环境。

2.4　地下建筑规划理论

2.4.1　地下建筑规划原则

在城市地下空间开发过程中，应遵循以下几个原则：

（1）基本原则。地下空间开发应遵循"人在地上，物在地下"、"人的长时间活动在地上，短时间活动在地下"、"人在地上，车在地下"的原则，建设以人为本、与自然协调发展的宜居城市，将尽可能多的城市空间留给人休憩，享受自然。

（2）适应原则。根据地下空间的特性，对适宜进入地下的城市功能尽可能地引入地下。随着技术的进步，城市地下空间功能的范围得到了拓展，原来不适应的可以通过技术改造变成适应的，地下空间的内部环境与地面建筑室内环境的差别正在不断缩小即证明了这一点。地下建筑规划应具有一定的前瞻性，对各区域阶段性的功能予以明确。

（3）对应原则。城市地下空间的功能分布与地面空间的功能分布有很大联系。地下空间的开发利用扩大了城市容量，是对地面空间的有益补充，满足了对某种城市功能的需求，如地下网管、地下交通、地下公共设施均有效地满足了城市发展对其功能空间的需求。

（4）协调原则。城市的发展需要扩大城市空间，并对城市环境进行改造，地下空间开发利用成为改造城市环境的必由之路，但是仅仅单纯地扩大空间容量并不能解决城市综合环境问题。交通问题、基础设施问题、环境问题是相互作用、相互促进的，因此，单一地解决某一个问题对全局并不一定有益，而必须做到全盘考虑，即协调发展。城市地下建筑规划必须与地面空间规划相协调，做到地上、地下空间资源统一规划，才能实现城市地下空间对城市发展的推动作用。

城市地下建筑规划的特点在于其所具有的综合性。由于地下建筑规划涉及几乎所有的城市功能，需要考虑城市的社会、经济、环境等各项要素，而这些要素既是互相依存又是互相制约的，既要与地上空间协调配合，又要综合研究解决各种地下设施相互之间可能产生的问题，还涉及大量的技术经济和人的生理、心理问题。因此必须强调，城市地下建筑规划不是一项专业规划，而是综合性规划。

2.4.2　城市地下空间发展模式

城市地下空间的发展可以分为平面发展模式、剖面发展模式和空间布局模式三种。

2.4.2.1　平面发展模式

城市地下空间的平面构成形态可以概括为：点状地下空间、线状地下空间、网络状地下空间。

A 点状地下空间

点状地下空间是相对于城市总体形态而言的，由在城市中占据较小平面范围的各种地下空间构成。点状地下空间设施可分布于城市街区、城市节点以及城市的其他用地中。目前，我国城市地下空间的开发利用，对于点状设施的建设一般偏重于城市中心区、站前广场、集会广场、较大型的公共建筑、居住区等具有特征事物的聚合处。与城市各种功能相协调的点状地下空间设施，对于解决现代城市中人、车分流和动、静态交通拥挤等问题具有非常重要的作用。

"点"有大有小，大的可以是功能较多的综合体，小的可以是单个的商场、停车场、过街通道或者市政设施的站点，如地下变电站、地下垃圾收集站等。这些点主要分布在城市行政中心、金融中心、商业服务中心、文化娱乐中心、体育中心、交通枢纽等繁华地区，这些地区交通流量密集、土地资源紧缺、地价昂贵，地下空间开发的效益比较明显。

城市点状地下空间是城市地下空间形态的基本构成要素，是城市功能延伸至地下的物质载体，是地下空间形态构成要素中功能最为复杂多变的部分。点状地下空间设施是城市内部空间结构的重要组成部分，在城市中发挥着巨大的作用。如各种规模的地下车库、人行道以及人防工程中的各种储存库等都是城市基础设施的重要组成部分。同时点状地下空间是线状地下空间与城市上部结构的连接点和集散点，如城市地铁车站就是地下交通与地面空间的连接点，是集人流集散、停车、购物为一体的多功能地下综合体。

B 线状地下空间

线状地下空间主要是指呈线状分布的地下空间设施，例如地铁和地下道路、市政基础设施管线、地下管线综合廊道（共同沟）、地下排洪（水）暗沟等。线状地下空间设施是城市地下空间形态构成的基本要素和关键，也是与城市地上空间形态相协调的基础，是连接点状地下空间设施的纽带，提高城市功能运行效率的保证。线状地下空间设施一般分布于城市道路下部，城市道路网构成了城市地上空间形态的基本骨架，线状地下空间设施则构成了城市地下空间形态的基本骨架。没有线状设施的连接，城市地下空间的开发利用在城市形态中仅仅是一些分散设施，无法形成整体轮廓，不成系统，无法提升整体效益。

现阶段，我国城市地下空间的开发利用，正在加强线状地下空间的建设，提高对线状设施作用与地位的认识，逐步形成整体空间形态。

目前我国开发较多的城市线状地下空间形态是城市地下街与过街通道。其主要功能是扩大该地区的土地利用率，实现人车分流，但由于这些设施没有与地铁交通相连接，功能十分单一。同时，由于受到地面空间的限制，这种形态发展很慢，可以考虑未来与地铁车站的建设相结合，将人流、物流等从地下分流，才可能使这一类型的地下空间获得最大程度的合理利用。

C 网络状地下空间

网络状地下空间是利用城市线状地下空间设施（主要为地铁、地下公路网等），将若干点状地下空间设施连通成一个地下空间设施群，如加拿大蒙特利尔和日本东京新宿的地下街。网络状地下空间形态是城市各种功能的延伸和拓展，也是城市地下空间形态与城市地上空间形态相协调的反映。其形成的基础是线状地下空间设施，并且规模与线状地下空间设施的发达程度密切相关。线状地下空间设施越发达，网络状地下空间设施的规模也越大。日本也正在探索将城市中心区地下公路与地下停车库系统纳入网络状地下空间形态之中。

我国大多数百万以上人口的城市总体规划上都采用网络状地下空间形式。例如西安市地下空间开发利用的总体建设框架是：逐步形成以地下交通网络为骨架，以网络节点及城市广场为中心，多层次开发的综合体系。

再如，南京市新街口地区规划地下空间结合地面空间布局，以"六线、六核"为骨架，以地铁、地下步行道和地下通道为"线"，将各地下空间连接形成面状地下空间，并通过地下停车场、下沉广场为"核"，与地上空间相联系，形成地下、地上综合立体的空间体系。

深圳市地下建筑规划的基本结构是以地铁网络为地下空间开发利用形态的网络骨架体系，逐步形成以大型公共建筑的密集区、商业密集区、地铁换乘站、城市公共交通枢纽为发展区，罗湖、上步、福田中心区"三纵一横三片"的城市地下空间开发利用形态。

2.4.2.2　剖面发展模式

地下空间竖向层次可分为浅层（地下 30m 以上）、中层（地下 30~100m）、深层（地下 100m 以下）3 个层次。目前国际上的地下空间开发大多还处于地下 30m 以上的浅层范围。日本由于国土狭小，浅层地下空间趋于饱和，目前已经致力于 100m 深度的深层地下空间的研究。

在地面建筑物（特别是高层建筑）下的地下空间开发利用，应尽可能与上部的地面建筑物结合为一个整体，统一规划建设。城市浅层地下空间适合安排短时间活动并可提供相应的人工环境，商业、文娱、轨道交通站台、人行通道等人们活动频繁的设施应尽可能离地表近些，使人们出入方便。一旦出现事故，有利于人们迅速从地下撤出。对于根本不需要人或仅需要少数人实施管理的一些内容，如贮存、物流、废弃物处理等，应尽可能安排在较深地下空间。市政基础设施管线具有物流的传输功能和为沿线两侧用户服务的分配（接纳）功能，因而专用的传输管线可布置在较深处，而且有分配（接纳）功能的管线应布置在地下空间的最上层，不仅便于两侧用户的接线和维修管理，还可以减少管线的埋深，节省投资。

竖向层次的划分除与地下空间的开发利用性质和功能有关外，还与其在城市中所处的位置（道路、广场、绿地或地面建筑物下）、地形和地质条件有关，应根据不同情况进行规划，特别要注意高层建筑的桩基对城市地下空间使用的影响。城市地下空间竖向层次划分的控制范围一般为：

（1）地下 0~10m 左右，安排市政基础设施管线（包括直埋、电缆沟或管束、共同沟）和排洪暗沟，属浅埋无人空间；

（2）地下 0~20m 左右，安排商业、文化娱乐、医疗卫生、轨道交通站台、人行通道、停车库和生产企业等人们活动频繁的设施，属有大量人流空间；

（3）地下 10~30m 左右，安排轨道交通的轨道、地下机动车道、市政基础设施的厂站、调蓄水库和贮藏空间，属深埋少有人空间；

（4）地下 20~30m 或更深范围，可作为城市某些特殊需求和采用特殊技术的空间需要，属基本无人空间。

2.4.2.3 城市地下空间布局模式

城市地下空间的布局模式主要有以下几种：

（1）附建式地下空间模式。将独立的地下空间工程利用通道相互联系起来，形成四通八达的地下空间网，以提高城市容积率。

（2）上下空间功能环境对应模式。地下空间建筑规划的功能与地面建筑和环境相适应，如表2.2所示。

（3）城市中心地下综合体模式。建立集交通、购物、娱乐、步行等多功能为一体的较复杂的大型建筑系统，常位于城市中心广场、车站或商业中心等。可以强化城市中心区的集聚效应，防止逆城市化的中心区衰退。

（4）地下商业街单一功能模式。在城市商业区地段改造、建设地下商业街，疏导地面人流。

（5）广场立体化模式。通过开发立体化广场，不仅可以节约用地，减少再开发的投资，改善交通，还可以丰富空间层次感，增添现代城市气氛。

（6）地下交通工程模式。结合旧城改造，修建地下交通系统，地铁车站与大型综合设施相结合。

（7）依附地下交通模式。以轨道交通为骨架，以商业地下城为结点，以城市广场为区域的点线面相结合，形成城市地下空间网络。

（8）管线廊道模式。形成大型化、综合化的管线共同沟，便于安装维修，减少路面重复破坏。

（9）人防工程利用模式。将人防系统地下建筑改建为商业网点、地下仓库、物资存储库、灾害疏散地以及战争指挥中心。做到"平时防灾，战时人防，平战结合"，提高人防系统的经济效益。

表 2.2 上下空间功能及环境对应

序号	地面环境	地面环境特点	可规划的地下空间使用性质
1	医院	交通方便、环境安静	门诊部、住院部
2	火车站前	集散广场、繁华	商业中心、宾馆、娱乐场、车库、地铁车站
3	政府机关广场	集散广场、安静	车库、接待处
4	工厂	厂区	车间、库房及辅助厂房
5	住宅区	生活区	地下及半地下室、人防工程、库房、服务性工房
6	公路交通	噪声大，人、车流多	交通工程及公用设施
7	繁华商业中心	繁华、拥挤	地下街、地下综合体、娱乐场
8	道路交叉口	噪声大，人、车流多	地下过街或交通枢纽
9	库房	安静、隐蔽	库房
10	学校	安静	试验、车间、图书馆、体育馆
11	重要地段及设施	地形特殊、重要隐蔽	贮库、工事、防护工程
12	城市广场	开敞、可容纳很多人	车库、地下购物中心、交通干线车站
13	风景区与古迹	观览、旅游人多	交通、游乐、基础设施、服务设施
14	废弃空间及溶洞	市郊或城外	景观、贮存、养殖、工厂库房

2.5　地下民用建筑规划

2.5.1　地下交通建筑规划

地下铁道的建设是城市建设的组成部分，应在城市建设的统一规划之下，进行地铁线路网的总体规划。在地铁线路网的规划中，要确定地铁线路网的规模、走向、形式，决定车站的间距、类型、位置和线路埋置深度、施工方法，以及分期建设等问题。

2.5.1.1　地铁线路网的规划原则

地铁的线路要适合战备的需要，线路网的规划应考虑战前的紧急疏散和运输，战时的人员疏散掩蔽，以及与其他人防干道的有机联系，为城市的积极防御创造条件。

地下线路网规划应根据城市的总体规划，既要考虑到城市的近期发展，也要适当预计城市发展的远景，如市郊工业发展计划、新居民区的建立，使市内各区、市区与郊区各部分联系；同时也要考虑到线路与线路的衔接，以及线路的未来拓展，使线路的分期分段建设和扩建成为可能。

要考虑城市原有平面及竖向规划与现状的特点，如城市原有街道布局的特点，河流、山丘、区域规划、交通枢纽、大型公共建筑的位置，市政设施等，同时还应与现有城市的改造结合起来。

地下交通网应做到地上地下相结合，与国家铁路、城市地面交通网配合，形成一个上下结合、点面相通、方便有效的交通运输网。同时，线路网的布局要做到集中与分散结合，以利于客流迅速分散，线路负荷量均匀，减少换乘次数和方便乘客。此外，要进行经济核算，减少不必要的拆迁，降低成本。

2.5.1.2　地下交通网规模的影响因子

乘客的流动强度是指城市每天要使用公共交通的总人数，流动强度大则线路网规模大，线路应按客运量大的方向布置。而城市发展与人口控制数量决定了平时的客运量及战时的疏散量，一般来说城市规模大，人口多，线路网就大，反之则线路网小。

线路负荷强度是指每年每公里线路运送乘客人数，如果线路网规模大，实际负荷强度低，则不经济，因此线路网的规模应与线路负荷强度相适应。如伦敦地铁负荷强度为184万人次/（年·公里），巴黎为630万人次/（年·公里），两者相比，后者负荷强度高，比较经济。

城市公共交通量中地铁分担的比例在地下交通网的建设中起着重要作用，一方面衡量着地铁的经济性；另一方面也影响地铁线路网的规模。一般承担的交通量比例越高，则地铁线路网的规模也相应越大。美国按60%考虑，我国有些城市按40%考虑。

有些区段的线路，因战备需要而设立，也会扩大线路的规模。

2.5.1.3　地下交通网的形式

根据国内外已建成或规划中的地铁线路网情况，地下交通网大致有以下几种形式：

（1）单线式。当客流量集中在某一条或几条同方向的街道上，而远期又无重大发展时常常采用单线式。图2.5为意大利罗马地铁线路网示意图。

（2）单环式。单环式的设置原则同单线式，但将线路闭合成环，方便车辆运行，减少折返设备。图2.6为英国格拉斯哥地铁线路网示意图。如环线周长较大，全线运行不经济，可采取局部区间运行，另设支线供列车折返使用。

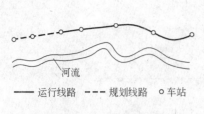

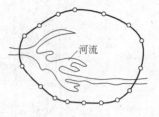

——运行线路 ---规划线路 ○车站

图2.5 单线式地铁线路网 图2.6 单环式地铁线路网

（3）多线式。多线式又称辐射式或直径式，图2.7为美国波士顿地铁线路示意图。当城市有几条客流量大而方向各异的街道，可设置多线式线路网。这几条线路往往在中心区集中交于一点或几点，通过换乘站从一条线路换乘到另一条线路。这种形式容易造成客流集中，但便于线路扩建延长。

（4）蛛网式。蛛网式由多条辐射线和环形线组成。这种形式运输能力大，可减少乘客的换乘次数，节省时间，避免客流集中堵塞，能减轻市中心区换乘的负荷。在分期修建中应先修建直径线，然后逐步成环。图2.8为莫斯科地铁线路网示意图。

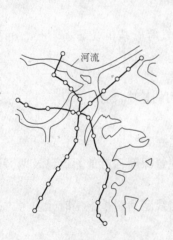

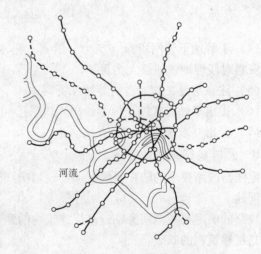

图2.7 多线式地铁线路网 图2.8 蛛网式地铁线路网

（5）棋盘式。棋盘式由数条横向和竖向线路组成，常常因为原有城市道路系统是棋盘式而形成。这种形式可使客流量分散，但乘客换乘次数多，增加了车站设备的复杂性。图2.9为美国纽约地铁线路网示意图。

2.5.1.4 线路网规划

A 定线前的准备工作

（1）搜集线路网沿线的地形图，范围在线路两侧100～150m之内；

（2）掌握城市规划轴线坐标，规划红线位置和红线宽度，规划道路宽度，掌握路面立交资料及河床资料等；

（3）掌握线路沿线高大建筑物的基础资料（地质及基础沉陷情况）；

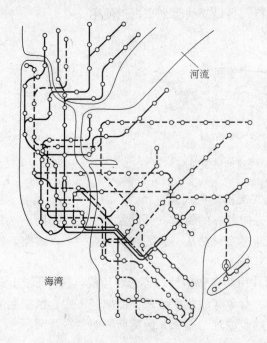

图 2.9　棋盘式地铁线路网

（4）了解地下管网资料（电力、给水、排水、煤气等管线的位置、管径、标高等），这项资料对浅埋地铁线路尤为重要；

（5）注意重要文物、古树等特殊资料；

（6）提出车站、区间、风道、出入口通道和防护门的轮廓尺寸；

（7）提出要求采用的施工方法。

B　影响线路定线的因素

定线与线路要求的防护等级有关，也影响线路的埋置深度和对地面道路及两旁建筑的处理问题。

线路的确定要考虑两旁临近高层建筑物的距离。当线路为明挖施工时，应考虑是否会有损高层建筑物的基础。

客流密度，即单位时间内通过某区段的客流量，是选定线路地段及起始点的根据。

地下管道、文物、古墓等与定线有密切的关系，特别是在采用浅埋明挖施工时，常常出现矛盾。定线时要局部服从整体，全面安排，统一考虑。

C　确定地铁车站位置

地铁车站宜设置在交通繁忙、积聚大量客流的地方，如车站广场、商业中心、文娱体育场所、公园、大型公共建筑所在地、集会广场、干线交叉处、地铁线路交叉处、城郊交通线路交叉处等；根据城市规划，在已建及将要建立的工业区、居民区等区域中心、人流集散点，也应设立车站；根据战备需要，在某些有战略意义的地方，也需设立车站。

同时，根据设备负荷、运营管理等技术经济要求，确定合理的站距。一般的，市区内站与站之间的距离为一公里左右，郊区为两公里左右。目前国外皆趋向于增大站距，以提高列车的平均运行速度，发挥地铁的特点，减少投资、运营费用和电力消耗等。

出入口及风亭位置的选择，也会影响车站位置的确定。出入口、风亭如进入建筑红线，有利于隐蔽结构，保持市容整齐，但是会造成出入口通道过长，乘客出入不方便；出入口必须加固，以防止战时建筑结构倒塌而引起堵塞。

此外，车站位置还与结构埋深以及施工方法有关。实际中，曾发生因地段狭窄，无法展开施工而不得不改变车站位置的情况。

D　地铁线路的埋置深度

地铁线路分为浅埋和深埋两种：埋置浅的线路多采用明挖法施工，埋置深的线路一般需要暗挖法施工，如图 2.10 所示。

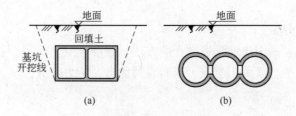

图 2.10　铁路隧道浅埋、深埋示意图
（a）浅埋隧道；（b）深埋隧道

两种埋置方法各有其优缺点，现分述如下：

浅埋线路一般用明挖法施工。由于受线路布置的局限，线路有时必须沿道路或拆迁少的地段布置，有时会造成线路布置上的不合理，如绕道布置而使线路增长，或出现曲线段而影响运行速度，甚至造成客流量大的地段不能设置，而不得不设置在客流量少的地方的情况。

深埋线路用暗挖法施工，受地面建筑及地下管网等条件的限制小，可按照一定的设计意图和要求合理地布置线路。

浅埋线路有时会遇到一种情况，即由于车站部分要求的空间比区间隧道高，结构断面大，为了保证车站必需的防护要求和避免地下管网干扰，只有降低车站地面标高，这样就形成在车站部分的底面标高比隧道低，造成铁路运行的不合理，如图 2.11（a）所示。列车进站本应减速，但此时列车正位于下坡路上，不利于减速，造成列车制动刹车的困难和电力消耗。列车出站应逐渐加速，但因线路为上坡路，则不利加速，也增加了电力消耗。深埋时可避免这种情况，如图 2.11（b）所示。比较理想的方案是将车站布置在高位，列车进站时要上坡，有利于列车的减速制动；列车出站时下坡，有利于列车的启动加速。

浅埋线路比深埋线路防护能力低，但其车站人行通道短，平时可方便乘客，并节省步行和垂直交通所用的时间，战时便于人员的疏散和掩蔽。

浅埋线路结构形式简单，整体性好，可做外包式防水层，防水性能好，施工技术简单，工程进展快，但明挖施工时，对地面正常交通有影响；深埋线路施工技术复杂，机械化程度要求高，工程进展慢，但土方量小，施工期间对地面交通干扰小。

浅埋线路在通风、给排水、安装垂直提升设备等方面，都较深埋线路简单，规模也小，所需投资较少，但一般房屋拆迁和管网搬迁量很大，综合起来并不一定经济；深埋线路虽设备投资大，但结构用材量小，而且不需拆迁费用。总之，两者的经济效果，要根据

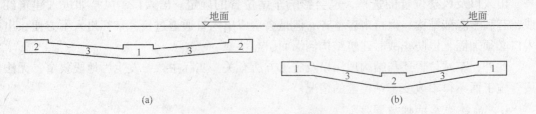

图 2.11 车站、区间隧道、区间设备段纵剖面埋置示意图

(a) 车位在低处；(b) 车位在高处

1—车站；2—区间设备段；3—区间隧道

具体工程情况，综合分析，合理选择。

在国外，有些国家采用浅埋深埋结合的方法，在市区采用深埋，在郊区采用浅埋；也有的车站部分采用明挖，区间用暗挖，取两者的优点，更为经济合理。

2.5.2 地下商业街规划

地下商业街的规模必须服从城市的总体规划，符合城市地下建筑规划，结合城市交通、生产、生活、购物、旅游和旧城区改造的特点规划。地下商业街规划的原则为：

（1）与地面建筑、道路、广场和交通枢纽密切配合原则。地下商业街的建设，必须与城市再开发同步进行，必须纳入城市地下空间开发利用的总体规划。

（2）经济效益、社会效益相结合的原则。应选择城市中心区，最繁华的商业区，车站广场，交通枢纽地区开发地下商场，可以吸引客商，扩大效益。

（3）地下街道各组成部分应遵循以公用通道为主的合理化比例原则。对拟建地下商业街地区的城市居民、流动人口的购物能力，以及出行的路线进行调查，确定所建商业街主要功能及各组成部分比例，特别同城市地下铁道、过江通道等地下公共设施以及旅游热线相结合，提高综合开发利用水平。

（4）可持续发展原则。地下商业街的开发应注意保护和改善城市的环境，科学地预测城市发展的需要，坚持因地制宜，远近兼顾，全面规划，分步实施。做到竖向分层立体综合开发，横向相关空间相互连通，地面建筑和地下工程协调配合。

（5）空间形状和尺度与使用功能和美学感受的协调性原则。利用地形地物，尽可能利用天然采光和通风，减少人员的压抑感。选择地下商业空间的形式和高度时，必须把功能使用要求和精神感受统一考虑。在规划设计中体现经济、适用又能遵循美学的原则，给人以空间美的享受。

除了这些重要原则之外，地下街道的规划设计还应注意处理好与地下铁道的关系；处理好与周围建筑物的关系；处理好与地面公共设施的关系；做好防止火灾、爆炸、水淹为主的防灾设计。

2.6 地下工业建筑规划

从 20 世纪初开始，地下建筑开始用于工业生产，而且日益受到重视，主要有三个原因：一是经过战争、大量核试验及地震等灾害，证明地下建筑具有良好的防护能力，许多国家于是把军事工业和在战争中必须保存下来的工业转入地下；二是地下空间提供的特殊生产环境，为某些类型的生产提供了良好的条件，比在地面上进行更为有利；三是由于场地、地理以及地质等条件限制，不得不修建地下的工业建筑。

在地下空间中组织工业生产，一般比在地面上困难和复杂，要付出相当高的代价。由于工业生产需要的空间大，造价高等特点，除少量的轻工业及仪表工业等布置于城市地下土层中外，大部分大型地下工业建筑都在岩层中建设。我国从 20 世纪 60 年代中期开始，耗费巨资在西南和西北地区的崇山峻岭中开发了大量的地下空间，兴建了许多大型地下工业建筑，随着国际形势的变化及国内政策的调整，此类建筑已基本停止。但经过十几年实践，我国取得了在岩层中大规模开发地下空间的经验，这对于今后更好地开发利用我国岩层地下空间资源，进一步科学地发展地下工业建筑，是十分有益的。

2.6.1　地下工业建筑特点

地下工业建筑首先要根据工业生产的要求进行规划设计，并充分利用地下空间的特点，使生产比之地面更占优势。与地面建筑相比，地下建筑的突出特点是：

（1）恒温、恒湿。这是由地下建筑周围表土层的特点决定的。

（2）防尘、防毒。因地下空间无大气层的空气污染，地面的灰尘、有害气体等难以进入。

（3）密闭隔绝。地下空间的这一特性有利于阻隔工厂产生的辐射，防止有害物质外泄。

（4）隔音防噪。将生产过程中产生的噪声有效地予以屏蔽，保证生产区周围安静的环境。

（5）抗震防灾。由于地下建筑周围受地层约束，所以振动幅度要比地面建筑物小很多。日本曾在地震区的地面和地下 60m 深处，进行了多次测定对比，结果如表 2.3 所示。可见地下建筑的抗震性能是较为优越的。

表 2.3　地震大小对位移的影响

振动周期/s	地下建筑位移/cm	地面建筑位移/cm
0.35	1	4
15	1	2
55	1	1.2

（6）环保。工业污染是城市环境恶化的主要原因，将工业建筑建于地下，有利于由专门的管道集中收集生产过程中形成的废水、废渣、废弃物，对于地面环境的保护有益。

2.6.2　地下工业建筑类型

根据工业类型分析，适合于建在地下的工业建筑大致可以分为两类：一类是可以充分利用地下空间特点的工业建筑；另一类是由于本身的功能特点，必须建造于地下的工业建筑，如水力发电站的地下厂房、引水隧道、尾水隧道、地下抽水蓄能发电站、核电站的核反应堆、贮库等。

由于地下的特殊条件，建造地下厂房要花费比地面建筑多几倍的资金，建设时间也长得多。因此，应当尽可能利用岩石的各种自然条件和特性，使高昂的付出能产生最大效益。

根据地下工业建筑的特点，可以将有关工厂类型列举如下：

（1）利用恒温、恒湿、防尘特点类。如果埋深大于 3～5m 时，土壤中的温度和湿度几乎是恒定的。地下贮库充分利用了其温度、湿度恒定，隔热性能好的特点，确保大气温度和湿度的变化不会影响贮藏在地下的物品的品质。例如葡萄酒酿造工厂、药品制造工厂、精密仪表工厂等，都可以考虑在地下发展生产。

由于地下不受外界气候条件变化的影响，对于冬季需要长期供热或夏季需要降温的地区来说，地下厂房可以节省运行费用。有些地处寒冷地区的国家，大量建造地下厂房的一个重要目的就是节省供热费用。

（2）利用隔音防噪特点类。一直以来，工业设施的噪声一直困扰着附近住宅区的居民。因此，把一些噪声大的设施移到地下，可较好地解决这一问题，如带有空压机的维修车间、锻造车间等。

（3）利用防灾特点类。利用地下空间战时防轰炸、平时防地震的良好防护性能，将国防工厂的重要生产设施等转入地下。这不仅可以防止厂房受到外界因素的破坏，对于具有一定危险性的生产，例如弹药和油料、核反应堆等，还可以利用岩石的防护能力对可能发生的危险起到一定的控制作用。

2.6.3　地下厂房总体布局中应考虑的主要因素

2.6.3.1　工程地质和工程结构对地下厂房总体布置的影响

A　地质条件在厂房布置中的重要性

地下厂房的总体布置，从工程地质和水文地质条件（以下统称地质条件）来看，要比在地面上建造厂房复杂和困难得多。地质条件对于地下厂房的空间大小、结构形式、施工方法、施工进度与安全、工程造价等有着很大的影响，常常成为地下工程建设的一个重要的先决条件，也是进行厂房总体布置考虑的主要因素之一。

例如，某地下工程的厂址选在岩浆岩地区，围岩级别为Ⅰ级，仅有少量裂隙水。由于地质条件好，开挖过程始终十分安全。虽然整个工程的开挖石方量达 $1.6 \times 10^5 \mathrm{m}^3$，但是绝大部分洞室，包括跨度近 20m、高度近 30m 的主体洞室，都只采用了喷射混凝土衬砌。

另一个工程，所在地区岩石破碎，裂隙发育，地下水多，地质条件差，虽然洞室跨度只有 7.5m，但在施工过程中，几个洞室都发生了塌方，施工进度受到很大影响。

由此可见，在进行地下厂房总体布置时，应尽量选择有利的地质条件，避开不利因素，把整个工程设计建立在可靠的基础之上。

B　岩石中厂房布置的局限性和灵活性

在岩石中修建厂房，厂房空间的周围都是岩石，与地面上设计厂房有很大的差别。

在地面上建造厂房，为了使工艺流程紧凑、交通运输方便和缩短管线，往往尽可能使厂房形成一个比较大的空间，但是这样的布置对于地下厂房来说则难以做到。因为尽管内部衬砌结构可以设计成多跨形式，但对于岩石本身来说，仍然属于单跨，因此岩石所能形成的最大跨度成为整个设计的制约条件。所以，在地下厂房设计中，厂房空间一般是由单个洞室组成，当需要两个洞室并列布置时，就必须在洞室之间保留必要厚度的岩石以承受围岩的荷载。

既然地下厂房不易组成大面积的空间，所以就需要把各个单独的洞室互相连接起来以便于生产上的联系。洞室的连接与地面上厂房两跨连接在一起也不同，除了需要考虑连接部分结构上的安全外，还必须考虑连接处岩石的稳定性。当不同跨度或高度的洞室垂直或以一定角度相交时，顶部岩石则可能形成复杂的几何形状，成为洞室结构上的薄弱部分，不但稳定性差，而且施工难度也随之增大。因此，在进行厂房总体布置时，妥善处理洞室的连接对于结构的安全和施工的方便都是很重要的。

同时，只要地质条件允许，岩石成洞还是具有一定灵活性的。例如，洞室跨度和高度上的变化可以比较灵活，在平面轮廓上可以根据需要做成矩形或圆形，洞室轮廓可以是直线、折线甚至曲线；在连接方式上，不但可以在水平面上互相连接，还可以在不同高度上相交或互相穿插。

2.6.3.2 洞口数量、位置和高程的要求

洞口是地下厂房和地面上联系的唯一通道，其数量、位置和高度主要由生产工艺和交通运输的要求所决定，但在很大程度上受到地质条件和相应的工程结构措施的影响。同时，把厂房建在地下，常常是为了利用岩石良好的防护能力，而洞口正是防护上的最薄弱部位，因此在数量和位置上还应考虑防护和隐蔽的要求。

A 洞口的防护与隐蔽

根据不同的防护标准，洞口的数量和位置需要考虑不同的问题，但是从安全和备用的角度考虑，洞口不应少于两个；同时应尽可能利用地形条件使洞口朝向不同的方向，以减少同时被破坏的可能性。当几个洞口由于条件限制只能在一个方向时，应使两洞口之间保持尽可能大的距离，并尽量利用地形使两洞口之间有一些遮挡。此外，当洞口数量少，且基本在同一方向时，应考虑在相反方向设置一处安全出入口；在条件比较困难时，安全通道可以有一定的坡度，甚至可以利用通风斜井或竖井。

为了能防止气体毒剂和放射性尘埃通过洞口进入地下厂房，应该在洞口布置必要的防毒设施，同时洞口位置应考虑地形风向，选择有利地势使毒气不易聚集。一般的气体毒剂只有当达到一定的浓度时，才能借助空气的流动通过被破坏的洞口进入地下厂房，因此洞口的设置应避开毒气容易聚集的地方或者在这些地方设置尽可能少的洞口，例如避开四面环山的山谷、低洼窄小的山沟等。

B 洞口位置的地质与水文条件

从地形上看，选择洞口位置要考虑山体的坡度。一般来说，山坡陡峭说明岩石抗风化能力强，或受气候影响较小，例如北坡往往要比南坡陡一些，且坡面覆盖的土层较薄，这样对于洞口的施工有利，刷坡面小，减少了土石方工程量。但洞口处的山坡也不宜太陡，否则不但造成施工难度增加，而且会增大陡峻的山坡对冲击波的反射压力。一旦洞口上部岩石在外力作用下发生塌落，落石很容易堵塞洞口。另外，在陡峭的山体上进行施工也十分不安全。

在洞口位置的工程地质条件中，最重要的就是边坡的稳定性。在边坡稳定性较差的位

置上布置洞口，很可能在开始掘进时就难以成洞，随挖随塌，使洞外的土石方工程量大大增加，也不利于隐蔽。如果在特殊情况下洞口只能放在不稳定的边坡上，应当采取必要的加固和保护措施，如设置挡墙、地表锚喷加固、地层注浆等。

从水文地质条件看，洞室位置应考虑地下水的类型、水位和水量，使洞室底面位于地下水位以上，在石灰岩地区要注意避开岩溶地段，特别要避开暗河流，同时应注意洞室上部的山体表面不要有局部的低洼，否则地表水积聚将成为地下水的补给来源。此外，地表水最高设计水位的选取应该考虑工程的防洪标准，一般工程可考虑按 25～50 年一遇洪水的标准设计，重要工程可以按 50～100 年一遇作为防洪标准。地下厂房的洞口，一般应设在百年一遇洪水水位以上 0.5～1.0m。

2.6.3.3　洞室位置和轴线方向的要求

洞室的位置，其垂直方向主要取决于洞顶最小覆盖层的厚度，从水平方向看，则受到一系列工程地质、水文地质条件的影响。

影响洞室位置和洞轴线方向的地质条件主要有围岩的性质、强度和完整程度、产状要素和成层条件、地质构造情况和地面水、地下水情况等几个方面。

洞室位置最好选在岩性均一、整体性好、风化程度低、强度比较高的岩层内。在岩性不均一的地带建造洞室，例如在不同岩类混杂互层地带，特别是在夹有薄层页岩或其他含泥质的岩层中，容易出现比较复杂的不利地质现象，如塌方、掉块等，因此应尽力避开这种地带，或者使洞轴线穿过其中相对比较厚的单一岩层，至少应把洞室的拱圈部分置于比较坚硬的均质岩层中。

例如，某工程由于选址不慎，正处于岩浆岩与变质岩的交界地带，岩性为片麻岩与花岗岩穿插成层，主要洞室处于片麻岩中，岩石破碎，多次发生塌方，以致无法使用，后经认真的地质勘测，将洞室向东移 40m，使洞室基本上处于一层 4～12m 厚的花岗岩层中，虽然新洞的跨度和高度都比旧洞大，但在施工中没有发生不良地质现象，保证了安全，如图 2.12 所示。

从地质构造的情况来看，影响地下厂房总体布置的因素主要是断层的类型和走向，断层的倾角和断距，以及褶皱的向斜、背斜等。

很显然，选择厂址时应避开区域性的大断裂带，但是如果遇到一些小型的断裂带或在地质勘测中不易发现的断层，则必须正确处理洞室与断层的关系。

在断层带内，岩石破碎，地下水容易聚集，洞轴线无论是平行还是垂直穿过断层都是不利的，尤其是平行穿过，或是同时穿过几条互相切割的断层，更为不利。在不可避免的情况下，应尽量使洞轴线与断层走向垂直，这样可尽量减少断层对洞室的影响宽度，也便于从结构上采取加固措施。

关于褶皱地层，无论是向斜或背斜地段，对于洞室都是不利的，因为岩层褶皱往往是多次地质构造运动的结果，在这样的岩层中布置洞室，容易遇到比较复杂的地质现象，因此应尽力避开，特别是避开向斜的轴部。如果由于其他条件必须在褶皱地层中，则置于向斜或背斜的两翼比较好，如图 2.13 所示。

2.6.3.4　施工条件对地下厂房布置的要求

地面上的工业厂房，其施工对于厂房的布置没有特别的要求，只要地基承载力足够，

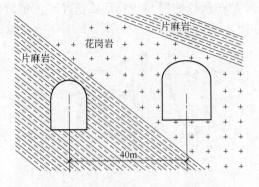
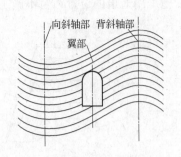

图 2.12　改址于良好岩层中的结构　　　　图 2.13　褶皱带中洞室的合理布置

怎么施工和布置都行。而地下厂房则要通过岩石的开挖和一系列的结构处理才能形成，因此施工与布置之间有着重要的关系。目前岩石工程的掘进技术，主要采用钻爆法，而地下厂房布置时，应使之能与一定的施工技术和施工方法相适应，为加快施工进度和保障施工安全创造良好条件。

首先，应从地质条件上使洞室处于坚硬完整的岩层中，如果岩层条件较好，就有可能采用全断面掘进，否则就必须采用分部开挖法，进度当然比全断面掘进慢得多。同时，合理的布置洞室，减少大跨洞室的平交，对于施工安全是很重要的。

其次，通道要有足够的数量、宽度和适当的坡度。洞内的大量石碴只能经过通道和洞口运出，所以通道的布置对于快速出碴，以及在掘进的同时进行其他项目的平行作业等都有较大的影响。通道和洞口的数量应当与洞内总的出碴量相适应，而且在石方量比较集中的部分，通道更应该有足够的数量或者增加通道的宽度。此外，通道的坡度应尽量设计成重车下坡，轻车上坡，而通道的两侧应修排水沟，以排除地下水和施工用水，沟底坡度应能满足排水的最小坡度要求。

由于地下施工场地狭小，不安全因素比在地面上多，除了在施工组织上采取安全措施外，还应从厂房布置的角度尽量减少不安全因素。例如，当洞室或通道在空间上相互穿插重叠时，应保证相交位置的岩石具有足够的厚度，除应满足设计需要外，还要考虑爆破作业可能造成对围岩扰动的范围。

由此可以看出，地下建筑在设计时就必须考虑到施工的因素，它的设计是离不开施工的，这也是地下工程区别于地面工程的一个重要的特点。

2.6.3.5　地下厂房的分期建设

在设计阶段就应该明确工厂分期建设的要求或预计到发展的方向，以便留有余地，使改建或扩建成为可能，否则在地下进行改扩建，难度是相当大的。地面厂房扩建比较容易做到，只要在准备扩建的厂房附近留有足够的空地就可进行，在扩建施工过程中一般可以不影响已建厂房的生产。但是在地下厂房内，由于地下洞室在衬砌后几乎不可能再加宽和加高，加长也很困难，而开挖新的洞室或通道又难免不影响原有厂房的生产，如果处理不当，甚至会影响原有厂房的结构安全。因此，在进行地下厂房总体布置时，更应着重考虑分期建设，以免建成后被动，影响生产的发展。下面介绍两种不同情况下的扩建方法。

一是在满足第一期生产要求的前提下预留出若干洞室，一次施工完毕（至少应完成掘进和衬砌），如图 2.14（a）所示；另一种是在选择地形和研究地质条件时，预留出扩建洞室和施工用通道的位置，暂不施工，如图 2.14（b）、（c）所示。

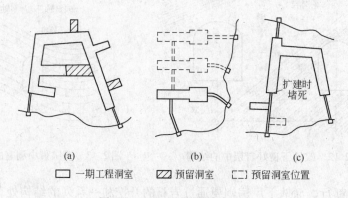

图 2.14　地下厂房的扩建方式

2.6.4　地下厂区规划要点

2.6.4.1　合理确定工程进洞项目

确定哪些工业建筑项目进入地下，应根据不同情况具体处理。从我国当前的实践看，大致有以下几种情况：

（1）全部进入地下。为确保战时能坚持生产，在地下形成一个完整的生产体系，将工程项目全部进入地下。

（2）主要生产车间进入地下。一旦地上部分被破坏，地下储备一定原材料、备品，仍能坚持生产。有时为满足平时生产和管理的要求，也可使与主要生产车间关系密切的辅助部分进入地下。

（3）局部进入地下。对于一些战时地上遭到破坏后，能很快修复的生产，可仅将个别关键性设备或战备物资、产品存于地下，以保证战时需要，临战前转入地下。有些生产进洞后，通风、排毒、除尘等问题难以完全解决，为此，采用平时在地上生产，地下预留一定面积（也可先作仓库），临战前再迁入地下。

以上这些要求还要结合现场地质情况、工期要求、总投资额及施工技术条件等综合研究后确定。从目前国外情况看，工厂进洞范围很广，类型也很多。有的将整个工业体系大部分转入地下，形成地下航空中心、地下精密仪表中心等，建成地下工业区。工厂进入地下的规模也很大，如国外某地下飞机工厂长达 11km；某地下飞机库可容纳军用喷气机 1500 架；有的地下精密仪表厂，面积达 12 万平方米；还有巨大的地下海军基地，拥有能修理大型驱逐舰的干船坞等。但一般认为，地下工厂还应以中小型为主，生产类型可优先考虑各种电站，以及航空、仪表、机械制造及制药、酿酒等工业。

2.6.4.2　正确处理地下和地上生产区之间的关系

当地下工厂部分在地上，部分在地下时，由于地下生产区和地上生产区各自生产一定的产品，因此独立性比较强，但由于它们共同使用生产和生活辅助设施，因此又必须互相靠近，这样就形成一个既具有一定独立性，又互相联系的有机整体。当受地形、地质、防护等条件限制，难以完全满足以上要求时，应首先使地下生产部分在防护、隐蔽、地形、地质等方面处于更为有利的地位，而地上生产区则基本上服从于地下生产区的要求。

地下工厂中地上部分的布置与一般地上工厂总平面设计没有原则的区别，只是由于有了地下部分，设计时更应该考虑以下几方面关系：

（1）统一规划，合理组织。地上厂区的布置与地下生产区总体布置应统一考虑。将生产联系紧密的互相靠近，但要特别注意洞口位置与地上建筑物之间的关系，因为地下建筑只能通过通道、洞口与地面建筑相联系。地上厂房及辅助建筑应紧紧围绕有关洞口布置，既可以合理组织全厂生产，也便于经营管理。仅当地下部分因为特殊生产、保密和安全等要求或受地质地形条件限制时，才将地上和地下分为两个相对集中的区域而分开布置。

（2）满足防火、卫生、隐蔽要求。注意地下出入口、进排风口等和地面建筑物之间的关系，遵守有关总平面防火、卫生设计规范。生产中排出有害物或有火灾危险性的车间应布置在全厂下风向，远离地下厂房进风口，以防将有害物吸入，污染整个地下车间。同样，地下的排风口也应与地面保持一定距离，使废气直接排入大气层。地面建筑的完全隐蔽比较困难，只能在满足使用要求的前提下，尽量利用地形、地物条件做到隐蔽。

（3）作好交通运输组织和管道综合布置。地上和地下生产是通过交通运输工具联系的，要合理选定地面交通工具，使其必要时能直接进入地下，减少中间转运。工厂中的工程技术管道很多，山区地形起伏，建筑物比较分散，加之管线进出仅能通过洞口，因此管道综合布置工作比较复杂，设计时不论管线平面布置还是空间组织，都应为地下部分的合理进线、出线创造条件。

2.6.4.3　充分利用城镇现有的各种设施

充分利用城镇现有条件，不但有利于组织生产，搞好交通方面协作，还可充分利用城镇现有水、电等公用设施，商业服务及文化教育机构，为工厂职工创造方便的生活条件。这将大大节约建设投资，加快建设速度，同时也有利于促进当地建设和科学文化事业的发展。

2.6.4.4　合理进行功能分区

工厂厂区建设项目一般都比较多，厂区规划时应首先把那些生产特点、技术要求有共同点的建筑集中归类，然后按各类建筑物主要特征进行布置，以便能综合满足各方面的要求。例如某地下工具厂，根据"功能分区"原则，分为冷加工区、热加工区、动力区、辅助生产区、仓库区和厂前区。冷加工区包括机械加工、装配车间，由于生产过程中无热源，比较清洁，又为全厂主要车间，因此设在地下；热加工区包括铸工、锻工车间等，由于生产过程中排出大量余热、烟尘，因此集中布置在地上，位于全厂下风向；动力区包括锅炉房、变电所、压缩空气站等，是生产核心部分，本应设于地下，但由于生产中排出烟、热，又有噪声，防火、防爆要求高，故仍设于地上，要求位置隐蔽，防护条件好；辅助生产区包括机修、电修等辅助车间，属冷加工车间性质，根据所服务的对象有的也可设于地下，或靠近洞口布置；仓库区有金属材料、成品、化学物品等各种类型仓库，按其在生产流程中的位置布置，但应满足防火、防爆等技术要求；厂前区包括全厂性办公楼、食堂等生活福利建筑，设于工人上下班行走线路一侧和工厂主要出入口附近。

同时根据生产特点进行分区布置。在某些生产过程中，有时会产生有害的物质，例如热加工车间的烟尘、余热、余湿，化工生产或电镀车间的有毒或腐蚀性气体，研磨车间的金属粉尘，核能生产中的射线辐射和放射性污染等；还有一些生产过程，会产生噪声和较强的振动，例如空气压缩机的噪声、锻压或冲压车间的振动等；而另外一些生产过程又可能要求清洁、安静的环境，例如精密仪表、电子产品生产等。这些生产上的特殊问题和要求都应在总体布置中进行统筹考虑，严格按照生产要求分区布置，即用建筑设计中常用的功能分区方法加以解决，否则就会导致混乱和互相干扰，还可能会危及到生产人员的安全。

2.6.4.5　合理安排工艺流程

合理的工艺流程要求做到短、顺、不交叉、不逆行。因此，为保证生产的合理性和提高生产效率，要求考虑各主体厂房以及各主要通道在相互位置和高程上的关系，使其适应工艺流程的要求，并通过洞口，将地下部分的生产与地上生产联系起来。这样，针对不同的生产工艺要求就形成了与之相适应的厂房布置方式，这种布置方式再与现场的地形、地质等具体条件结合起来，就基本上确定了地下厂房的总体布置方案。从我国的建设实践中，可以看出工艺流程与厂房布置的关系大致有以下三种情况：

（1）工艺流程较简单，厂房布置无严格要求。这种情况往往是指没有固定产品的生产、为科研服务的生产或新产品试制等，一般没有固定的工艺流程，可以更多地从地质、结构、施工等方面考虑厂房的合理布置。如果工艺流程比较灵活，有经常变更的可能性时，厂房的布置就不能过窄过挤，在可能的条件下使厂房跨度大一些，为工艺流程或设备布置的改变留有适当的余地。

（2）工艺流程严格，但厂房布置的灵活性仍比较大。工艺呈流水线布置，但该流水线的方向并不需要固定，允许为了适应地质条件而改变流水线的方向。这种情况在机械制造类生产中比较明显。从原材料运入到机械加工和装配，由各种运输方式相互连接，形成一条比较严格的生产流水线，但是这种生产流水线在多种布置方式的厂房中都可以得到实现。

（3）工艺流程固定，厂房布置无灵活性。工艺流程不仅是顺序固定，而且必须依照选定的地质条件来安排生产线，其厂房布置无灵活性，如发电、核能利用、储油和某些化工生产就属于这种情况。大型主厂房洞室之间的关系必须首先满足工艺流程短而顺的要求，所以必然形成以主厂房洞室为中心，或尽量靠近的集中布置方式，以减少地下管道中的能量损失。这一要求与从地质、结构和施工等角度出发，希望大型洞室不要过于集中的要求显然有较大的矛盾，特别是大型洞室直接相交，对岩石稳定和结构处理等都有影响，必须根据具体条件把这两方面统一起来。

由此可见，一方面工艺流程对厂房总体布置有较大的影响，有时甚至是决定性的影响；但另一方面，必须充分考虑工程地质、结构设计和施工等因素；此外，虽然同一种生产类型的厂房布置方式有其共同特点，但又不能规定成固定的模式简单套用。这些就是处理工艺流程和厂房布置关系的基本原则。

2.6.4.6　确保交通运输畅通

在运输工具确定后，可根据运量和装货后的车辆宽度确定运输通道的宽度。通道应该根据需要区分为主要的和次要的，单行的和双行的；主通道一般多布置在车间中部，也可以根据工艺流程布置在车间的一侧或两侧；主通道与次要通道相互连接，以形成一个道路网，并在相交处保证必要的转弯半径。应当注意的是，通道所占面积与车间总建筑面积应保持适当的比例，比例过高是不经济的。

当两条或几条通道相交在一起时，由于在相交处要保持一定的转弯半径，转角处的围岩需适当扩挖，这会使通道顶端岩石的稳定性受到影响，衬砌结构也会比较复杂。

人流的组织主要根据上下班时人员的流动量和集中度来考虑。当人员数量与车间面积相比不太大或洞口比较多时，一般不需要安排固定的人行路线或专用的人行道，但是应结合生活区的位置确定主要人流进出口，尽量减少人流与工艺流程和主要运输路线的交叉。

当人员较多，通行时间集中，或者货运量较大，车辆行驶频繁时，可以考虑设置单独的人行通道或与货物通道平行的人行道。此外，如果人行路线需要跨越大型设备或管道，应当设置带栏杆的铁梯和平台。如果生产的某些部分对人员有危险时，应避免人流在其中通过；必须通过时，应有必要的保护措施。

在厂房的总体布置中，组织人流路线时必须着重考虑安全疏散问题。当洞口设置较少时要设置专用的安全通道，位置不应过于偏僻，通行要方便；同时车间内的通道也不应过窄，以便发生事故时人员能够迅速而有秩序地撤出或疏散。

思 考 题

2-1 地下建筑规划具有哪些特征？

2-2 城市地下空间总体规划包含哪些内容？

2-3 地下空间资源开发分析主要包括哪些方面？

2-4 地下空间具有怎样的环境特征？对开发地下环境是否有利？

2-5 地下空间中人的生理及心理效应主要涉及哪些问题？

2-6 利用哪些手段可以有效地减少或消除地下空间对人的生理和心理的不良影响？

2-7 地下建筑规划应该遵循哪些原则？

2-8 试列举城市地下空间的空间发展模式。

2-9 城市地下交通网的规划应遵循哪些原则？

2-10 地下工业建筑具有哪些特点？在地下建筑规划中如何考虑这些特点？

2-11 地下工业厂房的布置受到哪些因素的影响？

3 地下结构设计原理

3.1 地下结构的受力特点

地下结构的受力特点主要表现在以下几个方面：

（1）地下结构除承受使用荷载以外，还要承受周围岩土体的作用，而后者往往对地下结构有重要影响。

（2）地下结构的围岩既是结构的荷载，又与结构共同构成承载体系。结构的功能主要是加固或支撑围岩，维持和发挥围岩自身的承载和稳定能力。

（3）地下水对地下结构的力学作用与岩石材料组成以及结构防水系统等因素有关。

（4）当地下结构的埋置深度足够大时，由于地层的成拱效应，结构所承受的围岩竖向压力总是小于其上覆地层的自重压力。

（5）地下结构的受力可能受到结构与围岩相互作用及施工过程的显著影响。

（6）地下结构的荷载种类较多，随机性、时空效应明显，往往与难以量化的自然和工程因素有关。

按照结构与围岩的相互作用关系，可以将地下建筑结构的作用分为主动作用和被动作用两大类（见图3.1）。主动作用主要有作用在地下结构上的围岩压力、结构自重、使用荷载和水压力等；被动作用主要为地层的弹性抗力。

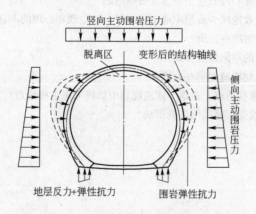

图 3.1　主动围岩压力与围岩被动反力

地下建筑结构与地面建筑结构在荷载上的最大区别就在于弹性抗力的存在。这种弹性抗力广泛存在于地下结构的跨变结构中，如拱形结构、圆形结构等。这类结构在主动荷载的作用下会在拱顶处产生一个"脱离区"，如图3.1所示，由于在该区间内变形背离地层，围岩与结构产生脱离，因而两者之间不产生作用力；而在靠近拱脚和边墙的位置，结构产生了指向地层的变形，此时，由于结构与围岩紧密接触，围岩将阻止结构的变形，从而对结构产生了约束反力，这一约束反力就称之为弹性抗力。简单地说，弹性抗力就是在主动荷载影响下，由衬砌变形而引起的围岩反作用力。

显然，作用于衬砌结构上的弹性抗力的大小与围岩的刚度有关，而其对结构内力的影响又与地下建筑结构的刚度有关。这样，围岩抗力的大小、作用范围以及分布形式与地下结构的变形大小及形态都密切相关。因此，围岩抗力的计算就是一个迭代问题。

由于弹性抗力是一种被动力，它的大小及分布范围与结构的变形程度密切相关，在实际工程中很难准确确定其数值及分布规律，因此在目前的地下结构计算中，对弹性抗力都是根据地下结构的变形特点，人为地假设为某种分布模式，例如在盾构隧道计算中，有日本的三角形分布法、前苏联的月牙形分布法；在整体式隧道计算中，有二次抛物线分布法、三次抛物线分布法等。

在饱和含水地层（淤泥、流砂、含水沙层、稀释黏土等土壤）中，因其内摩擦角 φ 值很小，主动与被动土压力几乎是相等的，对结构变形不会产生很大抗力，故计算时可以不考虑弹性抗力的影响。

如果岩土层性质较好，衬砌变形后能对其提供相应的地层抗力，则在计算时应考虑弹性抗力的影响。

3.2　地下结构的荷载分类

地下结构所承受的荷载按作用特点以及使用中出现的概率，可以分为三类：永久荷载、可变荷载和偶然荷载。

3.2.1　永久荷载

永久荷载是指在设计基准期内量值不随时间变化或其变化与平均值相比可忽略的荷载，或其变化是单调的并能趋于某一限值的作用。地下结构上的永久作用主要有：结构自重、地层压力、静水压力及混凝土收缩和徐变的影响。

3.2.1.1　结构自重

结构自重标准值可根据结构的材料种类、材料体积以及材料标准重度计算确定。

以变厚度的衬砌拱圈自重计算为例，设拱顶衬砌厚度为 d_0，拱脚衬砌厚度渐变为 d_n，则拱圈的自重可近似地视为沿拱跨均匀分布，其计算公式为：

$$q_0 = \frac{1}{2}\gamma_h(d_0 + d_n) \tag{3.1}$$

也可以将拱圈自重近似地化为均布荷载 q' 与对称三角形荷载 Δq 的叠加，两者分别用下式计算：

$$\begin{cases} q' = \gamma_h d_0 \\ \Delta q = \left(\dfrac{d_n}{\cos\varphi_n} - d_0\right)\gamma_h \end{cases} \tag{3.2}$$

式中　d_0，d_n——拱顶与拱脚的厚度；

γ_h——拱圈材料的容重；

φ_n——拱脚截面与垂直面的夹角。

式（3.1）随着拱的矢高 f 的增大造成的误差也越大。当拱圈为等厚度时，则变为

$$q_0 = \gamma_h d_0 \tag{3.3}$$

式（3.2）适用于抛物线拱，对圆拱也可应用。但应注意，当 φ_n 趋近于 $90°$ 时 Δq 将趋近于无穷大，这是不合理的。

3.2.1.2　地层压力

地层压力是地下结构承受的主要荷载。由于影响地层压力分布、大小和性质的因素很多，具体设计时应根据结构所处的环境，结合已有的试验、测试和研究资料来确定。地层压力涉及围岩压力、土压力以及围岩抗力。

A　围岩压力

围岩压力是指引起地下开挖空间周围岩体和支护变形及破坏的作用力，包括松动压力、变形压力、膨胀压力和冲击压力。松动压力是开挖时松动或塌落的岩体直接作用在支护结构上形成的；此时，围岩变形受到支护的抑制，产生变形压力。变形压力除与围岩应力有关，还与支护时机和支护刚度有密切关系。一些含有膨胀物质的岩体，如蒙脱石、伊利石和高岭土，具有吸水膨胀变形的特性。岩层中膨胀物质越多、水源供给越充足，膨胀性越明显，对岩层的膨胀压力越大。弹性模量较大的岩体在开挖过程中，在高地应力作用下，岩层将积累大量的弹性变形能，当遇到外界扰动时，能量会突然猛烈释放产生压力，称之为冲击压力，也称为岩爆。

根据地下建筑结构的埋置深度，围岩压力的计算分为深埋和浅埋两种模式。

对于公路隧道而言，可以按照经典围岩压力理论、地质条件、施工方法等因素综合判定埋深界限：

$$H_p = (2.0 \sim 2.5) h_p \tag{3.4}$$

式中　H_p——深埋和浅埋公路隧道分界深度；

　　　h_p——荷载等效深度，$h_p = q_p / \gamma$；

　　　γ——围岩的容重，kN/m^3；

　　　q_p——围岩的重量，kN/m^2。

在矿山法施工时，Ⅰ ~ Ⅲ围岩取 $H_p = 2.5 h_p$，Ⅳ ~ Ⅵ围岩取 $H_p = 2.0 h_p$。

对于铁路隧道，根据《铁路隧道设计规范》（TB 10003—2005）规定：当地面水平或接近水平，且隧道覆盖厚度小于表 3.1 所列数值时，应按浅埋隧道设计。当有不利于山体稳定的地质条件时，浅埋隧道覆盖厚度值应适当加大。

表 3.1　浅埋隧道覆盖厚度临界值　　　　　　　　　　　　（m）

围岩类别	Ⅲ	Ⅳ	Ⅴ
单线隧道覆盖厚度	5 ~ 7	10 ~ 14	18 ~ 25
双线隧道覆盖厚度	8 ~ 10	15 ~ 20	30 ~ 35

对于一般地下建筑结构，当地下建筑结构埋置较浅时，上覆岩体将整体塌落，松动压力主要与应力传递有关；当埋置较深时，上覆岩体局部塌落，松动压力与坍塌的范围有关，但地下建筑结构的深埋与浅埋的确定仍尚无定论。对于隧道，当埋置深度大于 1 ~ 3 倍的隧道跨度时，可做深埋处理。

a　深埋岩石地下结构

深埋岩石地下结构主要承担由于岩体松动、坍塌而产生的竖向和侧向主动压力，围岩的松动压力仅是隧道周围某一破坏范围（承载拱）内岩体的重量，而与隧道的埋深无直接联系。

围岩松动压力的计算方法有现场量测法、理论公式计算法和统计法等，具体可参见《岩体力学》教材。

需要指出的是，一些部门在围岩压力计算方面，针对本部门地下结构的特点，分别建立了计算围岩压力的经验公式，这些公式由于计算前提、资料来源，以及研究对象等方面的不同，在具体公式的形式上有一些差异，使用者应予以注意。

以深埋隧道围岩压力的计算为例，《公路隧道设计规范》（JTGD 70—2004）规定：用矿山法施工的Ⅰ～Ⅳ深埋隧道，围岩压力主要为形变压力，其值可按释放荷载计算。

Ⅳ～Ⅵ级围岩中深埋隧道的压力为松散荷载时，其垂直匀布压力可按下式计算：

$$\left. \begin{array}{l} q = \gamma h \\ h = 0.45 \times 2^{s-1} \omega \end{array} \right\} \tag{3.5}$$

式中　q——垂直匀布压力，kN/m^2；

s——围岩类别；

γ——围岩容重，kN/m^3；

ω——宽度影响系数，按下式计算：

$$\omega = 1 + i(B - 5)$$

B——坑道宽度，m；

i——B 每增加 1m 时的围岩压力增减率，以 $B = 5m$ 的围岩垂直匀布压力为准，当 $B < 5m$ 时，取 $i = 0.2$；$B > 15m$ 时，取 $i = 0.1$。

水平均布压力按表 3.2 确定。

表 3.2　围岩水平均布压力

围岩级别	Ⅰ、Ⅱ	Ⅲ	Ⅳ	Ⅴ	Ⅵ
水平均布压力	0	$< 0.15q$	$(0.15 \sim 0.3)q$	$(0.3 \sim 0.5)q$	$(0.5 \sim 1.0)q$

在计算围岩垂直和水平均布压力时，应具备以下两个条件：

（1）$H/B < 1.7$，H 为隧道开挖高度，B 为隧道开挖宽度；

（2）不产生显著偏压及膨胀力的一般围岩。

b　土质地下结构

明挖回填和浅埋暗挖的地下结构，一般按计算截面以上全部土柱重量计算竖向压力。深埋暗挖或覆盖厚度较大（$1D \sim 2D$）的砂性土层中的暗挖隧道，其竖向土压力可按太沙基公式或普氏公式计算。

侧向压力根据结构受力过程中墙体位移与地层间的相互关系，按主动、被动或静止土压力理论进行计算。主动、被动土压力理论可采用库仑理论或朗肯理论。

B　弹性抗力

弹性抗力是在主动荷载影响下，由衬砌变形而引起的围岩反作用力。目前，对弹性抗力的计算普遍是采用文克尔局部变形理论，即认为弹性抗力与结构沿水平方向上的变形量成正比，用公式表达即为：

$$\sigma = k \cdot \delta \tag{3.6}$$

式中　σ——弹性抗力强度，kN/m^2；

　　　k——地层（弹性）压缩系数，kN/m^3，有关地层静载条件下的压缩系数参考值见表3.3；

　　　δ——衬砌结构水平方向的变形量，m。

表3.3　地层压缩系数参考值

土 的 种 类	$k/kN \cdot m^{-3}$
实黏性土 坚实砂质土	$(30 \sim 50) \times 10^3$
密实砂质土 硬黏性土	$(10 \sim 30) \times 10^3$
中等黏性土 松散砂质土 软弱黏性土 极软黏性土	$(5 \sim 10) \times 10^3$ $(0 \sim 10) \times 10^3$ $(0 \sim 5) \times 10^3$ 0

　　文克尔假定相当于把围岩简化成一系列彼此独立的弹簧，某一弹簧受到压缩时所产生的反作用力只与该弹簧有关，而与其他弹簧无关，因而属于局部变形理论，如图3.2（a）所示。这一假定虽然与实际情况不相符，但应用简单，并能满足一般工程设计的精度要求，因而应用广泛。

　　共同变形理论假定地基为弹性半无限体，作用在地基上某一点的力，不仅引起该点地基的位移，也会引起一定范围内其他点的位移，如图3.2（b）所示。换句话说，共同变形理论假定围岩某一点的位置移动不仅与该点的作用荷载有关，而且与其他点的作用荷载有关。这一计算理论比较符合实际，常见于弹性地基梁法中，但由于计算公式的推导比较繁琐，因而在实际应用中，常根据荷载类型以及弹性地基梁的相对刚度，制作出方便的计算表格供人们使用。

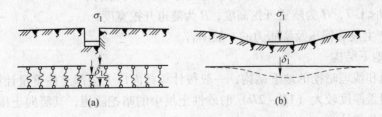

图3.2　弹性抗力计算

（a）局部变形理论；（b）共同变形理论

3.2.1.3　混凝土收缩和徐变作用的影响

对稳定性有严格要求的刚架和截面厚度大、变形受约束的结构，以及大跨度结构，应考虑混凝土收缩徐变的影响。

3.2.1.4 地下水压力和浮力计算

水压力可分为静水压力和动水压力。对地下结构来说，一般只考虑静水压力的影响。作用于地下结构上的水压力与地下水的赋存及流动情况有关。

当渗流作用不明显时，按帕斯卡定律，结构受各向相同的静水压力。在潜水或上层滞水地层中，静水压力强度等于水的重度乘以计算点到潜水或上层滞水水位的深度；在承压水地层中，静水压力等于承压水的压力。

对于渗透能力较强的地层，如裂隙岩体和砂性土，如果存在明显水力梯度，则结构承受动水压力。假设地下水静水压力为 p_0，则结构受到的水压力 p 可以表示为

$$p = \xi \cdot p_0 \tag{3.7}$$

式中　ξ——与地下水的状态和地层渗透性有关的系数。

地下水对结构的浮力用阿基米德原理计算。

静水压力对不同类型的地下结构将产生不同的荷载效应。对于形状接近于圆（球）形的地下结构，静水压力将使结构的压应力增大。对于抗压性能强而抗拉弯性能差的混凝土结构而言，压应力增大有利于改善结构的受力状态，因此宜按可能的最低水位考虑；而对矩形结构或验算结构的抗浮时，应按可能出现的最高水位计算。

3.2.2 可变荷载

可变荷载是指在设计基准期内量值随时间变化，且其变化与平均值相比不可忽略的荷载。按其作用性质，又可将其分为使用荷载、施工荷载和特殊荷载。

（1）使用荷载。使用荷载包括地下建筑内部的人群荷载、设备荷载、车辆荷载等。人群荷载按照建筑结构荷载规范取值，设备荷载除按设备使用时的荷载计算外，还应验算设备运输安装过程中的不利工况。

当地下结构上方与公路立交时，应考虑公路车辆荷载。公路车辆荷载应按现行的《公路桥涵设计通用规范》（JTGD 60—2004）的规定计算。

当地下结构上方与铁路立交时，应考虑列车活载。列车活载及其冲击力、制动力等应按《铁路桥涵设计基本规范》（TB 10002.1）的规定计算。

（2）施工荷载。设备或结构构件在就地建造或安装时，作用在地下结构上的施工荷载（机械设备自重、人群、温度作用及在设备或构件制造、运送、吊装时作用于结构上的临时荷载），应根据施工阶段、施工方法和施工条件确定。

（3）灌浆压力。灌浆压力应按设计的最大作用力进行计算。

（4）温度变化的影响。温度变化将在地下结构中引起内力，如浅埋结构土壤温度梯度的影响，浇灌混凝土时的水化热温升和散热阶段的温降，都会在地下结构中产生内力。因此地下结构在建造和使用过程中，如果温度变化大，或结构对温度变化很敏感（如连续刚架式棚洞）时，应考虑由于温度变化引起的内力。

（5）冻胀力。冻胀力对于不同地区和不同结构的影响是不同的。是否要计入冻胀力，应根据地下结构的形式、所处地区的气温，以及地下结构的埋深等情况综合考虑。

《铁路隧道设计规范》（TB 10003—2005）中规定，最冷月平均气温低于 −15℃地区的隧道应考虑冻胀力，冻胀力可根据当地的自然条件、围岩冬季含水量及排水条件等资料通

过计算确定。

3.2.3　偶然荷载

偶然荷载是指在设计基准期内不一定出现，而一旦出现，其量值很大且持续时间很短的荷载。落石冲击力和地震作用都属于偶然荷载。

3.2.3.1　地震作用

地震对地下结构的影响可分为剪切错动和振动。剪切错动通常是由基岩的剪切位移所引起的。一般都发生在地质构造带附近，或发生在由于滑坡、地震等诱发的土体较大位移的部位。要靠结构本身来抵抗由于地震引起的剪切错位几乎是不可能的。因此对地下结构的地震作用分析仅局限于在假定岩土体不会丧失完整性的前提下考虑其振动效应。

对于一般的地下建筑结构，在抗震设计时，可采用拟静力法。只有对特别重大的工程项目或很复杂的结构和土质条件，才有必要进行地震动力响应分析。

采用拟静力法对地下结构进行静力计算，是将地震作用简化为一个惯性力系附加在研究对象上，然后用静力计算模型分析地震荷载或强迫地层位移作用下的结构内力。

拟静力法能在有限程度上反映荷载的动力特性，但不能反映各种材料自身的动力特性以及结构物之间的动力响应，更不能反映结构物之间的动力耦合关系。

拟静力法的优点是物理概念清晰、计算方法较为简单、计算工作量很小、参数易于确定，并在长期的实践中积累了丰富的使用经验，易于为设计人员所接受。但是，拟静力法不能用于地震时土体刚度有明显降低或者产生液化的场合，而且只适用于设计加速度较小、动力相互作用不甚突出的结构抗震设计。

为了克服拟静力法的上述缺陷，人们发展了一些可以部分反映土体与结构物之间的动力耦合关系的所谓拟动力分析法。迄今为止，已经发展了不少考虑土体－结构物动力相互作用的分析方法，例如子结构法、有限元法、杂交法等。

鉴于地震垂直加速度峰值一般比水平加速度峰值小（在距震中较远处，一般为水平加速度的 $1/2 \sim 2/3$），因此，对震级较小和对垂直振动不敏感的结构，可不考虑垂直地震作用。

3.2.3.2　落石冲击力

落石冲击力的计算，目前研究还不够深入。实测资料也很少，具体设计时可通过现场测量或有关计算验证。

3.2.3.3　核爆动荷载

在防空地下室结构设计计算时，核爆动荷载的动力分析可采用等效静荷载法，其计算详见《人民防空地下室设计规范》（GB 50038—2005）的有关规定。

3.2.4　作用效应组合原则

近年来，我国的结构设计方法已逐渐从传统的破损阶段法或容许应力法向先进的概率极限状态法过渡。随着对概率极限状态法研究的不断深入，人们已普遍认识到，采用可靠性理论和推行概率极限状态设计法，是国内外工程结构设计发展的必然趋势，也是提高我国工程结构设计水准的有效途径。因而，在地下结构设计中采用概率极限状态法也是符合这一发展趋势的。但由于结构可靠度设计计算方法是建立在统计分析基础上的，而目前对上述各类作用的研究，如围岩压力、公路铁路活载、施工荷载等，尚不够全面和深入，对于相应的结构设计计算，还需要采用以往的方法作为完善可靠度设计方法前的过渡，因而在一些新的地下结构设计规范中，还保留了早期规范中对荷载和结构计算中的一些规定。这也就是说，在目前的地下结构设计计算中，概率极限状态法、破损阶段法或容许应力法仍然并用，因此，在进行作用组合时，也必须根据采用的计算方法的不同而选择相应的作用（荷载）组合方式。

当整个结构或结构的一部分超过某一特定状态，且不能满足设计规定的某一功能要求时，则称此特定状态为结构对该功能的极限状态。设计中的极限状态往往以结构的某种荷载效应，如内力、应力、变形、裂缝等超过相应规定的标志值为依据。根据设计中要求考虑的结构功能，结构的极限状态可分为两大类，即承载能力极限状态和正常使用极限状态。对承载能力极限状态，一般以结构的内力超过其承载能力为依据；对正常使用极限状态，一般是以结构的变形、裂缝、振动参数超过设计允许的限值为依据。

根据所考虑的极限状态，在确定其荷载效应时，对所有可能同时出现的诸荷载作用加以组合，求得组合后在结构中的总效应。考虑荷载出现的变化性质，包括出现的与否和不同的方向，这种组合可以多种多样，因此还必须在所有可能组合中取其中最不利的一组作为该极限状态的设计依据。

3.2.4.1　承载能力极限状态的组合原则

对于承载能力极限状态，应采用荷载效应的基本组合或偶然组合进行设计。

承载能力极限状态是指结构或构件达到最大设计能力或达到不适于继续承载的较大变形的极限状态。应采用下列设计表达式进行设计：

$$\gamma_0 S \leq R \tag{3.8}$$

式中　γ_0——结构重要性系数，一般常用隧道结构可取为 1.0，大跨度及复杂结构应按实际设计条件分析确定；

　　　S——荷载效应组合的设计值；

　　　R——结构构件抗力的设计值，应按各有关建筑结构设计规范的规定确定。

A　荷载基本组合

对于基本组合，荷载效应的组合设计值 S 应从下列组合值中取最不利的值：

由永久荷载效应控制的组合为

$$S = \gamma_G S_{Gk} + \sum_{i=1}^{n} \gamma_{Q_i} C_{Q_i} S_{Q_{ik}} \tag{3.9}$$

由可变荷载效应控制的组合为

$$S = \gamma_G S_{Gk} + \gamma_{Q_i} S_{Q_{ik}} + \sum_{i=1}^{n} \gamma_{Q_i} C_{Q_i} S_{Q_{ik}} \tag{3.10}$$

式中　γ_G——永久荷载的分项系数；

　　　γ_{Q_i}——第 i 个可变荷载的分项系数；

　　　S_{Gk}——按永久荷载标准 G_k 计算的荷载效应值；

　　　$S_{Q_{ik}}$——按可变荷载标准 Q_{ik} 计算的荷载效应值，其中 $S_{Q_{ik}}$ 为可变荷载效应中起控制作用者；

C_{Q_i}——可变荷载 Q_i 的组合值系数；

　　　n——参与组合的可变荷载数。

B　荷载偶然组合

偶然组合指永久荷载、可变荷载和一个偶然荷载的组合。

偶然荷载的代表值不乘分项系数；与偶然荷载同时出现的其他作用可根据观测资料和工程经验采用适当的代表值。

3.2.4.2　正常使用极限状态的组合原则

对于正常使用极限状态，应根据结构不同的设计状况分别采用荷载的短期效应组合和长期效应组合进行设计。

正常使用极限状态是指结构或构件达到使用功能上允许的某一限值的极限状态。可以根据不同的设计要求，采用荷载的标准值或组合值为荷载代表值的标准组合；也可以将可变荷载采用频偶值或准永久值为荷载代表值的频偶组合；或将可变荷载采用准永久值为荷载代表值的准永久组合。并按下式进行设计：

$$S \leqslant C \tag{3.11}$$

式中　C——结构或构件达到使用要求的规定限值，如变形、裂缝等的限值。当永久作用
　　　　　效应对承载能力起有利作用时，其分项系数可取为 1.0。

一般来说，在地下结构的荷载组合中，最重要的是结构的自重和地层压力，只有在特殊情况下（如地震烈度达到 7 度以上的地区，严寒地区有冻胀性土壤的洞口段衬砌）才有必要进行特殊组合（主要荷载＋附加荷载）。此外，城市中的地下结构常常根据战备要求，考虑一定的防护等级，也需要按瞬时作用的特殊荷载进行短期效应的荷载组合。

地面建筑下的地下室，在考虑核爆炸冲击波荷载作用时，地面房屋有被冲击波吹倒的可能，结构计算时是否考虑房屋的倒塌荷载需按有关规定办理。

由于地下结构的类型很多，使用条件差异较大，不同的地下结构在荷载组合上有不同的要求，因而在荷载组合时，必须遵守相应规范对荷载组合的规定。下面以铁路隧道为例，说明荷载组合的过程。

《铁路隧道设计规范》（TB 10003—2005）中规定，当采用概率极限状态法设计隧道结构时，隧道结构的作用应根据不同的极限状态和设计状况进行组合。一般情况下可按作用的基本组合进行设计，基本组合可表达为：结构自重＋围岩压力或土压力。

基本组合中各作用的组合系数取 1.0，当考虑其他组合时，应另行确定作用的组合系数。

当采用破损阶段法或容许应力法设计隧道结构时，应按其可能的最不利荷载组合情况进行计算。

明洞荷载组合时应符合下列规定：

（1）计算明洞顶回填土压力，当有落石危害需检算冲击力时，可只计洞顶填土重力（不包括塌方堆积体土石重力）和落石冲击力的影响；

（2）当设置立交明洞时，应按不同情况分别计算列车活载、公路活载或渡槽流水压力；

（3）当明洞上方与铁路立交，填土厚度小于 1m 时，应计算列车冲击力，洞顶无填土

时，应计算制动力的影响；

（4）当计算作用于深基础明洞外墙的列车荷载时，可不考虑列车的冲击力、制动力。

此外，公路、城建等部门也结合本部门地下工程的特点，对其荷载组合作出了相应的规定，在进行具体的设计计算时，应遵守相应的规范和规则。

3.3　地下结构的设计内容与原则

3.3.1　地下结构的设计内容

地下建筑结构的设计内容包括横向结构设计、纵向结构设计和出入口设计。

3.3.1.1　横向结构设计

在地下建筑中，一般结构的纵向较长，横断面沿纵向通常都是相同的。沿纵向方向上的荷载在一定区段上也可以认为是均匀不变的，相对于结构的纵向长度来说，结构的横向尺寸不大，可认为力总是沿横向传递的。计算时通常沿纵向截取 1m 的长度作为计算单元，即把一个空间结构简化成单位延米的平面结构按平面应变进行分析。

横向结构设计主要分荷载确定、计算简图、内力分析、截面设计和施工图绘制等几个步骤。

3.3.1.2　纵向结构设计

横断面设计后，得到结构的横断面尺寸或配筋，但是沿结构纵向需配多少钢筋，是否需要沿纵向分段，每段长度多少等等，则需要通过纵向结构设计来解决。特别是在软土地基和通过不良地质地段情况下，如跨活断层或地裂缝时，更需要进行纵向结构计算，以检算结构的纵向内力和沉降，确定沉降缝的设置位置。

工程实践表明，当隧道过长或施工养护注意不够时，混凝土会产生较大受损，沿纵向产生环向裂缝，在靠近洞口区段由于温度变化也会产生环向裂缝。这些裂缝会使地下建筑渗水漏水影响正常使用。为保证正常使用，就必须沿纵向设置伸缩缝。伸缩缝和沉降缝统称为变形缝。

从已发现的地下工程事故来看，较多的是纵向设计考虑不周而产生裂缝，故在设计和施工时应予充分注意。

3.3.1.3　出入口设计

一般地下建筑的出入口，结构尺寸较小但形式多样，有坡道、竖井、斜井、楼梯、电梯等，人防工程口部则设有洗尘设施及防护密闭门。从使用上讲，无论是平时或战时，地下建筑的出入口都是很关键的部位，设计时必须给予充分重视，应做到出入口与主体结构强度相匹配。

3.3.2　地下结构的设计原则

在地下结构设计与计算中，应遵循以下原则：

（1）遵守设计规范和规程。地下结构的服务行业广泛，各行业都根据自己行业的特点，制定了一些相应的规程或规范，各规程规范之间又有一定的差异，因此，在地下结构设计时，必须根据设计对象、地下建筑的服务领域等，选用合适的规范和规程。

（2）确定合理的设计标准。设计标准的确定不仅关系到地下结构的安全，也关系到工程投资是否经济。应根据建筑用途、防护等级、地震烈度等合理确定地下结构的设计标准。地下建筑工程材料的选用不得低于规定的等级。

地下结构一般为超静定结构，考虑抗震、抗爆荷载时，允许考虑由塑性变形引起的内力重分布。

在结构截面计算时，一般需进行强度、裂缝（抗裂度或裂缝宽度）和变形的验算。钢筋混凝土结构在施工和正常使用阶段的静荷载作用下，除强度计算外，一般应验算其裂缝宽度，根据工程的重要性，限制裂缝宽度的大小，不允许出现通透裂缝，对较重要的结构则不能开裂，即需验算其抗裂度。

钢筋混凝土结构在爆炸动荷载作用下只需进行强度计算，不作裂缝验算，因在轰炸情况下，只要求结构不倒塌，允许出现裂缝，日后再进行修复。

3.4 地下结构的计算模型

3.4.1 常用力学计算模型

地下工程在从开挖、支护，到形成稳定的地下结构体系的整个力学过程中，岩体的地质特征以及施工过程等都对围岩及结构的稳定产生很大影响，而要将这些因素准确地反映到计算模型中，也十分困难。

一般认为，地下建筑结构的力学模型只要满足以下条件，就可以得到相对合理的结果：

（1）与实际工作状态一致，能反映围岩的实际状态以及围岩与支护结构的接触状态；

（2）荷载假定应与所建洞室过程（各作业阶段）中发生的荷载情况一致；

（3）计算出的应力状态要与经过长时间使用的结构所发生的应力变化和破坏现象一致；

（4）材料性质等价于数学表达。

显然，洞室支护体系的力学模型与所采用的支护结构的构造及其材料性质、岩体内发生的力学过程和现象以及支护结构与岩体相互作用的规律等有关。

从各国的地下建筑结构的设计实践来看，目前用于地下结构的计算模型主要有以支护结构作为承载主体、围岩作为荷载的荷载－结构模型，以及将围岩视为承载主体的连续介质模型。

3.4.2 荷载－结构计算模型

荷载－结构模型是我国目前广泛采用的一种地下结构计算模型。该模型认为地层对结构的作用只是产生作用在地下结构上的荷载（包括主动的地层压力和由于围岩约束变形而形成的弹性抗力），因此，作用在支护结构上的荷载就是上方塌落岩石的重量，在进行结构内力和变形计算时，将地层压力作为荷载，衬砌作为结构，应用结构力学的方法进行计算，因而也称结构力学法。

事实上，在支护结构的作用下，衬砌上方的岩层或土层并不一定塌落，而是由于围岩向支护结构方向产生变形而受到支护阻止才使支护产生压力。在这种情况下，作用在支护结构上的荷载就是未知的，应用荷载－结构模型就有困难。所以荷载－结构模型只适用于浅埋情况及围岩塌落而出现松动压力的情况。荷载–结构模型在隧道工程的初期曾被广泛地应用，因为它适应了当时的施工技术水平。在当时的施工条件下，隧道开挖后采用木支撑等临时支护，结构与围岩之间不能进行紧密的接触，因而也就不能制止围岩变形松弛以及由此产生的松动压力，支护结构只能像拱结构一样工作。由于这种计算模型概念清晰，计算简便，易于被工程设计人员接受，且经过长期的使用，已积累了丰富的设计经验，因而至今在隧道设计中仍较为广泛地应用，尤其是对模筑混凝土衬砌的设计计算。

荷载–结构模型在处理围岩与支护结构的相互作用关系时，有以下几种不同的做法：

（1）主动荷载模型。当地层较为软弱，或地层相对于结构的刚度较小，不足以约束结构的变形时，可以不考虑围岩对结构的弹性抗力，仅考虑主动荷载的作用，这种模型称为主动荷载模型，如图 3.3（a）所示。例如，在饱和含水地层中的自由变形圆环、软基础上的闭合框架等，也常用于初步设计中。对于这一类模型，只要主动荷载确定，即可以利用结构力学的一般方法进行求解。

（2）主动荷载加弹性约束的模型。这种模型认为围岩不仅对支护结构施加主动荷载，而且由于围岩与支护结构的相互作用，还对支护结构施加被动的弹性抗力。支护结构就是在主动荷载和围岩的被动弹性抗力同时作用下进行工作的，如图 3.3（b）所示。

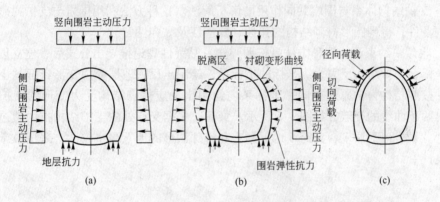

图 3.3　荷载–结构计算模型

（a）主动荷载模型；（b）主动荷载加弹性约束模型；（c）实地测量荷载模型

由于弹性抗力的大小和分布状态取决于支护结构的变形，而支护结构的变形又和弹性抗力有关，所以计算支护结构的抗力是一个非线性问题。为简化计算，求解时常采用迭代法或进行线性假定；也可以采用弹性地基梁的理论，利用弹性支承代替弹性抗力计算结构内力。

（3）实地测量荷载模型。它是通过实地测量荷载代替主动荷载模型中的主动荷载。实地测量的荷载值既包含围岩的主动压力，也包含弹性抗力，是围岩与支护结构相互作用的综合反映。在支护结构与围岩牢固接触时（如锚喷支护），不仅能测量到径向荷载，还能测量到切向荷载，如图 3.3（c）所示。切向荷载的存在可以减小荷载分布的不均匀程度，从而大大减小结构中的弯矩。结构与围岩松散接触时（如具有回填层的模筑混凝土衬砌），就只有径向荷载。由于实地测量荷载不仅与围岩特性有关，还取决于支护结构的刚度以及支护结构背后回填的质量。因此，某一种实地测量的荷载只能适用于与测量条件相同的情况。由于此类模型概念清晰，计算简便，因而主要适用于围岩变形量过大而发生松弛和崩塌的情况，以及支护结构主动围岩"松动"压力的情况。

近年来，随着计算软件的不断完善，人们也越来越多地采用数值方法计算荷载－结构模型。

3.4.3　连续介质力学的计算模型

连续介质模型是将支护结构与围岩视为一个整体，作为共同承载的地下建筑结构体系，故也称为围岩－结构模型。在这个模型中，围岩的承载单元，支护结构是镶嵌在围岩空洞上的承载环，只是用来约束和限制围岩的变形，两者共同作用的结果是使支护结构体系达到平衡状态，如图3.4所示。

这一类模型的计算方法通常有数值解法和解析解法两种。

数值解法是将围岩看作弹塑性体或黏弹性体，并与支护一起采用有限元或边界元数值法求解。数值解法可考虑到岩体中的节理裂隙、层面、地下水渗流以及岩体膨胀性等多个因素的影响，因而是目前主要的计算方法。

解析解法只适用于一些简单情况，以及进行某些简化情况下的近似计算。目前，国内外相关的求解方法较多，大致可以概括为以下几种方法：

（1）支护结构体系与围岩共同作用的解析解法。这种方法利用围岩与支护衬砌之间的位移协调条件，得到圆形衬砌结构的弹性、弹塑性及黏弹性解。

（2）收敛－约束法。这种方法是按照弹塑－黏弹性理论推导出公式后，建立以洞周位移为横坐标、支护结构反力为纵坐标的坐标系，绘制出反映地层受力变形特征的围岩特征曲线；并按照结构力学原理在同一坐标系内绘制出反应衬砌结构受力变形的支护特征曲线，得出两条曲线的交点，如图3.5所示。最后，根据交点处的支护结构抗力值进行衬砌结构设计。软岩地下洞室、大跨度地下洞室和特殊洞形的地下洞室较适合采用收敛－约束法进行设计。

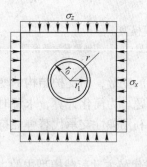

图3.4　连续介质模型

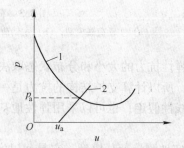

图3.5　收敛－约束曲线

1—围岩特征曲线；2—支护特征曲线

（3）剪切滑移楔体法。这种方法源于Robcewicz提出的"剪切破坏理论"。该理论认为，围岩稳定性丧失主要发生在洞室与主应力方向垂直的两侧，并形成剪切滑移楔体。当侧压系数$\lambda < 1$时（侧压系数为水平初始地应力与铅垂初始地应力的比值），地下洞室开挖时岩体的破坏过程经历了两个阶段：首先在剪切作用下，两侧壁的楔形岩块分离，并向洞内移动，如图3.6（a）所示；随后，由于楔形岩块的滑移造成岩体跨度加大，上下岩

体向洞内挠曲变形，如图3.6（b）所示，直至滑移，如图3.6（c）所示。以支护抗力与塑性滑移楔体的滑移力相等作为平衡条件，进行衬砌结构设计。由于该方法假定条件多，数学推演并不十分严格，因而只是一种近似的工程计算方法。

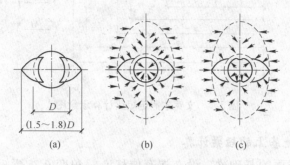

$$(a) \qquad (b) \qquad (c)$$

图3.6　滑移楔体法示意图

3.5　地下结构的内力计算

我国工程界对地下建筑结构的设计较为注重理论计算，除了确有经验可供类比的一些工程外，在地下结构设计过程中一般都要进行受力计算分析。由于地下结构的设计受到各种复杂因素的影响，各种设计模型或方法有其适用的场合，也有各自的局限性，因而即使内力分析采用了比较严密的理论，其计算结果往往仍需要用经验类比来加以判断和补充。相对而言，以测试为主的实用设计方法由于能提供直观的数据，便于准确地估计地层和地下结构的稳定性和安全程度；因而受到现场人员的欢迎。由于越来越多的新型工程不断涌现，而这些工程往往无经验可循，因而基于结构力学模型和连续介质力学模型的计算理论日益成为人们的主要计算手段。本节主要对地下结构内力计算的结构力学方法做一简要介绍。

3.5.1　弹性地基梁的计算

弹性地基梁理论在地下结构的设计计算中有着重要的应用，如在计算隧道的直墙式衬砌结构时，就可以将衬砌看成为支承在两个竖直弹性地基上的拱圈，其直墙部分可按弹性地基梁计算。又如在计算浅埋地下通道的纵向内力时，也要用到弹性地基梁的理论。

在计算弹性地基梁时，常用的有文克尔假定和弹性半空间体假定，这里主要介绍以文克尔假定为基础的弹性地基梁理论。

图3.7表示一等截面的弹性地基梁，取梁宽$b=1$。根据文克尔假定，地基反力用下式表达：

$$\sigma = Ky \tag{3.12}$$

式中　σ——任一点的地基反力，kN/m^2；

y——相应点的地基沉陷量，m；

K——弹性压缩系数，kN/m^3。

计算中可将弹性地基梁分为短梁和长梁分别计算。下面分别进行介绍。

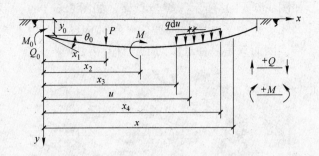

图 3.7　文克尔假定短梁计算示意图

3.5.1.1　弹性地基上的短梁计算

图 3.7 为一等截面的基础梁，设左端有位移 y_0，角变 θ_0、弯矩 M_0 和剪力 Q_0，它们的正方向如图中所示。利用梁挠度曲线微分方程，可以求得短梁内力及变形的齐次解答：

$$
\left.
\begin{aligned}
y &= y_0\varphi_1 + \theta_0\frac{1}{2\alpha}\varphi_2 - M_0\frac{2\alpha^2}{K}\varphi_3 - Q_0\frac{\alpha}{K}\varphi_4 \\[2mm]
\theta &= -y_0\alpha\varphi_4 + \theta_0\varphi_1 - M_0\frac{2\alpha^3}{K}\varphi_2 - Q_0\frac{2\alpha^2}{K}\varphi_3 \\[2mm]
M &= y_0\frac{K}{2\alpha^2}\varphi_3 + \theta_0\frac{K}{4\alpha^3}\varphi_4 + M_0\varphi_1 + Q_0\frac{1}{2\alpha}\varphi_2 \\[2mm]
Q &= y_0\frac{K}{2\alpha}\varphi_2 + \theta_0\frac{K}{2\alpha^2}\varphi_3 - M_0\alpha\varphi_4 + Q_0\varphi_1
\end{aligned}
\right\}
\tag{3.13}
$$

式中　　　　　　　α——梁的弹性标值，$\alpha = \sqrt[4]{\dfrac{K}{4EI}}$ ；

　　　　　　　EI——梁的抗弯刚度；

　φ_1，φ_2，φ_3，φ_4——双曲线三角函数，可以从相关的设计手册中查得。

对于梁上作用有荷载时的计算，应加上荷载项的影响，即须在式（3.13）中增加由于荷载引起的附加项。在地下结构的计算中，常见的荷载有均布荷载、三角形分布荷载、集中荷载和力矩荷载，如图 3.8 所示。

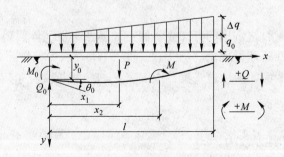

图 3.8　梁的全跨布满三角形荷载

对于图示几种荷载，其位移、角变、弯矩和剪力的公式如式（3.14）所示：

$$\left.\begin{array}{l}
y = y_0\varphi_1 + \theta_0\dfrac{1}{2\alpha}\varphi_2 - M_0\dfrac{2\alpha^2}{K}\varphi_3 - Q_0\dfrac{\alpha}{K}\varphi_4 + \dfrac{q_0}{K}(1 - \varphi_1) + \dfrac{\Delta q}{Kl}\left(x - \dfrac{1}{2\alpha}\varphi_2\right) + \\[2mm]
\quad \left\|_{x_1}\dfrac{\alpha}{K}P\varphi_{4\alpha(x-x_1)} - \right\|_{x_2}\dfrac{2\alpha^2}{K}M\varphi_{3\alpha(x-x_2)} \\[4mm]
\theta = -y_0\alpha\varphi_4 + \theta_0\varphi_1 - M_0\dfrac{2\alpha^2}{K}\varphi_2 - Q_0\dfrac{2\alpha^2}{K}\varphi_3 + \dfrac{q_0\alpha}{K}\varphi_4 + \dfrac{\Delta q}{Kl}(1 - \varphi_1) + \\[2mm]
\quad \left\|_{x_1}\dfrac{2\alpha^2}{K}P\varphi_{3\alpha(x-x_1)} - \right\|_{x_2}\dfrac{2\alpha^3}{K}M\varphi_{2\alpha(x-x_2)} \\[4mm]
M = y_0\dfrac{K}{2\alpha^2}\varphi_3 + \theta_0\dfrac{K}{4\alpha^3}\varphi_4 + M_0\varphi_1 + Q_0\dfrac{1}{2\alpha}\varphi_2 - \dfrac{q_0}{2\alpha^2}\varphi_3 - \dfrac{\Delta q}{4\alpha^3 l}\varphi_4 - \\[2mm]
\quad \left\|_{x_1}\dfrac{1}{2\alpha}P\varphi_{2\alpha(x-x_1)} - \right\|_{x_2}M\varphi_{1\alpha(x-x_2)} \\[4mm]
Q = y_0\dfrac{K}{2\alpha}\varphi_2 + \theta_0\dfrac{K}{2\alpha^2}\varphi_3 - M_0\alpha\varphi_4 + Q_0\varphi_1 - \dfrac{q_0}{2\alpha}\varphi_2 - \dfrac{\Delta q}{2\alpha^2 l}\varphi_3 - \\[2mm]
\quad \left\|_{x_1}P\varphi_{1\alpha(x-x_1)} - \right\|_{x_2}\alpha M\varphi_{4\alpha(x-x_2)}
\end{array}\right\} \quad (3.14)$$

式（3.14）是按文克尔假定计算弹性地基梁的方程，在衬砌结构计算中经常使用。式中符号$\|_{x_i}$表示附加项只有当$x > x_i$时才存在。

3.5.1.2 弹性地基上的无限长梁计算

当弹性基础梁上集中荷载（集中力或集中力偶）的作用点距梁的端点距离满足$\alpha x \geqslant \pi$（或2.75）时，可看做无限长梁。其中的x是集中荷载到梁端的最小距离。

无限长梁的计算公式实质上是对短梁计算公式的简化。在集中力P作用下的无限长梁的变位和内力计算公式如下式所示。

$$\left.\begin{array}{l}
y = \dfrac{P\alpha}{2K}\varphi_7 \\[3mm]
\theta = -\dfrac{P\alpha^2}{K}\varphi_8 \\[3mm]
M = \dfrac{P}{4\alpha}\varphi_5 \\[3mm]
Q = -\dfrac{P}{2}\varphi_6
\end{array}\right\} \quad (3.15)$$

其中函数$\varphi_5 \sim \varphi_8$为双曲线三角函数，可以从相关的设计手册中查得。它们之间存在下列关系：

$$\left.\begin{array}{l}
\dfrac{\mathrm{d}}{\mathrm{d}x}\varphi_5 = -2\alpha\varphi_6 \\[3mm]
\dfrac{\mathrm{d}}{\mathrm{d}x}\varphi_6 = -\alpha\varphi_7 \\[3mm]
\dfrac{\mathrm{d}}{\mathrm{d}x}\varphi_7 = -2\alpha\varphi_8 \\[3mm]
\dfrac{\mathrm{d}}{\mathrm{d}x}\varphi_8 = \alpha\varphi_5
\end{array}\right\} \quad (3.16)$$

3.5.1.3　弹性地基上的半无限长梁计算

当弹性基础梁上集中荷载 P 的作用点与梁的长度 l 的乘积满足 $\alpha l \geqslant \pi$（或 2.75）的条件时，可按半无限长梁计算。半无限长梁的计算公式可参见参考文献［12］，这里不再赘述。

3.5.1.4　弹性地基梁的分类

按文克尔假定计算基础梁，可分为三类情况考虑。

A　刚性梁

当梁的长度 l 符合

$$\alpha l \leqslant \frac{\pi}{4} \quad \text{或} \quad \alpha l < 1$$

时，经计算证明，梁的弯曲变形与地基沉陷相比甚小，可以忽略不计。这样，地基反力则可按直线分布计算。

B　长梁

当荷载与梁两端的距离 x 符合

$$\alpha x \geqslant \pi \quad \text{或} \quad \alpha x \geqslant 2.75$$

时，叫做无限长梁，用式（3.15）计算。

当梁端上作用着集中力和力矩，而梁的长度 l 符合

$$\alpha l \geqslant \pi \quad \text{或} \quad \alpha l \geqslant 2.75$$

时，叫做半无限长梁，用半无限长梁的公式进行计算。

C　短梁

凡不属于刚性梁和长梁类型的就叫做短梁，用式（3.14）计算。

3.5.2　圆管形结构的内力计算

3.5.2.1　自由变形圆环法

A　整体式圆管结构

当整体式圆管结构修建在松软的地层中，地层对结构的弹性抗力很小，此时可以不考虑弹性抗力的作用，将圆管假定为自由变形圆环，地基反力沿环的水平投影均匀分布，其计算简图如图 3.9 所示。

结构计算采用弹性中心法。由于结构及荷载对称，拱顶剪力等于零，属二次超静定结构。根据弹性中心处的相对角变位和水平位移等于零的条件（$\delta_{12} = \delta_{21} = 0$）可列出力法方程

$$\left.\begin{array}{l} \delta_{11} x_1 + \Delta_{1p} = 0 \\ \delta_{22} x_2 + \Delta_{2p} = 0 \end{array}\right\} \tag{3.17}$$

由于 EI 为常数，$\mathrm{d}s = r\mathrm{d}\varphi$（$r$ 为圆环中心线半径），故

$$\delta_{11} = \frac{1}{EI}\int_0^\pi \overline{M_1^2}\mathrm{d}s = \frac{1}{EI}\int_0^\pi r\mathrm{d}\varphi = \frac{\pi r}{EI}$$

$$\delta_{22} = \frac{1}{EI}\int_0^\pi \overline{M_2^2}\mathrm{d}s = \frac{1}{EI}\int_0^\pi (-r\cos\varphi)^2 r\mathrm{d}\varphi = \frac{\pi r^3}{2EI}$$

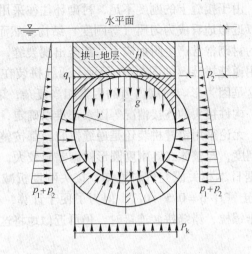

图 3.9　自由变形圆环法结构计算

$$\Delta_{1p} = \frac{1}{EI}\int_0^\pi M_p r\,\mathrm{d}\varphi$$

$$\Delta_{2p} = -\frac{r^2}{EI}\int_0^\pi M_p\cos\varphi\,\mathrm{d}\varphi$$

式中　M_p——在基本结构中，外荷载对圆环任意截面产生的弯矩。

由式（3.17）得

$$x_1 = -\frac{\Delta_{1p}}{\delta_{11}} = -\frac{\dfrac{r}{EI}\displaystyle\int_0^\pi M_p\mathrm{d}\varphi}{\dfrac{\pi r}{EI}} = -\frac{1}{\pi}\int_0^\pi M_p\mathrm{d}\varphi$$

$$x_2 = -\frac{\Delta_{2p}}{\delta_{22}} = -\frac{\dfrac{r^2}{EI}\displaystyle\int_0^\pi M_p\cos\varphi\mathrm{d}\varphi}{\dfrac{\pi r^2}{2EI}} = -\frac{2}{\pi r}\int_0^\pi M_p\cos\varphi\mathrm{d}\varphi$$

圆环中任意截面上的内力可由下式得到

$$\left.\begin{aligned}M_\varphi &= x_1 - x_2 r\cos\varphi + M_p \\ N_\varphi &= x_2\cos\varphi + N_p\end{aligned}\right\} \tag{3.18}$$

B　装配式圆管结构

装配式圆管结构，如地铁盾构隧道，由于是由若干个管片通过螺栓连接在一起的，因此应根据管片或砌块之间的连接构造以及所采用的施工方法，确定相应的计算方法。常用的对管片衬砌环的处理方法有：（1）把管片衬砌环视为抗弯刚度相同的圆环；（2）把管片衬砌环视为多铰体系；（3）把管片衬砌环视为具有能抵抗弯矩的旋转弹簧的环形结构。

在饱和含水地层中（淤泥、流砂、含水砂层、稀释黏土、塑性黏土等土壤），因内摩擦角 φ 值很小，主动与被动土压力几乎是相等的，结构变形不能产生很大抗力，故常假定结构可以自由变形，不受地层约束，认为圆环只是处在外部荷载及与之平衡的底部地层反力作用下工作。结构物的承载能力由其材料性能截面尺寸大小决定。

　　对于装配式圆衬砌，由于接缝上的刚度不足，衬砌环往往采用错缝拼装，这样可以加强接缝刚度，计算时可以近似地看成为匀质（等刚度）结构。然而，由于制造精度和拼装误差等原因，错缝拼装的衬砌常常产生附加应力，甚至出现裂缝，影响整个结构的正常使用，因此，使用中常采用通缝拼装，如图 3.10 所示。通缝拼装在结构计算上仍可以采用整体结构的计算方法，这是因为影响衬砌内力的因素相当复杂，诸如荷载的分布及大小、地层及衬砌的弹性性质、构件接头的连接情况等因素都难以确定，因而采用整体式圆形衬砌计算方法。由此可知，无论采用错缝拼装还是通缝拼装，都按整体考虑。但由于接缝处的刚度小于断面部分的刚度，与整体式等刚度圆形衬砌差异较大，在计算时必须对按整体计算的刚度进行折减。据日本相关研究资料可知，接头刚度折减系数 η，对于铸铁管片 $\eta = 0.9 \sim 1.0$；钢筋混凝土管片 $\eta = 0.5 \sim 0.7$。但为了便于计算，特别是铸铁（钢筋混凝土）管片，纵向采用双排螺栓，错缝拼装连接时，仍可近似地将这种圆环视为整体式等刚度匀质圆环。

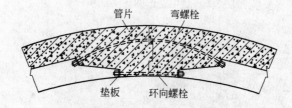

图 3.10　装配式圆管结构的连接构造

　　当土层较好，衬砌变形后能提供相应的地层抗力，则可按有弹性抗力的整体式匀质圆环进行内力计算。常用的有日本、前苏联的假定抗力法等。

　　装配式圆管在圆环拼装完成之后，立即安装上拉杆，并给拉杆加上一定的拉力，称之为安装拉力，如图 3.11 所示。安装拉力在圆环内引起内力，可以利用力法按无拉杆的圆环计算，计算简图见图 3.12。

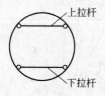

图 3.11　整体式自由变形圆

图 3.12　圆环在安装拉力作用下的
　　　　　力法基本结构

　　随着工程实践的不断增多，管片结构的连接方式，经过不断的试验研究之后，正朝由刚性连接向柔性连接（无螺栓连接的砌块或设有单排满足防水、拼装施工要求的螺栓，其位置在接头断面中和轴处）过渡，砌块端面为圆柱形的中心传力接头或为各种几何形状的榫槽（榫槽特意做得很深），这样可将接缝看作一个"铰"，如图 3.13 所示。整个圆环变成一个多铰圆环。多铰圆环虽属不稳定结构，但因有外围土层提供的附加约束和多铰圆环的变形而提供了相应的地层抗力，使多铰圆环仍处于稳定状态。这时装配式圆形衬砌环就

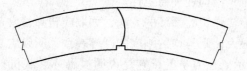

图 3.13　圆柱形接头连接

可按有弹性抗力的多铰圆环方法计算。

在衬砌外围土壤能明确地提供土壤弹性反力的条件下，装配式衬砌可按多铰圆环计算。多铰圆环的接缝构造，可以分为设置防水螺栓、设置拼装施工要求用的螺栓，或不设置螺栓而代以各种几何形状的榫槽。常用的方法有日本山本稔法和前苏联学者的计算方法。这里只介绍山本稔法。

山本稔法的计算原理为多铰衬砌圆环在主动土压和弹性反力作用下产生变形，圆环由不稳定结构逐渐转变为稳定结构。圆环在变形的过程中，铰不发生突变。这样，多铰衬砌环在地层中就不会因变形而失稳破坏，充分发挥稳定结构的机能。

计算中的几个假定：

（1）适用于圆形结构；

（2）衬砌环在转动时管片或砌块作刚体处理；

（3）衬砌环外围地层弹性反力按均匀变形分布，地层弹性反力的计算要满足衬砌环稳定性的要求，弹性反力的作用方向全部朝向圆心；

（4）计算中不考虑圆环与地层介质间的摩擦力，这部分摩擦力有利于结构的稳定；

（5）地层弹性反力和变位之间的关系按文克尔假定计算。

由 n 块管片组成的多铰圆环结构的计算简图如图 3.14 所示。$n-1$ 个铰由地层约束而剩下的 1 个铰称为非约束铰，其位置经常在主动土压力一侧，整个结构可以按静定结构来计算。衬砌各个截面处地层弹性抗力为

$$p_{kai} = p_{ki-1} + \frac{(p_{ki} - p_{ki-1})a_i}{\varphi_i - \varphi_{i-1}} \qquad (3.19)$$

式中　p_{ki}——铰 i 处的土层弹性反力；

p_{ki-1}——铰 $i-1$ 处的土层弹性反力；

a_i——以 p_{ki} 为基轴的截面位置；

φ_i——铰 i 与垂直轴的夹角；

φ_{i-1}——铰 $i-1$ 与垂直轴的夹角。

各个约束铰的径向位移

$$u = p_{ki}/K \qquad (3.20)$$

式中　K——地基弹性系数。

计算时，可以对每个构件作单元分析，列出 3 个静力平衡方程式。这样，可以列出 9 个方程式，求解出 9 个未知量，即：p_{k2}、p_{k3}、p_{k4}、H_1、H_2、H_3、V_1、V_2、V_3。

求解后，即可算出各截面上的 M、N 和 F_s。

衬砌圆环各截面上的 p_{ki} 值与侧向或底部的荷载叠加后的数值应该不超越容许值；此外，结构计算应该满足稳定性要求，即认为以非约束铰为中心的 3 个铰 $i-1$、1、$i+1$ 的

坐标排列在一条直线上时，结构丧失稳定性。

将衬砌环视为具有旋转弹簧的圆环的方法，如取旋转弹簧常数为零，则基本上与多铰系统一致，如取其为无限大，则与均匀刚度的圆环一致，所以它是介于这两种方法之间的计算方法，如图 3.15 所示。在力学上，它是说明衬砌环承载机理的一种有效的方法。在这种计算方法中，对于错缝拼装的衬砌环也提出了把环向螺栓视为刚体和剪切弹簧的构造模式。对衬砌环接头的旋转弹簧常数的评价，将随管片种类和接头构造形式而异，但对于普通的管片接头，也提出了计算方法。

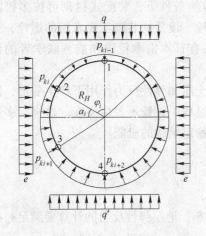 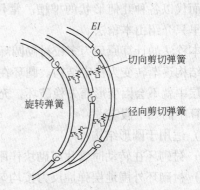

图 3.14　多铰圆环计算简图　　　　　图 3.15　旋转弹簧圆环结构

3.5.2.2　考虑土层产生侧向弹性抗力的三角形分布法

当外荷载作用在隧道衬砌上，一部分衬砌向地层方向变形，使地层产生弹性抗力。弹性抗力的分布规律很难确定，目前常采用假定弹性抗力分布规律法，如日本的三角形分布、原苏联 O. E. 布加耶娃的月牙形分布，以及二次、三次抛物线分布等方法。

在日本的三角形分布法中，抗力图形假设为一等腰三角形，见图 3.16，分布在水平直径上下各 45°范围内。按文克尔局部变形理论，假定土层侧向弹性抗力为

$$p_{kc} = K_h y \left(1 - \sqrt{2} \, |\cos\varphi| \right) \tag{3.21}$$

式中　φ——截面与竖直轴之间的夹角，当 $\varphi = 45°$时，$p_{kc} = 0$，$\varphi = 90°$时，最大弹性抗力
　　　　值为 $p_{kc} = K_h y$；

　　　K_h——侧向地层弹性反力系数，$K_h = (0.67 \sim 0.90) K_v$；

　　　K_v——竖向反力弹性反力系数，其值可参考表 3.4；

　　　y——衬砌圆环产生的向地层方向的水平变形，在水平直径处最大，其值可由下式
　　　　计算：

$$y = \frac{(2q - p_1 - p_2 + \pi g) R_H^4}{24 (\eta EI + 0.045 K R_H^4)} \tag{3.22}$$

　　　EI——衬砌圆环抗弯刚度；

　　　η——接头刚度折减系数，取 $0.25 \sim 0.8$；

　　　R_H——隧道衬砌半径，m；

　　　g——衬砌自重，kN/m^2；

q——地面至圆环任意点的高度处的地层竖向压力，kN/m^2；

p_1，p_2——水平侧向土层压力，kN/m^2，$p_1 = q\tan^2\left(45° - \dfrac{\varphi}{2}\right) - 2c\tan\left(45° - \dfrac{\varphi}{2}\right)$，$p_2 = 2\gamma R_H \tan^2\left(45° - \dfrac{\varphi}{2}\right)$，式中 γ、φ、c 分别取各个土层值的加权平均值。

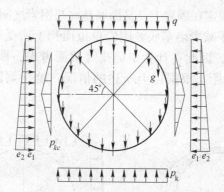

图 3.16　日本的三角形分布法

表 3.4　竖向弹性反力系数 K_v 与土壤类别的关系

土体种类	黏土	砂黏土	细砂	砂	粗砂
K_v	20	30 ~ 50	50 ~ 60	80 ~ 100	110 ~ 130

由 p_{kc} 引起的圆环内力 M、N、F_S 也可制成表格。其余各项荷载引起衬砌圆环的内力按上节自由变形圆环计算，可直接查表 3.5。把 p_{kc} 引起的圆环内力和其他衬砌外荷引起的圆环内力进行叠加，形成最终的圆环内力便为圆环衬砌的设计内力。

表 3.5　p_{kc} 引起的圆环内力

内力	$\varphi = 0 \sim \pi/4$	$\varphi = \pi/4 \sim \pi/2$
M	$p_k R_H^2(0.2346 - 0.3536\cos\varphi)$	$p_k R_H^2(-0.3487 + 0.5\sin^2\varphi + 0.2357\cos^3\varphi)$
N	$0.3536 p_k R_H \cos\varphi$	$p_k R_H(-0.707\cos\varphi + \cos^2\varphi + 0.707\sin^2\varphi\cos\varphi)$
F_S	$0.3536 p_k R_H \sin\varphi$	$p_k R_H(\sin\varphi\cos\varphi - 0.707\cos^2\varphi\sin\varphi)$

3.5.3　拱形结构的内力计算

3.5.3.1　直墙拱形

直墙拱形结构是目前地下结构中使用较多的形式，地下厂房、地下仓库、铁路隧道和水工隧洞的衬砌结构经常采用直墙拱。图 3.17（a）表示一直墙拱的横截面由顶拱、竖直边墙和底板组成。

直墙拱形结构的计算常采用弹性地基梁法，将衬砌看成是支承在两个竖直的弹性地基上的拱圈。计算时，先将顶拱和边墙分为两个单元分别计算，顶拱视为弹性固定无铰拱，边墙视为双向弹性地基梁，然后再利用边墙墙顶与顶拱拱脚处的变形协调条件考虑结构之间的相互影响。

一般情况下，直墙拱的顶拱多采用单心圆拱，但在公路和铁路隧道中因为限界的关系也常采用三心圆拱。由于结构本身属于平面变形问题，在计算时，一般取 1m 宽的一段作为计算单元。

边墙下端可认为弹性固定在围岩上，又因墙基底与围岩之间有摩擦力存在，故认为墙的下端没有水平位移。为了减少墙基底处围岩单位面积上所受的压力，常将墙的下端加宽，但加宽部分高度不大，因此在计算中仍按等截面考虑，即墙的 EI 取为常数。e_0 是墙中线对基底中线的偏心距。根据以上所述的情况，绘出如图 3.17（b）所示的计算简图。

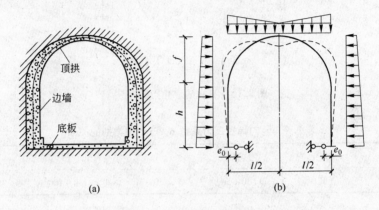

图 3.17　直墙拱及变形曲线

在图 3.17（b）中，虚线表示结构轴线的变形曲线。顶拱的端部和边墙的上部有向围岩方向变形的趋势，围岩对结构变形起约束作用，从而产生弹性抗力。顶拱的中部有与围岩相脱离的趋势，叫做脱离区，在脱离区不产生弹性抗力。这种结构的计算与自由变形结构的计算相比，其不同之处就在于考虑弹性抗力的问题。

此时，将顶拱视为支承在边墙上的弹性固定无铰拱，用力法求解，边墙当做基础梁，按文克尔假定进行计算。

图 3.18（a）为计算图 3.17 中顶拱所采用的基本结构，拱脚可视作弹性固定在边墙顶部。因为结构本身及荷载均属对称，当两拱脚发生相等的竖向位移时，在结构内并不引起内力，故在图中没有表示出竖向位移。

在图 3.18（a）中：x_1、x_2 为作用于拱的基本结构上的多余力；l、f 分别为拱的计算跨度和计算矢高；β_0、u_0 为拱脚处的角变和水平位移，当结构对称，荷载对称时，两侧拱脚的角变和水平位移相等，其方向与多余力 x_1 和 x_2 一致时为正；σ 为计算截面处的弹性抗力；q_0、e 为作用于拱结构的竖向荷载和水平荷载。

在图 3.18（b）中：$\bar{\beta}_1$、$\bar{u}_1$ 为墙顶作用单位力矩时引起墙顶的角变和水平位移；$\bar{\beta}_2$、$\bar{u}_2$ 为墙顶作用单位水平力时引起墙顶的角变和水平位移；$\bar{\beta}_3$、$\bar{u}_3$ 为墙顶作用单位竖向力时引起墙顶的角变和水平位移，以上三项统称为墙顶的单位变位；β_{ne}、u_{ne} 为梯形分布的水平力 e 引起墙顶的角变和水平位移，称为墙顶的载变位；M_{nP}^0、Q_{nP}^0、V_{nP}^0 为在基本结构中，

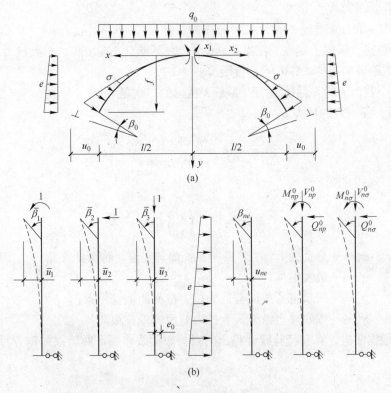

图 3.18　顶拱的基本结构和左边墙的变位
（a）计算顶拱的基本结构；（b）左边墙顶的角变 β 及水平位移 u

左半拱上的荷载引起墙顶的弯矩、水平力与竖向力；$M_{n\sigma}^0$、$Q_{n\sigma}^0$、$V_{n\sigma}^0$ 为在基本结构中，左半拱上的弹性抗力 σ 引起墙顶的弯矩、水平力与竖向力。

以上各角变、水平位移和力的方向如图 3.18（b）中所示时为正向。根据互等定理知 $\bar{u}_1 = \bar{\beta}_2$。

用力法计算直墙拱的步骤如下。

A　计算顶拱

（1）用力法方程求解多余力 x_1 和 x_2，解出的 x_1 与 x_2 均含有弹性抗力 σ_n；

（2）求出 x_1 和 x_2 的数值后，利用静力平衡条件计算顶拱各截面的内力。

B　计算边墙

（1）判定边墙所述的弹性地基梁的类型；

（2）按短梁、长梁或刚性梁分别求边墙的角变、位移和内力。

3.5.3.2　曲墙拱形结构计算

当隧道的跨度较大（不小于 5～6.0m），或水平地应力较大时，为适应较大侧向地层压力的作用，改善结构的整体受力性能，可以将结构设计成曲墙拱。它由拱圈、曲边墙和仰拱或底板组成。由于仰拱是在边墙和拱圈受力后才修建，因而通常计算中不考虑仰拱的影响，而是将拱圈和边墙合并，看成是一个支承在弹性围岩上的高拱结构。曲墙拱的计算仍然可采用力法。

A　弹性抗力的分布图形

朱拉波夫－布加耶娃法对弹性抗力分布的假定为：

（1）弹性抗力区的上零点 b 在拱顶两侧45°，下零点 a 在墙脚，最大抗力 σ_h 发生在点 h，ah 的垂直距离相当于 $2/3ab$ 的垂直距离。

（2）各个截面上的弹性抗力强度是最大抗力的二次函数。

在 bh 段，任一点的抗力 σ_i 为：

$$\sigma_i = \sigma_h \frac{\cos^2\varphi_b - \cos^2\varphi_i}{\cos^2\varphi_b - \cos^2\varphi_h} \tag{3.23}$$

在 ha 段：

$$\sigma_i = \left[1 - \left(\frac{y_i'}{y_b'}\right)^2\right]\sigma_h \tag{3.24}$$

式中　φ_i，φ_b，φ_h——分别为 i、b、h 点所在截面与竖直对称面的夹角；

　　　　σ_h——最大抗力；

　　　　y_i'——所求抗力截面与最大抗力截面的垂直距离；

　　　　y_b'——墙底外边缘至最大抗力截面的垂直距离。

以上是根据多次计算和经验统计得出的对均布荷载作用下曲墙拱衬砌弹性抗力分布的规律。

B　计算简图

曲墙拱衬砌的计算简图如图3.19所示，为一拱脚弹性固定两侧受地层约束的无铰拱，由于墙底摩擦力较大，不能产生水平位移，仅有转动和垂直沉陷，在荷载和结构均为对称的情况下，垂直沉陷对衬砌内力将不产生影响，一般也不考虑衬砌与岩土体之间的摩擦力。

采用力法求解时，可选用从拱顶切开的悬臂梁作为基本结构（如图3.20所示），切开处有多余未知力 x_1、x_2 和 σ_h 作用，根据切开处的变形协调条件，只能写出两个方程式，所以还必须利用 h 点的变形协调条件补充一个方程，这样才能求出三个未知力 x_1、x_2 和 σ_h。

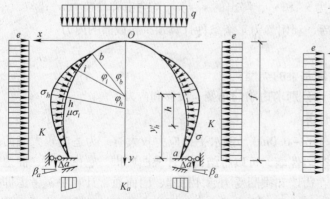

图3.19　曲墙拱的弹性抗力

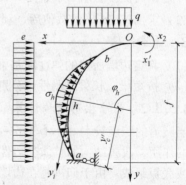

图3.20　曲墙拱衬砌的计算简图

3.5.3.3　曲墙拱形结构计算的弹性支承法

弹性支承法也称为链杆法，该法的特点是按照"局部变形"的理论考虑衬砌与围岩的作用，将弹性反力作用范围内的连续围岩离散为彼此互不相干的独立岩柱，岩柱的一个边长是衬砌的纵向计算宽度，通常取单位长度；另一条边的边长是相邻的衬砌单元的长度和的一半。为了便于计算，岩柱由弹性支承替代，并以铰的形式作用在衬砌的节点上。

在计算中，将地下结构离散为有限个单元，并将单元的连结点称为节点，节点位于结构的计算轴线上。单元数目视计算精度的需要而定，一般不少于 16 个，如图 3.21 （a）所示，每个单元的长度相等。对于直墙式衬砌，可以以起拱线为界，拱、墙单元分别选择适当的长度单元，如图 3.21 （b）所示。同时，假定单元等厚，计算厚度取单元厚度的平均值。如需考虑仰拱的作用，可将仰拱、边墙、拱圈三者一并考虑，如图 3.21 （c）所示。

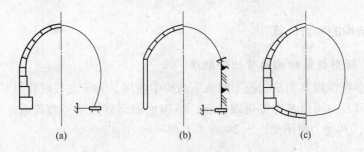

图 3.21　结构单元划分

此外，对于荷载也需要做必要的处理，即将作用于衬砌上的分布荷载转换为节点荷载。严格地说，力的转换应该按静力等效原则进行，但是由于荷载本身的准确性差，故可以近似利用简支分配原则进行转换，而不用考虑力的迁移引起的力矩影响。

弹性支承的方向与弹性反力的方向一致。当不考虑衬砌与围岩之间的摩擦力时，可以将支承径向设置，仅传递轴向压力，如图 3.22 （a）所示；若考虑摩擦力，则可以将弹性支承偏转一个角度，如图 3.22 （b）所示，为简便计算甚至可以水平设置，如图 3.22 （c）所示；如果衬砌与围岩之间填充密实，接触良好，除设置径向链杆外，还可设置切向链杆，如图 3.22 （d）所示。

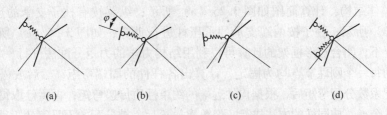

图 3.22　弹性支承设置

根据上述分析得到的计算模型，如图 3.23 所示，可以将节点力作为未知力进行计算；也可以将节点位移作为未知力进行位移法计算。

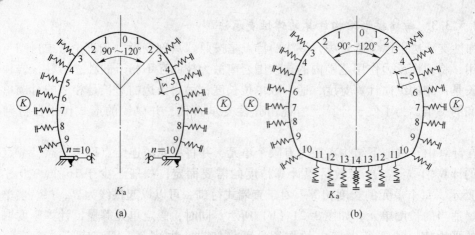

图 3.23　弹性支承法计算模型和单元划分

（a）无仰拱；（b）有仰拱

3.5.4　框架结构的内力计算

3.5.4.1　矩形框架结构的弯矩分配法

矩形结构多在浅埋和明挖法施工的地下结构中使用。对于底板较短且相对于地层有较大刚度时，地基反力可以考虑按直线分布，结构上的荷载包括竖直荷载 q、水平土压力 e 以及水压力 p_w，其受力简图如图 3.24 所示。

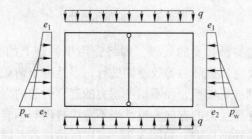

图 3.24　框架结构主动荷载计算模型

　　一般情况下，框架的顶板和底板的厚度要比中间隔墙的尺寸大得多，导致中间隔墙的刚度较小，因而可以将其看成是只承受轴力的二力杆。如果中间隔墙用柱和纵梁代替，则可将其视为整体结构，计算简图如图 3.25（a）所示；纵梁按有柱子支承的连续梁计算，如图 3.25（b）所示；柱子按两端支承的承压柱进行计算，如图 3.25（c）所示。在不考虑位移的情况下，闭合矩形框架的计算可以利用结构力学的力矩分配法进行。基本做法为：先假定刚架的每一个刚性节点均为固定，计算出各杆件的固端弯矩；然后放松其中 1 个节点，按照分配系数分配弯矩后，根据构件远端的约束性质传递弯矩；再将已取得平衡的点固定，放松第 2 个点，按同样的方法进行，经数次放松后，被分配的不平衡弯矩很快收敛；最后，将各杆端的固端弯矩、分配弯矩以及传递弯矩相加，即可得到各杆端的最后弯矩。

3.5.4.2　弹性半无限平面地基上的框架计算

图 3.26（a）所示的地下铁道的通道，为平面变形问题。沿纵向取 1m 宽计算。将地

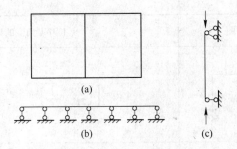

图 3.25 框架结构计算简图
（a）框架计算图示；（b）梁的计算图示；（c）柱的计算图示

基也沿纵向取 1m 宽，并视为弹性半无限平面。采用这种假定，通常叫做弹性地基上的框架。

弹性地基上框架结构与一般平面框架的主要区别在于结构底板承受未知的地基弹性反力。因此在计算时，不仅要考虑框架自身变形对内力的影响，也要考虑由于底板变形引起的框架内力的变化。对框架的内力计算仍可以采用结构力学中介绍的力法、位移法和力矩分配法等方法；对框架底板的计算，则可采用弹性半无限平面的求解方法，即查表法，也可以采用链杆（弹簧）法求解。

当跨度较小时，可采用单跨矩形闭合框架。图 3.26（a）为一地铁车站出入口通道的计算简图，系单跨对称的框架。计算这个框架的内力时可采用如图 3.26（b）所示的基本结构。即将上部框架与底板相连接的刚结点换为铰接，使上部框架变为两铰框架，框架底板为弹性地基梁。常用的框架结构的位移及角变的计算公式见表 3.6。

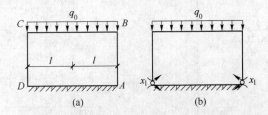

图 3.26 某地铁车站出入口通道的计算简图

通过力法方程解出各未知力后，两铰框架的弯矩可用力矩分配法或迭加法求解。求基础梁的内力及地基反力，使用查表法计算。

表 3.6 常用位移及角变的计算公式

情　形	简　图	位移及角变的计算公式
（1）对称	C　K_2　B　K_1　K_1　D　A	$\theta_A = \dfrac{M_{BA}^F + M_{BC}^F - \left(2 + \dfrac{K_2}{K_1}\right)M_{AB}^F}{6EK_1 + 4EK_2}$

情　形	简　图	位移及角变的计算公式
(2)反对称		$\theta_A = \left[\left(\dfrac{3K_2}{2K_1} + \dfrac{1}{2} \right) hP - M_{BC}^F + \left(\dfrac{6K_2}{K_1} + 1 \right) M \right] \dfrac{1}{6EK_2}$
(3)		$\theta = \dfrac{q_0}{24EI}(l^3 - 6lx^2 + 4x^3)$ $y = \dfrac{q_0}{24EI}(l^3 x - 2lx^3 + x^4)$
(4)		荷载左段 $\theta = \dfrac{P}{EI}\left[\dfrac{b}{6l}(l^2 - b^2) - \dfrac{bx^2}{2l} \right]$ $y = \dfrac{P}{EI}\left[\dfrac{bx}{6l}(l^2 - b^2) - \dfrac{bx^3}{6l} \right]$ 荷载右段 $\theta = \dfrac{P}{EI}\left[\dfrac{(x-a)^2}{2} + \dfrac{b}{6l}(l^2 - b^2) - \dfrac{bx^2}{2l} \right]$ $y = \dfrac{P}{EI}\left[\dfrac{(x-a)^3}{6} + \dfrac{bx}{6l}(l^2 - b^2) - \dfrac{bx^3}{6l} \right]$
(5)		荷载左段 $\theta = \dfrac{m}{EI}\left(\dfrac{x^2}{2l} - a + \dfrac{l}{3} + \dfrac{a^2}{2l} \right)$ $y = \dfrac{m}{EI}\left(\dfrac{x^3}{6l} - ax + \dfrac{lx}{3} + \dfrac{a^2 x}{2l} \right)$ 荷载右段 $\theta = \dfrac{m}{EI}\left(\dfrac{x^2}{2l} - x + \dfrac{l}{3} + \dfrac{a^2}{2l} \right)$ $y = \dfrac{m}{EI}\left(\dfrac{x^3}{6l} - \dfrac{x^2}{2} + \dfrac{lx}{3} + \dfrac{a^2 x}{2l} - \dfrac{a^2}{2} \right)$
(6)		$\theta = \dfrac{m}{EI}\left(\dfrac{x^2}{2l} - x + \dfrac{l}{3} \right)$ $y = \dfrac{m}{EI}\left(\dfrac{x^3}{6l} - \dfrac{x^2}{2} + \dfrac{lx}{3} \right)$
(7)		$\theta = \dfrac{m}{EI}\left(\dfrac{l}{6} - \dfrac{x^2}{2l} \right)$ $y = \dfrac{m}{6EI}\left(lx - \dfrac{x^3}{l} \right)$
(8)		$\theta_F = \dfrac{mh}{EI}$（下端的角变） $y_F = \dfrac{mh^2}{2EI}$（下端的水平位移）

续表 3.6

情　形	简　图	位移及角变的计算公式
(9)		$\theta_F = \dfrac{Ph^2}{2EI}$（下端的角变） $y_F = \dfrac{Ph^3}{3EI}$（下端的水平位移）
说　明	角变 θ 以顺时针向为正，固端弯矩 M^F 以顺时针向为正，$K = \dfrac{I}{l}$	
	对称情况求铰 A 处的角变 θ_A 时用情形（1）的公式	
	反对称情况求铰 A 处的角变时用情形（2）的公式。但应注意，M_{BA}^F 必须为零方可，否则不能使用该公式。图中所示的 M 和 P 为正方向	

3.6　地下结构的设计方法

结构设计的目的就是选择合理的结构参数，以达到安全、适用、耐久和经济的要求。地下结构的设计内容主要包括选择结构的轴线形状、内轮廓尺寸、结构的尺寸（如衬砌厚度）、材料和构造。结构的轴线形状和内轮廓尺寸应满足地下结构的净空要求；结构的尺寸、材料和构造应满足结构的承载力和稳定性要求：由于地下工程结构一般为超静定结构，结构内力只有在拟定了结构的尺寸、材料和构造以后才能求得。因此，地下结构的设计一般需要以下迭代过程：假定结构尺寸、材料和构造，针对一定的荷载或荷载组合计算结构的内力，检算结构的承载力和稳定性，如果满足要求且经济合理则选定假设的结构尺寸、材料和构造，设计完成；否则重复上面的过程直到满足设计要求。

地下结构常使用模筑混凝土、拼装衬砌、复合衬砌等，其承载力计算和稳定性验算与地面结构相同，即仍采用容许应力法、破损阶段法和极限状态法。这 3 种方法分别对应构件最不利截面的不同工作阶段，破损阶段法与极限状态法的主要区别在于它们处理不确定性影响因素的方式和定量程度不同。

3.6.1　容许应力法

容许应力法是最早的钢筋混凝土结构设计理论。它是假定材料受力后保持在弹性工作阶段，在规定的荷载标准值作用下，要求结构控制应力应小于材料的容许应力，而材料的容许应力为材料强度除以安全系数，即

$$\sigma_{\max} \leqslant [\sigma] = \overline{\sigma}/K_\sigma \tag{3.25}$$

式中　$\sigma_{\max}$——结构最不利截面上的最大应力（正应力或剪应力）；

　　　$[\sigma]$——材料的容许应力；

　　　$\overline{\sigma}$——材料的极限强度；

　　　K_σ——按容许应力法设计时结构的安全系数。

容许应力法的优点是沿用了弹性理论，计算比较简便。其缺点表现在不考虑结构材料的塑性性能，不能正确反映构件截面的承载能力，而且安全系数的确定主要依靠经验，缺乏科学依据。

3.6.2　破坏阶段法

20 世纪 40 年代，出现了按破坏阶段设计的方法。《铁路隧道设计规范》（TB 10003—2005）和《公路隧道设计规范》（JTG D60—2004）中规定，铁路双线及以上隧道和公路隧道结构设计计算需按破坏阶段法验算构件截面的强度。

破坏阶段法主要考虑材料的塑性性质，按破坏阶段计算结构截面的极限承载力。要求必须保证在最不利荷载组合的作用下，结构的承载能力（弯矩、剪力、轴力及扭矩）不超过材料的极限承载力，即

$$F_{\max} \le \bar{F}/K_F \tag{3.26}$$

式中　$F_{\max}$——结构最不利截面上的控制内力（轴力、剪力、弯矩及扭矩）；

　　　　$\bar{F}$——该截面的极限承载力；

　　　　K_F——按破坏阶段模型设计时结构的安全系数。

破坏阶段法反映了构件截面的实际工作情况，计算结果比较准确，但由于采用了笼统的安全系数来估算使用荷载的超载和材料强度的变异性，因而仍缺乏明确的概念，只限于计算结构的承载能力。

3.6.3　极限状态法——按结构可靠度设计

容许应力法和破坏阶段法是通过安全系数给予结构一定的安全储备，安全系数的大小是凭经验取值的，没有充分的理论依据。而结构的可靠性是综合考虑各种影响因素以后，用"失效概率"或"可靠度"来定量地描述结构的安全性、适用性和耐久性。例如，如果能够估算某地下结构在其 50 年的设计基准期内每年独立发生失效的概率为 10^{-5}，则该结构在其设计基准期内的可靠度（概率）为 0.9995（$1 - 50 \times 10^{-5} = 0.9995$），这种具体而明确的定量描述是经验安全系数所不能提供的。

极限状态法考虑荷载、结构尺寸、材料特性等因素的变化和概率分布，建立表达结构功能的状态函数和极限状态方程。显然，一般的结构状态函数是多元随机变量的随机函数，但实用中通常可以用两个综合随机变量来表达结构的状态函数：一个是荷载效应（如最不利截面上的弯矩、轴力、变形值、裂缝值、倾覆力矩、滑移力等），另一个是结构抗力（即结构的性能容许值，如结构弯矩、轴力、变形、裂缝、抗倾覆力矩、抗滑移力的极限容许值等）。结构功能的极限状态代表整个结构或结构的一部分失效（不能满足设计功能）前的临界状态，可以归纳成两类：承载力极限状态和正常使用极限状态。《铁路隧道设计规范》（TB 10003—2005）规定：一般地区单线隧道整体式衬砌及洞门、单线隧道偏压衬砌及洞门、4 线拱形明洞及洞门的结构设计，可采用概率极限状态法设计。

既然极限状态法考虑结构可靠度影响因素的概率分布，结构的最不利位置也应该是这些因素的随机函数，但这样处理比较复杂，因此实用中一般仅采用荷载效应的最不利位置。极限状态设计要求，结构的最不利荷载效应不超过结构抗力，可以表示为

$$S \le R \tag{3.27}$$

式中　S——结构的荷载效应；

　　　　R——结构抗力。

近几年，国际上在结构设计方面的趋向是采用基于概率理论的极限状态设计法，即概

率极限状态设计法，大致可以分为三个水准：

（1）半概率法。在工程设计中，一方面对影响结构可靠的某些参数，如荷载值、材料的强度等，用数理方法进行分析；另一方面结合工程经验，引入某些经验系数，故称为半概率半经验法。但这一方法无法对结构的可靠度进行定量的估计。

（2）近似概率法。这一方法将结构抗力和荷载效应作为随机变量，按给定的概率分布估算失效概率和可靠性指标，在分析中采用平均值和标准差，对设计表达式进行线性化处理，也称为"一次二阶矩法"。作为一种实用的近似概率计算方法，在计算中利用分项系数来表达极限状态设计表达式，各分项系数根据可靠度分析优选确定。

（3）全概率法，是完全基于概率论的设计方法。

3.6.4 现代支护结构设计方法

随着岩石力学的发展和现代锚喷技术的应用，以岩石力学为基础，考虑支护结构与围岩相互作用的现代支护结构原理逐渐形成，当前国际上比较流行的新奥尔良隧道设计施工方法就是在现代支护结构原理上建立的，其主要内容包括以下几点：

（1）围岩与支护共同作用原则；

（2）充分发挥围岩自承能力；

（3）尽量发挥支护材料承载力；

（4）注重现场监控测量和监控设计；

（5）针对岩体的地质、力学特征，选择相应的设计原则。

判断准则是地下工程开挖与支护设计的重要依据。目前，在地下结构设计中还没有简单通用的准则，也没有类似于结构设计常采用的允许安全系数。每一项地下工程都是特定地质条件下的特定工程，其工程开挖与设计的判断准则既需要考虑特定环境、岩体类型，也需要满足施工和运营条件。因此，设计者的职责就是在满足工程功能要求条件下，寻求一种既经济又安全的最优化方案。Hork 运用系统工程理论，在进行稳定性分析和变形监测的基础上，给出了岩土工程中的典型问题、关键参数、分析方法和可接受的设计准则，与地下工程相关的内容见表 3.7。

表 3.7　地下结构设计判断准则

地下结构	典型问题	关键参数	分析方法	设计准则
水电站压力隧洞	高压引起渗流。由于变形或外压导致钢衬砌支护的断裂破坏	1. 围岩最大主应力与最大渗透压力比； 2. 钢衬砌长度与注浆有效性； 3. 岩体中的地下水位	1. 确定覆盖层厚度； 2. 隧道断面的应力分析； 3. 比较围岩最大主应力，以此确定衬砌的长度	以下情况需要安装钢衬砌支护： 1. 对于典型水电站，围岩最小主应力小于 1.3 倍的静压水头； 2. 围岩最小主应力小于 1.15 倍的静压水头
软弱岩层隧道	次生应力超过岩体强度而发生破坏。若支护不当，将发生膨胀、挤压破坏及过量收敛变形	1. 岩体强度和独立结构特征； 2. 膨胀性，尤其是沉积岩层； 3. 开挖方法和顺序； 4. 安装顺序和承载力	1. 数值分析确定围岩破坏范围和可能的位移； 2. 采用收敛约束法研究围岩和支护的相互作用，确定支护参数和位移	1. 实施的支护应能让围岩充分变形； 2. 采用掘进机，并采用封闭支护，防止岩层遇水膨胀； 3. 加强变形监测

续表 3.7

地下结构	典型问题	关键参数	分析方法	设计准则
浅埋节理岩体隧道	节理切割块体在重力作用下片冒	1. 结构面节理产状、位置和抗剪强度； 2. 开挖断面形状和方法； 3. 爆破质量； 4. 支护施工顺序与能力	1. 利用空间赤平投影计算理论确定潜在的滑移楔体； 2. 利用极限平衡法分析关键块体稳定性，给出设计参数和稳定系数	1. 提高关键块体以及锚索本身的安全系数；对滑移楔体应大于 1.5；对于冒落块体应大于 2.0； 2. 支护主要针对关键块； 3. 变形监测值不大
节理岩体大跨度隧道	重力作用下的块体冒落或岩体的张拉和剪切破坏，取决于结构面间距和原岩应力的大小	1. 洞室的断面形状和相对于结构面的产状与位置； 2. 原岩应力； 3. 开挖和支护质量以及爆破质量	1. 利用空间赤平投影计算理论确定潜在的滑移楔体； 2. 利用数值分析方法计算开挖过程的围岩应力和位移	支护可以控制围岩塑性区的扩展，将位移控制在允许范围之内
地下核废料处理工程	应力和温度导致围岩产生高渗透压力，导致核废料气、液体扩散	1. 岩石节理产状、位置和抗剪强度； 2. 围岩的原岩和温度应力； 3. 围岩地下水分布	1. 利用数值分析方法计算高温核废料的应力和位移； 2. 利用数值方法计算岩石损伤区、节理裂隙的渗透特性，以及地下水流动模式和速度	1. 围岩具有极低的渗透特性，可限制核废料扩散； 2. 存废料的洞室、隧道应满足 50 年以上的永久稳定

　　地下结构理论的另一方面内容，是关于岩体中由于节理裂隙切割而形成的不稳定块体的失稳分析，一般应用工程地质和力学计算相结合的分析方法，即岩石块体极限平衡分析法。这种方法是在工程地质的基础上，根据极限平衡理论，研究岩块形状和大小与塌落条件之间的关系，以确定支护参数。

　　近年来，在地下结构中主要使用的工程类比法，也在向着定量化、精确化和科学化发展。与此同时，在地下结构设计中采用动态分析方法，即利用现场监测信息，从反馈信息的数据预测地下工程的稳定性，从而对支护结构进行优化设计等方面也取得了重要进展。

　　应当看到，由于岩土体的复杂性，地下结构设计理论还处在不断发展阶段，各种设计方法还需要不断提高和完善，后期出现的设计计算方法一般也并不否定前期的研究成果，各种计算方法都有其比较适用的一面，但又各自带有一定的局限性，设计者在选择计算方法时，应对其有深入的了解和认识。

　　国际隧道协会（ITA）在 1987 年成立了隧道结构设计模型研究组，收集和汇总了各会员国目前采用的地下结构设计方法，经过总结，国际隧道协会认为，目前采用的地下结构设计方法可以归纳为以下四种设计模型：

　　（1）以参照过去地下工程实践经验进行工程类比为主的经验设计法；

　　（2）以现场量测和实验室试验为主的实用设计方法，例如以洞周位移量量测值为基础的收敛－约束法；

　　（3）作用－反作用模型，即荷载－结构模型，例如弹性地基圆环计算和弹性地基框架计算等计算法；

　　（4）连续介质模型，包括解析法和数值法。

由于地下结构的设计受各种复杂因素的影响，因此经验设计法至今仍占据一定的位置。即使内力分析采用了比较严密的理论，其计算结果往往也需要用经验类比来判断和补充。以测试为主的实用设计方法常受现场人员欢迎，因为它能提供直觉的材料，以更确切地估计地层和地下结构的稳定性和安全程度。理论计算法可以用于进行无经验可循的新型结构设计，基于作用–反作用模型和连续介质模型的计算理论已成为一种特定的计算手段而受到人们的重视。当然，工程设计人员在进行地下结构设计时，一般应进行多个方案的比较，以作出较为经济合理的设计。

思 考 题

3－1　地下建筑结构的受力特点有哪些？

3－2　地下建筑结构应考虑哪些荷载？

3－3　地下结构设计中如何考虑围岩对结构的影响？

3－4　常用的地下结构力学计算模型有哪些？

3－5　荷载–结构模型的计算原理是什么？

3－6　什么是弹性地基梁法？

3－7　简述地下建筑结构的设计内容。

3－8　为什么说弹性抗力是一种被动力而不是主动力？

3－9　现代支护结构设计方法包括哪些内容？

3－10　作用效应组合时应遵循怎样的原则？

地下建筑施工技术

4.1 概述

4.1.1 地下建筑施工技术的发展现状

地下建筑工程施工时的灾害风险大，影响因素多，处理不慎就可能引起伤亡事故，造成较大的生命财产损失和不良的社会影响。因此，在地下建筑工程施工中，合理选择施工技术和方法至关重要。地下建筑施工技术的选择通常需考虑以下几点因素：

（1）工程的重要性，主要是工程投资规模和运营后的社会、经济和环境效益等；

（2）工程的断面尺寸、埋置深度等；

（3）工程所处的工程地质和水文地质条件；

（4）施工条件，包括技术条件、装备情况、安全状况、施工中劳动力和原材料的供应情况等；

（5）有关地面沉降、环境污染等环境方面的要求和限制等。

其中埋置深度对施工方法具有决定性的影响，一般情况下，埋深较浅的地下工程，大多采用明挖法，具体施工时先从地面挖基坑或堑壕，修筑完衬砌之后再回填。当埋深超过一定深度后必须采用暗挖法，即不挖开地面，采用在地下开挖洞室的方式施工。

由于地层岩性的不同，所采用的施工工艺有所区别，具体来说，在岩石地层内，多采用矿山法和隧洞掘进机法。其中矿山法是指主要采用钻孔爆破方法分部或全断面开挖隧道洞室的方法。隧洞掘进机法则是利用掘进机切削岩层一次开挖成洞的方法。也有采用在盾构掩护下用切割式凿岩机开挖坑道的方法。

在土层内进行地下工程修筑时，常用的施工技术有：明挖法、顶管法、沉井法、盾构法、地下连续墙法以及矿山法等。在含水地层的竖井施工中，也有采用冻结法或大钻头钻井的方法。修建过河、过海的水底隧道，还可以采用沉管法施工。

目前在城市地下工程中，以盾构法、新奥法和浅埋暗挖法等应用较为广泛。其中盾构法是我国大多数城市地铁和市政隧道施工采用的主要方法，已取得较好的工程效果。此外还有其他的一些方法如顶管法、沉管法、沉箱法、TBM 法、非开挖技术、盖挖法和明挖法等。

地下建筑工程施工技术和方法的发展，除了工程技术人员对地下建筑及其周围介质认识逐渐深化以外，还有赖于系列化、自动化施工机械的研制和新材料的创造，使得在开挖、运输和衬砌等作业中能综合运用，并形成新的施工方法，以缩短施工期限和保证工程质量。

4.1.2 地下建筑施工特点

与地面建筑施工相比，地下建筑结构施工具有下列特点：

（1）受工程地质和水文地质条件的影响较大；

（2）工作条件差、工作面少而狭窄、工作环境差；

（3）暗挖法施工对地面影响较小，但埋置较浅时可能产生地面沉陷；

（4）有大量废土、碎石须妥善处理。

4.1.3　地下建筑施工技术的主要内容

地下建筑施工技术一般包括基本作业、辅助作业、环境控制和施工管理四方面的内容，每一项又包括不同的内容，具体见图4.1。

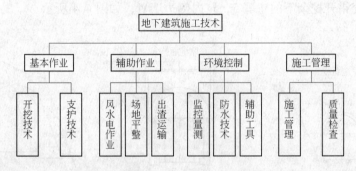

图4.1　地下建筑施工技术

4.2　明挖法

明挖法是从地表开挖基坑或堑壕，修筑衬砌后用土石进行回填的浅埋隧道、管道或其他地下建筑工程的施工方法总称。一般隧道中的明洞、城市中的地下铁道隧道和市政隧道、穿越有明显枯水期河流的水底隧道或其他河岸段、引道段及其他浅埋的地下建筑工程等，只要地形、地质条件适宜，地面建筑物条件许可，均可采用明挖法施工。明挖法施工具有以下特点：

（1）多用在地形相对比较平坦地段；

（2）地下洞室埋深一般较浅，深度一般不大于30m；

（3）相比较暗挖法，适用于不同类型的地下建筑结构形式，一般在矩形框架结构施工中应用较多；

（4）随着地下建筑埋深的增加，明挖法的施工成本、工期将大幅增加。根据统计，当明挖法深度超过20m时，其施工成本和工期要比暗挖法大。

与暗挖法和其他工法相比，明挖法施工速度快，质量好，而且安全。但缺点也较明显，例如干扰地面交通，常需要拆迁地面建筑物，以及需要加固、悬吊、支托跨越基坑的各种地下管线。

明挖法施工方法主要有三种基本类型：先墙后拱法、先拱后墙法和墙拱交替法。

（1）先墙后拱法。先墙后拱法是最常用的一种方法，适用于地形有利、地质条件较好的各种浅埋隧道和地下建筑工程。其施工步骤是：先开挖基坑或堑壕，再以先边墙后拱圈（或顶板）的顺序施做衬砌和敷设防水层，最后进行洞顶回填。当地形和施工场地条件许可，边坡开挖后又能暂时稳定时，可采用带边坡的基坑或堑壕，如图4.2所示。如施工场地受限制，或边坡不稳定时，可采用直壁的基坑或堑壕，此时坑壁必须进行支护。

（2）先拱后墙法。适用于破碎岩层和土层。其施工步骤是：从地面先开挖起拱线以上部分，按地质条件可开挖成敞开式基坑，或支撑的直壁式基坑 1，接着修筑顶拱 Ⅱ，然后在顶拱掩护下挖中槽 3，分段交错开挖马口 4 和 6，修筑边墙 Ⅴ 和 Ⅶ，如图 4.3 所示。

（3）墙拱交替法。是先墙后拱法和先拱后墙法两种方法的混合使用，边墙和顶拱的修筑相互交替进行，它适用于不能单独采用先墙后拱法或先拱后墙法的特殊情况。其施工步骤是：先开挖外侧边墙部位土石方 1，修筑外侧边墙 Ⅱ；开挖部分堑壕 3 至起拱线，修筑顶拱 Ⅳ；分段交错开挖余下的堑壕 5，筑内侧边墙 Ⅵ，如图 4.4 所示。

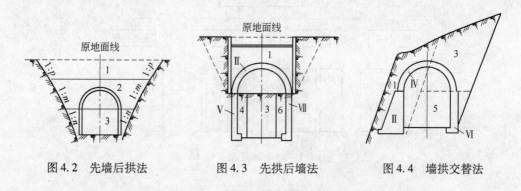

图 4.2　先墙后拱法　　　　图 4.3　先拱后墙法　　　　图 4.4　墙拱交替法

为了保证施工正常顺利地进行，有时还需要完成下列重要辅助工作：

（1）坑壁支护。直壁式基坑必须进行支护。在岩石地层和一般黏土地层中，通常采用木支撑支护，有时可配合用锚杆支护。在不稳定含水松软地层中施工时，常用板桩支护，根据具体情况选用工字钢或钢板桩。当基坑较大，不便于架设横撑时，可用土层锚杆代替。

（2）施工防排水。其目的是使地表水和地下水不流入基坑中，以保持坑壁的稳定和创造良好的施工条件。在基坑开挖之前，必须在其周围开挖排水沟拦截地表水。在含水地层中施工时，根据水文地质条件，可选用集水坑水泵抽水、井点降水、钢板桩围堰、压浆堵水或冻结法等方法。

明挖法施工主要有基坑开挖、地下连续墙、盖挖法和沉管法等工法，下边将分别介绍。

4.2.1　基坑开挖

基坑是指为进行建筑物基础与地下室的施工所开挖的地面以下空间，属于临时性工程，其作用是提供施工空间，使基础的砌筑作业得以按照设计所指定的位置进行。

基坑开挖是指按设计要求在基坑内挖除地下建筑物的建筑基面高程以上的岩土。开挖前应根据场地的工程地质和水文地质资料，结合现场附近建筑物情况，确定基坑侧壁的安全等级，决定开挖方案，并做好防水、排水工作。

基坑工程安全等级一般根据侧壁安全等级来确定，影响因素包括基坑开挖深度、周边环境条件、支护结构破坏后果等，一般划分为三级，具体见表 4.1。

表 4.1　基坑工程安全等级划分表

安全等级	周边环境条件	破坏后果	基坑深度	工程地质条件	地下水条件	对施工影响
一级	很复杂	很严重	大于12m	复杂	很高	影响严重
二级	较复杂	较严重	6～12m	较复杂	较高	影响较严重
三级	简单	不严重	小于6m	简单	较低	影响轻微

　　基坑工程安全等级从一级开始，有两项（含两项）以上，最先符合该等级标准者，即可定为该等级。

　　根据开挖深度、邻近建筑物的影响等因素综合考虑，基坑开挖一般分为无支护开挖和支护开挖两类。

　　无支护开挖一般适用于以下情况：

　　（1）深度在5m以内的浅基础基坑开挖，其施工期相对较短，挖基坑时不影响邻近建筑物的安全；

　　（2）场地地下水位低于基底，或者渗透量小，不影响坑壁的稳定性；

　　（3）对于场地的地质条件较好，放坡开挖不受周围条件限制时，深度可以大于5m。

　　常见的无支护坑壁有垂直坑壁、斜坡和阶梯形坑壁、变坡度坑壁等三种形式。

　　当基坑开挖较深，或基坑壁土质不稳定，并有地下水的影响，受施工场地或邻近建筑物限制，不能直接进行放坡开挖时，为保证地下结构施工及基坑周边环境的安全，对基坑侧壁及周边环境采用支挡、加固与保护措施的有支护开挖。

　　有支护基坑开挖的方法主要有中心岛式挖土、盆式挖土和逆作法挖土三种。

　　中心岛式挖土是从中间向四周开挖，先开挖周边土方，最后挖去中心土墩土方。一般用于基坑面积很大，并且能留有大面积无支撑空间的情形，如图4.5所示。

　　中心盆式挖土是先在基坑中部放坡开挖，形成中心岛盆式工况，然后开挖部分施工结构底板或地下结构，再利用建好的地下结构设置水平支撑或竖向斜抛撑，最后挖去四周盆边土方，完成地下结构施工。常用于基坑面积很大且不宜设置整体水平内支撑体系的情形，如图4.6所示。

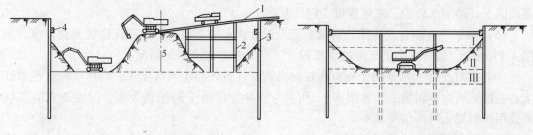

图 4.5　中心岛式挖土　　　　　　　　图 4.6　中心盆式挖土

1—栈桥；2—支架；3—围护墙；4—腰梁；5—土墩

　　逆作法是利用主体工程地下结构作为基坑支护结构，并采取地下结构由上而下的设计施工方法。逆作法可设计为不同的围护结构支撑方式，分为全逆作法、半逆作法、部分逆作法等多种形式。逆作法以结构代替支撑，支撑刚度大，利于控制变形，还避免了资源浪费，经济效益显著，并且可以上下同时施工，增大作业面，缩短工期，是超大面积、超深基坑工程更为安全、可靠、经济、合理的设计施工方法。

4.2.2　常见基坑开挖与支护方法

4.2.2.1　浅基坑的支护

浅基坑的支护方法主要有以下几种：

（1）间断式水平支撑。两侧挡土板水平放置，用工具式横撑或木横撑借木楔顶紧，挖一层土，支顶一层，如图4.7所示。这种方法适于能保持立壁的干土或天然湿度的黏土类土，地下水很少、深度在2m以内的基坑。

（2）断续式水平支撑。挡土板水平放置，中间留出间隔，并在两侧同时对称立竖方木，再用工具式横撑或木横撑上、下顶紧，如图4.8所示。这种方法适于能保持直立壁的干土或天然湿度的黏土类土，地下水很少、深度在3m以内的基坑。

（3）连续式水平支撑。挡土板水平连续放置，不留间隙，然后两侧同时对称立竖方木，上、下各顶一根撑木，端头加木楔顶紧，如图4.9所示。这种方法适于较松散的干土或天然湿度的黏土类土，地下水很少、深度为3～5m的基坑。

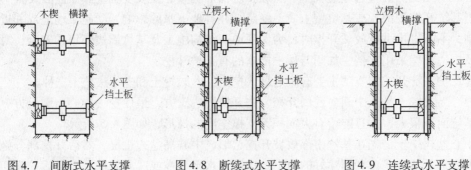

图4.7　间断式水平支撑　　图4.8　断续式水平支撑　　图4.9　连续式水平支撑

（4）连续或间断式垂直支撑。挡土板垂直放置，可连续或留适当间隙，然后每侧上、下各水平顶一根方木，再用横撑顶紧，如图4.10所示。这种方法适于土质较松散或湿度很高的土，地下水较少、基坑深度不限的基坑。

（5）水平垂直混合式支撑。基坑上部设连续式水平支撑，下部设连续式垂直支撑，如图4.11所示。这种方法适于基坑深度较大，下部有含水土层的情况。

（6）斜柱支撑。水平挡土板钉在柱桩内侧，柱桩外侧用斜撑支顶，斜撑底端支在木桩上，在挡土板内侧回填土，如图4.12所示。这种方法适于开挖较大型、深度不大的基坑或使用机械挖土时的情况。

（7）锚拉支撑。水平挡土板支在柱桩的内侧，柱桩一端打入土中，另一端用拉杆与锚桩拉紧，在挡土板内侧回填土，如图4.13所示。这种方法适于开挖较大型、深度不大的基坑或使用机械挖土，不能安设横撑时使用。

（8）型钢桩横挡板支撑。沿挡土位置预先打入钢轨、工字钢或H型钢桩，间距1.0～1.5m，然后边挖方边将3～6cm厚的挡土板塞进钢桩之间挡土，并在横向挡板与型钢桩之间打上楔子，使横板与土体紧密接触，如图4.14所示。这种方法适于在地下水位较低、深度不大的一般黏性或砂土层中使用。

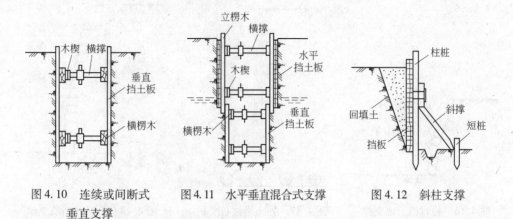

图 4.10 连续或间断式 垂直支撑   图 4.11 水平垂直混合式支撑   图 4.12 斜柱支撑

（9）短桩横隔板支撑。打入小短木桩，部分打入土中，部分露出地面，钉上水平挡土板，在背面填土、夯实，如图 4.15 所示。这种方法适于开挖宽度大的基坑，当部分地段下部放坡不够时使用。

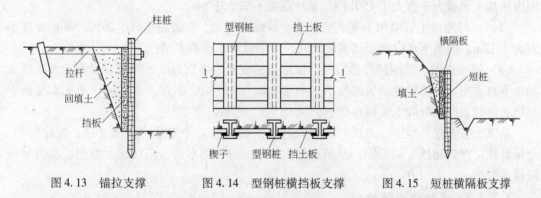

图 4.13 锚拉支撑   图 4.14 型钢桩横挡板支撑   图 4.15 短桩横隔板支撑

（10）临时挡土墙支撑。沿坡脚用砖、石叠砌或用装水泥的聚丙烯扁丝编织袋、草袋装土、砂堆砌，使坡脚保持稳定，如图 4.16 所示。这种方法适于开挖宽度大的基坑，当部分地段下部放坡不够时使用。

（11）挡土灌注桩支护。在开挖基坑的周围，用钻机或洛阳铲成孔，桩径 $\phi 400 \sim 500mm$，现场灌筑钢筋混凝土桩，桩间距为 $1.0 \sim 1.5m$，在桩间土方挖成外拱形使之起土拱作用，如图 4.17 所示。这种方法适用于开挖较大、较浅（小于 5m）基坑，邻近有建筑物，不允许背面地基有下沉、位移时采用。

（12）叠袋式挡墙支护。采用编织袋或草袋装碎石（砂砾石或土）堆砌成重力式挡墙作为基坑的支护，在墙下部砌 500mm 厚块石基础，墙底宽由 $1500 \sim 2000mm$，顶宽由 $500 \sim 1200mm$，顶部适当放坡卸土 $1.0 \sim 1.5m$，表面抹砂浆保护，如图 4.18 所示。这种方法适用于一般黏性土、面积大、开挖深度在 5m 以内的浅基坑支护。

4.2.2.2 深基坑的支护

（1）排桩或地下连续墙。排桩或地下连续墙适于基坑侧壁安全等级一、二、三级，悬

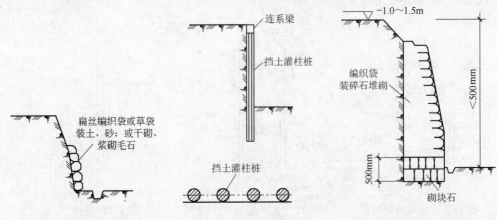

图 4.16　临时挡土墙支撑　　　图 4.17　挡土灌注桩支护　　　图 4.18　叠袋式挡墙支护

臂式结构适用于较浅的基坑，在软土场地中不宜大于 5m，当地下水位高于基坑底面时，宜采用降水、排桩加止水帷幕或地下连续墙。

（2）水泥土墙。采用水泥土墙时，基坑侧壁安全等级宜为二、三级，水泥土桩施工范围内地基土承载力不宜大于 150kPa，基坑深度不宜大于 6m。

（3）土钉墙。土钉墙用于基坑侧壁安全等级宜为二、三级的非软土场地，基坑深度不宜大于 12m，当地下水位高于基坑底面时，应采取降水或截水措施。

（4）逆作拱墙。采用逆作拱墙时，基坑侧壁安全等级宜为二、三级，淤泥和淤泥质土场地不宜采用，拱墙轴线的矢跨比不宜小于 1/8，基坑深度不宜大于 12m，地下水位高于基坑底面时，应采取降水或截水措施。

基坑土方开挖的顺序、方法必须与设计要求相一致，并遵循"开槽支撑，先撑后挖，分层开挖，严禁超挖"的原则。基坑边界周围地面应设排水沟，对坡顶、坡面、坡脚采取降排水措施。

4.2.2.3　基坑边坡保护

当基坑放坡高度较大，施工期和暴露时间较长时，基坑边坡易于疏松或滑坍。为防止基坑边坡因气温变化，或失水过多而疏松或滑坍，或防止坡面受雨水冲刷而产生溜坡现象，应根据土质情况和实际条件采取边坡保护措施，以保护基坑边坡的稳定。常用基坑坡面保护方法有薄膜覆盖或砂浆覆盖法、挂网或挂网抹面法、喷射混凝土或混凝土护面法，以及土袋或砌石压坡法等方法。

4.2.3　地下连续墙

地下连续墙在 20 世纪 50 年代最先在欧洲得到应用，1951 年意大利用连锁冲孔法，在那不勒斯水库及米兰地下汽车道施工中，构筑帷幕墙取得成功，并逐渐在欧洲进行推广。我国应用地下连续墙最早是在 1958 年山东月子口水库的修建中采用冲孔桩排式地下连续墙作为坝体防渗帷幕墙，20 世纪 70 年代初，地下连续墙在工业与民用建筑及矿山建设中逐渐推广。

地下连续墙的特点为：施工时的震动小、噪声低，墙体刚度较大，防渗性能较好，对周围地基无太大扰动，可以组成具有很大承载力的任意多边形连续墙代替桩基础、沉井基础或沉箱基础等。

另外，地下连续墙对土壤的适应范围很广，在软弱的冲积层、中硬地层、密实的砂砾层以及岩石的地基中都可施工。初期用于坝体防渗，水库地下截流，后发展为挡土墙、地下结构的一部分或全部。房屋的深层地下室、地下停车场、地下街、地下铁道、地下仓库、矿井等均可应用。

地下连续墙的缺点也比较明显，主要表现为：

（1）在一些特殊的地质条件下（如很软的淤泥质土，含漂石的冲积层和超硬岩石等），施工难度很大。

（2）如果施工方法不当或施工地质条件特殊，可能出现相邻墙段不能对齐和漏水的问题。

（3）地下连续墙如果用作临时的挡土结构，比其他方法所用的费用要高些。

（4）在城市施工时，废泥浆的处理比较麻烦。

地下连续墙根据不同的功用可进行多种分类：

（1）按成墙方式可分为：桩排式；槽板式；组合式。

（2）按墙的用途可分为：防渗墙；临时挡土墙；永久挡土（承重）墙；作为基础用的地下连续墙。

（3）按墙体材料可分为：钢筋混凝土墙；塑性混凝土墙；固化灰浆墙；自硬泥浆墙；预制墙；泥浆槽墙（回填砾石、黏土和水泥三合土等）；后张预应力地下连续墙；钢制地下连续墙。

（4）按开挖情况可分为：地下连续墙（开挖）；地下防渗墙（不开挖）。

地下连续墙的施工工序为：在挖基槽前先作保护基槽上口的导墙，用泥浆护壁，按设计的墙宽与深度分段挖槽，放置钢筋骨架，用导管灌注混凝土置换出护壁泥浆，形成一段钢筋混凝土墙，逐段连续施工成为连续墙。

地下连续墙的施工主要工艺为导墙、泥浆护壁、成槽施工、水下灌注混凝土、墙段接头处理等。

导墙通常为就地灌注的钢筋混凝土结构，其主要作用是保证地下连续墙设计的几何尺寸和形状；容蓄部分泥浆，保证成槽施工时液面稳定；承受挖槽机械的荷载，保护槽口土壁不破坏，并作为安装钢筋骨架的基准。导墙深度一般为 1.2～1.5m，墙顶高出地面 10～15cm，以防地表水流入而影响泥浆的质量。导墙底部不能设在松散的土层或地下水位波动的部位。

泥浆护壁是通过泥浆对槽壁施加压力以保护挖成的深槽形状不变，灌注混凝土时可以把泥浆置换出来。泥浆材料通常由膨润土、水、化学处理剂和一些惰性物质组成。泥浆的作用是在槽壁上形成不透水的泥皮，从而使泥浆的静水压力有效地作用在槽壁上，防止地下水的渗水和槽壁的剥落，保持壁面的稳定，同时泥浆还有悬浮土渣和将土渣携带出地面的功能。在砂砾层中成槽必要时可采用木屑、蛭石等堵塞剂防止漏浆。泥浆使用方法分静止式和循环式两种。泥浆在循环式使用时，应用振动筛、旋流器等净化装置。在指标恶化后要考虑采用化学方法处理或废弃旧浆，换用新浆。

成槽施工使用的专用机械有：旋转切削多头钻、导板抓斗、冲击钻等。施工时应视地质条件和筑墙深度选用。一般土质较软，深度在15m左右时，可选用普通导板抓斗；对密实的砂层或含砾土层可选用多头钻或加重型液压导板抓斗；在含有大颗粒卵砾石或岩基中成槽，以选用冲击钻为宜。槽段的单元长度一般为6～8m，通常结合土质情况、钢筋骨架重量及结构尺寸、划分段落等决定。成槽后需静置4h，并使槽内泥浆比重小于1.3。

水下灌注混凝土采用导管法按水下混凝土灌注法进行，但在用导管开始灌注混凝土前为防止泥浆混入混凝土，可在导管内吊放一管塞，依靠灌入的混凝土压力将管内泥浆挤出。混凝土要连续灌注并测量混凝土灌注量及上升高度。所溢出的泥浆送回泥浆沉淀池。

地下连续墙是由许多墙段拼组而成，为保持墙段之间连续施工，必须进行墙段接头处理。接头采用锁口管工艺，即在灌注槽段混凝土前，在槽段的端部预插一根直径和槽宽相等的钢管，即锁口管，如图4.19所示，待混凝土初凝后将钢管徐徐拔出，使端部形成半凹榫状接头。也有根据墙体结构受力需要而设置刚性接头的，以使先后两个墙段联成整体。

图4.19　锁口管法分段平面示意图

4.2.4　盖挖法

在城市修建地铁车站、地下通道或地下停车场等较大规模的地下工程，利用明挖施工法会长期干扰交通、影响市容环境；而暗挖法施工工期较长，地层沉陷对相邻建筑物安全性的影响较大，工程造价也很高。在这种情况下，由地面向下开挖至一定深度后，先修筑地下结构的顶板，而后在顶板的遮护下安全、顺利地修建地下结构其他部分的盖挖法往往成为施工首选。

盖挖法按其主体结构的施工顺序一般分为盖挖顺筑法、盖挖逆筑法和盖挖半逆筑法等几种方法。

4.2.4.1　盖挖顺筑法

盖挖顺筑法首先由地表面依设计要求完成护壁桩或地下连续墙等围护结构和必要的横、纵地梁，把预制的标准化、模数化的盖板（混凝土盖板或钢盖板）覆盖在挡土结构上，形成临时路面，恢复道路交通。而后在盖板下方进行土方开挖，直至地下结构底部的设计标高。然后再依照地上建筑物的常规施工顺序，由下而上修建该地下结构的主体结构，进行防水处理。上述工序完成后，拆除临时顶盖，进行土方回填，并恢复地下管线或埋设新的管线。最后视需要拆除挡土结构的外露部分及恢复永久性道路，如图4.20所示。

A　盖挖顺筑法施工的技术要点

（1）围护形式的选择。由盖挖顺筑法的施工过程可以看出，该法首先要在地面以下形成一个由顶盖和围护结构包围而成的巨大地下空间，而后再依照地上建筑物的常规施工顺

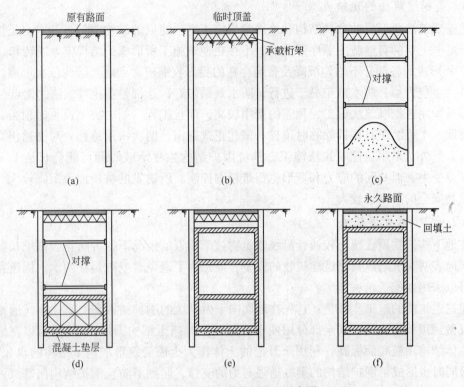

图 4.20　盖挖顺筑法施工示意图

（a）围护结构施工；（b）地面开挖、施工临时顶盖；（c）多步开挖并施加临时支撑；（d）自下而上、逐层修筑
地下结构；（e）地下结构完成；（f）拆除临时顶盖、恢复道路

序由下而上修建地下结构的主体结构。根据用途和需要，围护结构既可以成为地下永久主体结构的一部分，承受永久荷载，也可以不作为地下永久主体结构的组成部分，仅在施工阶段承载。但是无论怎样，这个由顶盖和围护结构包围而成的巨大地下空间的安全和稳定是盖挖顺筑法成功的最根本的条件。因此，根据现场条件、地下水位高低、开挖深度以及周围建筑物的邻近程度，选择确定围护结构的形式是盖挖顺筑法的第一个技术关键。

　　根据大量的工程实践，对于地下水位较低的地层，钻孔灌注桩往往成为围护结构的首选。在地下水位较高的情况下，选择止水性能好的地下连续墙或密排咬合桩作为围护结构，则降、排水容易，工程成功有保证。

　　（2）支撑的设置和地面沉降的控制。对于常见的地铁车站和地下商业工程，其结构往往深入地下 2 ~ 3 层。因此在施工过程中，所需要的地下空间净高度可达 20 ~ 25m。在长达数月的施工过程中，在地面活荷载和堆载的不断作用下，保证围护结构的安全和稳定，按照地区临近建筑的保护要求等级，控制地面沉降在设计允许的范围内，是盖挖顺筑法的另一个技术关键。

　　（3）降排水施工。盖挖顺筑法施工，虽然是"棚盖下的明挖施工"，但是为了便于结构下部施工，必须使施工期间地下水位低于底板，否则将难于施工。因此在地下水位较高的情况下，必须采用围护结构堵水、基坑内部降水等有效措施，保持围护墙内土层的地下水位稳定在基底以下，以保证施工顺利进行。

B　盖挖顺筑法的优缺点

盖挖顺筑法所形成的永久结构和地面常规施工方法建成的结构类似，基本上是按照基础—下层—上层的自然施工顺序形成的，不存在逆筑施工所形成的结构应力逆转和"抽条施工"所形成的各部分不均匀沉降及普遍存在的界面收缩应力问题。结构依次形成，整体性好，次生应力小，防水施工易于进行，防水效果较好，这都是盖挖顺筑法的优点。

但是采用盖挖顺筑法施工，顶盖的费用较高，而且工程开始时要铺设临时顶盖、修建临时路面，工程结束时要拆除临时顶盖、修建正式路面，两次占用道路，对交通仍有不小的影响。另外，采用盖挖顺筑法施工，基坑围护结构独立承载时间可能会长达 1～2 年，虽有对撑受力，但其间的应力和变形也很难精确控制，所诱发的坑周地表沉降较大，对邻近建筑物安全的影响也较大。

4.2.4.2　盖挖逆筑法

在地下构筑物顶板覆土较浅、沿线建筑物过于靠近的情况下，为防止因基坑长期开挖而引起地表明显沉陷危及邻近建筑物的安全，或是为了避免盖挖顺筑法两次占用道路的弊病，可以采用盖挖逆筑法施工。

盖挖逆筑法的施工步骤是：首先在地面向下做基坑的围护结构和中间桩柱（通常围护结构仅做到顶板搭接处，其余部分用便于拆除的临时挡土结构围护），然后可以在地面开挖至主体结构顶板底面标高，利用未开挖的土体作为土模浇筑形成地下结构的永久顶板。该顶板同时也形成了围护结构的第一道强有力的支撑，起到了防止围护结构向基坑内部变形的作用。在顶板上回填土后将道路复原，可以铺设永久性路面，正式恢复交通。

以后的工作都是在顶板覆盖下进行，自地下 1 层开始，按照 −1、−2、−3…的顺序，自上而下逐层开挖，每挖完一层，即浇筑本层的底板（同时也是下一层的顶板）和边墙，逐层建造主体结构直至整体结构的底板。在这种情况下，永久结构是在盖挖的方式下自上而下逆向建成的，称为盖挖逆筑法，如图 4.21 所示。

盖挖逆筑法结构的边墙可以有两种不同的形式：单层墙和双层墙。单层墙是以临时支护结构（地下连续墙或经过锚喷连接的护壁桩形成的侧壁）直接作为永久结构的侧墙；双层墙是把临时支护结构（地下连续墙或经过锚喷连接的护壁桩形成的侧壁）作为承受施工期间荷载的主要结构，而在它们的内侧，在防水层的内部，浇筑永久结构的承力侧墙。

单层墙的形式往往用于覆土较浅的小型地下通道，而双层墙的形式多用于重要的多层大型地下建筑，例如地铁车站。北京地铁 1 号线永安里车站就是采用钻孔灌注桩作为围护结构、内部浇筑独立边墙的双层边墙的盖挖逆筑法结构的成功实例。

4.2.4.3　盖挖半逆筑法

盖挖半逆筑法和盖挖顺筑法相似，也是在开挖地面、完成顶层板及恢复路面后，向下挖土至地下结构底板的设计标高，先建筑底板，再依次向上逐层建筑侧墙、楼板。

但是与盖挖顺筑法的区别在于，盖挖顺筑法所完成的顶板是将来要拆除的临时性盖板，不是永久结构的顶板；而盖挖半逆筑法所完成的顶板就是地下结构的顶部结构。因此，在地下结构完成后就不必要再一次挖开路面，如图 4.22 所示。

盖挖半逆筑法吸收了盖挖顺筑法和盖挖逆筑法两者的优点，可以避免进行地面二次开挖，减少了对交通的影响；除地下一层边墙和顶板为逆筑连接外，其余各层均为顺向施

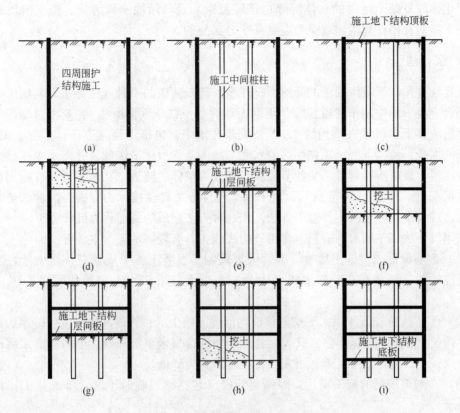

图 4.21　盖挖逆筑法施工示意图

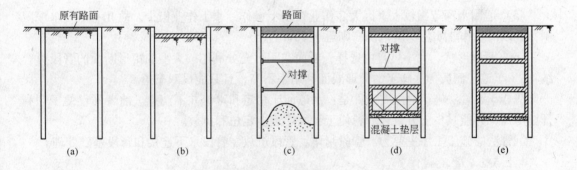

图 4.22　盖挖半逆筑法施工示意图

（a）围护结构施工；（b）地面开挖、施工结构顶盖；（c）逐步开挖并加临时支撑；
（d）自下而上、逐层修筑地下结构；（e）完成地下结构

工，减少了结构的应力转换，对结构的整体性和使用寿命有利，结构的防水施工也变得简单可靠。

盖挖半逆筑法用于结构宽度较大，并有中间桩、柱存在的结构时，多道横撑和各层楼板的相互位置关系、施工交错处理、横撑的稳定性保证都是应当注意的问题。

此外，在施工阶段，中桩和顶板中部已有力学连接，顶板边缘与围护结构连为一体，但各层却是自下而上依次建成，各层结构重量的一部分将通过楼板传递到中柱上。中柱的

受力变化比较复杂，结构的总体沉降也比较复杂。设计阶段全面考虑、施工阶段现场观测，防止结构在中柱周围出现受力裂缝是十分必要的。

4.2.5　沉管法

沉管法是预制管段沉放法的简称，是在水底建筑隧道的一种施工方法。其施工顺序是先在船台上或干坞中制作隧道管段（用钢板和混凝土或钢筋混凝土），管段两端用临时封墙密封后滑移下水（或在坞内放水），使其浮在水中，再拖运到隧道设计位置。定位后，向管段内加载，使其下沉至预先挖好的水底沟槽内。管段逐节沉放，并用水力压接法将相邻管段连接。最后拆除封墙，使各节管段连通成为整体的隧道。在其顶部和外侧用块石覆盖，以保安全。20 世纪 50 年代起，由于水下连接等关键性技术的突破，沉管法被普遍采用，现已成为水底隧道的主要施工方法。用这种方法建成的隧道称为沉管隧道。

采用沉管法施工的水下隧道，比用盾构法施工具有较多优点。主要有：

（1）容易保证隧道施工质量。因管段为预制，混凝土施工质量高，易于做好防水措施；管段较长，接缝很少，漏水机会大为减少，而且采用水力压接法可以实现接缝不漏水。

（2）工程造价较低。因水下挖土单价比河底下挖土低；管段的整体制作，浮运费用比制造、运送大量的管片低得多；又因接缝少而使隧道每米单价降低；再因隧道顶部覆盖层厚度可以很小，隧道长度可缩短很多，工程总价大为降低。

（3）在隧道现场的施工期短。因预制管段（包括修筑临时干坞）等大量工作均不在现场进行。

（4）操作条件好、施工安全。因除极少量水下作业外，基本上无地下作业，更不用气压作业。

（5）适用水深范围较大。因大多作业在水上操作，水下作业极少，故几乎不受水深限制，如以潜水作业实用深度范围，则可达 70m。

（6）断面形状、大小可自由选择，断面空间可充分利用。大型的矩形断面的管段可容纳 4 ~ 8 车道，而盾构法施工的圆形断面利用率不高，且只能设双车道。

适合于沉管法施工的主要条件是：水道河床稳定和水流并不湍急。前者不仅便于顺利开挖沟槽，并能减少土方量；后者便于管段浮运、定位和沉放。

沉管法的施工工序主要为：管段制作、管段沉放、管段水下连接和管段基础处理。

4.2.5.1　管段制作

管段制作方式可分为船台上制作和干坞中制作两大类型：

（1）船台型管段制作。该方法利用船厂的船台，先预制钢壳，将其沿滑道滑移下水后，在浮起的钢壳内灌筑混凝土。该类管段的横断面一般为圆形、八角形和花篮形。由于管段内轮廓为圆形，在车辆限界以外的上下方空间虽可利用为送、排风道，但车道高程相应压低，致使隧道深度增加，因此沟槽深度和隧道长度均相应增大；又因其内径受限制而只能设置双车道的路面，亦即限制了同一隧道的通行能力；同时耗钢量大，管段造价高，而且钢壳焊接质量及其防锈尚未能完善解决，因此只是早期在美国应用较多。

（2）干坞型管段制作。该方法在临时的干坞中制成钢筋混凝土管段，向干坞内放水后，将其浮运到隧址沉放。其断面大多为矩形，不存在圆形断面的缺点；不用钢壳，可节省大量钢材。但在制作管段时，对混凝土施工工艺须采取严格措施，以满足其均质性和水密性特别高的要求，并保证必需的干舷（管段顶部浮出水面的高度）和抗浮安全系数。这类管段较船台型管段的造价经济，自20世纪50年代以来，在欧洲已成为最常用的制作方式。荷兰鹿特丹马斯河水底隧道为用干坞制作管段的最早一例。

4.2.5.2　管段沉放

浮箱吊沉法是比较新的一种管段沉放法，如图4.23所示。通常在管段上方放4只方形浮箱，用吊索直接将管段系吊，浮箱分成前后两组，每组两只浮箱用钢桁架联成整体，并用锚索将各组浮箱定位，在浮箱顶上安设起吊卷扬机和浮箱定位卷扬机。管段的定位须在其左右前后另用锚索牵拉，其定位卷扬机则设于定位塔的顶部。这一沉放法的主要特点是设备简单，适用于宽度20m以上的大、中型管段。

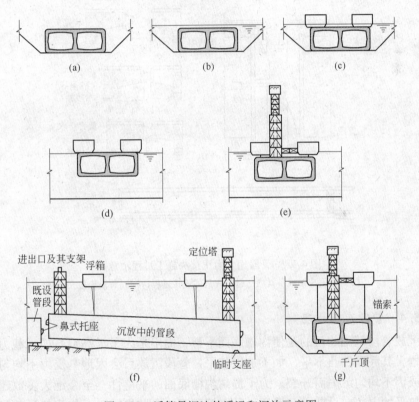

图 4.23　浮箱吊沉法的浮运和沉放示意图
（a）干坞中建成管段；（b）管段压载后向管段灌水；（c）浮箱在管上就位；（d）管段浮起待运；
（e）安装定位塔和进出口管段重新加载并由浮箱系吊；（f），（g）管段下沉就位

小型管段可采用方驳杠吊法，即在管段两侧分设4艘或2艘方驳船，左右两艘之间设钢梁作杠吊管段的杠棒。这一方法在沉放时较平稳，且在浮运时可以用左右的方驳夹住管段以提高稳定性。

4.2.5.3　管段水下连接

20世纪50年代以前，对钢壳制作的管段，曾采用水下灌筑混凝土的方法进行水下连接。对钢筋混凝土制作的矩形管段，现在普遍采用水力压接法。此法是在50年代末期在

加拿大隧道实践中创造成功的，故也称温哥华法。它利用作用于管段后端封墙上的巨大水压力，使安装在管段前端周边上的一圈尖肋型胶垫产生压缩变形，形成一个水密性良好的止水接头，如图 4.24 所示。施工中在每节管段下沉着地时，结合管段的连接，进行符合精度要求的对位，然后使用预设在管段内隔墙上的 2 台拉合千斤顶（或利用定位卷扬机），将刚沉放的管段拉向前一节管段，使胶垫的尖肋略为变形，起初步止水作用。完成拉合后，即可将前后两节管段封墙之间被胶垫封闭的水，经前节管段封墙下部的排水阀排出，同时利用封墙顶部的进气阀放入空气。排水完毕后，作用在整个胶垫上更为巨大的水压力将其再次压缩，达到完全止水。完成水力压接后，便可拆除封墙（一般用钢筋混凝土筑成），使已沉放的管段连通岸上，并可开始铺设路面等内部装修工作。

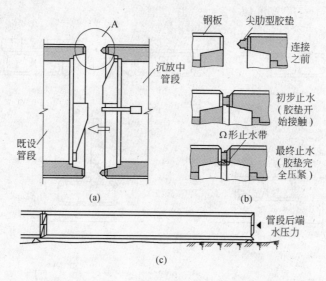

图 4.24　管段用水力压接法施工过程示意图
（a）管段连接准备就绪；（b）A 处的连接过程；（c）管段连接完成

4.2.5.4　管段基础处理

处理沉放管段基础的目的是使沟槽底面平整，而不是为了提高地基的承载力。在水下开挖的沟槽，其底面凹凸不平，如不加以整平，管段沉放后会因地基受力不均匀而导致局部破坏，或因不均匀沉陷而开裂。为了提高沟槽底面的平整性，至今绝大多数建成的水底隧道采用垫平的方法。早期大多采用一种在管段沉放之前先铺砂石作为垫层的先铺法，该法缺点较多。另一种垫平的方法为后填法，即先将管段沉放在沟槽底上的临时支座上，并使管底形成一定的空间，随后用垫层材料充填密实。后填法中最早用的是灌砂法，仅适用于底宽不大的船台型管段。

20 世纪 40 年代初创造成功的喷砂法，适用于宽度较大的大型管段。从水面上用砂泵将砂水混合料通过伸入管段底下的喷管向管底空间喷注，形成一厚实均匀的砂垫层，喷砂作业须设专用台架和一套喷砂与回吸用的 L 形钢管，如图 4.25 所示。喷砂开始前，可利用它清除沟槽底上回淤土或塌方土。喷砂完毕，随即松开定位千斤顶，利用管段重量将砂垫层压实。这一基础处理方法在欧洲用之较多。

20 世纪 70 年代日本用沉管法建造东京港、衣浦港等水底隧道时，采用了压浆法、压

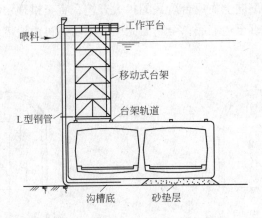

图 4.25 喷砂法处理管段基础的设备

混凝土法等管段基础处理的新技术。

4.3 暗挖法

当地下建筑的埋深超过一定深度后,明挖法不再适用,而要改用暗挖法,即不挖开地面,采用在地下开挖洞室的方法施工。

暗挖法的施工方法主要有矿山法、掘进机法、盾构法、顶管法等,下面分别介绍。

4.3.1 矿山法

矿山法又称钻爆法,其名称得来是由于地下工程最初开挖沿袭矿山开拓巷道的方法,该种方法目前仍是地下工程施工的一种主流方法。

矿山法按衬砌施工顺序,可分为先拱后墙法和先墙后拱法两大类。

4.3.1.1 先拱后墙法

先拱后墙法也称支承顶拱法,其主要应用在稳定性较差的松软岩层中,为了施工安全,先开挖拱部断面并及时砌筑顶拱,以支护顶部围岩,然后在顶拱保护下开挖下部断面和砌筑边墙。在开挖边墙部分的岩层之前,必须将顶拱支承好。

开挖两侧边墙部分的岩层时(俗称挖马口),须左右交错分段进行,以免顶拱悬空而下沉。该法施工顺序如图 4.26 所示(图中阿拉伯数字为开挖顺序,罗马数字为衬砌顺序,下同)。施工时,须开挖上下两个导坑,开挖上部断面时的大量石碴,可通过上下导坑之间的一系列漏碴孔装车后从下导坑运出,既提高出碴效率,又减少施工干扰。

当隧道长度较短、岩层又干燥时,可只设上导坑。在此种场合,为避免运输和施工的干扰,可先将上半断面完全修筑完毕,然后再进行下半断面的施工。

本法适用于松软岩层,但其抗压强度应能承受拱座处较高的支承应力;也适用于坚硬岩层中跨度或高度较大的洞室施工,可以简化修筑顶拱时的拱架和灌筑混凝土作业。

4.3.1.2 先墙后拱法

先墙后拱法按分部情况又可分为漏斗棚架法、台阶法、全断面法和导洞法等。

A 漏斗棚架法

漏斗棚架法也称下导坑先墙后拱法,适用于较坚硬稳定的岩层。施工时先开挖下导坑，在导坑上方开始由下向上作反台阶式的扩大开挖，直至拱顶；随后在两侧由上向下作正台阶式的扩大开挖，直至边墙底；全断面完全开挖后，再由边墙到顶拱修筑衬砌。施工顺序如图4.27所示。

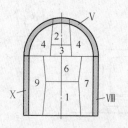

图4.26　先拱后墙法

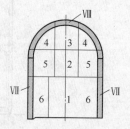

图4.27　漏斗棚架法

此法在下导坑中设立的漏斗棚架，是用木料架设的临时结构。横梁上铺设轻便钢轨，在下导坑运输线路上方留出纵向缺口，其上铺横木，相隔一定间距，留出漏斗口供漏碴用。

在向上扩大开挖时，棚架作工作平台用。图4.27中2～5部位爆出的石碴全落在棚架上，经漏斗口卸入下面的斗车运出洞外。这种装碴方式可减轻劳动强度。

下导坑的宽度，一般按双线斗车运输决定。由于宽度较大，在棚架横梁下可增设中间立柱作临时加固用。设立棚架区段的长度，可通过安装碴的各扩大开挖部分的延长加上一定余量来决定。用漏斗棚架装碴优点显著，故在中国以漏斗棚架命名，此法曾广泛应用于铁路隧道的修建。

B　台阶开挖法

台阶法开挖时将工作面分成上下两部分，若上部工作面超前形成正台阶，开挖方法称为正台阶法，如图4.28所示；下部工作面超前形成倒台阶，开挖方法称为反台阶法，如图4.29所示。

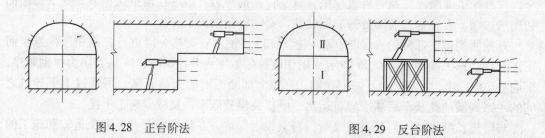

图4.28　正台阶法　　　　　　　　　图4.29　反台阶法

（1）正台阶法。正台阶法一般应用于稳定性较差的岩层中，施工时将整个坑道断面分为几层，由上向下分部进行开挖，每层开挖面的前后距离较小而形成几个正台阶。上部台阶的钻眼作业和下部台阶的出碴，可以平行进行而使工效提高。全断面完全开挖后，再由边墙到顶拱修筑衬砌。在坑道顶部最先开挖的第一层为一弧形导坑，需要钻较多的炮眼，导坑超前距离很短，可使爆破时石碴直接抛落到导坑之外，以减轻扒碴工作量，从而提高掘进速度。如坑道顶部岩层松动，应及时用锚杆或钢拱架作临时支护，以防坍塌。

（2）反台阶法。反台阶法用于稳定性较好的岩层中施工，一般将整个坑道断面分为几层，在坑道底层先开挖宽大的下导坑，再由下向上分部扩大开挖。进行上层的钻眼时，须设立工作平台或采用漏斗棚架，后者可供装碴之用。

台阶开挖法的优点是具有足够的作业空间和较快的施工速度，灵活多变，适用性强。

C 全断面开挖法

全断面开挖法是将整个断面一次挖出的施工方法，适用于较好岩层中的中、小型断面的隧道。此法能使用大型机械，如凿岩台车、大型装碴机、槽式列车或梭式矿车、模板台车和混凝土灌筑设备等进行综合机械化施工。

全断面开挖法的优点是可以减少开挖对围岩的扰动次数，有利于围岩天然承载拱的形成，工序简便；缺点是对地质条件要求严格，围岩必须有足够的自稳能力。

全断面法施工特点：

（1）开挖断面与作业空间大、干扰小；

（2）有条件充分使用机械，减少人力；

（3）工序少，便于施工组织与管理，改善劳动条件；

（4）开挖一次成型，对围岩扰动少，有利于围岩稳定。

D 环形开挖预留核心土法

环形开挖预留核心土法适用于一般土质或易坍塌的软弱围岩、断面较大的隧道施工。一般情况下，将断面分成环形拱部、上部核心土、下部台阶等三部分。根据断面的大小，环形拱部又可分成几块交替开挖，如图4.30所示。环形开挖进尺为0.5～1.0m，不宜过长，台阶长度一般以控制在 $1d$ 内（d 一般指隧道跨度）为宜。

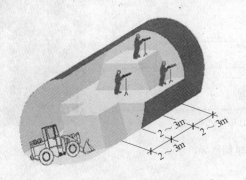

图 4.30 环形开挖预留核心土法

施工作业流程为用人工或单臂掘进机开挖环形拱部、架立钢支撑、喷混凝土。在拱部初次支护保护下，为加快进度，宜采用挖掘机或单臂掘进机开挖核心土和下台阶，随时接长钢支撑和喷混凝土、封底。视初次支护的变形情况或施工步序，安排施工二次衬砌作业。

环形开挖预留核心土法应注意以下几点：

（1）环形开挖进尺宜为0.5～1.0m，核心土面积应不小于整个断面面积的50%。

（2）开挖后应及时施工喷锚支护，安装钢架支撑，相邻钢架必须用钢筋连接，并应按施工要求设计施工锁角锚杆。

（3）围岩地质条件差，自稳时间短时，开挖前应按设计要求进行超前支护。

（4）核心土与下台阶开挖应在上台阶支护完成后，且喷射混凝土达到设计强度的70%后进行。

E　单侧壁导坑法

单侧壁导坑法适用于断面跨度大，地表沉陷难以控制的软弱松散围岩中的隧道施工。单侧壁导坑法是将断面横向分成3块或4块，即侧壁导坑、上台阶、下台阶，分步进行施工，如图4.31所示。侧壁导坑尺寸应充分利用台阶的支撑作用，并依据机械设备和施工条件而定。

一般情况下侧壁导坑宽度不宜超过0.5倍洞宽，高度以到起拱线为宜，这样导坑可分二次开挖和支护，不需要架设工作平台，人工架立钢支撑也较方便。

F　双侧壁导坑法

双侧壁导坑法又称眼镜工法。当隧道跨度很大，地表沉陷要求严格，围岩条件特别差，单侧壁导坑法难以控制围岩变形时，可采用双侧壁导坑法。

如图4.32所示，双侧壁导坑法一般将断面分成左、右侧壁导坑，上部核心土和下台阶。其原理是利用两个中隔壁把整个隧道大断面分成左中右3个小断面施工，左、右导洞先行，中间断面紧跟其后；初期支护仰拱成环后，拆除两侧导洞临时支撑，形成全断面。两侧导洞皆为倒鹅蛋形，有利于控制拱顶下沉。

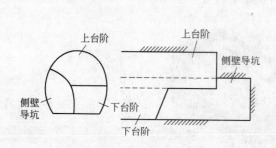

图4.31　单侧壁导坑法

图4.32　双侧壁导坑法

当隧道跨度很大，地表沉陷要求严格，围岩条件特别差，单侧壁导坑法难以控制围岩变形时，可采用双侧壁导坑法。现场实测表明，双侧壁导坑法所引起的地表沉陷仅为短台阶法的1/2。双侧壁导坑法虽然开挖断面分块多，扰动大，初次支护全断面闭合的时间长，但每个分块都是在开挖后立即各自闭合的，所以在施工中间变形几乎不发展。双侧壁导坑法施工安全，但速度较慢，成本较高。该方法主要适用于黏性土层、砂层、砂卵层等地层。

双侧壁导坑法施工作业顺序为：

（1）开挖一侧导坑，并及时地将其初次支护闭合；

（2）相隔适当距离后开挖另一侧导坑，并建造初次支护；

（3）开挖上部核心土，建造拱部初次支护，拱脚支承在两侧壁导坑的初次支护上；

（4）开挖下台阶，建造底部的初次支护，使初次支护全断面闭合；

（5）拆除导坑临空部分的初次支护；

（6）建造内层衬砌。

双侧壁导坑法应注意以下几点：

（1）侧壁导坑开挖后方可进行下一步开挖。地质条件差时，每个台阶底部均应按设计要求设临时钢架或临时仰拱；

（2）各部开挖时，周边轮廓应尽量圆顺；

（3）应在先开挖侧喷射混凝土强度达到设计要求后再进行另一侧开挖；

（4）左右两侧导坑开挖工作面的纵向间距不宜小于 15m；

（5）当开挖形成全断面时应及时完成全断面初期支护闭合；

（6）中隔壁及临时支撑应在浇筑二次衬砌时逐段拆除。

G 中隔壁法和交叉中隔壁法

中隔壁法也称 CD 工法，如图 4.33 所示，该工法主要适用于地层较差和不稳定岩体，且对地面沉降要求严格的地下工程施工。交叉中隔壁法的施工方法是在软弱围岩大跨隧道中，先开挖隧道一侧的一或二部分，施作部分中隔壁和横隔板，再开挖隧道另一侧的一或二部分，完成横隔板施工；然后再开挖最先施工一侧的最后部分，并延长中隔壁，最后开挖剩余部分，如图 4.34 所示。当采用短台阶法开挖难以确保掌子面的稳定时，可采用分部尺寸小的 CRD 法，该工法对控制变形是比较有利的。

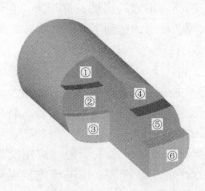

图 4.33 中隔壁法（CD 法）

图 4.34 交叉中隔壁法（CRD 法）

CD 法是"Center Diaphragm"的简称，而 CRD 法则是"Cross Diaphragm"的简称。两者既有联系又有区别。它们都用于比较软弱地层中而且是大断面隧道的场合。前者是用钢支撑和喷混凝土的隔壁分割开进行开挖的方法；后者则用隔壁和仰拱把断面上下、左右分割闭合进行开挖的方法，是在地质条件要求分部断面及时封闭的条件下采用的方法。因此，CRD 法与 CD 法的区别是在施工过程中每一步都要求用临时仰拱封闭断面。

在 CRD 法或 CD 法中，一个关键问题是拆除中壁。一般说，中壁拆除时期应在全断面闭合后，各断面的位移充分稳定后，才能拆除。

CD 工法和 CRD 工法在大跨度隧道中应用普遍，在施工中应严格遵守正台阶法的施工要点，尤其要考虑时空效应，每一步开挖必须快速，必须及时步步成环，工作面留核心土或用喷混凝土封闭，消除由于工作面应力松弛而增大沉降值的现象。

4.3.1.3　爆破开挖

地下工程施工爆破与一般石方工程的爆破要求不同。为了便于装碴和不损坏附近的临时支撑或永久性衬砌，不使岩层爆得粉碎或碎落的岩块过大，又不使爆破时的岩块抛掷很远，故一般用松动爆破。由钻眼、装药、封口、起爆、排烟、临时支护和出碴等作业，组成一个爆破循环，其中钻眼和出碴占用大部分时间，应使之机械化，如采用凿岩机、装碴机、矿用牵引机车等。

为了提高爆破效果，避免超挖或欠挖，并使坑道的轮廓符合设计要求，除须根据岩层情况和坑道断面大小，选择炮眼的数目、直径、深度和装药量等参数之外，炮眼布置也是重要影响因素。

为了在爆破时开辟新的自由面（即临空面），不论在导坑开挖还是在全断面开挖时，通常在开挖面上布置位于中央的掏槽眼、周围用以扩大爆破范围的辅助眼，以及控制开挖面轮廓的周边眼等三类炮眼，并按先掏槽后周边的次序先后起爆。掏槽眼的布置形式一般有直眼掏槽和斜眼掏槽。前者的炮眼轴线与开挖面垂直，可将几个掏槽眼布置成一字形、梅花形或螺旋形；斜眼的轴线则与开挖面斜交，并随地质构造的不同，布置成楔形、锥形或扇形。

爆破材料大多采用威力较低、价格较廉的硝铵炸药，有水时则用硝化甘油炸药。起爆时以往大多用火雷管作火花起爆；后来改用电雷管、毫秒雷管，用电起爆；近期又出现用导爆管的非电起爆。

爆破开挖时，为保证开挖面轮廓准确而平整，并控制对围岩的震动，近年来，在爆破技术上发展和应用了光面爆破、预裂爆破和毫秒爆破等新技术，达到了预期的爆破效果。

4.3.2　掘进机法

掘进机法是岩石地层中暗挖施工的一种技术方法，主要应用于挖掘隧道、巷道及其他地下建筑，简称 TBM（tunnel boring manchine）法。它是用特制的大型切削设备，将岩石剪切挤压和破碎，然后，通过配套的运输设备将碎石运出。

掘进机法施工最早始于 20 世纪 30 年代，但受当时机械技术水平所限，应用实例较少。20 世纪五六十年代，随着机械技术和掘进技术水平的不断提高，掘进机施工得到了较快的发展。1952 年，美国罗宾斯公司研制了现代意义上的第 1 台软岩掘进机。1956 年，美国罗宾斯公司又研制成功中硬岩掘进机，从此，掘进机进入快速发展时期。目前，掘进机已经达到一个较高水平，开挖直径范围为 1.8~11.87m；可在抗压强度 360MPa 的岩体中掘进 80~100m² 大断面隧道，平均掘进速度 350~400m/月；能开挖 45°的斜井；盘形滚刀的最大直径达 483mm，其承载能力达 312kN；刀具的寿命达 300~500m；单台掘进机的最大总进尺已超过 40km。

掘进机的优点主要有：

（1）安全。近年来，掘进机工作时，人员在局部或整体的护盾下工作，使安全性和作业环境有了较大改善。

（2）掘进效率高。掘进机开挖时，可以保证破岩、出碴、支护一条龙作业，其施工速度为常规钻爆法掘进速度的 3~10 倍。

（3）掘进机开挖施工质量好，且超挖量少。掘进机开挖的隧道内壁光滑，不存在凹凸现象，从而可以减少支护工程量，降低工程费用。

（4）对周围围岩扰动小。掘进机开挖可以大大改善开挖面的施工条件，而且周围岩层稳定性较好，从而保证了施工人员的安全与健康。

掘进机法的缺点主要为：

（1）对岩层变化的适应性差。尤其是对多变的地质条件（断层、破碎带、挤压带、涌水等不良地质条件）的适应性差。

（2）断面单一。施工中不能改变开挖直径，开挖断面的大小、形状改变更难，在应用上受到一定的约束。

（3）一次性购买 TBM 投资高。由于掘进机结构复杂，对材料、零部件的耐久性要求高，因而制造价格较高；在施工前就需要花费大量资金购买部件，工程建设投资较高，难用于短隧道。

（4）主机重量大，运输不方便，安装工作量大。

4.3.2.1　掘进机类型与构造

掘进机的类型如图 4.35 所示，下边分别介绍。

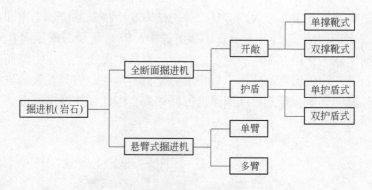

图 4.35　掘进机的类型

A　开敞式 TBM

支撑式全断面岩石掘进机是利用支撑机构撑紧洞壁，以承受向前推进的反作用力及反扭矩。它适用于岩石整体性较好的隧洞。开敞式 TBM 可分为单撑靴式和双撑靴式两类。

掘进机主机上可根据岩性不同选择配置临时支护设备，如圈梁（环梁或铜拱架）安装机、锚杆钻机、钢丝网安装机、超前钻、管棚钻机等，喷砼机、灌浆机一般装置在掘进机后配套上。

如遇有局部破碎带及松软夹层岩石，则掘进机可由所附带的超前钻及灌浆设备预先固结周边岩石，然后再开挖，这种掘进机适合的洞径为 2～9m（最优选择为 3～7m）。若洞径过小，则通风、排水、电源进洞、出碴、支护、衬砌有困难；若洞径大于 9m，则掘进进尺受到边刀允许速度小于 2.5～3.0m/s 的制约。边刀滚压线速度大于 2.5～3.0m/s 时，若岩石强度大，由于裂缝在岩石中的生长和传播没有充分的时间从起点向外扩散，破碎量将停止增加，所以掘进机刀盘直径加大，则刀盘的转速相应要减小，这种掘进效率的损失，无法予以补偿；另外，当刀具承受的推力大、转速高时，会影响刀盘外圈刀具轴承的使用寿命。

图 4.36 为中铁隧道局研发的开敞式隧道掘进机，型号 TB880E，开挖直径为 8.8m，掘进速度 3.5m/h，最高月进度 574m，最高日进度 41.3m，它在开挖西康铁路磨沟岭隧道时发挥了巨大作用。

图 4.36　中铁隧道局研发的开敞式隧道掘进机

开敞式掘进机的构造主要分为四部分，分别是刀盘、控制系统、支撑和推进系统、后部配套设备。图 4.37 为掘进机刀盘示意图，掘进中，刀具受顺刀圈径向和侧向复合压力及刀圈和岩石间摩擦力作用。在均一完整岩石中，刀具主要受径向压力，而所受侧向力并不大。实际岩石是不均质和有裂纹的，每把滚刀受力不均一。刀具在破碎岩石过程中，机械能将转换成热能，产生大量热，从而降低刀圈寿命，因此须作降温处理。

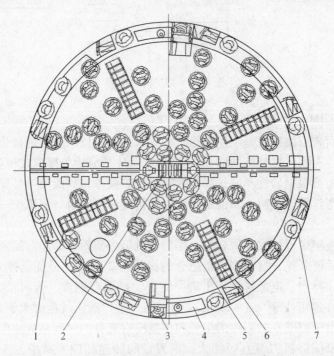

图 4.37　掘进机刀盘示意图

1—铲斗；2—中心刀；3—扩孔边；4—扩孔刮碴器；5—面刀；6—铲齿；7—边刀

切削刀盘上滚刀平面布置是根据滚刀类型和合理刀间距确定的，在一定间距下，刀盘直径与滚刀数量间的关系可以通过查阅相关图表获得。

B　护盾式 TBM

护盾式全断面岩石掘进机是在整机外围设置与机器直径相对应的圆筒形护盾结构，以利于掘进松软、破碎或复杂岩层。护盾式 TBM 主要分为单护盾、双护盾（伸缩式）两类，目前还开发出三护盾 TBM。

其中，单护盾 TBM 常用于劣质地层。当遇到复杂岩层，岩石软硬兼有时，则可采用双护盾掘进机，如图 4.38 所示。遇软岩时，软岩不能承受支撑板的压应力，盾尾副推进液压缸支承在已拼装的预制衬砌块上或钢圈梁上，以推进刀盘破岩前进；遇硬岩时，则靠支撑板撑紧洞壁，由主推进液压缸推进刀盘破岩前进，罗宾斯公司新研制了三护盾（即前、中、后三护盾）全断面岩石掘进机，它有两套支撑板和两套推进液压缸系统，掘进时两套支撑板和两套推进液压缸交替工作，可实现连续掘进，大大加快小时进尺，但因其结构复杂、维护困难、价格昂贵，目前尚未被推广应用。

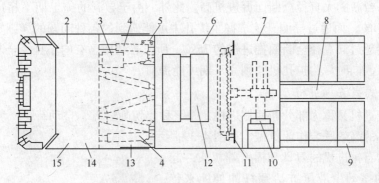

图 4.38　双护盾掘进机示意图

1—掘进刀盘；2—前护盾；3—驱动组件；4—推进油缸；5—链接油缸；6—撑靴护盾；7—尾护盾；
8—出碴输送机；9—拼装好的管片；10—管片安装机；11—辅助推进靴；12—水平撑靴；
13—伸缩护盾；14—主轴承大齿圈；15—刀盘支撑

C　扩孔式 TBM

扩孔式全断面岩石掘进机是先打导洞，然后分级或一次扩孔掘进成洞。在用支撑式或护盾式全断面掘进机开挖隧洞时，当刀盘最外缘的边刀滚动线速度超过刀具设计最大允许值（约 215m/s）时，从破岩机理分析，破岩量将停止增加；根据机械设计计算，此时外缘边刀的使用寿命将急剧下降，由于刀盘最外缘边刀的滚动线速度为刀盘转动角速度和掘进机开挖半径之乘积，因此，当开挖直径较大时，刀盘的转速受刀具最大线速度的限制而不得不相应减小，从而降低了掘进速度。为此，德国维尔特公司采用一台较小直径的全断面掘进机先沿隧洞轴线开挖一个导洞，然后再用扩孔式掘进机将隧洞扩至所需直径，扩孔式掘进机最大开挖直径可达 15m。

由于扩孔式掘进机是先开挖导洞然后再扩孔，因此具有以下优点：

（1）开挖导洞时已掌握了详细的地质和岩石资料；

（2）在开挖导洞时可对围岩采取预防措施，以改善岩石质量，减少扩孔时出现突发情况而导致施工长期中断的风险；

（3）利用导洞可进行排水，降低地下水位和处理瓦斯；

（4）可及时进入关键的隧洞段或通风竖井；

（5）扩孔时可用导洞进行通风；

（6）由于机器主要支撑在导洞里，扩孔刀盘后面有足够的空间，可立即进行岩石支护；

（7）与全断面掘进机相比，较易改变开挖直径，只要导洞直径不变，机械前部就不需要修改。

扩孔技术也有其缺点，主要为：

（1）要用一台开挖导洞的全断面掘进机和一台扩孔式掘进机，总投资较高；

（2）除了掘进导洞外还要扩孔，因此总的施工时间较长；

（3）若导洞开挖需进行大量、复杂的岩石支护，应慎重考虑是否选用扩孔方式开挖隧洞。

应该指出的是，若已有一台旧的小直径全断面掘进机，用其开挖导洞再进行扩孔，总投资并不比一台新的大直径全断面掘进机高。此外，由于导洞的施工期不超过大直径全断面掘进机的50%，而通过导洞开挖掌握了扩孔中可能遇到的各种问题的详细资料，扩孔机的施工期不会超过同直径全断面掘进机的75%，所以若利用已有的小直径全断面掘进机先进行导洞施工，同时订购扩孔机，则完工期可能提前。

D　悬臂式岩石掘进机

悬臂式掘进机又称为部分断面掘进机，是一种集切削岩石、自动行走、装载石碴等多种功能为一体的高效联合作业机械，如图4.39所示。

悬臂式岩石掘进机的刀具和摇臂随机头一起转动，摇臂的摆动由液压缸活塞杆的伸缩来传递，通过摇臂使刀具内外摆动。转动与摆动这两种运动的合成使刀具以空间螺旋线轨迹破碎岩石，可掘进圆形或带圆角的矩形隧洞断面。其推进方式是靠支撑板及推进液压缸推进机头，此与支撑式掘进机推进方式类同。摇臂式掘进机的旋转机头上装有若干条顶部带刀具的摇臂。刀具的布置有两种形式：一种是刀刃径向平面通过摇臂铰支点，由法国布依格（BOU－YGUES）公司制

图4.39　悬臂式掘进机示意图

造；另一种是刀刃径向平面与刀具回转轴和摇臂铰支点连线之间有一近似90°的夹角，由德国维尔特公司和加拿大HDRK公司联合研制。

悬臂式掘进机的特点为：

（1）可以适应任意形状的断面；

（2）对地质条件的要求较低，适合软岩及中硬岩隧道的掘进；

（3）连续掘进，支护可实现平行作业；

（4）基本投资费用少，约为全断面掘进机的15%左右；

（5）中短隧道施工更为适用。

悬臂式掘进机具有效率高、机动性强、对围岩扰动小、超挖量小、安全性高、适应性

强，以及费用相对较低等优点。

4.3.2.2　掘进机施工

A　破岩机理

在掘进时切削刀盘上的滚刀沿岩石开挖面滚动，切削刀盘均匀地对每个滚刀施加压力，形成对岩面的滚动挤压，切削刀盘每转动一圈，就会贯入岩面一定深度，在滚刀刀刃与岩石接触处，岩石被挤压成粉末，从这个区域开始，裂缝向相邻的切割槽扩展，进而形成片状石碴，从而实现破岩，如图4.40 所示。

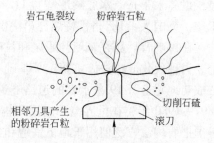

图 4.40　掘进机切削岩石示意图

B　影响因素

（1）贯入深度。坚硬和裂隙很少的岩石，一般为 2.5 ~ 3.5mm/r，中等坚硬和裂隙较多的岩石中，一般为 5 ~ 9mm/r。

（2）滚刀间距。滚刀间距太大，滚刀产生压力达不到与相邻滚刀的影响范围相接，从而使开挖效率降低。反之，如果刀间距太小，则会降低设备的效率。

（3）岩体的裂隙。掘进机施工不仅要注意岩石抗压强度，还应注意岩石磨蚀性和岩体裂隙程度，当岩体节理裂隙面间距越大时，切割也就会越困难。

4.3.3　盾构法

从工作机理上来说，盾构法其实就是全断面掘进法（TBM）中的一种，但是 TBM 是硬岩掘进机，一般用在山岭隧道或大型引水工程，盾构是软土类掘进机，主要应用在城市地铁和小型管道中。图 4.41 所示为盾构法施工示意图。

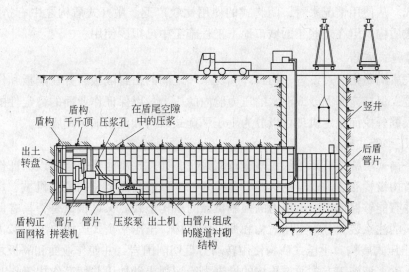

图 4.41　盾构法施工示意图

用盾构法修建隧道已有 150 余年的历史，最早进行研究的是法国工程师 M. I. 布律内尔，他由观察船蛆在船的木头中钻洞，并从体内排出一种黏液加固洞穴的现象得到启发，在 1818 年开始研究盾构法施工，并于 1825 年在英国伦敦泰晤士河下，用一个矩形盾构建造了世界上第一条水底隧道（宽 11.4m、高 6.8m）。1847 年在英国伦敦地下铁道城南线施工中，英国人 J. H. 格雷特黑德第一次在黏土层和含水砂层中采用气压盾构法施工，并第一次在衬砌背后压浆来填补盾尾和衬砌之间的空隙，创造了比较完整的气压盾构法施工工艺，为现代化盾构法施工奠定了基础。20 世纪 30 ~ 40 年代，仅美国纽约就采用气压盾构法成功地建造了 19 条水底的道路隧道、地下铁道隧道、煤气管道和给水排水管道等。从 1897 ~ 1980 年，在世界范围内用盾构法修建的水底道路隧道已有 21 条。德、日、法、苏等国把盾构法广泛使用于地下铁道和各种大型地下管道的施工。1969 年起，在英、日和西欧各国开始发展一种微型盾构施工法，盾构直径最小的只有 1m 左右，适用于城市给水排水管道、煤气管道、电力和通信电缆等管道的施工。

盾构法施工的优点主要有：

(1) 安全开挖和衬砌，掘进速度快；

(2) 盾构的推进、出土、拼装衬砌等全过程可实现自动化作业，施工劳动强度低；

(3) 不影响地面交通与设施，同时不影响地下管线等设施；

(4) 穿越河道时不影响航运，施工中不受季节、风雨等气候条件影响，施工中没有噪声和扰动；

(5) 在松软含水地层中修建埋深较大的长隧道往往具有技术和经济方面的优越性。

盾构法施工也存在一定的局限性，主要表现在：

(1) 对断面尺寸多变的区段适应能力差；

(2) 新型盾构购置费昂贵，对施工区段短的工程不太经济。

4.3.3.1 盾构的分类

根据头部的结构（以隔离开挖面和盾尾衬砌作业空间之间隔板的有无）可以分为闭胸式和敞开式。从使用情况来看，闭胸式的使用比较广泛。敞开式盾构之中有挤压式盾构、全部敞开式盾构，但在近些年的城市地下工程施工中已很少使用。

A 闭胸式盾构

闭胸式盾构是指通过设置于切口环和支承环之间的密封隔板，并在隔板和作业面之间形成压力舱，保持充满泥砂或泥水的压力舱内的压力，以保证作业面的稳定性的机械式盾构型式。根据开挖面稳定机理可以分为土压平衡式盾构和泥水加压式盾构。

a 土压平衡式盾构

土压平衡式盾构是将开挖的泥砂进行泥浆化，通过控制泥浆的压力以保证作业面的稳定性。该盾构设置有切削围岩的机械、搅拌开挖土砂使其泥浆化的搅拌机械、切削土的排出机械，并有能够保证切削土压力的控制机械的盾构型式。又可根据是否具有促进泥浆化的添加材料的注浆装置分为土压盾构和泥土压盾构。土压平衡式盾构如图 4.42 所示。

(1) 土压式盾构。土压式盾构使用转动刀盘切削围岩，并使作业面和隔板之间充满经过搅拌的土砂。该施工方式通过盾构的推进力给切削土砂加压并使其作用于作业面整体来获取作业面的稳定性，同时通过螺旋式输送器进行排土。

(2) 泥土加压式盾构。泥土加压式盾构通过一边注入添加材料一边转动刀盘，强制性地搅拌切削土砂和添加材料使其成为塑性流动化状态。与土压盾构相同，该施工方式也是

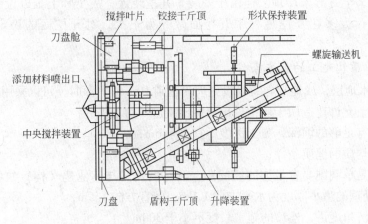

图 4.42　土压平衡式盾构

一边保持作业面的稳定性一边通过螺旋输送器进行排土。

　　b　泥水加压式盾构

　　泥水加压式盾构如图 4.43 所示，它是通过给泥浆一定的压力以保持开挖面的稳定性，并通过循环泥浆将切削土砂以流体方式输送运出。该盾构型式设置有切削围岩的开挖机械，泥浆循环设备，给泥浆施加一定压力的送排泥设备，运出泥浆的分离设备，另外有的泥水加压式盾构还具有保证泥浆性能的调泥和泥水处理设备。

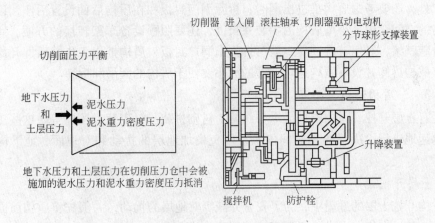

图 4.43　泥水加压式盾构

　　B　敞开式盾构

　　敞开式盾构与闭胸式盾构的主要不同就是没有设置隔板，开挖面全部或大部分敞开，若作业面内的地层能够自立稳定，可以选用敞开式盾构。如果不能自立稳定，当采用敞开式盾构时，必须通过辅助施工方法，使其能够满足自立稳定条件。

　　（1）机械式盾构。机械式盾构是在盾构前部安装有切削刀盘，可用机械连续地开挖土砂的盾构。通过刀盘的支撑，还可以得到一些挡土效果。

　　（2）半机械式盾构。敞开式盾构中的半机械式盾构是在盾构的原型——人工开挖式盾构上装上开挖机、装载机或开挖装载两用机等的盾构。为了防止开挖面崩塌，可安装可动式切口环、半月形千斤顶。但由于安装了开挖装置，故实际上难以设置前卡式千斤顶等挡土装置，大多在开挖过程中开挖面敞开得很大，对开挖面的稳定条件需进行研究。

4.3.3.2　盾构施工的基本条件

在松软含水地层，或地下建筑等设施埋深达到10m或更深时，可以采用盾构法，即：

（1）线位上允许建造用于盾构进出洞和出碴进料的工作井；

（2）隧道有足够的埋深，覆土深度不宜小于6m；

（3）相对均质的地质条件；

（4）如果是单洞则要有足够的线间距，洞与洞及洞与其他建（构）筑物之间所夹土（岩）体加固处理的最小厚度为水平方向1.0m，竖直方向1.5m；

（5）从经济角度讲，连续的施工长度不小于300m。

4.3.3.3　盾构施工的准备和步骤

采用盾构法施工时，首先要在隧道的始端和终端开挖基坑或建造竖井，用作盾构及其设备的拼装井（室）和拆卸井（室），特别长的隧道，还应设置中间检修工作井（室）。拼装和拆卸用的工作井，其建筑尺寸应根据盾构装拆的施工要求来确定。拼装井的井壁上设有盾构出洞口，井内设有盾构基座和盾构推进的后座。井的宽度一般应比盾构直径大1.6~2.0m，以满足铆、焊等操作的要求。

当采用整体吊装的小盾构时，则井宽可酌量减小。井的长度，除了满足盾构内安装设备的要求外，还要考虑盾构推进出洞时，拆除洞门封板和在盾构后面设置后座，以及垂直运输所需的空间。中、小型盾构的拼装井长度，还要照顾设备车架转换的方便。盾构在拼装井内拼装就绪，经运转调试后，就可拆除出洞口封板，盾构推出工作井后即开始隧道掘进施工。盾构拆卸井设有盾构进口，井的大小要便于盾构的起吊和拆卸。

4.3.3.4　盾构法施工工序

主要有土层开挖、盾构推进操纵与纠偏、衬砌拼装、衬砌背后压注等。这些工序均应及时而迅速地进行，决不能长时间停顿，以免增加地层的扰动和对地面、地下构筑物的影响。

A　土层开挖

在盾构开挖土层的过程中，为了安全并减少对地层的扰动，一般先将盾构前面的切口贯入土体，然后在切口内进行土层开挖，开挖方式有：

（1）敞开式开挖。敞开式开挖适用于地质条件较好、掘进时能保持开挖面稳定的地层。由顶部开始逐层向下开挖，可按每环衬砌的宽度分数次完成。

（2）机械切削式开挖。机械切削式开挖是用装有全断面切削大刀盘的机械化盾构开挖土层。大刀盘可分为刀架间无封板的和有封板的两种，分别在土质较好的和较差的条件下使用。在含水不稳定的地层中，可采用泥水加压盾构和土压平衡式盾构进行开挖。

（3）挤压式开挖。使用挤压式盾构的开挖方式，又有全挤压和局部挤压之分。前者由于掘进时不出土或部分出土，对地层有较大的扰动，使地表隆起变形，因此隧道位置应尽量避开地下管线和地面建筑物。此种盾构不适用于城市道路和街道下的施工，仅能用于江河、湖底或郊外空旷地区。用局部挤压方式施工时，要根据地表变形情况，严格控制出土量，务使地层的扰动和地表的变形减少到最低限度。

（4）网格式开挖。使用网格式盾构开挖时，要掌握网格的开孔面积。格子过大会丧失支撑作用，过小会产生对地层的挤压扰动等不利影响。在饱和含水的软塑土层中，这种掘进方式具有出土效率高、劳动强度低、安全性能好等优点。

B　盾构推进操纵与纠偏

盾构推进过程中，主要采取编组调整千斤顶的推力、调整开挖面压力以及控制盾构推进的纵坡等方法，来操纵盾构位置和顶进方向，如图4.44所示。一般按照测量结果提供的偏离设计轴线的高程和平面位置值，确定下一次推进时需要开动的千斤顶及推力的大小，用以纠正方向。此外，调整的方法也随盾构开挖方式有所不同。如敞开式盾构，可用超挖或欠挖来调整；机械切削开挖，可用超挖刀进行局部超挖来纠正；挤压式开挖，可用改变进土孔位置和开孔率来调整。

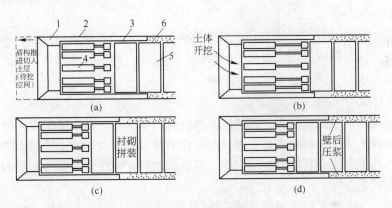

图4.44　盾构推进示意图

（a）切入土层；（b）土体开挖；（c）衬砌拼装；（d）壁后注浆

1—切口环；2—支撑环；3—盾尾；4—推进千斤顶；5—管片；6—盾尾空隙

C　衬砌拼装

常用液压传动的拼装机进行衬砌（管片或砌块）拼装。拼装方法根据结构受力要求，可分为通缝拼装和错缝拼装。

D　衬砌背后压注

为了防止地表沉降，必须将盾尾和衬砌之间的空隙及时压注充填。压注后还可改善衬砌受力状态，并增进衬砌的防水效果。压注的方法有二次压注和一次压注。二次压注是在盾构推进一环后，立即用风动压注机通过衬砌上的预留孔，向衬砌背后的空隙内压入豆粒砂，以防止地层坍塌；在继续推进数环后，再用压浆泵将水泥类浆体压入砂间空隙，使之凝固。因压注豆粒砂不易密实，压浆也难充满砂间空隙，不能防止地表沉降，已趋于淘汰。一次压注是随着盾构推进，当盾尾和衬砌之间出现空隙时，立即通过预留孔注水泥类砂浆，并保持一定的压力，使之充满空隙。压浆时要对称进行，并尽量避免单点超压注浆，以减少对衬砌的不均匀施工荷载；一旦压浆出现故障，应立即暂停盾构的推进。盾构法施工时，还须配合进行垂直运输和水平运输，以及配备通风、供电、给水和排水等辅助设施，以保证工程质量和施工进度，同时还须准备安全设施与相应的设备。

在含水层中用盾构施工，其衬砌除应满足强度要求外，还应解决好防水问题。管片接缝是防水的关键部位。目前多采用纵缝、环径设防水密封垫的方式。防水材料应具备抗老化性能，在承受各种外力而产生往复变形的情况下，应有良好的黏着力、弹性复原力和防水性能，实际应用中多采用特种合成橡胶。

4.3.3.5　盾构法施工注意事项

A　不良地质体中盾构施工

（1）盾构处在承压水砂层中，由于正面压力设定不够高，缺少必要的砂土改良措施以及盾尾密封失效，而引起正面及盾尾涌砂涌水导致盾构突沉、隧道损坏。

（2）在盾构上部为硬黏土、下部为承压水砂层时，由于硬黏土过硬很难顶进，而承压水砂层则因受压不足，不能疏干，而发生液化流失，导致盾构突沉；另因过硬黏土卡住密封舱搅拌棒使黏土与砂土不能拌合排出，致使盾构下部砂土液化由螺旋器流出，导致盾构底部脱空下沉。

（3）对沿线穿越地层中的透镜体、洞穴或桩基、废旧构筑物等障碍物，未事先查明并做预处理或备有应急措施，可能引起盾构推进突沉偏移，盾尾注浆流失，致使地面沉陷过大，盾构无法推进。

B　盾构进出洞

盾构在工作井出洞或进洞时，需要凿除预留洞口处钢筋混凝土挡土墙，而后由盾构刀盘切削洞口加固土体进入洞圈密封装置，此过程中洞口土体及加固土体暴露时间较长，且受前期工作井施工方法及其施工扰动影响，容易因加固土体或洞圈密封装置的缺陷而发生洞口水土流失或坍方。

如遇饱和含水砂性土层或沼气以及其他原因形成的含气层（如气压法施工的隧道或工作井附近），更易发生向井内的大量涌沙涌水而导致盾构出洞磕头或盾构进洞突沉，甚至在盾构进洞突沉中拖带盾尾后一段隧道严重变形或坍垮，造成极严重的工程事故，并严重破坏周边环境。

由于盾构进出洞事故概率较高，其后果可能极为严重，因此对关系到盾构进出洞风险的每个细节必须采取可靠的风险控制措施。

C　盾构穿越对沉降敏感的居民建筑物

一般居民建筑为短桩或浅基础，对沉降极为敏感，且事关人民生活及生命财产安全。盾构在其邻近或下方穿越时，盾构上方荷载变化较大且不均匀，且盾构正面压力及推进姿态难以掌控，此时既要避免正面压力及同步注浆压力不足引起沉陷，又要防止正面压力及注浆压力过高导致地层扰动过大或地面冒浆。同时还应注意到盾构隧道渗漏及自身长期沉降可能导致的地面沉降加剧的影响。

D　盾构穿越重要管道

煤气、原水箱涵等管道为城市重要生命线，数量众多，且其走向、埋深、年代、管材、接头形式等变化较多，其允许变形较小且具有较大不确定性，盾构穿越这些重要地下管道可能引起其沉降弯曲而泄漏或燃爆，影响管道的安全使用。

E　盾构穿越邻近桩基

盾构穿越邻近桩基，引起桩身水平或垂直位移超过一定限度而影响桩基承载安全，引起上方建筑物沉降、开裂甚至失稳。

F 盾构穿越地下障碍物

由于预处理措施不当或盾构切削刀具事先配备不足，在盾构穿越地下障碍物时，推进受阻、姿态频动而致前方土体反复、过大扰动导致地层坍陷，刀盘前方清障时引起开挖面失稳和坍塌，推力猛增或刀盘转速较快而致刀盘刀具卡死、损坏甚至盾构机瘫痪而无法正常推进。

G 盾构偏离轴线

当盾构轴线偏离设计位置时，必须进行纠偏，盾构纵坡最大纠偏量可按下式求得：

$$i = i_d - i_e \leqslant [i] \tag{4.1}$$

式中 i——盾构与管片相对坡度；

i_d——盾构推进后实际纵坡；

i_e——已成隧道管片纵坡；

$[i]$——允许坡度差值，一般小于 0.5%。

盾构平面最大纠偏量可按下式求得：

$$\Delta L < S \times \tan\alpha \tag{4.2}$$

式中 α——盾构与衬砌允许的水平夹角，一般 $\tan\alpha < 0.5\%$；

S——两腰对称的千斤顶的中心距，mm；

ΔL——两腰对称千斤顶伸出长度的允许差值，mm。

H 其他注意事项

（1）纠偏不当。盾构轴线产生偏差后由于纠偏措施不当导致管片破裂等事故及出现超挖现象，导致地表隆起变形。

（2）土舱压力设置不当。由于土舱压力设置不当，使土舱压力与掘进面水土压力不能处于动态平衡状态，造成对掘进面土体的超挖或欠挖，引起地表的沉降或隆起变形。

（3）掘进参数设置不当。掘进速度过快将造成掘进面土体受压，引起地表隆起变形。

（4）螺栓连接失效。螺栓穿入过程中的施工不当以及螺栓没有紧固将形成渗水的通道，最终螺栓锈蚀，隧道结构破坏，另外由于螺栓连接失效导致隧道存有弥散电流。

（5）注浆压力或注浆量。注浆压力或注浆量不当造成地表不正常的隆起或沉陷。

（6）密封装置泄漏。盾尾密封系统不可靠或长时间磨损，导致周边水土流失，盾构机内涌水或沉陷。

4.3.4 顶管法

顶管施工是继盾构施工之后发展起来的一种土层地下工程施工方法，主要用于地下进水管、排水管、煤气管、电讯电缆管的施工。它不需要开挖面层，并且能够穿越公路、铁道、河川、地面建筑物、地下构筑物以及各种地下管线等，是一种非开挖的敷设地下管道的施工方法。图 4.45 为顶管法施工示意图。

4.3.4.1 顶管施工技术的应用及发展

顶管施工技术最早始于 1896 年美国的北太平洋铁路铺设工程的施工中。1948 年日本第一次采用顶管施工方法，在尼崎市的铁路下顶进了一根内径 600mm 的铸铁管，顶距只

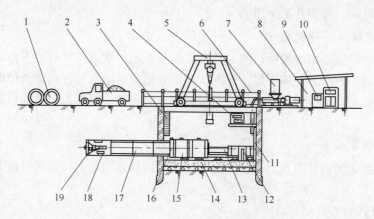

图 4.45　顶管法施工示意图

1—预制的混凝土管；2—运输车；3—扶梯；4—主顶油泵；5—行车；6—安全护栏；7—润滑注浆系统；
8—操纵房；9—配电系统；10—操纵系统；11—后座；12—测量系统；13—主顶油缸；14—导轨；
15—弧形顶铁；16—环形顶铁；17—已顶入的混凝土管；18—运土车；19—机头

有6m。欧洲发达国家最早开发应用顶管技术，1950年前后，英、德、日等国家相继采用。

我国较早的顶管施工约在20世纪50年代，初期主要是手掘式顶管，设备也较简陋。我国顶管技术真正较大的发展是从20世纪80年代中期开始。1988年上海研制成功我国第一台土压平衡掘进机。

随着时代的进步，顶管技术也得到迅速发展。主要体现在以下方面：

（1）一次连续顶进的距离越来越长；

（2）顶管直径向大小直径两个方向发展；

（3）管材包括钢筋混凝土管、钢管、玻璃钢顶管等；

（4）挖掘技术的机械化程度越来越高；

（5）顶管线路的曲线形状越来越复杂，曲率半径越来越小。

4.3.4.2　顶管的分类

（1）按所顶进的管子口径大小。一般分为大口径、中口径、小口径和微型顶管四种。大口径多指 $\phi 2m$ 以上的顶管，人可以在其中直立行走。中口径顶管的管径多为 1.2 ~ 1.8m，人在其中需弯腰行走，大多数顶管为中口径顶管。小口径顶管直径为 500 ~ 1000mm，人只能在其中爬行，有时甚至爬行都比较困难。微型顶管的直径通常在 400mm 以下，最小的只有 75mm。

（2）按一次顶进的长度（指顶进工作坑和接收工作坑之间的距离）。一般分为普通距离顶管和长距离顶管。顶进距离长短的划分目前尚无明确规定，过去多指 100m 左右的顶管。目前，千米以上的顶管已屡见不鲜，可把 500m 以上的顶管称为长距离顶管。

（3）按顶管机的类型。分为手掘式人工顶管、挤压顶管、水射流顶管和机械顶管（泥水式、泥浆式、土压式、岩石式）。手掘式顶管的推进管前只是一个钢制的带刃口的管子（称为工具管），人在工具管内挖土。掘进机顶管的破土方式与盾构类似，也有机械式和半机械式之分。

（4）按管材分：钢筋混凝土顶管、钢管顶管，以及其他管材的顶管。

（5）按顶进管子轨迹的曲直分：直线顶管和曲线顶管。

4.3.4.3　顶管机及其选型

A　手掘式顶管机

手掘式顶管施工是最早发展起来的一种顶管施工的技术。由于它在特定的土质条件下和采用一定的辅助施工措施后便具有施工操作简便、设备少、施工成本低、施工进度快等优点，所以至今仍被许多施工单位采用。

手掘式顶管机是非机械的开放式（或敞口式）顶管机，适用于能自稳的土体中。在顶管的前端装有工具管，施工时，采用手工的方法来破碎工作面的土层，破碎辅助工具主要有镐、锹以及冲击锤等。如果在含水量较大的砂土中，需采用降水等辅助措施。

手掘式顶管机主要由切土刃角、纠偏装置、承插口等组成。所用的工具管有一段式（图4.46）和两段式（图4.47）。一段式工具管与混凝土管之间的结合不太可靠，常会产生渗漏现象；发生偏斜时纠偏效果不好；千斤顶直接顶在其后的混凝土管上，第一节管容易损坏。因此，现多用两段式，前后两段之间安装有纠偏油缸，后壳体与后面的正常管节连接在一起。

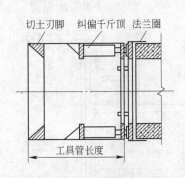

图4.46　一段式手掘工具管

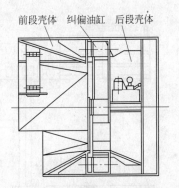

图4.47　两段式手掘工具管

B　泥水平衡式顶管机

泥水平衡顶管机是指采用机械切削泥土、利用压力来平衡地下水压力和土压力、采用水力输送弃土的泥水式顶管机，是当今生产的比较先进的一种顶管机。

泥水平衡式顶管机按平衡对象分有两种：一种是泥水仅起平衡地下水的作用，土压力则由机械方式来平衡；另一种是同时具有平衡地下水压力和土压力的作用。

泥水平衡工具管正面设刀盘，并在其后设密封舱，在密封舱内注入稳定正面土体的泥浆，刀盘切下的泥土，沉在密封舱下部的泥水中而被水力运输管道运至地面泥水处理装置。泥水平衡式工具管主要由大刀盘装置、纠偏装置、泥水装置、进排泥装置等组成。在前、后壳体之间有纠偏千斤顶，在掘进机上下部安装进、排泥管。

泥水平衡式顶管机的结构形式有多种，如刀盘可伸缩的顶管机（图4.48）、具有破碎功能的顶管机、气压式顶管机等。

泥水平衡顶管施工的完整系统由顶管机、进排泥系统、泥水处理系统、主顶系统、测

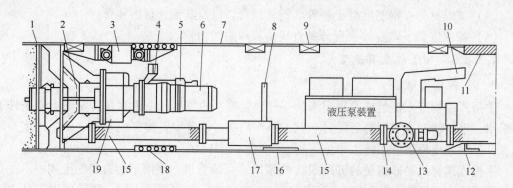

图 4.48　刀盘可伸缩式泥水平衡顶管机

1—切口；2—封板；3—纠偏千斤顶；4—前后倾斜仪；5—切土口控制缸；6—电动机；7—壳体；8—测量仪表；
9—吊盘；10—电视摄像机；11—ϕ800 管道；12—垫板；13—旁通阀；14—法兰接头；
15—排泥浆软管；16—橡胶垫板；17—泥浆；18—密封带；19—减速装置

量系统、起吊系统、供电系统等组成。泥水平衡顶管施工与其他形式的顶管相比，增加了进排泥和泥水处理系统，具体如图 4.49 所示。

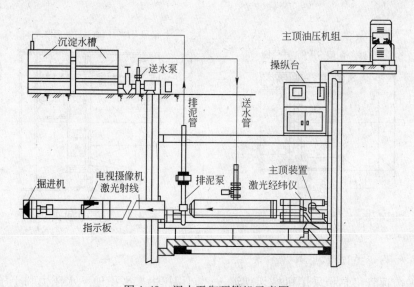

图 4.49　泥水平衡顶管机示意图

　　泥水平衡式顶管施工的优点：适用的土质范围较广，尤其适用于施工难度极大的粉砂质土层中；可保持挖掘面的稳定，对周围土层的影响小，地面变形小；较适宜于长距离顶管施工；工作井内作业环境好且安全；可连续出土，施工进度快。

　　泥土平衡式顶管施工的缺点：占用施工场地大，设备费用高，需在地面设置泥水处理、输送装置；机械设备复杂，且各系统间相互连锁，一旦某一系统故障，必须全面停止施工。

　　C　土压平衡式顶管机

　　土压平衡顶管机由土压平衡盾构机移植而来，其平衡原理与盾构相同。与泥水顶管施工相比，最大的特点是排出的土或泥浆一般不需再进行二次处理，具有刀盘切削土体、开挖面土压平衡、对土体扰动小、地面和建筑的沉降较小等特点。

土压平衡顶管机按泥土仓中所充的泥土类型分，有泥土式、泥浆式和混合式三种；按刀盘形式分，有带面板刀盘式和无面板刀盘式；按有无加泥功能分，有普通式和加泥式；从刀盘的机械传动方式分，有中心传动式、中间传动式和周边传动式；按刀盘的多少分，有单刀盘式和多刀盘式。

（1）单刀盘式（DK型）顶管机。单刀盘式土压平衡顶管机是日本在20世纪70年代初期开发的，它具有广泛的适应性、高度的可靠性和先进的技术性。它又称为泥土加压式顶管机，国内称为辐条式刀盘顶管机或者加泥式顶管机。图4.50所示的是这种机型的结构之一，它由刀盘及驱动装置、前壳体、纠偏油缸组、刀盘驱动电机、螺旋输送机、操纵台、后壳体等组成。设有刀盘面板，刀盘后面设有许多根搅拌棒。这种结构的DK型顶管机在国内已自成系列，适用于 $\phi 1.2 \sim 3.0\text{m}$ 口径的混凝土管施工，在软土、硬土中都可采用，并且可与盾构机通用，可在覆土厚度为0.8倍管道外径的浅埋土层中施工。

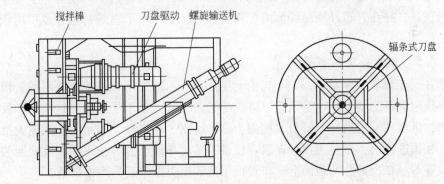

图 4.50　单刀盘式顶管机

（2）多刀盘式（DT型）顶管机。这是一种非常适用于软土的顶管机，主体结构如图4.51所示，四把切削搅拌刀盘对称地安装在前壳体的隔仓板上，伸入到泥土仓中。隔仓板把前壳体分为左右两仓，左仓为泥土仓，右仓为动力仓。螺旋输送机按一定的倾斜角度安装在隔仓板上，螺杆是悬臂式，前端伸入到泥土仓中。隔仓板的水平轴线左右和垂直轴线的上部各安装有一只隔膜式土压力表。在隔仓板的中心开有一小孔，通常用盖板把它盖住。在盖板的中心安装有一向右伸展的测量用光靶。由于该光靶是从中心引出的，所以即使掘进机产生一定偏转以后，只需把光靶作上下移动，使光靶的水平线和测量仪器的水平

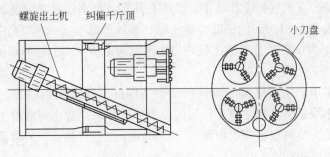

图 4.51　多刀盘式土压平衡顶管机

线平行就可以进行准确的测量，而且不会因掘进机偏转而产生测量误差。前后壳体之间有呈井字形布置的四组纠偏油缸连接。在后壳体插入前壳体的间隙里，有两道 V 字形密封圈，它可保证在纠偏过程中不会产生渗漏现象。

4.3.4.4 顶管施工的基本原理

采用顶管法施工时，先在工作坑内设置支座和安装液压千斤顶，借助主顶油缸及管道间中继间等的推力，把工具管或掘进机从工作坑内穿过土层一直推到接收坑内吊起，与此同时，紧随工具管或掘进机后面，将预制的管段顶入地层。

施工时，先制作顶管工作井及接收井，作为一段顶管的起点和终点，工作井中有一面或两面井壁设有预留孔，作为顶管出口，其对面井壁是承压壁，承压壁前侧安装有顶管的千斤顶和承压垫板（即钢后靠），千斤顶将工具管顶出工作井预留孔，而后以工具管为先导，逐节将预制管节按设计轴线顶入土层中，直至工具管后第一节管节进入接收井预留孔，施工完成一段管道。为进行较长距离的顶管施工，可在管道中间设置一至几个中继间作为接力顶进，并在管道外周压注润滑泥浆。顶管施工可用于直线管道，也可用于曲线等管道。

4.3.4.5 工作井及其布置

工作井（工作坑或基坑），按其作用分为顶进井（始发井）和接收井两种。顶进井是安放所有顶进设备的场所，也是顶管掘进机的始发场所，是承受主顶油缸推力和反作用力的构筑物，供工具管出洞、下管节、挖掘土砂的运出、材料设备的吊装、操纵人员的上下等使用。在顶进井内，布置主顶千斤顶、顶铁、基坑导轨、洞口止水圈以及照明装置和井内排水设备等。在顶进井的地面上，布置行车或其他类型的起吊运输设备。

接收井是接收顶管机或工具管的场所，与工作井相比，接收井布置比较简单。井内布置内容主要包括前止水墙、后座墙、基础底板及排水井等。后座要有足够的抗压强度，能够承受主顶千斤顶的最大顶力。前止水墙上安装有洞口止水圈，以防止地下水土及顶管用润滑泥浆的流失。在顶管工作井内，还布置有工具管、环形顶铁、弧形顶铁、基坑导轨、主顶千斤顶及千斤顶架、后靠背等。其中主顶千斤顶及千斤顶架的布置尤为重要，主顶千斤顶的合力的作用点对于初始顶进的影响比较大。图 4.52 为顶进工作井布置图。

管节一般用钢筋混凝土管节或钢管节。

后座墙起着把主顶油缸推力的反力传递到工作坑后部墙体的作用，是主推千斤顶的支承结构。它的构造会因工作坑的构筑方式不同而不同。在沉井工作坑中，后座墙一般就是工作井的后方井壁。在钢板桩工作坑中，必须在其后方与钢板桩之间浇筑一座与工作坑宽度相等的、厚度为 $0.5 \sim 1.0$m 的钢筋混凝土墙，墙体下部宜插入到工作井底板以下 $0.5 \sim 1.0$m，目的是使推力产生的反力能比较均匀地作用到土体中去。后座墙的平面一定要与顶进轴线垂直。

后靠背是靠主顶千斤顶尾部的厚铁板或钢结构件，称之为钢后靠，其厚度在 300mm 左右。钢后靠的作用是尽量把主顶千斤顶的反力分散开来，防止将混凝土后座压坏。

洞口止水圈是安装在顶进井的出洞洞口和接收井的进洞洞口，具有阻止地下水和泥砂流到工作坑和接收坑的功能。

顶进导轨由两根平行的轨道所组成，其作用是使管节在工作井内有一个较稳定的导

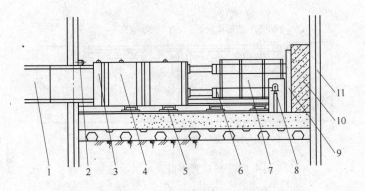

图 4.52　顶进工作井内布置图

1—管节；2—洞口止水系统；3—环形顶铁；4—弧形顶铁；5—顶进导轨；6—主顶油缸；
7—主顶油缸架；8—测量系统；9—后靠背；10—后座墙；11—井壁

向，引导管节按设计的轴线顶入土中，同时使顶铁能在导轨面上滑动。在钢管顶进过程中，导轨也是钢管焊接的基准装置。

主顶装置由主顶油缸、主顶油泵和操纵台及油管等四部分构成。主顶千斤顶沿管道中心按左右对称布置。主顶进装置除了主顶千斤顶以外，还有千斤顶架，以支承主顶千斤顶；供给主顶千斤顶以压力油的是主顶油泵；控制主顶千斤顶伸缩的是换向阀。油泵、换向阀和千斤顶之间均用高压软管连接。主顶油缸的压力油由主顶油泵通过高压油管供给。常用的压力在 32～42MPa 之间，高的可达 50MPa。在管径比较大的情况下，主顶油缸的合力中心应比管节中心低 5% 的管内径左右。

若采用的主顶千斤顶的行程长短不能一次将管节顶到位时，必须在千斤顶缩回后在中间加垫块或几块顶铁。顶铁有环形顶铁、弧形顶铁和马蹄形顶铁。环形顶铁的内外径与混凝土管的内外径相同，主要作用是把主顶油缸的推力较均匀地分布在所顶管子的端面上；弧形和马蹄形顶铁的作用有两个，一是用于调节油缸行程与管节长度的不一致，二是把主顶油缸各点的推力比较均匀地传递到环形顶铁上去。弧形顶铁用于手掘式、土压平衡式等许多方式的顶管中，它的开口是向上的，便于管道内出土。马蹄形顶铁适用于泥水平衡式顶管和土压式中采用土砂泵出土的顶管施工，它的开口方向与弧形顶铁相反，是倒扣在基坑导轨上的。这样，在主顶油缸回缩以后加顶铁时就不需要拆除输土管道。

4.3.4.6　管节接缝的防水

这里主要以钢筋混凝土管节为例，接口有平口、企口和承口三种类型。管节类型不同，止水方式也不同。

（1）平口管接口及止水。如图 4.53 所示，平口管用"T"形钢套环接口，把两只管子连接在一起，在混凝土管和钢套环中间安装有 2 根齿形橡胶圈止水。

（2）企口接口及防水。图 4.54 为企口接口及止水示意图。企口管用企口式接口，用 1 根"q"形橡胶圈止水。止水圈右边腔内有硅油，在两管节对接连接过程中，充有硅油的一腔会翻转到橡胶体的上方及左边，增强了止水效果。

（3）承口接口及防水。承口管用"F"形套环接口，接口处用 1 根齿形橡胶圈止水，如图 4.55 所示。它是把"T"形钢套环的前面一半埋入混凝土管中就变成了"F"形接

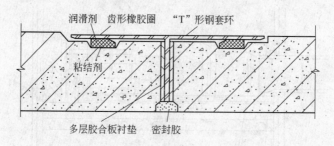

图 4.53   平口管接口及止水示意图

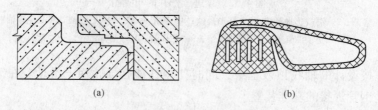

(a)   (b)

图 4.54   企口接口及止水示意图

（a）企口形管及其接口；（b）"q"形橡胶止水圈

口。为防止钢套环与混凝土结合面渗漏，在该处设了一个遇水膨胀的橡胶止水圈。

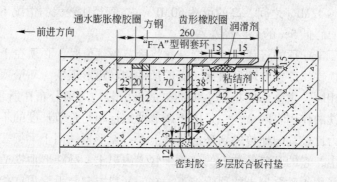

图 4.55   承口接口及止水示意图

4.4   地下建筑的支护与衬砌

地下建筑开挖过程中，为防止围岩坍塌和石块下落，必须采取支撑、防护、衬砌等安全技术措施。支护和衬砌是地下建筑施工的一个重要环节，只有在围岩经确认是十分稳定的情况下，方可不做支护。需要支护和衬砌的地段，要根据地质条件、硐室结构、断面尺寸、开挖方法、围岩暴露时间等因素综合考虑，做出合理的支护与衬砌设计。

4.4.1   地下建筑支护

从支护形式和效果来看，地下建筑的支护一般分为被动支护和主动支护两种，其中被动支护包括木棚支架、钢筋混凝土支架、金属型钢支架等；主动支护主要以锚杆支护为主，旨在改善围岩力学性能的系列支护形式，包括锚喷支护、格构锚杆、锚杆支护等，能够对地下建筑围岩及时提供较大的主动锚固约束作用，支护效果较好。

4.4.1.1 棚式支护

棚式支护是早期的支护形式，随着锚喷等新型支护形式的出现，棚式支护在大型地下建筑中的应用越来越少。但在矿山等以临时支护为主的坑道工程中仍有较多应用。棚式支护按支架材料一般分为木支架、金属支架、钢筋混凝土支架等，下面分别介绍。

A 木支架

地下建筑中常用的木支架断面形式是梯形，其结构如图 4.56 所示，是由一根顶梁、两根棚腿以及背板、木楔等组成。巷顶梁承受顶板岩石给它的垂直压力和由棚腿传来的水平压力，棚腿承受顶梁传给它的轴向压力和侧帮岩石给它的横向压力，背板将岩石压力均匀地传到主要构件梁与腿上，并能阻挡岩石垮落。木楔的作用是使支架与围岩紧固在一起，防止爆破崩倒支架，木楔应向工作面方向打紧。撑柱的作用是加强支架在坑道轴线方向上的稳定性。

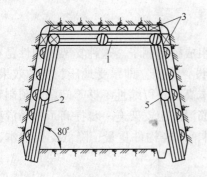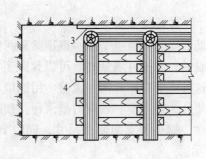

图 4.56 木支架

1—顶梁；2—棚腿；3—木楔；4—背板；5—撑柱

木支架一般可使用在地压不大、服务年限不长、断面较小的矿山采区巷道里，有时也用作巷道掘进中的临时支架。

木支架重量较轻，具有一定的强度，加工容易，架设方便，特别适应于多变的地下条件。构造上可以做成有一定刚性的，也可以做成有较大可缩性的。其缺点是强度有限，不能防火，容易腐朽，特别是需要消耗大量木材，因此，木支架的使用量将越来越少。

B 金属支架

金属支架强度大，体积小，坚固、耐久、防火，并且可以回收复用，在构造上可以制成各种形状的构件。金属支架的形式主要有梯形和拱形两种，如图 4.57 所示。

（1）梯形金属支架。梯形金属支架常用钢轨或工字钢制作，由两腿一梁构成。型钢棚腿的下端焊有一块钢板，以防止陷入底板。梁腿连接要求牢固可靠，安装、拆卸方便。

（2）拱形金属支架。拱形金属支架一般用工字钢、H 型钢、U 型钢、钢轨、钢管等型钢制作，加工较简易，使用方便，由于截面纵横方向不是等刚度和等强度而容易失稳，在较大跨度中使用有困难，适用于跨度较小的矿山巷道或隧道施工支护。

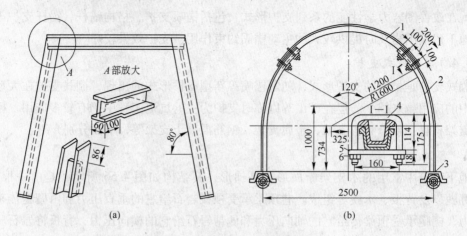

图 4.57　金属支架

（a）梯形金属支架；（b）拱形金属支架

1—顶梁；2—棚腿；3—底座；4—U 形卡子；5—垫板；6—螺母

C　预制钢筋混凝土支架

钢筋混凝土支架也是由一根顶梁和两根棚腿组成梯形棚子。这种支架的构件是在地面工厂预制的，故构件质量高。可以紧跟工作面架设，并能立即承受地压，支护效果良好。但是，这种支架存在着构件太重、用钢量多、成本高以及可缩性不够等问题。预制钢筋混凝土支架分为普通型和预应力型两种。预应力钢筋混凝土支架进一步提高了钢筋混凝土构件的强度，缩小了支架断面尺寸，同时节约材料，减轻构件重量，降低支架成本，如图4.58 所示。

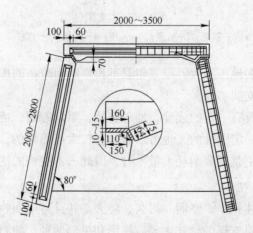

图 4.58　预应力工字型断面钢筋混凝土支架

4.4.1.2　锚杆支护

锚杆是用金属、木质、化工等材料制作的一种杆状构件。其施工工艺是首先在岩壁上钻孔，然后通过一定施工操作将锚杆安设在地下工程的围岩或其他工程体中，形成承载结构，阻止围岩的变形。

　　相比较棚式支护，锚杆支护效果好，用料省，施工简单，有利于机械化操作，施工速度快。但是锚杆不能封闭围岩，防止围岩风化；不能防止各锚杆之间裂隙岩石的剥落。因此，在围岩不稳定情况下，往往需配合其他支护措施，如挂金属网、喷射混凝土等，形成联合支护形式。

　　A　锚杆的种类

　　锚杆种类繁多，形式不一，分类方法也各不相同，一般按锚固形式、锚固原理和锚杆材料分类较多。按锚固形式分有端头锚固和全长锚固两大类；按锚固原理分，有机械锚固、粘结式锚固和自锚固三种；按材料分有金属锚杆、木质锚杆和化工材料锚杆，工程中以金属锚杆为多。

　　a　金属灌浆锚杆

　　金属灌浆锚杆是在孔内放入钢筋或钢索，孔内灌入砂浆或水泥浆，利用砂浆或水泥浆与钢筋、孔壁间的粘结力锚固岩层，如图4.59所示。钢筋灌浆锚杆一般用螺纹钢制作。

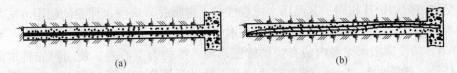

(a)　　　　　　　　　　　　　　(b)

图4.59　金属灌浆锚杆
(a) 钢筋灌浆锚杆；(b) 钢丝绳灌浆锚杆

　　灌浆锚杆的安装有先灌后锚式和先锚后灌式两种，可根据灌浆材料和杆体材料的不同选择。采用钢筋锚杆时，先灌后锚或者先锚后灌都可，采用钢索时一般用先锚后灌法。

　　钻孔时，要按设计要求确定锚杆孔的位置、孔向、孔深及孔径。孔径应大于锚杆直径15～20mm，以保证锚杆与孔壁之间充填一定数量的砂浆。灌浆前应用高压风将孔眼吹净。先灌后锚施工时，先将注浆管插入到孔底，在注浆的同时将注浆管缓缓地拔出，待注浆管距孔口200～300mm时，即可停止注入。然后插入锚杆至孔底，将砂浆挤满钻孔。孔在拱顶部时，为防止钢筋下滑，可在孔口用木楔临时固定。

　　b　金属倒楔式锚杆

　　金属倒楔式锚杆由杆体、固定楔、活动倒楔、垫板和螺帽组成，如图4.60所示。固定楔与杆体的一端浇注在一起，杆体另一端车有螺纹，杆体直径为14～22mm。安装时把活动倒楔（小头朝向孔底）绑在固定楔下部，一同送入锚杆眼的底部，然后用一专用的锤击杆顶住活动倒楔进行锤击，直到击不进去为止。最后套上垫板并拧紧螺帽。拧紧螺帽后，杆体便会给围岩一个大小相同、方向相反的挤压力，以抑制围岩的变形或松动。因此，拧紧螺帽是保证锚杆安设质量的重要措施。

　　这种锚杆是端头锚固型，理论上可以回收复用，安装后可以立即承载，结构简单，易于加工，设计锚固力为40kN左右。常用于围岩较破碎、需要立即承载的地下工程。

　　c　锚固剂粘结锚杆

　　锚固剂粘结锚杆多为端头锚固型，其原理是在孔内放入锚固剂，利用锚固剂把锚杆的内端锚定在锚孔内。根据所使用的锚固剂不同，分为树脂锚杆、快硬水泥锚杆和快硬膨胀水泥锚杆三种。树脂锚杆由杆体和树脂锚固剂组成，锚固剂被制成圆卷状，外用塑料包

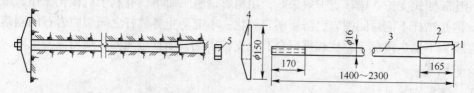

图 4.60　金属倒楔式锚杆

1—固定楔；2—活动倒楔；3—杆体；4—垫板；5—螺帽

装，内装树脂粘结剂填料和固化剂，树脂填料和固化剂之间用塑料纸隔开。使用时，先将锚固剂药卷放入孔内，再用专用风动工具或凿岩机将锚杆推入锚孔，边推进边搅拌，在固化剂的作用下，将锚杆的头部粘结在锚杆孔内，然后在外端装上盖板，拧紧螺帽即可。它凝结硬化快，粘结强度高，在很短时间内便能达到很大的锚固力。

树脂锚固剂成本较高，有关单位研制了快硬水泥锚杆和快硬膨胀水泥锚杆，这种锚杆的杆体结构与树脂锚杆相同，只是用水泥卷代替了树脂卷。快硬水泥卷的使用方法与树脂药卷基本相同，只是使用前需先将水泥卷在水中浸泡 2~3min，这种锚固剂在 1h 后锚固力可达 60kN。快硬膨胀水泥卷内装有快硬膨胀水泥，结构为空心卷，使用时先将水泥药卷穿到锚杆上，再浸水 2~3min，将其送入锚孔，用冲压管压实，而后套上垫板、紧固螺母即可。水泥药卷材料来源广，锚固力较高，成本约为树脂锚固剂的 1/4。

d　管缝式锚杆

管缝式锚杆又称开缝式或摩擦式锚杆，它采用高强度钢板卷压成带纵缝的管状杆体，如图 4.61 所示，用凿岩机强行压入比杆径小 1.5~2.5mm 的锚孔。为安装方便，打入端略呈锥形。由于管壁弹性恢复力挤压孔壁而产生锚固力。

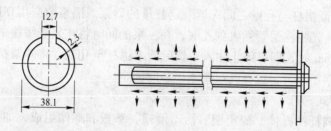

图 4.61　管缝式锚杆

e　中空注浆锚杆

中空注浆锚杆是一类可用于注浆的锚杆。在破碎岩体中施工时，为了加固围岩，利用锚杆进行注浆，形成锚注支护形式。这类锚杆形式较多，如普通式、自进式、半自进式、胀壳式、组合式等，部分形式的注浆锚杆如图 4.62 所示。

B　锚杆支护施工

a　施工要求

（1）锚杆应均匀布置，在岩面上排成矩形或菱形，锚杆间距不宜大于锚杆长度的 1/2，以有利于相邻锚杆共同作用。

（2）锚杆的方向，原则上应尽可能与层面垂直布置，或使其与岩面形成较大的角度；

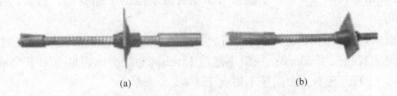

(a)　　　　　　　　　　(b)

图 4.62　中空注浆锚杆

（a）自钻式中空注浆锚杆；（b）胀壳式中空注浆锚杆

对于倾斜的成层岩层，锚杆应与层面斜交布置，以便充分发挥锚杆的作用。

（3）锚杆孔深必须与作业规程要求和所使用的锚杆相一致。

（4）锚杆孔必须用压气吹净扫干孔底的岩粉、碎渣和积水，保证锚杆的锚固质量。

（5）锚杆直径应与锚固力的要求相适应。锚固力应与围岩类别相匹配。

（6）保证锚杆有足够的锚固力。

b　锚杆施工机械

锚杆施工机械主要是钻孔机械、安装机械、灌浆机械等，应根据具体的岩层条件和锚杆种类选择合适的施工机具。地下工程的断面较小、锚杆较短时，一般使用气腿式凿岩机钻孔，锚索孔一般采用旋转式专用锚索钻机。不同的锚杆有不同的安装方式和机具，如风钻、电钻、风动扳手、锚杆钻机等。

c　锚杆施工质量检测

锚杆质量检测包括锚杆的材质、锚杆的安装质量和锚杆的抗拔力检测。材质检测在实验室进行。锚杆安装质量包括锚杆托盘安装质量、锚杆间排距、锚杆孔深度和角度、锚杆外露长度和螺帽的拧紧程度以及锚固力。其中有的应在隐蔽工程检查中进行。锚杆托盘应安装牢固、紧贴岩面；锚杆的间排距偏差为 ±100mm，喷浆封闭后宜采用锚杆探测仪探测和确定锚杆的准确位置；锚杆的外露长度应不大于 50mm。

锚杆质量检测的重要项目是锚固力试验，锚固力达不到设计要求时，一般可用补打锚杆予以补强，锚杆抗拔力采用锚杆拉力计根据规范要求进行检测。各种锚杆必须达到规定的抗拔力。

4.4.1.3　喷射混凝土支护

喷射混凝土支护是将一定配比的混凝土，用压缩空气以较高速度喷射到地下建筑岩面上，形成混凝土支护层的一种支护形式。

A　喷射混凝土材料

喷射混凝土材料主要由水泥、砂子、石子、水和速凝剂组成，一些特殊的混凝土，尚需掺入相关材料，如喷射纤维混凝土需掺入纤维材料等。

水泥：喷射混凝土对所用水泥的基本要求是凝结快，保水性好，早期强度增长快，收缩较小。因此，应优先选用普通硅酸盐水泥。在没有普通硅酸盐水泥的条件下，也可根据工程实际选用矿渣硅酸盐水泥或火山灰硅酸盐水泥。水泥的强度等级一般不得低于32.5MPa，不得使用受潮或过期结块的水泥。

砂子：应采用坚硬耐久的中砂或粗砂，细度模数应大于 2.5，含水率以控制在 5% ～

7%为宜，含泥量不得大于3%。细砂会增加喷射混凝土的干缩变形，且易产生大量粉尘，一般不宜采用。

石子：应采用坚硬耐久的卵石或碎石。石子的最大粒径与混凝土喷射机的输料管直径有关，目前最大粒径采用20mm，一般不超过15mm。为减少回弹量，大于15mm粒径的颗粒控制在20%以下。石子的含泥量不得大于1%。

水：水中不应含有影响水泥正常凝结与硬化的有害杂质，不得使用污水及pH<4的酸性水，以及含硫酸盐量按SO_4^{2-}计算超过水重1%的水。

速凝剂：掺入速凝剂的目的在于防止喷层因重力作用而流淌或坍落，提高喷混凝土在潮湿岩面或轻微含水岩面中使用的性能；增加一次喷射混凝土厚度和缩短喷层之间的喷射间歇时间；提高早期强度以及时提供稳定围岩变形所需的支护抗力。

一般喷射混凝土的配合比如下：

喷砂浆时，水泥：砂子为1:(2~2.5)，水灰比为0.4~0.55。

喷射混凝土时，水泥：砂：石子为1:2:2或1:2.5:2，水灰比为0.4~0.5。

B　混凝土喷射工艺

喷射混凝土施工设备主要包括喷射机、上料机、搅拌机、喷射机械手等。其中最主要的设备是混凝土喷射机。国内混凝土喷射机种类较多，按喷射料的干湿程度分有干喷机、潮喷机和湿喷机三类，干喷机使用最为广泛，但干喷机的粉尘太大，故应大力推广使用潮喷机和湿喷机。

a　混凝土喷射方法

喷射混凝土施工，按喷射方法可分为干式喷射法、潮式喷射法和湿式喷射法三种。

干式喷射法的施工工艺如图4.63所示。施工前预先将砂子、石子在洞外（或地面）洗净、过筛，按设计配合比混合，用运输车辆运到喷射工作面附近，再加入水泥进行拌和，然后人工（喷射量大时最好采用机械）往喷射机上铲装干料进行喷射。速凝剂可同水泥一起加入并拌和，也可在喷射机料斗处添加。水在喷嘴处施加，水量由喷嘴处的阀门控制。

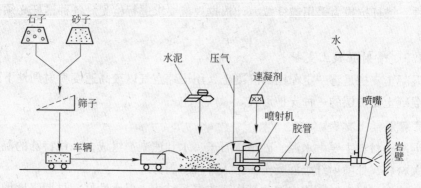

图4.63　干喷法喷射混凝土工艺流程图

干喷法的缺点是粉尘太大，回弹量也较大。因此，为改善干喷法的缺点，又出现了潮式喷射法。潮式喷射是将集料预加少量水，使之呈潮湿状，再加水拌和，从而降低上料、拌和和喷射时的粉尘，但大量的水仍是在喷头处加入。潮喷的工艺流程与干喷法相同，喷射机应采用适合于潮喷的机型。

湿喷法基本工艺过程与干喷法类似，其主要区别有三点：一是水和速凝剂的施加方式不同，湿喷时，水与水泥同时按设计比例加入并拌和，速凝剂是在喷嘴处加入；二是干喷法用粉状速凝剂，而湿喷法多用液体速凝剂；三是喷射机不同，湿喷法一般需选用湿式喷射机。

湿喷混凝土的质量较容易控制，喷射过程中的粉尘和回弹量都较少，是应当发展和推广应用的喷射工艺。但湿喷对湿喷机的技术要求较高，机械清洗和故障处理较困难。对于喷层较厚、软岩和渗水隧道，不宜采用湿喷混凝土施工工艺。

b 施工准备

施喷前应做好的准备工作主要包括施工现场的准备和施工设备布置。

施工现场的准备：应清理施工现场，清除松动岩块、浮石和墙脚的岩渣，拆除操作区域的各种障碍物，用高压风、水冲洗受喷面。

施工设备布置：做好施工设备的就位和场地布置，保证运输线路、风、水、电畅通，保证喷射作业地区有良好的通风条件和充足的照明设施。

c 喷射作业

为了减少喷射混凝土的滑动或脱落，喷射时应按分段（长度不应超过6m）分片、自下而上、先墙后拱的顺序操作。喷射作业前，应进行喷射机试运转。喷射作业开始时，喷射机司机应与喷射手取得联系，先送风后开机，再给料；喷射结束时，应待喷射机及输料管内的混合料喷完后再停机、关风。喷射机供料应保持连续、均匀，以利喷射手控制水灰比。

正常喷射作业时，喷头应正对受喷面呈螺旋形轨迹均匀地移动，以使混凝土喷射密实、均匀和表面光滑平顺。为了保证喷射质量、减少回弹量和降低喷射中的粉尘，作业时应正确控制水灰比，做到喷射混凝土表面呈湿润光泽、无干斑或滑移流淌现象。

喷射作业时，要解决好一次喷射厚度和喷射间歇时间问题。喷层较厚时，喷射作业需分层进行，通常应在前一层混凝土终凝后方再施喷后一层。若终凝1h以后再进行二次喷射时，应先用压气、压水冲洗喷层表面，去掉粉尘和杂物。

d 喷射混凝土的主要工艺参数

喷射混凝土的工艺参数主要包括水压力、水灰比、喷头方向、喷头与受喷面的距离及一次喷射厚度等。

（1）水压。为了保证喷头处加水能使随气流迅速通过的混凝土混合料充分湿润，通常要求水压比气压高0.1MPa左右。

（2）喷头方向。喷头喷射方向与受喷面垂直，并略向刚喷过的部位倾斜时，回弹量最小。因此，除喷帮侧墙下部时，喷头的喷射角度可下俯10°～15°外，其他部位喷射时，均要求喷头的喷射方向基本上垂直于围岩受喷面。

（3）喷头与受喷面的距离。喷头与受喷面的最佳距离是根据喷射混凝土强度最高、回弹最小来确定的，最大为0.8～1.0m。一般在输料距离30～50m、供气压力0.12～0.18MPa时，最佳喷距为喷帮300～500mm，喷顶450～600mm。喷距过大、过小，均可引起回弹量的增大。

（4）一次喷射厚度及间隔时间。喷射混凝土应有一定的厚度，当喷层较厚时，喷射作业需分层进行。一次喷射厚度应根据岩性、围岩应力、裂隙、隧道规格尺寸，以及与其他形式支护的配合情况等因素确定，通常应满足表 4.2 的要求。

表 4.2 一次喷射厚度 （mm）

喷射部位	掺速凝剂	不掺速凝剂
边 墙	70~100	50~70
拱 部	50~70	30~50

分层喷射时，合理的间隔时间应根据水泥品种、速凝剂种类及掺量、施工温度和水灰比大小等因素确定，一般对于掺有速凝剂的普通硅酸盐水泥，温度在 15~20℃时，其间隔时间为 15~20min；不掺速凝剂时为 2~4h。

4.4.1.4 锚喷联合支护

锚喷支护是指以锚杆和喷射混凝土为主体的一类支护形式的总称，根据地质条件及围岩稳定性的不同，它们可以单独使用也可联合使用。联合使用时即为联合支护，具体的支护形式依所用的支护材料而定，如锚杆 + 喷射混凝土支护，简称锚喷支护；锚杆 + 注浆支护，简称锚注支护；锚杆 + 钢筋网 + 喷射混凝土支护，简称锚网喷联合支护等。

A 锚喷支护

锚喷支护是同时采用锚杆和喷射混凝土进行支护的形式，适用于Ⅲ、Ⅳ类围岩和部分Ⅱ类围岩。它能同时发挥锚杆和喷射混凝土的作用，并且能取长补短，两者合一，形成了联合支护结构，是一种有效的支护形式，得到了广泛应用。新奥法就是其中的典型代表。

新奥法即新奥地利隧道施工方法的简称，它是奥地利学者拉布西维兹教授于 20 世纪 50 年代提出，以隧道工程经验和岩体力学的理论为基础，将锚杆和喷射混凝土组合在一起，作为主要支护手段的一种施工方法，经过一些国家的许多实践和理论研究，于 60 年代取得专利权并正式命名。之后这个方法在西欧、北欧、美国和日本等许多地下工程中获得极为迅速发展，已成为现代隧道工程新技术标志之一。20 世纪 60 年代被介绍到我国，70 年代末 80 年代初得到迅速发展。下面对新奥法施工作一简要叙述。

a 新奥法的施工特点

（1）及时性。新奥法施工采用喷锚支护为主要手段，可以最大限度地紧跟开挖作业面施工，因此可以利用开挖施工面的时空效应，以限制支护前的变形发展，阻止围岩进入松动的状态，在必要的情况下可以进行超前支护，加之之喷射混凝土的早强和全面粘结性因而保证了支护的及时性和有效性。

在巷道爆破后，立即施工以喷射混凝土支护能有效地制止岩层变形的发展，并控制应力降低区的伸展而减轻支护的承载，增强了岩层的稳定性。

（2）封闭性。由于喷锚支护能及时施工，而且是全面密粘的支护，因此能及时有效地防止因水和风化作用造成围岩的破坏和剥落，制止膨胀岩体的潮解和膨胀，保护原有岩体强度。

巷道开挖后，围岩由于爆破作用产生新的裂缝，加上原有地质构造上的裂缝，随时都有可能产生变形或塌落。当喷射混凝土支护以较高的速度射向岩面，很好地充填围岩的裂隙，节理和凹穴，大大提高了围岩的强度（提高围岩的黏聚力和内摩擦角）。同时喷锚支护起到了封闭围岩的作用，隔绝了水和空气同岩层的接触，使裂隙充填物不致软化、解体而使裂隙张开，导致围岩失去稳定。

（3）粘结性。喷锚支护与围岩能全面粘结，这种粘结作用可以产生三种作用：

1）联锁作用，即将被裂隙分割的岩块粘结在一起，若围岩的某块危岩活石发生滑移坠落，则引起临近岩块的联锁反应，相继丧失稳定，从而造成较大范围的冒顶或片帮。开巷后如能及时进行喷锚支护，喷锚支护的粘结力和抗剪强度是可以抵抗围岩的局部破坏，防止个别围岩活石滑移和坠落，从而保持围岩的稳定性。

2）复合作用，即围岩与支护构成一个复合体（受力体系）共同支护围岩。喷锚支护可以提高围岩的稳定性和自身的支撑能力，同时与围岩形成了一个共同工作的力学系统，具有把岩石荷载转化为岩石承载结构的作用，从根本上改变了支架消极承载的弱点。

3）增加作用。开巷后及时进行喷锚支护，一方面将围岩表面的凹凸不平处填平，消除因岩面不平引起的应力集中现象，避免过大的应力集中所造成的围岩破坏；另一方面，使巷道周边围岩处于双方向受力状态，提高了围岩的粘结力 C 和内摩擦角，也就是提高了围岩的强度。

（4）柔性。喷锚支护属于柔性薄性支护，能够和围岩紧粘在一起共同作用，由于喷锚支护具有一定柔性，可以和围岩共同产生变形，在围岩中形成一定范围的非弹性变形区，并能有效控制围岩塑性区的适度发展，使围岩的自承能力得以充分发挥。另一方面，喷锚支护在与围岩共同变形中受到压缩，对围岩产生支护反力，抑制围岩产生过大变形，防止围岩发生松动破坏。

b　新奥法的施工顺序

新奥法是以喷射混凝土、锚杆支护为主要支护手段，它的施工顺序可以概括为：开挖——一次支护—二次支护。

（1）开挖。开挖作业的内容依次包括：钻孔、装药、爆破、通风、出碴等。开挖作业与一次支护作业同时交叉进行，为保护围岩的自身支撑能力，第一次支护工作应尽快进行。为了充分利用围岩的自身支撑能力，开挖时应采用光面爆破（控制爆破）或机械开挖，并尽量采用全断面开挖，地质条件较差时可以采用分块多次开挖。一次开挖长度应根据岩质条件和开挖方式确定。岩质条件好时，长度可大一些，岩质条件差时长度可小一些，在同等岩质条件下，分块多次开挖长度可大一些，全断面开挖长度就要小一些。一般在中硬岩中长度约为 $2 \sim 2.5 \mathrm{m}$，在膨胀性地层中大约为 $0.8 \sim 1.0 \mathrm{m}$。

（2）第一次支护作业包括：一次喷射混凝土、打锚杆、联网、立钢拱架、复喷混凝土。在巷道开挖后，应尽快地喷一层薄层混凝土（$3 \sim 5 \mathrm{mm}$）。为争取时间，在较松散的围岩掘进中第一次支护作业可在开挖的碴堆上进行，待把开挖面的喷射混凝土完成后再出碴。

完成第一次支护的时间非常重要，一般情况应在开挖后围岩自稳时间的二分之一时间内完成。目前的施工经验是松散围岩应在爆破后三小时内完成，主要由施工条件决定。

在地质条件非常差的破碎带或膨胀性地层（如风化花岗岩）中开挖巷道，为了延长围岩的自稳时间，给一次支护争取时间，安全地作业，需要在开挖工作面的前方围岩进行超前支护（预支护），然后再开挖。

在安装锚杆的同时，在围岩和支护中埋设仪器或测点，进行围岩位移和应力的现场测量。依据测量得到的信息来了解围岩的动态，以及支护抗力与围岩的相适应程度。

（3）一次支护后，在围岩变形趋于稳定时，进行第二次支护和封底，即永久性的支护（或是补喷射混凝土，或是浇筑混凝土内拱），起到提高安全度和增强整个支护承载能力的作用，支护时机可以由监测结果得到。

B　锚网喷支护

锚网喷支护是由锚杆、金属网和喷射混凝土联合形成的支护结构。金属网的介入，提高了喷射混凝土的抗剪、抗拉及其整体性，使锚喷支护结构更趋于合理。因此，在较为松软破碎的围岩中得到广泛应用。一般金属网的网格不小于150mm×150mm，金属网所用钢筋直径多为5～10mm。为便于挂网安装，需提前将钢筋网加工成网片，网片长宽尺寸各为1～2m。

施工时，先将锚杆装入锚孔内，再铺金属网，用锚杆垫板压紧金属网。网片间须用钢丝绑扎结实，网片的搭接长度不小于200mm。网片固定后再进行喷射混凝土，金属网与岩面之间的间隙以及金属网保护层的厚度都不应小于30mm。如果岩面平整度较差，可先初喷一层混凝土后再铺设金属网，以保证喷射混凝土支护效果。

C　锚喷钢架支护

对于松软破碎严重的围岩，其自稳性差，开挖后要求早期支护具有较大的刚度，以阻止围岩的过度变形和承受部分松弛荷载。此时，就需要采用刚度较大的钢拱架支护。另外，在浅埋、偏压隧道，当早期围岩压力增长快，需要提高初期支护的强度和刚度时，也多采用钢拱架支护。钢拱架的整体刚度较大，能很好地与锚杆、钢筋网、喷射混凝土相结合，构成联合支护，受力性能较好。

钢拱架可用型钢或格栅钢架制作。型钢多用槽钢、工字钢、钢管或钢筋制作。型钢拱架重量大，消耗钢材多，在公路、铁路隧道工程中的初次支护中多用格栅钢架。格栅钢架一般与锚喷支护联合采用。格栅钢架由钢筋焊接而成，受力性能较好，安装方便，并能和喷射混凝土结合较好，节省钢材，优点较多。

D　钢筋网壳锚喷支护

钢筋网壳锚喷支护是一种适用于高地应力软弱、膨胀、破碎岩体的一项新型支护技术，其结构是用钢筋在地面焊接成板壳结构，外表面制成一层钢筋网，内部是立体纵横交叉的钢筋网架支撑着外层钢筋网。每块构件的两端焊有带螺栓孔的连接板，每架支架由数块构件对头拼装，用螺栓连接。使用时是一架紧接一架安装，架间不留间隔。安装前，先进行锚杆支护，然后架设网壳板块，最后喷射混凝土。每棚支架可为4～6片，每片宽0.8～1.0m，厚度100～150mm。

E　锚注喷射混凝土支护

锚注喷射混凝土支护是在破碎软岩中应用的一种支护结构，即在掘进后先利用内注式注浆锚杆及喷射混凝土进行锚喷初次支护，滞后工作面一定距离再进行注浆二次支护。

锚注支护技术利用锚杆兼作注浆管，实现了锚注一体化。注浆可改善更深层围岩的松散结构，提高岩体强度，并为锚杆提供可靠的着力基础，使锚杆与围岩形成整体，从而形成多层有效组合拱，即喷网组合拱、锚杆压缩区组合拱、浆液扩散加固拱，提高了支护结构的整体性和承载能力。

锚注支护施工工艺的关键是注浆参数的确定与控制。对于节理、裂隙发育、断层破碎带等松散围岩注浆，一般采用单液水泥浆，也可掺加一定量的水玻璃等外加剂。采用水泥－水玻璃液浆时，宜选用 425 以上普通硅酸盐水泥，水玻璃浓度 45Be，用量为水泥重量的 3%～5%，水灰比 0.8～1.0，注浆压力 1.0～1.5MPa，最大注浆压力为 2.0MPa。

注浆时，采用同一断面上的锚杆自下而上先帮后顶的顺序进行，为了提高注浆效果，可采用隔排初注、插空复注的交替性作业方式。

4.4.2　地下建筑衬砌

4.4.2.1　衬砌断面形式

衬砌断面形式在这里主要以盾构衬砌为主，隧道的横断面一般有圆形、矩形、半圆形、马蹄形等多种形式，应用最多的是圆形，其施工中盾构易于推进，便于管片的制作与拼装，盾构即使发生转动，对断面的利用也没有影响。

4.4.2.2　隧道的衬砌结构

根据隧道的功能、外围土层的特点、隧道受力等条件，隧道的衬砌结构有单层结构和双层结构。单层结构通常为预制管片装配式，在满足工程使用要求的前提下，应优先采用单层衬砌。单层预制装配式衬砌的施工工艺简单，施工周期短，投资少。

双层结构是在管片衬砌内再整体套砌一层混凝土（或钢筋混凝土）内衬。双层衬砌施工周期长，造价贵，且它的止水效果在很大程度上还是取决于外层衬砌的施工质量、防渗漏情况，所以只有当隧道功能有特殊要求时，才选用双层衬砌。如果隧道穿越松软含水地层，为防水、防蚀、增加衬砌的强度和刚度、修正施工误差，多采用双层衬砌；电力、通信等隧道对防渗漏要求严格，而进排水隧道要求减小内壁粗糙系数，且它一经运营后就无法检修，若外层衬砌有漏点，衬砌外侧土体随水渗入流失，时间一长，可能会危及结构本身，此时用双层衬砌的较多，至少需在圆环底部适当范围内浇筑内衬。

一般双层结构的内外衬砌间不设防水卷材，不进行凿毛处理，仅在设局部衬砌时，才需在该范围进行凿毛处理，以增加粘结能力，可靠地盖住最下面接头缝隙，满足使用要求。

4.4.2.3　衬砌管片类型与结构尺寸

A　衬砌管片类型

管片按位置不同有标准管片（A 型管片）、邻接管片（B 型管片）和封顶管片（K 型管片）三种，转弯时将增加楔形管片；按其形状分为箱形管片和平板形管片；按制作材料分为球墨铸铁管片、钢管片、复合管片和钢筋混凝土管片等，如图 4.64 所示。箱形管片是由主肋和接头板或纵向肋构成的凹形管片的总称。平板形管片指具有实心断面的弧板状管片，一般由钢筋混凝土制作。

（1）球墨铸铁管片。球墨铸铁管片强度高，易铸成薄壁结构，管片重量轻，搬运安装方便，管片精度高，外形准确，防水性能好。但加工设备要求高，需翻砂成型后用大型金属切削机械加工，因而造价高，特别是有脆性破坏的特性，不宜承受冲击荷载，因此现在已较少采用。

（2）钢管片。钢管片主要用型钢或钢板焊接加工而成，其强度高、延性好、运输安装

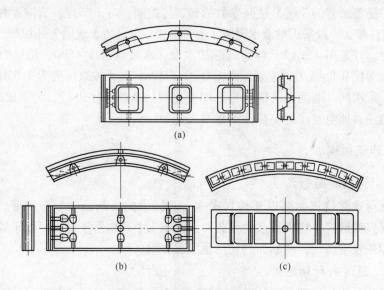

图 4.64　装配式混凝土管片形式
(a) 钢筋混凝土箱形管片；(b) 钢筋混凝土平板形管片；(c) 铸铁箱形管片

方便，精度稍低于球墨铸铁管片。但在施工应力作用下易变形，在地层内也易锈蚀，造价也不低，所以采用的也不多，仅在如平行隧道的联络通道口部的临时衬砌等特殊场合使用。

(3) 钢筋混凝土管片。20 世纪 60 年代以来，盾构隧道衬砌结构逐渐推广应用拼装式钢筋混凝土管片。该管片有一定强度，加工制作比较容易，耐腐蚀，造价低，是目前最常用的管片形式，但较笨重，在运输、安装施工过程中易损坏。

(4) 复合管片。复合管片有填充混凝土钢管片和扁钢加筋混凝土管片两种主要形式。填充混凝土钢管片（SSPC）以钢管片的钢壳为基本结构，在钢壳中用纵向肋板设置间隔，经填充混凝土后成为简易的复合管片结构。与原有钢管片相比有制作容易、经济性能好、可省略二次衬砌等优点。扁钢加筋混凝土管片（FBRC）是控制矩形和椭圆形等特殊断面管片厚度和钢筋用量，谋求降低制作成本为目的而开发出来的管片结构。由于使用扁钢作为主筋，和以往的管片相比，可以增加主筋的有效高度，其结构性能较好。

(5) 挤压混凝土衬砌。挤压混凝土衬砌（ECL），是指不采用常规管片而通过在盾尾现场浇筑混凝土来进行衬砌的隧道施工法，是开挖与衬砌同时进行的施工法的总称。因该施工法是在盾构机推进的同时对新拌混凝土加压，构成与地层紧密结合的衬砌体，所以能得到密实、质量高的衬砌体，能控制对周围围岩的影响。这类衬砌的施工速度比拼装衬砌快，防水效果更好，造价也低。

B　管片的几何尺寸

管片的几何形状如图 4.65 所示，其尺寸主要有管片的宽度、厚度和弧长。

a　管片宽度

管片宽度即衬砌环的环宽 b，b 越大，在同等里程内的隧道衬砌环接缝就越少，因而漏水环节、螺栓亦越少，施工进度加快，衬砌环的制作费、施工费用减少，经济效益明显

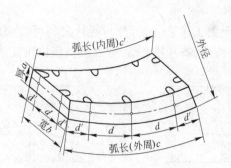

图 4.65 　管片外形几何尺寸图

提高。但它受运输及盾构机械设备能力的制约，应综合考虑举重臂能力及盾构千斤顶的冲程。特别是盾构与隧道轴线坡度差较大的地段和曲线施工段，在一定曲率半径及盾尾长度情况下，b 应由盾构千斤顶的有效冲程来决定。

衬砌环环宽 b 应与盾构千斤顶冲程及其推进量等相适应，尽可能取得宽一些。在目前施工中，对于直径为 2.5~10m 的隧道，常用的环宽一般为 750~1000mm。对于特大隧道，环宽还可适当加宽，如上海长江隧道管片衬砌环宽为 2000mm。

在曲线段应考虑不等宽的楔形环，其环面锥度可按隧道曲率半径计算得出，但不宜太大。衬砌直径大于 6m 的，楔形量为 30~50mm，小直径隧道约为 15~40mm。

b 　管片厚度

衬砌管片的厚度 a 应根据隧道直径大小、埋深、承受荷载情况、衬砌结构构造、材质、衬砌所承受的施工荷载（主要是盾构千斤顶顶力）大小等因素来确定。直径为 6.0m 以下的隧道，钢筋混凝土管片厚度约为 250~350mm；直径为 6.0m 以上的隧道，钢筋混凝土管片厚约为 350~600mm；如上海长江隧道管片壁厚为 650mm。

c 　管片环向长度

因管片生产时采用钢模制作，故管片的环向长度（即弧长）与衬砌圆环的分块块数有关。分块越多，管片的环向长度越短。

衬砌圆环的分块主要由管片制作、运输、安装等方面的实践经验确定，但也应符合受力性能要求。以钢筋混凝土管片为例，10m 左右大直径隧道在饱和含水软弱地层中为减少接缝形变和漏水可以分为 8~10 块，在较好土质下为减少内力可增加分块数量，有的做成 27 块；6m 左右中直径隧道一般分成 6~8 块，尤以接头均匀分布的 8 块为佳，符合内力最小的原则；3m 左右小直径隧道可采用 4 等分管片，把管片接缝设置在内力较小的 45°处和 135°处，使衬砌环具有较好的刚度和强度，接缝处内力达最小值，其构造也可相应得到简化，也有由 3 块组成的衬砌环。管片的最大弧、弦长度一般较少超过 4m，管片较薄时其长度相应较短。

封顶块的形式，从尺寸上看有大小之分。所谓大封顶，是指其尺寸与其他标准块、邻接块相当，块与块、环与环间的连接处理方便，但拼装不易。而小封顶环面弧、弦长尺寸均很小，多半为 400~1000mm，拼装成环方便，但连接构造复杂些，因而有时用钢材制作。根据隧道施工的实践经验，考虑到施工方便以及受力的需要，目前封顶块一般趋向于采用小封顶形式。

4.4.2.4　管片的拼装

管片拼装是建造隧道重要工序之一,管片与管片之间可以采用螺栓连接或无螺栓连接形式,如图 4.66 和图 4.67 所示,管片拼装后形成隧道,所以拼装质量直接影响工程的质量。

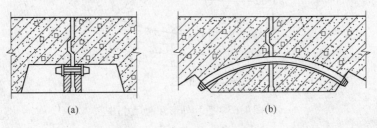

图 4.66　管片螺栓连接形式
(a) 直螺栓连接；(b) 弯螺栓连接

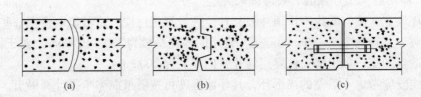

图 4.67　管片无螺栓连接形式
(a) 球铰形连接；(b) 榫槽形连接；(c) 暗销形连接

隧道管片拼装按其整体组合,可分为通缝拼装和错缝拼装。

(1) 通缝拼装。通缝拼装是指各环管片的纵缝对齐拼装,这种拼法在拼装时定位容易,纵向螺栓容易穿,拼装施工应力小,但容易产生环面不平,并有较大累计误差,而导致环向螺栓难穿,环缝压密量不够。

(2) 错缝拼装。错缝拼装是指前后环管片的纵缝错开拼装,一般错开 1/3 ~ 1/2 块管片弧长。用此法建造的隧道整体性较好,施工应力大容易使管片产生裂缝,纵向穿螺栓困难,纵缝压密差,但环面较平整,环向螺栓比较容易穿。

针对盾构有无后退,可分先环后纵和先纵后环拼装。

(1) 先环后纵。采用敞开式或机械切削开挖的盾构施工时,盾构后退量较小,则可采用先环后纵的拼装工艺。即先将管片拼装成圆环,拧好所有环向螺栓,而穿进纵向螺栓后再用千斤顶整环纵向靠拢,然后拧紧纵向螺栓,完成一环的拼装工序。采用该种拼装,成环后环面平整,圆环的椭圆度易控制,纵缝密实度好。但如前一环环面不平,则在纵向靠拢时,对新成环所产生的施工应力就大。

(2) 先纵后环。用挤压或网格盾构施工时,其盾构后退量较大,为不使盾构后退,减少对地面的变形,则可用先纵后环的拼装工艺。即缩回一块管片位置的千斤顶,使管片就位,立即伸出缩回的千斤顶,这样逐块拼装,最后成环。用此种方法拼装,其环缝压密好,纵缝压密差,圆环椭圆度较难控制,主要可防止盾构后退。但对拼装操作带来较多的重复动作,拼装也较困难。

按管片的拼装顺序,可分先下后上及先上后下拼装。

（1）先下后上。用举重臂拼装是从下部管片开始拼装，逐块左右交叉向上拼，这样拼装安全，工艺也简单，拼装所用设备少。

（2）先上后下。小盾构施工中，可采用拱托架拼装，即先拼上部，使管片支承于拱托架上。此拼装方法安全性差，工艺复杂，需有卷扬机等辅助设备。目前所采用的管片拼装工艺可归纳为先下后上、左右交叉、纵向插入、封顶成环。

封顶管片的拼装形式有径向楔入、纵向插入两种，如图 4.68 所示。径向楔入时其半径方向的两边线必须呈内八字形或者至少是平行，受荷后有向下滑动的趋势，受力不利。采用纵向插入式的封顶块受力情况较好，在受荷后，封顶块不易向内滑移，其缺点是在封顶块管片拼装时，需要加长盾构千斤顶行程。故也可采用一半径向楔入和另一半纵向插入的方法以减少千斤顶行程。

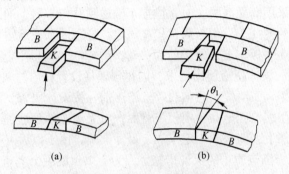

图 4.68 封顶管片安装形式
（a）径向楔入型；（b）纵向插入型

4.4.2.5 隧道的二次衬砌

二次衬砌多用于管片补强、防蚀、防渗、矫正中心线偏离、防震、使内表面光洁和隧道内部装饰等。根据隧道使用要求，可分成：浇筑底板混凝土，浇筑 120°下拱混凝土，浇筑 240°下拱混凝土和浇筑 360°全内衬混凝土四种形式，如图 4.69 所示。

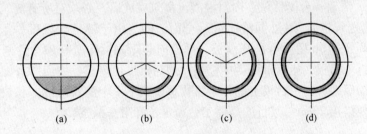

图 4.69 混凝土内衬形式
（a）底板；（b）120°下拱；（c）240°下拱；（d）全内衬

盾构隧道全内衬混凝土现在多采用钢模台车结合泵送混凝土施工，它是在已完成的隧道内，采用特殊的钢拱模板作为浇筑内衬的成型胎模的模芯，其外模即管片衬砌，再借助模板台车端部的封堵板，把管片与模芯连成一个整体，此时构成环形空穴，由泵送来的混凝土连续不断地压力灌注、充填密实，形成具有设计厚度、呈 360°的内衬混凝土整体结构。其施工要点有：

（1）全内衬台模定位立模。隧道全内衬混凝土浇筑的关键是上拱顶施工，为了浇筑好上拱顶混凝土，必须重视台模定位、立模的正确性。台模移动到位后，利用台模上液压设备中的油缸把收缩的台模伸展到设计的上拱顶直径位置，并复核台模外壁与隧道内壁的间隙距离是否达到要求的内衬壁厚，台模后尾模板必须与已浇筑好的上拱顶混凝土相叠20cm，在台模的另一端安装好封堵模板。台模定位无误后，在台模中间部位加设定位撑杆，分别撑在隧道上部和左右内壁，避免台模在浇筑混凝土时发生水平移位和上浮，最后在台模缝隙之间填上密封材料，防止漏浆。

（2）浇筑工艺设备准备。隧道内衬浇筑前对内衬混凝土搅拌设备、运输机械、装卸机具、泵送混凝土设备等都要做好充分准备，保证其完好率。混凝土可现场搅拌，也可使用商品混凝土。如果现场搅拌，可把混凝土搅拌机设置在隧道井口，拌好的熟料可用溜管直接注入井下储斗。采用商品混凝土时，搅拌车输送到井口卸料，通过溜管注入井下储料斗或直接注入隧道内的搅拌车，再运入台模浇筑点。隧道内水平运输使用 50～100kN 电机车。混凝土泵车安装在平板车上，便于前后移动。

（3）预埋件设置。根据隧道使用要求，内衬预埋件设置在内衬混凝土结构内，其中有给排水管线、电缆支架、照明线、通信线等。施工前，按设计要求，对有规律分布的预埋件可在台模上开孔，用螺栓固定在台模模板背面，对无规律的预埋件可固定在台模上，也可在扎筋时固定在钢筋上，但必须固定牢靠，尺寸准确，便于以后寻找。

（4）上拱顶混凝土浇筑质量的保证措施。因为上拱顶混凝土浇筑采用不振捣的自落密实法或泵送压力灌注，所以混凝土一定要有良好的和易性和足够的坍落度，水泥用量应适当增加。拱顶混凝土在浇筑中，泵送到模板充填腔内下料要左右对称，高度基本相等，泵管插入深度为台模总长的 2/3 或距离台模尾部 3m 左右。当泵管压力升高或混凝土纵向延伸流动而涨过泵管口 2m 以上时，就可逐渐拔管后退，边泵送灌注，边退出管子，同时用铁锤敲击台模模板，检查混凝土是否到位、密实，当确认密实后才可继续拔管泵送。混凝土泵送到最后，采取快速抽管堵口法封好上拱顶最上一块封板，并用回丝快速堵口，防止局部混凝土流出造成空洞。

（5）拆模、清理、台模移位。内衬混凝土浇筑完成后，必须对所有浇筑机具进行清洗（包括混凝土输送管道），对外漏砂浆进行全面清除。由于隧道内温度一般为 20～25℃，混凝土养护时间超过 6h 后便可松开模板。拆模前必须先拆除所有预埋件固定螺栓和封堵板，顺序是先拆下模板，然后拆两侧中模板，最后拆拱顶模板，缩回所有固定用的丝杠千斤顶，模板收缩后即可利用台模上的行走机构移位到下一个浇筑地段，移位好的台模和已浇筑好混凝土要搭接 20cm，其目的是便于台模定位和阻止漏浆。

4.5　地下建筑施工辅助技术

地下工程施工中，钻爆、出碴、支护、衬砌等称为基本作业。除基本作业外，还必须借助一些辅助措施才能完成地下工程的施工任务，这些辅助工作主要包括通风防尘、氧气供应、施工供水与防渗、供电、照明等。

4.5.1　地下建筑通风

由于地下建筑一般都在封闭的地下进行施工作业，同时施工过程中会产生大量的粉尘和有害气体，因而施工前应做好施工过程中的通风工作。如果措施不到位，这些有害气体及粉尘对施工人员会产生极大的危害，如导致 CO 中毒、呼吸困难、工作效率降低等，甚至会造成安全生产事故。

施工通风应达到以下目的：

（1）使地下建筑工程在施工过程中保持通风通畅，新鲜空气处于一个正常的范围内。根据规定，地下工程施工空间内空气应保持流通，新鲜 O_2 含量不低于 20%（按体积计）。

（2）冲淡与排出有害气体。CO 是窒息性气体，化学性能稳定，持续时间长，浓度比其他有害气体高，对人体危害极大；SO_2、NO_2 等属刺激性气体。根据相关规定，要求空气中的 CO 质量浓度不得大于 $30mg/m^3$，氮氧化物（换算成 NO_2）质量浓度不得大于 $8mg/m^3$，含游离 SiO_2 10% 以上的粉尘质量浓度不得超过 $2mg/m^3$。

（3）降低粉尘浓度。粉尘是地下空间内空气污染的主要因素，粉尘中游离 SiO_2，对人体危害很大，长期吸入易患硅肺病。要求每立方米空气中含 10% 以上游离 SiO_2 的粉尘不得大于 2mg；含 10% 以下游离 SiO_2 的矿物性粉尘不得大于 4mg。

（4）降低地下空间内温度。为改善工作环境，使工人能在较舒适的气温下工作，公路隧道内作业地点空气温度规定不宜高于 30℃，铁道隧道内气温不得高于 28℃，矿山巷道内不得超过 26℃。

4.5.1.1 通风方式

施工通风方式应根据地下空间的长度、掘进坑道的断面大小、施工方法和设备等多因素综合考虑。在施工中，有自然通风和机械通风两类，其中自然通风是利用洞内外的温差或风压来实现通风的一种方式，一般仅限于短直隧道（如 300m 以下）及一些浅埋地下空间工程，绝大多数都采用机械通风。

根据风道的类型和通风机安装位置，机械通风可分为管道式、巷道式和风墙式三种。

（1）管道式通风。管道式通风根据地下空间空气流向的不同，一般分为压入式、抽出式和混合式三种，如图 4.70 所示，其中以混合式的通风效果较好。

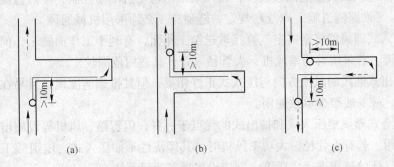

图 4.70　管道通风方式示意图
（a）压入式通风；（b）抽出式通风；（c）混合式通风

1）压入式通风。压入式通风是指通风机将新鲜空气经风管直接压送到掘进工作面，替换炸药爆破后所产生的炮烟，并与炮烟混合后沿隧道排出洞外，如图 4.70（a）所示。

2）抽出式通风。抽出式通风是指通风机的吸风管进口靠近工作面，由通风机将炮烟直接吸出隧道之外，新鲜空气由隧道口流入补充到工作面，如图 4.70（b）所示。

3）混合式通风。混合式通风即压入式、吸出式同时使用，它既能消除工作面的炮烟停滞区，又能使炮烟由风管排出，是长隧道施工常用的通风方式，如图4.70（c）所示。

（2）巷道式通风。当两条巷道或有平行导坑的隧道同时施工时，可采用这种通风方式。其特点是通过最前面的横洞使正洞和平行巷道组成一个风流循环系统，在平行巷道口附近安装通风机，将污浊空气由平行巷道抽出，新鲜空气由正洞流入，形成循环风流，如图4.71所示。这种通风方式通风阻力小，可供较大风量，是解决长隧道施工通风比较有效的方法。

（3）风墙式通风。风墙式通风适用于隧道较长、一般风管式通风难以解决，又无平行导坑可利用的隧道施工。它利用隧道成洞部分空间，用砖砌或木板隔出一条风道，以缩短风管长度，增大通风量，如图4.72所示。

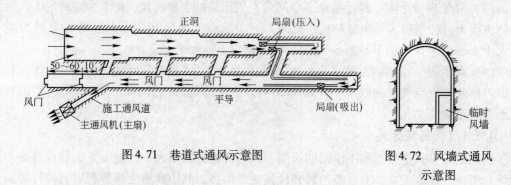

图4.71　巷道式通风示意图　　　　图4.72　风墙式通风
示意图

4.5.1.2　通风方式的选择

通风方式应根据巷（隧）道长度、施工方法和设备条件等确定。通风方式应针对污染源的特性，尽量避免成洞地段的二次污染，且有利于快速施工。因此，在选择通风方式时应注意以下几个问题：

（1）自然通风因其影响因素较多，通风效果不稳定且不易控制，除短直隧道外，应尽量避免采用。《铁路隧道施工规范》规定，隧道施工必须采用机械通风。

（2）压入式通风能将新鲜空气直接输送至工作面，有利于工作面施工，但污浊空气将流经整个坑道。若采用大功率风机、大管径风管，其适用范围较广。

（3）抽出式通风的风流方向与压入式正好相反，但其排烟速度慢，且易在工作面形成炮烟停滞区，故一般很少单独使用。

（4）混合式通风集压入式和抽出式的优点于一身，但管路、风机等设施增多，在管径较小时可采用，若有大管径、大功率风机时，其经济性不如压入式。隧道施工时，如果主机通风不能保证坑道掘进通风要求，则应设置局部通风系统。

（5）利用平行坑道作巷道通风，是解决长隧道施工通风的方案之一，其通风效果主要取决于通风管理的好坏。若无平行坑道、断面较大，可采用风墙式通风。

（6）选择通风方式时，一定要选用合适的设备——通风机和风管，同时要解决好风管的连接，尽量降低漏风率。

（7）搞好施工中的通风管理，对设备要定期检查、及时维修，加强环境监测，使通风效果更加经济合理。

4.5.1.3 地下建筑施工防尘

在地下工程施工中，凿岩、爆破、喷射混凝土等作业都有粉尘产生，由于粉尘对人体危害极大，故必须采取措施，把粉尘控制在国家规定的标准之内。

地下工程施工中的防尘措施应是综合性的，应做到"四化"，即湿式凿岩标准化、机械通风经常化、喷雾洒水制度化和人人防护普遍化。

（1）湿式凿岩标准化。湿式凿岩就是在钻眼过程中利用高压水润湿粉尘，使其成为岩浆流出炮眼，从而防止岩粉的飞扬。这种方法可降低粉尘量80%。目前，我国生产并使用的各类风钻都有给水装置，使用方便。对于缺水、易产生冻害或岩石不适于湿式钻眼的地区，可采用干式凿岩孔口除尘，其效果也较好。

（2）机械通风经常化。使用机械通风是降低洞内粉尘浓度的重要手段。在爆破通风完毕，主要的钻眼、装碴等作业进行期间，仍需经常通风，以便将一些散在空气中的粉尘排出。这对消除装碴运输等作业中所产生的粉尘是很有作用的。

（3）喷雾洒水制度化。为避免岩粉飞扬，应在爆破后及装碴前喷雾洒水、冲刷岩壁，不仅可以消除爆破、出碴所产生的粉尘，而且可融解少量的有害气体，并能降低坑道温度，使空气变得明净清爽。

（4）人人防护普遍化。每个施工人员均应注意防尘，戴防尘口罩，在凿岩、喷混凝土等作业时还需要佩戴防噪声的耳塞及防护眼镜等。

4.5.2 供电与照明

4.5.2.1 供电

随着地下工程施工机械化程度的提高，施工的耗电量也越来越大，且负荷集中。同时为了保证施工质量和施工安全，对施工供电的可靠性要求也越来越高，因而施工供电显得越来越重要。

A 供电方式

对于隧道施工，常用以下两种供电方式：

（1）利用当地现有电网供电。如果有条件，应尽量利用现有电网供电，既方便又安全。

（2）自发电供电。在当地供电不能满足要求或施工现场距离地方电网太远时，可采用自设发电站供电。自发电也可作为备用电源。在地方电网供电不稳定时，或者在重要场所还需设置双回路供电，以保证供电的稳定性。

B 总用电量估算

在施工现场，电力供应首先要确定总用电量，以便选择合适的发电机、变压器、各类开关设备和线路导线，做到安全、可靠供电，减少投资，节约开支。确定工地施工用电量时，因为在实际生产中，并非所有设备都同时工作，处于工作状态的用电设备也并非都处于额定工作状态，故常采用估算公式进行计算，具体可参照相关施工规程和规范。

C 变压器选择

地下工程施工一般都采用地方电网进行供电。供电时应注意变压器的选择及变压器的安设位置。变压器安设位置选择时，应考虑运输、运行和检修方便，同时应选择安全可靠的地方。变压器选择时一般根据估算的施工用电量，其容量应等于或略大于施工总用电量，且在施工过程中，一般使变压器的用电负荷达到额定容量的 60% 左右最佳。

D　供电线路电压等级

隧道供电电压一般采用 400/230V 三相四线系统两端供电；对于长大隧道，考虑低压输电因线路过长电压降损失，可采用 6～10kV 高压送电，在洞内适当地点设变电站，将高压电变为低压电后送至工作地段。动力设备宜采用三相 380V，成洞段和不作业地段照明用 220V，瓦斯地段不得超过 110V，一般作业地段不宜大于 36V，手提作业灯为 12～24V。

选用的导线截面应使线路末端的电压降不得大于 10%；36V 及 24V 线不得大于 5%。

E　变电站位置的选择

隧道施工时，变压器位置应设在便于运输、运行、检修和地基稳固的地方。隧道洞外变电站宜设在洞口附近，靠近负荷集中地点和设在电源来线同一侧。变压器应安设在供电范围的负荷中心，使其投入运行时线路损耗最小，保证电压正常。当配电电压在 380V 时，供电半径不应大于 700m，一般以 500m 为宜。

洞内变压器应安设在干燥的避车洞或不用的横向通道内。

4.5.2.2　照明

施工照明分使用普通光源施工照明和新光源施工照明两种。普通光源一般使用白炽灯或荧光灯管，价格低，使用方便，但耗电量较大。新光源一般使用低压卤钨灯、高压钠灯、钪钠灯、钠铊铟灯、镝灯等，具有大幅度增加施工工作面和场地的照度，为施工人员创造一个明亮的作业环境，提高施工质量、安全性能好、节电效果明显、使用寿命长、维修方便，减少电工的劳动强度等优点。

4.5.2.3　安全用电

安全用电是地下工程安全施工的一项重要检查内容，也是保证人身安全、高速度和高质量完成施工任务的重要措施之一。通常采用绝缘、屏护遮拦、保证安全距离、保护接零和使用安全电压等技术措施和健全的规章制度防止触电事故的发生。在施工过程中除应遵守电工安全作业规程外，还应重点注意以下几点：

（1）线路及接头不许有裸露，要经常检查，发现裸露应立即包扎；

（2）各种过电流保护装置不应加大其容量，不能用任何金属丝代替熔丝；

（3）电工人员操作时必须戴绝缘手套和穿绝缘胶靴；

（4）在需要触及导电部分时，必须先用测电器检查，确认无电后，才能开始工作，并事先将有关的开关切断封锁，以防误合闸；

（5）一切电器设备的金属外壳或构架都必须妥善进行接地。

4.5.3　施工供水和防水

4.5.3.1　施工供水

地下工程施工中，由于凿岩、防尘、灌筑衬砌及混凝土养护、洞外空压机冷却、泥水盾构渣土分离设备、施工人员的生活等都需要大量用水，因此要设置相应的供水设施。施工供水主要应考虑水质要求、水量的大小、水压及供水设施等几个方面的问题。

A 供给方式

地下工程施工用水均由地面供给。供给方式有：

（1）利用已有供水系统供水。所建工程如在城区、乡镇或企业附近，可充分利用已有的供水系统直接供水。这种方式上马快，但易受供水单位的限制。

（2）利用临时水源供水，临时水源有地表水源和地下水源，如山间溪流、河水、泉水、地下水、溶洞水、水库水等，由上述来源自流引导或用水泵压至蓄水池存储，并通过供水管路供到使用地点。山岭隧道施工用水量较小，多利用地表水源；矿山施工用水量大，通常使用地下水源，或地表与地下水源并用。

（3）矿井施工时，可提前修建和利用矿井永久水源及供水系统供水。这种方式水源可靠，可减少临时供水费用。

（4）个别缺水地区，则用汽车运水或长距离管路供水。

B 水质要求

凡无臭味、不含有害矿物质的洁净天然水，都可以作为施工用水。饮用水的水质则要求更为新鲜清洁。

无论是施工用水还是生活用水，均应做好水质化验工作，符合相应的国家水质标准。从水源取出的水，一般不应直接进入供水管网，而是先送往储水池或水塔，然后再送往各用水地点。水池或水塔既能起到储水作用又能起到调节水量和平衡水压的作用，以保证稳定、均衡供水。

地下矿山或深埋地下工程施工，由于地面与施工地点具有压力差，可在地面设水池供水。

平坦地区地面供水则需建造水塔或者高位水池供水。

山岭隧道施工时多利用储水池储水，储水池修建在洞口附近上方的山坡（或山顶）上，但应避免设在地下硐室顶上或其他可危及地下工程安全的部位。

C 用水量估算

（1）施工用水。施工用水与工程规模、机械化程度、施工进度、人员数量和气候条件等有关，因而用水量的变化幅度较大，很难估计精确。一般根据经验估计再加一定储备：凿岩机用水每台 $0.2 m^3/h$，喷雾洒水每台 $0.03 m^3/min$，衬砌用水 $1.5 m^3/h$，空压机用水每台 $5 m^3/d$，其中有些可考虑循环使用。

（2）生活用水。生活用水量变化幅度不大，一般可参考下列指标估算：生产工人平均每人每天 $0.1 \sim 0.15 m^3$；非生产工人平均每人每天 $0.08 \sim 0.12 m^3$。

（3）消防用水。由于施工工地住房均为临时用房，相应标准较低，除消防要求在设计、施工及临时住房布置等方面做好防火工作以外，还应按临时建筑房屋每 $3000 m^2$ 消防耗水量 $15 \sim 20 L/s$、灭火时间为 $0.5 \sim 1.0 h$ 计算消防用水贮备量，以防不测。

4.5.3.2 施工防水

地下工程在施工过程中，如果防水处理不当，将会对地下工程质量、安全及后期运营带来极为不利的影响。

A 进洞前防排水处理

（1）首先，在隧道进洞前应对隧道轴线范围内的地表水进行了解，分析地表水的补给方式、来源情况，做好地表防排水工作；

（2）用分层夯实的黏土回填勘探用的坑洼、探坑；

（3）对通过隧道洞顶且底部岩层裂缝较多的沟谷，建议用浆砌片石铺砌沟底，必要时用水泥砂浆抹面；

（4）开沟疏导隧道附近封闭的积水洼地，不得积水；

（5）在地表有泉眼的地方、涌水处埋设导管进行泉水引排；

（6）在隧道洞口上方按设计要求做好天沟，并用浆砌片石砌筑，将地表水排到隧道穿过的地表外侧，防止地表水的下渗和对洞口仰坡冲刷，并与路基边沟顺接成排水系统；

（7）洞顶开挖的仰坡、坡面可用喷射混凝土将其封闭，并对洞口上方及两侧挂网喷浆；

（8）若在洞顶设置高压水池时，应做好防渗防溢设施，且水池宜设在远离隧道轴线处。

B　开挖过程中对涌水地段的防排水处理

（1）涌水地段的防排水处理原则。在隧道施工过程中，应对开挖面出现的涌水进行调查分析，找准原因，采取"以排为主，防、排、截、堵相结合"的综合治理原则，因地制宜地制定治理方案，达到排水通畅、防水可靠、经济合理和不留后患的目的。

（2）涌水地段的原因分析。造成隧道涌水现象一般是由于地下水发育，洞壁局部有水流涌出；碰到断层地带，岩石破碎，裂隙发育，出现涌水现象；洞顶覆盖层较薄，岩石裂隙发育，开挖地表水下渗等原因。施工中应对洞内的出水部位、水量大小、涌水情况、变化规律、补给来源及水质成分等做好观测和记录，并不断改善防排水措施。

（3）涌水地段的处理方法。对于洞内涌水或地下水位较高的地段，可采用超前钻孔排水、辅助坑道排水、超前小导管预注浆堵水、超前围岩预注浆堵水、井点降水及深井降水等辅助施工方法。当涌水较集中时，喷锚前可用打孔或开缝的摩擦锚杆进行排水；当涌水面积较大时，喷锚前可在围岩表面设置树枝状软式透水管，对涌水进行引排，然后再喷射混凝土；当涌水严重时，可在围岩表面设置汇水孔，边排水边喷射。

C　二次衬砌中防排水处理与控制

a　防水层安装与控制

（1）防水层进场时检查。防水层进场时除按必要的工作程序进行取样检查外，还应检查防水板表面是否存在变色、皱纹（厚薄不均）、斑点、撕裂、刀痕、小孔等缺陷，存在质量缺陷时，应及时处理。

（2）防水层铺设前对初期支护的检查和处理。防水层铺挂前，应先对初期支护喷射混凝土进行量测，对欠挖部位加以凿除，对喷射混凝土表面凹凸显著部位应分层喷射找平。外露的锚杆头及钢筋网头应齐根切除，并用水泥砂浆抹平，使混凝土表面平顺。

（3）防水层铺设好后的检查和处理。防水层铺挂结束后，应对其焊接质量和防水层铺设质量进行检查，检查方法有：

1）用手托起防水板，检查其是否能与喷射混凝土密贴。

2）检查防水板表面是否有被划破、扯破、扎破等破损现象。

3）检查焊接或粘结宽度（焊接时，搭接宽度为 10cm，两侧焊缝宽度应不小于

2.5cm；粘结时，搭接宽度为10cm，粘结宽度不小于5cm）是否符合要求，且有无漏焊、假焊、烤焦等现象。

4）拱部及拱墙壁外露的锚固点（钉子）是否有塑料片覆盖。

5）每铺设20~30延米，剪开焊缝2~3处，每处0.5m，看是否有假焊、漏焊现象。

6）进行压水（气）试验，看其有无漏水（气）现象等。检查防水板铺挂质量，如果发现存在问题，除应详细记录外，应立即通知施工单位进行修补，不合格者应坚决要求返工。

b 止水带安装与控制

防水混凝土施工缝是衬砌防水混凝土间隙灌注施工造成的，对于施工缝的防排水处理，在复合式衬砌中，一般采用塑料止水带或橡胶止水带。

（1）二次衬砌端部的检查与处理。在浇筑二次衬砌混凝土前，可用钢丝刷将上层混凝土刷毛，或在衬砌混凝土浇筑完后4~12h内，用高压水将混凝土表面冲洗干净，并检查止水带接头是否完好，止水带在混凝土浇筑过程中是否刺破，止水带是否发生偏移，如发现有割伤、破裂、接头松动及偏移现象，应及时修补和处理，以保证止水带防水功能。

（2）止水带安装质量的检查与处理。检查是否有固定止水带和防止偏移的辅助设施、止水带接头宽度是否符合要求、止水带是否割伤破裂、止水带是否有卡环固定并伸入两端混凝土内等项目，并做好详细检查记录，如存在问题时，应立即通知施工单位进行修补，不合格者应坚决要求返工。

c 混凝土浇筑与控制

衬砌混凝土施工时，应督促施工单位加强商品混凝土的后仓管理，定期或不定期地进行检查。混凝土振捣时必须专人负责，避免出现欠振、漏振、过振等现象。加强施工缝、变形缝等薄弱环节的混凝土振捣，排除止水带底部气泡和空隙，使止水带和混凝土紧密结合。

D 二次衬砌渗漏处理与控制

（1）引流堵漏。对于滴水及裂纹渗漏处，可采用凿槽引流堵漏施工方法。如在渗漏部位顺裂缝走向将衬砌混凝土凿出一定宽度和深度的沟槽，埋设直径略大于沟槽宽度或与沟槽宽度相当的半圆胶管将水引入边墙排水沟内，再用无纺布覆盖半圆胶管或用防水堵漏剂封堵，然后用颜色相当的防水混凝土封堵或抹面。

（2）注浆堵漏。对于渗漏严重部位，可采用注浆堵漏施工方法。如在渗漏部位凿出一定宽度和深度的凹坑，清理混凝土渣，并检查表面混凝土密实性，从渗漏部位向衬砌钻孔，其深度宜控制在衬砌厚度范围内，埋管注浆，其注浆浆液通过设计确定。注浆结束后，其凹坑可按引流堵漏的方法做防水堵漏处理。

思 考 题

4-1 简述地下施工技术的发展现状。

4-2 明挖法施工方法的主要类型和特点是什么？

4-3 暗挖法施工方法的主要类型和特点是什么？

4-4　简述基坑开挖的主要机械及其特点。

4-5　简述地下连续墙的特点及其主要施工工艺。

4-6　分述盖挖法的主要类型和技术特点。

4-7　简述矿山法的主要类型和特点。

4-8　阐述盾构法施工的主要注意事项。

4-9　说明盾构法与顶管法的异同点。

4-10　简述地下建筑的主要支护类型和施工要点。

4-11　说明新奥法施工的特点和主要工序。

4-12　简述地下建筑施工的主要通风方式及其特点。

5 地下建筑灾害与安全管理

5.1 概述

随着社会的快速发展，人们已普遍认识到开发和利用地下空间的重要性，甚至有人提出，19 世纪是桥梁的世纪，20 世纪是高层建筑的世纪，21 世纪将是人类开发利用地下空间的世纪。目前，世界各地都在研究扩展人类生存空间的问题，主要方向有两个：一是向高层空间发展，修建更多的高层或超高层建筑；另一方面就是向地下空间发展，修建各种用途的地下建筑和交通设施。

随着我国国民经济的发展，地下仓库、地下商业街、地下铁道与公路隧道、地下车站、地下电缆沟等对地下空间开发利用的项目也日益增多。现在许多大型建筑都设有地下室，还有相当数量的地下人防工程。地下建筑长度从几米到上千米不等，而地下铁路和公路隧道则更长，有的地下建筑甚至形成庞大的地下空间网络。但是，同许多其他事物一样，在地下空间的利用得到迅速发展的同时，出现在地下空间的灾害和事故也明显增多，在人类还没有完全摆脱各种灾害的威胁之前，地下建筑遭到灾害破坏的可能性是时刻存在的，只是由于灾害类型和严重程度上的差异，在受灾规模、损失程度、影响范围、恢复难易等方面有所不同。

地下建筑对于外部发生的各种灾害都具有较强的防护能力。从地下空间的防灾特性看，地下建筑可以起到三方面的作用：一是弥补地面防灾空间的不足；二是对地面上难以抵御的外部灾害如战争空袭、地震、风暴、火灾等有较强的防御能力；三是当地面上受到严重破坏后能保存部分城市功能。但是，对于发生在地下建筑内部的灾害，特别像火灾、爆炸等，要比在地面上的危害程度严重得多，防护的难度也大得多，这是由地下建筑比较封闭的特点所决定的。因此，地下建筑的内部防灾问题，在规划设计中应占有突出位置。根据灾害对地下建筑的影响和防护难度，加强地下建筑的安全管理，就成为地下建筑灾害防治的重要课题。

地下建筑灾害管理作为涉及危机管理、城市建设与管理以及地下工程建筑等传统学科的交叉领域，相对较新。目前在地下建筑灾害管理研究方面，对以下几方面课题的研究还比较少：

(1) 对地下建筑灾害管理的理论研究主要集中在建筑安全、防灾技术等领域，而从管理角度进行的研究仍然比较少；

(2) 对火灾、爆炸、水灾等地下建筑单灾种管理研究较多，对多种致灾因素形成的复杂灾害研究较少；

(3) 对于如何将地下建筑灾害管理纳入城市综合减灾工作，如何与城市综合减灾理论进行对接的研究比较少；

(4) 对地下建筑灾害综合管理的概念、对象、范畴、方法等研究几乎没有，更缺乏系统性和成熟的研究成果；

（5）对如何建立地下建筑灾害管理中的协调机制还处于摸索阶段；

（6）地下建筑灾害事故发生的底数不清、灾害事故应急管理措施手段的研究还不够深入等。

随着地下建筑的大规模、深层次的开发，地下空间中各类灾害事故的发生具有不断上升的趋势，必须全面开展对各种灾害及其地下建筑灾害管理的研究，逐步建立完善的地下空间防灾减灾体系，以更好地发挥地下建筑良好的防灾潜能，使之成为人们抵御自然灾害和战争灾害的重要场所。

5.2　地下建筑防灾特点

地下建筑的综合开发利用是解决城市人口、环境、资源三大难题的重大举措之一。由于地下建筑的外围是土壤或岩石，只有内部空间，没有外部空间，一方面它对很多灾害的防御能力远远高于地面建筑；而另一方面，当地下建筑内部出现某种灾害时，所造成的危害又将超过地面同类事件。因此，既要充分利用地下建筑良好的防灾功能，使之成为城市抵御自然灾害和战争灾害的重要场所，又要重视地下建筑内部防灾技术的研究，防止灾害的发生，或将灾害的损失降低到最低限度。

与地面建筑相比，尽管地下建筑在防灾与减灾方面具有较明显的优点，然而在地下建筑利用上也存在着一些缺点，部分缺点对地下建筑灾害的防治有很大的影响。某些灾害或事故，在地面以上，可能不会引起多大的问题，但当这些灾害或事故出现在地下时，就可能造成很大的麻烦。主要的原因如下：

（1）进出通道的限制。行人和车辆的往来，主要是在地面上进行。虽然有时会很拥挤，但是疏散还是比较容易。但是如果人和车辆集中于地下建筑时，会受到许多限制。特别是在地下建筑的出入口，当灾害或事故出现时，会出现急剧拥堵，进而堵塞出入通道，造成人员的伤亡。

（2）封闭性和容积的限制。地下建筑建于地下，仅有为数不多的出入口，空间大小受各方面的限制。当火灾出现时，其浓烟很难扩散，会使滞留于地下的人员产生安全隐患，使灾害的破坏性加剧。

（3）自然采光和眺望的限制。地下建筑的特殊性给自然采光和眺望带来障碍，在照明设计选择上必需有特殊要求。供电或照明系统在地下建筑的开挖和防灾救灾全过程中都会起着非常重要的作用。

（4）救援力量到位的限制。在地面以上出现灾害或事故时，救援力量可以比较方便地到达灾害或事故的现场，例如，消防车、救护车、直升机等可以直接到达灾害或事故现场执行救援。但在地下建筑内发生灾害时，就会受到很多救援到位上的困难。如一些消防设备难以进入地下建筑灾害的现场。

综观地下建筑的特点，可以看出，虽然地下建筑具有许多优点，但在一定程度上也存在灾害事故易发多发的劣势，由此可能造成生命及财产的损失，应充分认识地下建筑的优缺点并给予足够的重视。

5.2.1　地下建筑主要灾害类别

从灾害发生的原因来看，地下建筑的主要灾害大体上分为三种类型：

（1）自然性灾害，指自然界物质的内部运动而造成的，是不可抗拒的，如地震、洪水等（现代的洪水有人为因素）。

（2）条件性灾害，指物质在运动中必须具备某种条件才能发生质的变化，引发造成的灾害，如汽油在空气中达到一定浓度，遇明火才会发生爆炸，引起灾害等。

（3）行为性灾害，指人为造成的灾害，如吸烟不注意、电气设备断路等，当然也包括人为的破坏行为引起的灾害。

在地下建筑的开发利用方面，日本做了许多研究，根据 1970～1990 年间发生于地下建筑内的各种灾害事故的系统调研，分别列出日本国内及国外的案例 626 个和 809 个，然后进行归类，按照事故发生次数而排列出的各种灾害，见表 5.1。

表 5.1　1970～1990 年地下空间各种灾害事故统计

灾害类别		火灾	空气污染	施工事故	爆炸事故	交通事故	水灾	犯罪行为	地表沉陷	结构损坏	水暖电供应	地震	雷和冰雹事故	雷击事故	其他	合计
发生次数	国内	191	122	101	35	22	25	17	14	11	10	3	2	1	72	606
	国外	270	138	115	71	32	28	31	16	12	111	7	2	2	74	809
事故比例/%		32.1	18.1	15.1	7.4	3.7	3.7	3.3	2.1	1.6	1.5	0.7	0.3	0.2	10.2	100

可以看出，表 5.1 中列出的很多灾情在地面建筑中也会同样遇到，其中，火灾案例约占事故总数的 1/3，是最不容忽视的地下建筑灾害。施工事故、空气污染和瓦斯爆炸在地下建筑灾害事故中也很突出。水灾案例虽然不多，但一旦发生之后，它在地下建筑中所造成的危害将远远超过地面同类事件，因而地下建筑中的火灾和水灾防范及处置应是地下空间开发中必须解决的重要问题。

根据我国 1997～1999 年的火灾统计，每年地下建筑火灾发生次数约为高层建筑的 3～4 倍，火灾中死亡人数约为高层建筑的 5～6 倍，造成的直接经济损失约为高层建筑的 1～3 倍，见表 5.2。因此，地下建筑的防火比地面建筑显得更为重要。

表 5.2　1997～1999 年我国高层建筑与地下建筑火灾数据统计表

火灾损失	火灾次数/次			死亡人数/人			直接经济损失/万元		
年　份	1997	1998	1999	1997	1998	1999	1997	1998	1999
高层建筑	1297	1077	1122	56	47	66	9682.6	4650.9	4749.9
地下建筑	4886	3891	4059	306	288	340	14101.7	13350.4	12952.7

5.2.2　地下建筑灾害的主要特征

地下建筑的最大特点是封闭性，除有窗的半地下室，一般只能通过少量出入口与外部空间取得联系，给防灾救灾带来许多困难。

首先，在封闭的室内空间中，容易使人失去方向感，特别是那些大量进入地下建筑但对内部布置情况不太熟悉的人，迷路是经常发生的。在这种情况下发生灾害时，心理上的惊恐程度和行动上的混乱程度要比在地面建筑中严重得多；内部空间越大，布置越复杂，这种危险就越大。

其次，在封闭空间中保持正常的空气质量要比有窗空间困难得多，进、排风只能通过少量风口，在机械通风系统发生故障时很难依靠自然通风的补救。此外，封闭的环境使物质不容易充分燃烧，在发生火灾后可燃物的发烟量很大，对烟的控制和排除都比较复杂，对内部人员的疏散和外部人员的进入救灾都是不利的。

由于地下建筑处于地面以下，人从室内向室外疏散时，需要经历一个垂直上行的过程，与地面多层和高层建筑的疏散相比，需要消耗更多的体力，因而会影响疏散速度。

同时，自下而上的疏散路线，与烟和热气流的自然流动方向一致，因此，地下建筑内的人员疏散步行速度必须超过烟和热气流的扩散速度，这一时间差通常很短暂，又难以控制，故而给人员的疏散造成很大困难。

再有，大部分地下建筑的室内地坪面都低于室外地坪面，地面上的积水容易灌入地下建筑，在这种情况下，难以依靠重力自流排水，容易造成水害，其中的机电设备大部分布置在底层，更容易因水浸而损坏，如果地下建筑处在地下水的包围之中，还存在工程渗漏水和地下建筑物上浮的可能。此外，地下结构中的钢筋网及周围的土或岩石对电磁波有一定的屏蔽作用，妨碍使用无线通信，如果有线通讯系统和无线通讯用的天线在灾害初期即遭破坏，将影响到内部防灾中心的指挥和通信工作。

对于附建于地面建筑的地下室来说，除以上两大特点外，还有一个特殊问题，即地下室与地面建筑上下相连，在空间上相通，这与单建式地下建筑有很大区别。因为单建式地下建筑在覆土后，内部灾害向地面上扩展和蔓延的可能性较小，而地下室则不然，一旦地下发生灾害，对上部建筑物会构成很大威胁。在日本对内部灾害事例的调查中，就有相当一部分灾害是起源于地下室，最后酿成整个建筑物受灾。

5.2.3　地下建筑防灾对策

地下建筑防灾工作既具有地面防灾减灾工作的某些共性，又有它的独特处，它的独特性来源于地下建筑的独特结构和位置。影响灾害程度的因素有很多，大致可分为建筑因素、人的因素和地下因素三大类。掌握这些因素对防止灾害程度的扩大和实施防灾计划都是很重要的。

对于防灾减灾对策，必须掌握影响它的因素。作为影响因素可举出很多，如地下建筑的特性、人员的行动方式、情报的传送、事故现象的诱发、自然灾害的诱发、破坏影响的范围及大小等。另外，地理环境场所的特性（内陆、平原）、地质、地下水条件、地表部的土地利用状况、都市的规模、地下建筑的利用形态、地下建筑的深度和规模、联系其他地下建筑的网络和状况等也都将对其产生影响。

从监督观点来看，灾害监督可分为灾害的减轻、分散、回避、转嫁和保护，这种分类方式与防灾减灾对策有着直接的关系。合理的防灾减灾对策会起到降低危险性及分散危险性的效果。地下建筑灾害事故其发展过程与地上大致相同。以火灾为例，也要实施防止着火、防止扩大蔓延，避免诱导，及时扑灭及管理上的各项防范对策。但是由于地下建筑特性的影响，其火灾性状及烟的流动会与地上火灾不同。场地的局限性、换气、控制烟、情报传送的困难性等问题，又制约着各防灾对策的实施。地下建筑的防灾是一个系统工程，防灾对策能否实施，直接影响着使用安全。我国发生地下灾害的实例很多，应对这一问题引起高度重视。

总之，在构建地下建筑防灾体系框架时，必须十分注意地下建筑灾害的特点，制定出必要的法律、法规和规章以及必要的监督制度；成立一定的组织机构，负责有关的日常管理和组织应急救援；要考虑引进合适的保险制度；建立起必要的宣传教育措施；借助于科研和咨询机构的经验，采取必要措施，以防可能出现的新灾害带来的不测。

5.3 地下建筑常遇灾害及防护

地下建筑的灾害包括地震等自然灾害和随之引起的次生灾害、火灾、交通事故、恐怖事件、围岩塌方等地质事故，以及地下通道人流拥挤造成的事故等。此外，还要对可能出现的新生灾害予以关注。

5.3.1 地下建筑空间火灾特点及防护

5.3.1.1 地下建筑火灾特点

当密闭性很好的地下建筑发生火灾时，会因氧气的供给受到限制，燃烧不够完全，导致人们在疏散过程中吸入过多的一氧化碳而产生窒息或中毒死亡；其次，在火灾发生时，地下建筑内的通讯设备被破坏，无法和建筑内的人员进行联系，而且由于钢筋网和土或岩石对电磁波有一定的屏蔽作用，致使无线通信无法发挥作用，这就造成了信息传递的困难，地上救援人员难以把握地下建筑内的状况，无法实施有效的救援行动；此外，地下建筑火灾时内部温度较高，火势蔓延十分迅速，仅有的几个与地面相连的入口一旦被烟火阻断，要靠内部扑救很难进行，只有依靠建筑内的灭火设施，但是这些灭火设施受到很多限制，常常靠近不了火场，难以充分发挥作用，使得灭火救援工作十分困难。

5.3.1.2 可能引发地下建筑火灾扩大的原因

可能引发地下建筑火灾扩大的原因包括：

（1）发生火情，报警迟缓；
（2）场地不易寻找，延误初期灭火行动；
（3）消防队距火源地过远，而且火源附近缺少水源；
（4）信息不能顺利传递；
（5）对避难人流疏导失误，造成人员滞留在火场；
（6）手动喷淋设备未启动；
（7）备用电源故障；
（8）风道和烟道的灭火设备失灵；
（9）混合式灭火设备因热气流作用而未能启动；
（10）排烟系统运转失灵，无法形成安全避难区；
（11）防火卷帘未开启，又无旁道小门；
（12）防火卷帘过早降落，使疏散人流发生混乱；
（13）逃生者逃跑过程中，妨碍灭火水源的接通；
（14）第一层和第二层地下室之间没有隔火设施，不利于控制火源和组织灭火行动；
（15）装饰材料等使用不当，木质等易燃物较多等。

5.3.1.3　地下建筑空间消防安全存在的问题

（1）防火安全意识不强。公民的消防意识淡薄，对消防认识不足，认为消防灭火是属于专业人员负责的范畴，与自己无关。地下建筑建成后卖给不同的单位或商家，而一些商家为了扩大使用空间或是满足个人对空间的审美观点，在没有取得相关部门批准的情况下就随意地拆除或增加墙体，破坏原有的消防设计，给防火、灭火工作带来了很大困难。

（2）消防设施投入、维护不足。一些单位为了减少建筑总投入而减少消防设备的数量，有的即使设置了消防设备，但没有派有关人员定期进行检查、维护；不能将一些老化或损坏的设备用新的设备替换下来，无法保证消防设备在火灾时充分发挥其作用。

（3）管理层对消防管理不力。现在很多的单位或商家都制定了一些防火安全制度，但其还不够完善，有的形同虚设，落实不到位。管理层对此也毫不在乎。

（4）消防监督技术装备落后。我国很多地方的消防监督工作的方法和手段仍处于十分落后的状态，建筑的火灾危险性分析和数据统计不完善，消防检查缺乏技术手段和仪器设备。例如：由于地下建筑比较阴暗而采用大量的照明设备，但潮湿的环境容易使设备绝缘老化，在对设备进行检查时，缺少有关设备，常不能有效地监测出设备的问题，造成火灾隐患。

5.3.1.4　地下建筑空间火灾防护

A　地下建筑空间火灾防护措施

a　设置防火分区

防火分区是有效防止火区扩大和烟气蔓延的重要措施，在地下建筑火灾中其作用尤其突出。根据建筑的功能，分区面积一般不应超过 $500m^2$，而安装了喷水灭火装置的建筑可适当放宽。地下建筑必须设置足够多和位置合理的出入口。参考日本地下街的要求，对于那些设置防火分区的地下建筑，每个分区都应有两个出口，两个对外出入口的距离应小于60m。其中一个出口必须直接对外，以确保人员的安全疏散。对于多层空间，应当设有让人员直达最下层的通道。同时，必须有明显的安全出口和疏散指示标志。

防火分隔有3种形式：防火墙、防火卷帘和防火水幕。以防火墙作为防火分隔，会影响地下建筑的平面效果且不便于经营管理；而如果使用水幕，喷水强度2L/sm，持续喷水时间按3小时计算，则用水量太大。因此商场大多采用的是防火卷帘的方式作为防火分隔。

防火卷帘分为两类，即普通防火卷帘和特级防火卷帘。普通防火卷帘不以背火面温升为判定条件，耐火极限不低于3h。普通防火卷帘达不到防火分区分隔的要求，若采用这种防火卷帘，应在卷帘两侧设独立的闭式自动喷水系统或水幕保护，喷水强度0.5L/sm。关于持续喷水时间的确定，现行《自动喷水灭火系统设计规范》的要求为1h。但是考虑到大型地下商场可燃物较多，燃烧时间较长，采用《高层民用建筑设计防火规范》（GB 50045—95）中对防火卷帘自动喷水冷却保护系统的要求，将持续喷水时间设置为3h更加合理。

特级防火卷帘以背火面温升为判定条件，耐火极限不低于3h，其具有隔热功能，能达到防火分区分隔的要求。

特级防火卷帘如双轨双帘无机复合防火卷帘、蒸发式汽雾式防火卷帘等，其卷帘结构进行过特殊处理，按包括以背火面温升为判定条件进行测试，耐火极限能达到 3h 以上，可达到防火墙耐火极限要求。因此，采用特级防火卷帘就不必要再采用自动喷水系统保护。一般认为，大型地下建筑采用新型复合卷帘不加水幕保护比较合理，但其产品质量和协同动作的同步程度应严格检验。

为了保证防火分区的隔断，在火警时能更有效地起到阻断烟火的作用和加强防火隔断的安全性，防火卷帘不宜过长连续使用，宜结合地下建筑的布置与防火墙交错使用，防火卷帘使用的总跨度不应超过该防火分区所需防火分隔物总跨度的 1/3，不得大于其相邻任意一侧防火墙的跨度。中庭、自动扶梯等开口部位四周采用的防火卷帘应不受此限制。

b 安装火灾探测器与灭火系统

（1）探测设备的重要性在于能够准确预报起火位置，应当针对地下建筑的特点选择火灾探测器，例如选用耐潮湿、抗干扰性强的产品。

（2）安装自动喷水灭火系统是地下建筑的主要消防手段。我国已有不少地下建筑安装了这种系统，但仍不普遍。

（3）地下建筑不许使用毒性大、窒息性强的灭火剂，例如四氯化碳、二氧化碳等，以防对人们的生命安全构成危害。

c 设置事故照明及疏散诱导系统

地下建筑除了正常照明外，还应加强设置事故照明灯具，避免火灾发生时内部一片漆黑。同时应有足够的疏散诱导灯指引通向安全门或出入口的方向。有条件的建筑还可使用音响和广播系统临时指挥人员合理疏散。

对于火灾应急照明、疏散指示标志和应急广播的设置应有如下要求：

（1）地下建筑疏散用的应急照明，其地面最低照度不应低于 5.0lx；且连续供电时间不应少于 20min。

（2）疏散指示标志宜采用闪亮式技术措施。通常情况下人们对活动的物体较为敏感，容易在短时间内抓住信息，因此疏散指示标志设置为"闪亮式"即"一亮一暗"或"一亮一灭"的间断点亮方式更为可行。这种标志在火灾时极易吸引火场被困人员的目光，引起人们的注意。还可在主要疏散路线的地面上增设能保持视觉连续的灯光疏散指示标志或蓄光疏散指示标志。

（3）应急广播扬声器的数量应能保持从所在防火分区任何部位到最近一个扬声器的步行距离不超过 25m，每个扬声器的额定功率不小于 3W。如果条件允许，火灾应急广播应用两种以上语言，且紧急情况下播音员可用沉稳的声音向内部人员通报火灾情况，并反复告诉大家沉着，听从管理人员的指挥，迅速撤离到安全区域。

B 设立地下建筑防排烟系统

许多案例表明，地下建筑火灾中死亡人员基本上是因烟致死的。为了人员的安全疏散和扑救火灾，在地下建筑中必须设置烟气控制系统，设置防烟帘与蓄烟池等方法有助于限制烟气蔓延。负压排烟是地下建筑的主要排烟方式，可在人员进出口处形成正压进风条件，排烟口应设在走道、楼梯间及较大的房间内。为了确保楼梯前室及主要楼梯通道内没有烟气侵入，还可进行正压送风。对设有采光窗的地下建筑，亦可通过正压送风实现采光窗自然排烟，采光窗应有足够大的面积，如果其面积与室内平面面积之比小于 1/50，则应增设负压排烟方式。对于掩埋很深或多层的地下建筑，应当专门设置防烟楼梯间，在其中安置独立的进风与排烟系统。

C　合理安排疏散流线

地下建筑中通常人员密集，一旦发生火灾，将很难进行有效的疏散，所以，合理的安排疏散流线尤为重要，可以有效地防止疏散时道路阻塞，避免不必要的人员伤亡。设计的疏散流线要与人们平时使用的路线相适应，和人们的习惯相同，除此之外，还要在疏散流线上配备应急照明系统和通道指示标示，高度不得超过 1m，采用烟雾穿透性较高的光源作为指示灯的光源，保障在发生火灾时，人员也能够识别疏散流线，自救逃生。

D　严禁使用可燃装修材料

地下建筑发生火灾时，其火灾危险性与地下建筑中可燃物的种类、数量有重大的关系，所以地下建筑在进行内部装修时要严格按照有关规定选取装修材料，尽量减少火灾荷载，一般应满足如下要求：

（1）严禁使用塑料类制品用作装修材料；疏散走道、楼梯间、自动扶梯和安全出口等是人员疏散的重要部位，必须确保在火灾发生时，这些通道内不能发生轰燃，所以，这些部位的地面和顶棚必须采用 A 级装修材料。

（2）当地沟穿越防火墙或设有防火门的隔墙时，应延伸防火墙或隔墙的深度，使其达到地沟底板。当通风管道通过防火墙或设有甲级防火门的隔墙时，应采取一定的阻火措施。

（3）管道穿越防火墙、楼板及设有防火门的隔墙时，应用防火泥等不燃性材料将管道周围的空隙紧密填塞。

（4）变形缝（包括沉降缝、伸缩缝）的表面装饰材料不可以采用可燃性材料。

E　加大消防宣传力度

我国公民的消防意识比较淡薄，对消防的重视程度不如国外很多国家。人们普遍认为消防离自己很远，应该纠正这种想法，搞好消防宣传工作，提高人们的消防意识，提高火灾时人们的自救能力。其实很多火灾，本来可以在初期阶段将其消灭，不会对人的生命安全和财产安全造成威胁，但就是由于人们的消防意识淡薄，缺乏必要的消防安全常识，没有一定的自救能力，最终造成了无法挽回的损失。所以宣传消防知识，提高人们的消防安全意识很重要。

5.3.1.5　地下建筑空间消防系统设计

经分析国内外火灾实例，按其特点，可将火灾的发展分为三个阶段。第一阶段是火灾的初始阶段，这时的燃烧是局部的，火势不够稳定，室内的平均温度不高。第二阶段是火灾发展到猛烈燃烧的阶段，这时燃烧已经蔓延到整个室内，室内温度升高到 1000℃ 左右，燃烧稳定难于扑灭。第三阶段是衰减熄灭阶段，这时室内可以燃烧的物质已经基本烧光，燃烧向着自行熄灭的方向发展。

建筑消防的设计主要是针对火灾发展的第一阶段和第二阶段进行的，需要根据火灾发展阶段的特点，采取限制火势和抵制火势的种种措施。

A　烟的流动规律

在地下环境中，由于比较封闭，在火灾发生后短时间内，空气中的含氧量就会迅速减少，在燃烧不充分的情况下，产生大量的烟和各种有害气体。因此，从人员疏散的角度看，烟是主要危险，必须首先针对烟的特点和流动规律采取相应的措施。地下建筑中发烟后，5min 以内烟流动的水平速度一般为 0.5m/s，然后增至 1.0 ~ 1.5m/s。烟沿着楼梯垂直上升的速度要比水平方向的速度快 2 ~ 3 倍。

据此，可以推出烟流在一定时间内的影响范围。在发烟后 2min 内影响范围在 50 ~ 60m；在 2 ~ 5min 内为 60 ~ 150m；5 ~ 6min 影响范围（单向）扩大到 200 ~ 250m。

B　防火的安全距离

正常的人从听到火灾警报到完全撤离火场，一般要经过三个阶段。第一阶段从听到警报到采取避难行动，有一个感知和反应的过程，大约需要 1min 时间。然后，从发火点附近疏散到安全地点，又需要 1min 时间，假定火源位于某一防火单元的中心，人的步行速度为 0.85m/s，则人在 1min 之内可走出 50m 到达防火门。这说明如果防火单元的面积过大不利于人员的安全撤离。因此，日本在 1974 年后要求地下街中商店部分的防火隔离间面积不大于 200m²。第二个阶段，是沿通道系统到达安全出口，这一距离应包括水平和垂直两个方向，因为人沿楼梯步行的速度比水平方向要慢。当人流密度为 2.5 人/m² 时，每秒钟可在楼梯上走 2.5 级，以每步升高 0.15m 计，上升速度约为 0.38m/s。第三个阶段，是通过安全出口，到达空旷的室外环境中，因此要求出口有足够的宽度，保持必要的通过能力。

C　通道的最小宽度

从防灾角度看，通道的布置应满足两方面的要求，一是系统简单，最大限度地减少人们迷路的可能性；另一个是要有与最大密度的人数相适应的宽度，防止在疏散时发生堵塞。据日本经验，当通道上人流密度为 1.4 ~ 2 人/m² 时，人流速度保持在 1.2 ~ 0.85m/s，是比较合适的，可作为确定主通道宽度时的参考。为了确定疏散主通道的总宽度，应先按下式求出需要多少个单位宽度数

$$W = \frac{A}{d \cdot c} \qquad (5.1)$$

式中　W——所需单位宽度数量；

　　　A——使用面积，m²；

　　　d——人流密度，人/m²；

　　　c——单位宽度通道每分钟能通过的人数。

例如，当 $A = 4000m^2$，$d = 1$ 人/m²，$c = 100$ 人（水平方向）时，$W = 40$ 个单位宽度。所谓单位宽度，是指人在正常步行时所需的标准宽度，一般取 0.5 ~ 0.7m。如果取单位宽度为 0.6m，则这个地下建筑所需疏散主通道的总宽度应为 40 × 0.6m = 24m。

D　出入口的数量和位置

出入口对于地下建筑的人员安全疏散和完全脱离火灾环境是十分重要的，包括直通室外地面空间的出口和两个防火单元之间的连通口。为了满足及时疏散的要求，这些出口应有足够的数量，并布置均匀，使内部任何一点到最近安全出口的距离不超过 30m，每个出入口所服务的面积大致相等，以防止在部分出入口处人流过分集中，发生堵塞。出入口的宽度应与所服务面积内最大人流密度相适应，以保证人流在安全允许的时间内全部通过。

5.3.2　地下建筑水灾特点与防护

5.3.2.1　地下建筑水灾的特点

洪灾一直是很多城市需要重点防御的自然灾害之一。目前在我国的江河流域内有100多个大中城市，这里集中着全国50%的人口及70%的工农业总产值，其中大部分城市的高程处于江河洪水的水位之下，而65%以上的城市设施不能满足20年一遇洪水标准。除江河溃堤造成的洪灾外，城市内涝的危害也不容忽视。此外，沿海城市还要面临风暴、潮汐的威胁。

一个城市发生洪灾后，首先会殃及地下建筑。所谓水往低处流，在洪水到来之时，地面建筑尚属安全的情况下，地下建筑则会发生口部灌水，波及到整个相连通的地下建筑，甚至会直达地下建筑的最深层，虽然在灌水过程中一般很少造成人员伤亡，但是对于地下的设备和储存物质将会造成严重的损失。在城市发生洪灾后，即使口部不进水，但由于周围地下水位上升，工程衬砌长期被饱和土所包围，在防水质量不高的部分同样会渗入地下水。早期修建的一些人防工程，就是因为这种原因而报废，严重时甚至会引起结构破坏，造成地面沉陷，影响到邻近地面建筑物的安全。

洪灾的出现带有很强的季节性和地域性，我国处于江河流域的沿岸城市和沿海城市，历史上遭遇的洪涝灾害严重。特别要指出的是，现阶段我国地下建筑开发利用的热潮主要集中在沿海发达城市，做好地下建筑的防洪工作更加显示其重要性和迫切性。从长远来看，如果能在深层地下建筑建成大规模的贮水系统，则不但可以将这些多余的水贮存起来，有效地减轻地面洪水压力，而且还可以利用这些贮存起来的水来解决城市枯水期缺水的问题。根据地下建筑和洪灾的特点，应采取"以防为主，以排为辅，截堵结合，因地制宜，综合治理"的原则，虽然防洪能力较差是地下建筑的弱点，但通过适当的口部防灌措施和结构防水措施，是可以避免这类灾害发生，保证地下建筑正常使用的。

5.3.2.2　地下建筑水害的防治

城市中地下建筑所遭受的水害，多由外部因素引起，主要有地面积水灌入，附近水管破裂、地下水位回升、建筑防水被破坏而失效等。

地下建筑的出入口不可能抬高到若干年一遇的洪水位以上，但仍可采取一些措施防止城市被淹后洪水灌入。从长远看，如果在深层地下建筑构筑起大规模的贮水系统，不但可以将地面洪水导入地下建筑，降低地面水位，而且大量贮存的水还可用于缓解城市水资源不足的矛盾。

建造在山区的地下建筑，除做好本身的防水外，还应注意外部的防洪问题。

正确估算山洪的最大流量是做好防洪排洪的一个前提。影响山洪发生的因素比较复杂，与当地的自然条件关系很大。除收集正式的水文和气象资料外，还应在现场观察最高洪水位的痕迹、冲沟的断面形状、坡降情况、冲沟内石块大小等，才能取得可靠的设计依据。

洪水的设计流量确定后，就可根据流量和流速，估算出所需的排洪沟有效通过断面面积。排洪沟一般采用明沟，断面形状可分为三角形、矩形或梯形，在转弯或流速加大处应做护面。

　　排洪沟的布置应尽量利用原有的冲沟，适当加以平顺调直，因为自然形成的冲沟比较符合洪水排泄的规律。如果由于建房修路占用了原有冲沟位置时，可使排洪沟局部改道。

　　在布置排洪沟时，应注意与上游的衔接。因为原有冲沟在上游段有时不很明显，故在经过修整的排洪沟起点处应设置挡水墙，以便上游的水都能引入沟内，必要时可将上游的沟道适当加以修整。

　　布置排洪沟应考虑到洪水的去处，应将洪水引入河道或其他排洪系统中去，尤其要考虑对下游农田的影响，有条件时最好能与农业排灌系统相衔接。

　　如果地下建筑的洞口布置在比较狭窄的山沟中，而沟内又有可能发生洪水时，则排洪沟应与堆碴位置同时考虑，因为当出碴量较大时，可能将沟底逐渐垫高，使排洪沟不能容纳最大流量的洪水或根本无法布置排洪沟。

5.3.3　地下建筑地震灾害特点与防治

5.3.3.1　地震产生的类型

　　地震就是地球表层的快速振动，是地球上经常发生的一种自然现象。引起地球表层振动的原因很多，根据地震的成因，可以把地震分为以下几种：

　　（1）构造地震。由于地下深处岩层错动、破裂所造成的地震称为构造地震。这类地震发生的次数最多，破坏力也最大，约占全世界地震的90%以上。

　　（2）火山地震。由于火山作用，如岩浆活动、气体爆炸等引起的地震称为火山地震。只有在火山活动区才可能发生火山地震，这类地震只占全世界地震的7%左右。

　　（3）塌陷地震。由于地下岩洞或矿井顶部塌陷而引起的地震称为塌陷地震。这类地震的规模比较小，次数也很少，即使有，也往往发生在溶洞密布的石灰岩地区或大规模地下开采的矿区。

　　（4）诱发地震。由于水库蓄水、油田注水等活动而引发的地震称为诱发地震。这类地震仅仅在某些特定的水库库区或油田地区发生。

　　（5）人工地震。地下核爆炸、炸药爆破等人为引起的地面振动称为人工地震。

5.3.3.2　地下建筑空间地震灾害的防治

　　在城市土层中的地下建筑，抗震措施比较简单，重点应放在防止次生灾害上，例如由于结构出现裂缝而漏水，吊顶震落而伤人，管道破裂引起火灾、水害等。此外，地震可能引起地下水位上升或地层液化，对地下建筑产生浮力，这在结构设计中就应予以考虑。

　　岩石中的地下建筑一般距地表较深，结构直接被破坏的可能性较小，因此防震重点是防止各种出入口遭到破坏或堵塞，特别是要使洞口上部的山体边坡在地震作用下保持稳定。

　　针对引起局部边坡不稳定的因素，需及时采取保护或加固措施。首先，在布置建筑物或道路时，要根据所在边坡情况确定布置方式，避免把荷载大或内部有振动的建筑物放在不稳定的边坡上；同时，设计要考虑施工要求，使施工按照一定的程序进行，先清理山坡上的孤石和危岩，排除地面积水，铲除开挖地段的不稳边坡，按岩石的性质保证放坡角度，做好出露岩石的表面和裂隙的罩护工作，做好护坡、挡水墙、排水沟等。对于不稳定的边坡，应适当加固，增加其稳定性。

人们对地面建筑结构的抗震研究自 1906 年旧金山大地震以来，至今已有 100 余年的历史。然而，与地面结构相比，地下建筑结构的抗震研究近 10 余年来才引起人们的重视。地下建筑结构包围在围岩介质中，地震发生时地下结构随围岩一起运动，与地面结构约束情况不同，围岩介质的嵌固改变了地下结构的动力特征（如自振频率），减轻了地震动对于地下建筑结构的影响。

我国目前在地下建筑结构的抗震设计中，各部门采用的计算方法有一定差异，如铁路工程主要采用地震系数法，核电厂主要采用反应位移法（也提及动力有限元法），地下铁道设计规范对抗震设计并无具体规定。纵观地下建筑结构抗震研究的文献资料可以发现：

（1）现有国内外的各种抗震分析方法都存在不同程度的不足。

（2）目前强震观测所取得的地震资料仍主要限于地表面，对地下深部所取得的资料十分有限，而地下结构的震害主要取决于地震波传播所引起围岩变形的大小，这是地震观测中的薄弱环节。

（3）国内外现有的研究主要集中在一维线性地下建筑结构（地铁、隧道），大断面、大跨度地下结构抗震试验研究的工作开展得极少。

（4）缺乏明确统一的地下结构抗震设计规范，目前还没有一个像地面建筑那样以抗几级地震为设计依据的统一标准，也就是哪一级的地下工程应该抗多大的地震并不明确。

（5）缺乏对地下建筑结构破坏后的修复加固工作的研究。地震工程研究的一个主要特点是结构抗震的研究水平随着地震的发生而逐步提高。每一次大的地震发生，都会给结构抗震研究提出新课题，从而成为研究的新方向，推动结构抗震研究的发展。1995 年日本阪神地震便使工程界认识到必须重新具体评价地下结构抗震的安全性。所谓"前车之鉴，后世之师"，我们必须应该认真总结，吸取以往的经验教训，做好防震减灾措施，防患于未然。

阪神大地震提醒人们，地下建筑结构在地震作用下并不是绝对安全的，在大力提倡地下建筑开发利用的 21 世纪，重新评价地下建筑结构抗震安全性，加强研究地下建筑结构的抗震性能，对地下建筑结构抗震设计提出相应的建议和抗震措施，具有重要的理论意义和工程实用价值。

5.4 地下建筑工程事故防护

不同地下工程所在场地的工程地质及水文地质条件千差万别，周围地理环境差异也会很大，由此决定它的施工方法和施工技术多种多样并且十分复杂。为了保证不同工法的顺利实施，在施工过程中还经常要采用一些辅助方法，例如注浆技术、深层搅拌桩、高压旋喷桩、钻孔桩、冻结法、人工降水等，对土体改良或对已建构筑物进行保护。

地下工程施工与地面建筑施工方法不同，各自有许多不同特点。只有充分认识地下工程施工事故特点及产生规律，才能避害趋利，安全、经济、快速地完成施工任务。

5.4.1 深基坑工程事故及防护

近年来，我国的高层建筑和地下设施建设越来越多，相应的基坑工程也越来越多，施工环境与条件越来越复杂，加上岩土工程理论的不成熟，如何解决好深基坑的设计和施工安全问题，是建设工程中的一个重点和难点。

5.4.1.1 基坑工程常见事故类型

A 基坑工程事故类型

概括地说，常见的基坑工程事故类型有如下几种：

（1）围护结构断裂破坏，基坑塌方或坍塌；

（2）基坑渗漏水，流沙，管涌；

（3）围护结构位移过大，超过允许值，威胁到基坑本身和周围环境的安全。

基坑工程发生事故，其后果有时是灾难性的，严重的会导致整个基坑支护结构倒塌破坏，不仅会延误工期和耗费大量资金，而且会造成人员伤亡和财产损失，并威胁甚至破坏相邻建（构）筑物或地下设施及各种管线的安全。

B 基坑工程事故对策

当基坑工程发生事故时，应当根据事故原因及时采取有效对策，控制事态恶化。以下是一些基坑工程病害事故常用处理措施：

（1）悬臂式支护结构过大，内倾变位。可采用坡顶卸载，桩后适当挖土或人工降水、坑内桩前堆筑砂石袋或增设撑、锚结构等方法处理。为了减少桩后的地面荷载，基坑周边应严禁搭设施工临时用房，不得堆放建筑材料和弃土，不得停放大型施工机具和车辆。施工机具不得反向挖土，不得向基坑周边倾倒生活及生产用水。坑周边地面须进行防水处理。

（2）有内撑或锚杆支护的桩墙发生较大的内凸变位。要在坡顶或桩墙后卸载，坑内停止挖土作业，适当增加内撑或锚杆，桩前堆筑砂石袋，严防锚杆失效或拔出。

（3）基坑发生整体或局部土体滑塌失稳。应在可能条件下降低土中水位和进行坡顶卸载，加强未滑塌区段的监测和保护，严防事故继续扩大。对欠固结淤泥、软黏土或易失稳的砂土，应根据整体稳定验算，采用加大维护墙入土深度或预先坑内土体加固等措施，防止土体失稳。

（4）未设止水幕墙或止水墙漏水、流土，坑内降水开挖造成坑周边地面或路面下陷和周边建筑物倾斜、地下管线断裂等。应立刻停止坑内降水和施工开挖，迅速用堵漏材料处理止水墙的渗漏，坑外新设置若干口回灌井，高水位回灌，抢救断裂或渗漏管线，或重新设置止水墙，对已倾斜建筑物进行纠倾扶正和加固，防止其继续恶化。同时要加强对基坑周围地面和建筑物的观测，以便继续采取有针对性的处理。坑外也可设回灌井、观察井，保护相邻建筑物。

（5）桩间距过大，发生流砂、流土，坑周地面开裂塌陷。立即停止挖土，采取补桩、桩间加挡土板，利用桩后土体已形成的拱状断面，用水泥砂浆抹面（或挂铁丝网），有条件时可配合桩顶卸载、降水等措施。

（6）设计安全储备不足，桩入土深度不够，发生桩墙内倾或踢脚失稳。应停止基坑开挖，在已开挖而尚未发生踢脚失稳段，在坑底桩前堆筑砂石袋或土料反压，同时对桩顶适当卸载，再根据失稳原因进行被动区土体加固（采用注浆、旋喷桩等），也可在原挡土桩内侧补打短桩。

（7）基坑内外水位差较大，桩墙未进入不透水层或嵌固深度不足，坑内降水引起土体失稳。停止基坑开挖、降水，必要时进行灌水反压或堆料反压。管涌、流砂停止后，应通过桩后压浆、补桩、堵漏、被动区土体加固等措施加固处理。

（8）基坑开挖后超固结土层反弹，或地下水浮力作用使基础地板上凸、开裂，甚至使整个箱基础上浮，工程桩随底板上拔而断裂以及柱子标高发生错位。在基坑内或周边进行深层降水时，由于土体失水固结，桩周产生负摩擦下拉力，迫使桩下沉，同时降低底板下的水浮力，并将抽出的地下水回灌箱基内，对箱基底反压使其回落，首层地面以上主体结构要继续施工加载，待建筑物全部稳定后再从箱基内抽水，处理开裂的底板后方可停止基坑降水。

（9）在有较高地下水的场地，采用喷锚、土钉墙等护坡加固措施不力，基坑开挖后加固边坡大量滑塌破坏。停止基坑开挖，有条件时应进行坑外降水。无条件坑外降水时，应重新设计、施工支护结构（包括止水墙），然后方可进行基坑开挖施工。

（10）因基坑土方超挖引起支护结构破坏。应暂时停止施工，回填土或在桩前堆载，保持支护结构稳定，再根据实际情况，采取有效措施处理。

（11）人工挖孔桩，护壁养护时间不够（未按规定时间拆模），或未按规定时间做支护，可能造成坍塌事故。由于坍塌时护壁可相互支撑，孔下人员有生还希望，应紧急向孔下送氧。将钢套筒下到孔内，人员下去掏挖，大块的混凝土护壁用吊车吊上来，如塌孔较浅，可用挖掘机将塌孔四周挖开，为人工挖掘提供作业面。

5.4.1.2　基坑工程事故防护

（1）严格把好勘察设计关。近年来，国家和许多地方相继出台了一系列基坑工程设计规范，对基坑工程的勘察和设计提出了严格的要求；在基坑设计过程中，一定要严格遵守相关规范的规定，把好勘察设计关，从根本上提高基坑工程事故的防范措施。

（2）强化安全意识，抓好施工环节的管理。建立健全各种规章制度，严格按照设计和规范的要求编制施工组织设计，确保施工方案的科学性、合理性；严格按照施工组织设计的要求安排施工，确保施工的有序开展。

（3）协调好基坑工程与周边道路、管线和建筑物的关系。在基坑设计和开挖前，要广泛收集工程周围的环境资料，认真征求有关部门对各自工程保护的要求，结合当地经验，制定详尽的保护周边环境的应急方案。

（4）重视基坑开挖的监测工作。周密而合理的监测方案，是基坑安全的重要保障。为此，要从思想上高度重视监测工作。基坑开挖前，设计、施工、监理、监测、管线等相关部门要协商制定出切实可行的监测方案，确定监测要素的报警界限。基坑开挖过程中，要严格按方案的要求组织监测，准确、及时提供有关数据，正确预测基坑的发展和变化趋势，及时发现施工中可能出现的问题，使作业人员理解、掌握，并按照安全和技术要求作业。

5.4.2　隧道工程事故及防护

5.4.2.1　隧道常见事故类型及原因分析

在隧道工程施工中，塌方、岩溶塌陷、涌水和突水、洞体缩径、山体变形和支护开裂、泥石流、岩爆是常见的地质灾害问题。尽管这些问题发生的条件不同，但对隧道施工造成的危害却是类似的。

（1）围岩变形破坏。围岩变形破坏是隧道施工中最常见的地质灾害，表现为松散、破碎围岩体的冒落、塌方，软弱和膨胀性岩土体的局部和整体径向大变形及塌滑，山体变形，以及坚硬完整岩体中的岩爆等现象。

岩爆问题是深埋岩质隧道在无地下水条件下发生的常见现象。现场测试和研究表明，岩爆是脆性围岩体处于高地应力状态下的弹性应变能突然释放而发生的破坏现象，表现为片帮、劈裂、剥落、弹射，严重时会引起地震。而其他类型的围岩变形破坏，一般多发生在断层破碎带、膨胀岩（土）第四系松散岩层、接触不良的软硬岩接触面、不整合接触面、软弱夹层、侵入岩接触带及岩体结构面不利组合地段的地质环境中。

（2）涌水和突水。涌水和突水问题是隧道工程中的常见地质灾害，其中尤以突水和携带大量碎屑物质的涌水危害性最大。涌水和突水多发生于节理裂隙密集带、构造形成的风化破碎带；突水灾害多发生于岩溶洞穴、溶隙发育地带、含水层与隔水层交界带。

（3）地面沉降和地面塌陷。地面沉降和地面塌陷是伴随着施工过程直至隧道完工之后一段时间内所出现的又一常见地质灾害。地面沉降一般发生在埋深小于 30m 的隧道、城市地铁和大型地下管道等工程开挖地段。这类地质灾害除了给隧道线路的施工带来极大困难外，更严重的是将恶化工程地区地面的生态环境条件，引发地面建筑物的破坏及地表水枯竭等一系列环境问题。

（4）其他隧道地质灾害问题。在隧道工程中，除了以上所述地质灾害问题外，还会发生岩溶塌陷、暗河溶洞突水、淤泥带突泥、泥石流、高地温、瓦斯爆炸和有害气体的突出等不同类型的灾害问题，对隧道的施工和人员设备的安全造成严重的威胁。

5.4.2.2　隧道施工常见事故的防治措施

现代隧道工程规模和埋深都比较大，遇到的地质条件比较复杂，尽管进行了详细的勘察研究，但开挖以后，仍会有许多条件与勘察所得出的信息不同，有时差别较大。大量的实践表明，地面测得的大小断层仅为地下实际揭露的百分之几，地面测绘的精确度再高也达不到施工的要求，这种情况下，施工过程中必然会出现预料不到的事故。这个问题可通过加强隧道施工中掌子面前方地质超前预测预报来解决。我国在大秦线军都山隧道施工中系统地开展了施工地质超前预报研究，做了施工前方地质条件的超前预报工作，准确率达到 70%，为隧道的科学安全施工和灾害的防治提供了宝贵的资料。下面针对具体事故类型，分别介绍其防治措施。

A　塌方

对松散、破碎围岩体隧道的塌方，可采用提高围岩的整体强度和自稳性的措施加以处理，如施工中常用超前长管棚、超前锚杆及加固注浆、超前小导管注浆等施工措施预防隧道塌方。对于开挖断面较大的隧道，通过软弱围岩区域可采取分步开挖，为了减少围岩的暴露时间，开挖后立即支护，从而提高隧道围岩体的自稳性。

B　岩爆

对于岩爆问题，应加强预报监测，采用地应力卸除、短进尺多循环分部开挖、超前高压注水、岩面湿化、喷锚挂网等方法来解除或减弱岩爆发生的危害程度。利用现场的监测预报，可有效预防岩爆所带来的危害。

C　涌水和突水

对隧道施工中的涌水、突水问题应分别采用排、堵或排堵结合的措施来处理。同时，要加强对邻近暗河溶洞突水部位的监测工作，通过短期和工作面前方的地质超前预报，准确的判断大溶洞和暗河部位以及和隧道的相交位置。对于严重涌水、突水的非岩溶深埋隧道可以采用排水导孔、钻孔疏干等措施。对于岩溶隧道、浅埋隧道应以堵为主，采用水泥加水玻璃双液注浆封闭以最大限度地减少地下水位下降，避免地面塌陷、井泉干枯等生态环境平衡的破坏。为了防止突水灾害，施工组织应尽量采用先隔水层后含水层的掘进工序，或采用超前引排、超前预注浆以减弱突水灾害的程度。

D　地表塌陷和地面沉降

岩溶塌陷可采用回填岩溶洞穴或建桥来绕避，对厚度不够的洞穴顶板进行加固，对隐蔽洞穴进行注浆加固，对突水点可采用双浆堵漏，以防止地面塌陷及井泉枯竭等环境问题的产生。浅埋隧道的地表塌陷，往往是由隧道塌方引起的，隧道开挖后立即进行喷锚初期支护，可有效地控制隧道的变形。对于城市近地表地铁隧道，在施工支护方法的选择中要严格控制地面的沉陷，加强施工中隧道变形监测，以及地表沉陷监测。盾构法施工，由于其施工设备和工艺特点，在近地表土体及软岩隧道的开挖中可有效地控制地表沉降，是城市地铁隧道、穿越江河底部隧道的优选方法。

E　岩溶

岩溶是地表水和地下水经过不断补给、径流、渗透和循环对可溶性岩层进行化学溶解作用和机械破坏作用的产物。岩石的可溶性和裂隙性以及水的侵蚀性和流通性是岩溶发育的基本条件。由于水的存在以及水的流通循环与岩溶相生相伴、发生发展、密不可分，这就给岩溶地区的隧道施工带来了极大的困难。岩溶对隧道工程的主要影响有洞害、水空、洞穴充填物及坍塌、洞顶地表塌陷等几个方面，尤其以高压富水、深埋充填型溶洞施工中极易爆发的大型突水、突泥、涌砂对隧道施工影响为最甚。

岩溶洞穴的处理应根据岩溶洞穴大小及洞穴与隧道不同部位的关系，因地制宜，通常可采用跨越和堵填措施进行处理。

（1）当溶洞洞穴较大，或溶洞虽小但有水流、暗河通过，或溶洞深浚，洞底充填物松软，基础处理困难，耗资费时，则可根据具体情况采取梁跨、板跨或拱跨等跨越措施。

（2）对径跨较小、无水或少水的溶洞，可采用混凝土、浆砌片石或干砌片石回填封堵并预留泄水孔；隧道拱部溶洞可采用喷锚支护加固洞壁或加设隧顶护拱等措施。

岩溶地区施工方法选择应根据地质预报的有关信息（有无岩溶洞穴以及溶洞规模、水量、水压、充填状况及介质性质等），结合开挖断面大小、隧道长度、工期要求、现有技术水平和经济可行性并综合考虑辅助坑道及施工措施后，最终确定岩溶隧道的施工方法。

F　煤与瓦斯突出

地下工程开挖过程中，在很短的时间内，从煤（岩）壁内部向开挖工作空间突然喷出煤和瓦斯的现象，称为煤与瓦斯突出。

当隧道线路穿越含煤地层时，存在发生瓦斯爆炸的可能性，探明这种隧道的工程地质条件非常重要。加强瓦斯含量的监测，从地质角度看，就是加强超前预报和短期预报。从瓦斯爆炸发生的物理条件来看，空气中瓦斯含量在 $5\% \sim 16\%$ 时极易发生瓦斯爆炸，所以工作面瓦斯安全含量应不超过 1%。同时要加大含瓦斯隧道的工作面通风强度，及时稀释溢出的瓦斯，在钻爆法施工中，要注意加强防爆处理。淤泥带突泥是发生在我国南方岩溶发育地区隧道施工中的一种地质灾害，可采取类似于对暗河、溶洞突水一样的监测方法和治理措施，通过长期和短期超前预报，准确判断淤泥带与隧道交会位置，并进行有效的防护。

采用矿山法的工程，一般位于复杂的、甚至是非常特殊的自然条件中。有些隧道所处的地形、地质条件十分复杂，不良地质现象严重，断层、熔岩、瓦斯、涌水、高地应力等问题非常突出；有些隧道位于陡峭峡谷之中，施工条件很差；有些隧道位于烈度为九度以上地震区，且临近活动断裂带；采用水下隧道跨越江、河、湖、海等水域时，很高的空隙水压力会降低隧道围岩的有效应力，造成较低的成拱作用和地层稳定性；施工遇到的主要困难是突水涌水，特别是断层破裂带的涌水。因此，在矿山法施工过程中应该注意以下问题：

（1）加强隧道选线和施工中的基础地质工作，这是预测地质灾害和采取治理措施的基础。近年来，各种各样的方法和手段在隧道工程超前预测预报中得到采用，为长大隧道、深埋和浅埋隧道、复杂地质条件下的隧道施工提供了可靠的资料。

（2）针对不同的地质灾害问题采取相应的防治方法和手段，注重新技术和方法的采用。同时应加强隧道施工信息和经验的交流，减少类似条件下地质灾害事故的发生频度。

（3）注重施工过程管理，使施工队伍从领导到职工都对地质灾害问题高度重视，提高施工队伍的职工素质和风险意识，严格工程操作规程，使工程中的风险从管理环节上降到最低。

5.4.3　盾构法施工事故及防护

5.4.3.1　盾构法施工环节安全隐患

（1）盾构机的拆卸、解体、吊运和组装。盾构机盾体和刀盘的体积大、重量重、价值高，运输作业风险大、危险性高，应解体吊装。在拆卸、解体、吊运和组装过程中，应合理选择起吊运输设备和工具，正确确定吊绳和吊耳的分布位置，焊接强度必须满足要求，大型部件在车辆上的固定必须牢靠，并对沿线道路桥梁和隧道通行进行详细调查，确保运输过程中的安全。

（2）盾构出洞。盾构出洞时的危险表现为：土体加固不均匀，强度、稳定性、抗渗性差，洞口土体滑坡，地面沉陷，大面积坍塌；盾构基座变形；盾构后靠支撑发生位移变形；凿除钢筋混凝土封门时产生涌土、涌砂、喷水；盾构机出洞区冻结法加固温度过低，将大刀盘及螺旋出土器冻结使其无法转动；盾构进洞轴线偏离；盾构机出洞，出土体加固区产生磕头，姿态突变；密封袜套漏水、漏泥。

（3）盾构掘进。盾构掘进时的危险来源于：土压（泥水）平衡正面阻力过大；土压（泥水）平衡螺旋出土器（排泥管路）出土不畅；遇流砂、砂砾，工作面压力丧失平衡，地面沉陷加大（舱内渣土离析、沉淀）；遇黏土结饼，螺旋出土器放炮、喷涌；隧道脱出盾尾后产生上浮；纵向螺栓受拉屈服，外弧面混凝土剥裂；同步注浆压力过大，地面冒浆；浅覆土、高水头压力下开挖面塌陷通透；盾构掘进轴线偏差；盾构过量自转；盾构较长时间停推下沉；盾构后退；盾构密封装置泄漏，泥浆渣土经盾尾涌入盾构本体；盾构切口前方超量的沉降或隆起；盾构刀盘刀具过量的磨损，刀盘主轴承失效；盾构推进液压系统失效，压力低；液压系统漏油等。

（4）管片装拼。管片装拼时的危险因素有：原材料不符合要求（含泥量，碱骨料）；制作、养护、堆放、检查不规范；运输过程中管片受损、缺角、丢边；圆环管片环面不平整；圆环管片真圆度不合格；管片环片与隧道设计轴线不垂直；上、下、左、右偏差超标；纵缝、环缝台阶高差大，张开度过大；螺栓拧紧程度未达标；管片拼装过程中边角挤伤破损，累计就位偏差，纵向不均匀推力使管片沿纵向剪断；管片压浆孔渗漏；管片接缝渗漏；管片嵌缝，封手孔未达设计要求；对特殊部位二次补偿注浆不彻底等。

（5）穿越建筑物。穿越建筑物时的危险因素：地面沉降量过大；建筑物桩基被刀盘磨削挤压破坏，基础受损；建筑物地基下沉；建筑物倾斜量大；建筑结构裂缝过大。

（6）穿越管线。穿越管线时的危险因素：地下管线水平位移过大；地下管线破损；地下煤气管破裂，爆炸，出现局部火灾；地下上下水管网破裂，地面积水回灌进隧道；地下通讯电缆被切断；地下输变管线沉降量过大。

（7）穿越现有隧道。穿越现有隧道时的危险因素：上穿正建隧道卸载引起隧道上浮；下穿正建隧道卸载引起隧道下沉；隧道结构变形，内部设施变形；多次扰动引起地面下沉超标；超欠挖土引起已建隧道变形；同步注浆压力量不当影响正建隧道。

（8）越江隧道及海底隧道。越江隧道及海底隧道的危险表现为：主航道有沉船、孤石、哑炮（弹）不明障碍物；浅覆土，高压水，粉砂层产生开挖面冒顶通透；盾尾注浆冒浆密封失效引起涌水涌沙；隧道上浮；长距离推进不同围岩地层时进行刀具更换；高水压管片接缝的渗漏水；长距离推进温度升高，污染空气的排放。

5.4.3.2　盾构法施工事故及对策

A　盾构掘进施工灾害防治对策

（1）在开挖后立即推进，或在开挖的同时进行推进，不使开挖面的稳定受到损害。每次推进的距离可为一环衬砌的长度，也可为一环衬砌长度的几分之一，推进速度约为 10 ~ 20mm/min。衬砌组装完毕后，应立即进行开挖或推进，尽量缩短开挖面的暴露时间。

（2）防止衬砌等后方结构受到损害，推进时应根据衬砌构件的强度，尽力发挥千斤顶的推力作用。为使每台千斤顶的推力不致过大，最好用全部千斤顶来产生所需推力。在曲线段、上下坡、修正蛇行等情况下，有时只能使用局部千斤顶。在当采用的推力可能损坏衬砌等后方结构物时，应对衬砌进行加固，或者采取一定的措施。

盾构掘进时，必须随时掌握盾构的位置和方向，在适当的位置施加推力，用过曲线、变坡点来修正蛇行行为，尽力使千斤顶中心线与管片表面垂直，在掘进时可采用楔形衬砌环或楔形环。

（3）由于地层软弱或管片构造等原因，当盾构前倾，推进时可在盾构前方的底部铺筑混凝土，或用化学注浆法加固地基，或在盾构前面的底部加设翘曲板等。

（4）在偏转的情况下，调节平衡板的角度，或在偏转方向的反侧加设压铁，或在盾构千斤顶和衬砌间插入垫块。如可以进行超前开挖时，在切口环外面加设与横向推进轴具有某一角度的支撑后再行推进，使盾构承受回转力矩，从而达到修正偏移的目的。

B　回填注浆

回填注浆除可以防止围岩松弛和下沉之外，还有防止衬砌漏水、漏气，保持衬砌环早期稳定的作用，故必须尽快进行注浆，而且应将空隙全部填实。

注浆材料需具有下列特点：不产生材料离析；具有流动性；压注后体积变化小；压注后的强度能很快超过围岩的强度，保证衬砌与周围地层的相互作用，减少地层移动；具有一定的动强度，以满足抗震要求；具有不透水性等。

一般常用的注浆材料有：水泥砂浆、加气砂浆、速凝砂浆、小砾石混凝土、纤维砂浆、可塑性注浆材料等，可因地制宜地选择。

注浆可随盾构一边推进一边进行，也可在盾构推进终了后迅速进行。一般是通过设在管片上的注浆孔进行。作为特殊方法，也有采用在盾构上的注浆孔同时注浆的方法。

采用同步注浆时，要求在注入口的注浆压力大于该点的静水压力和土压力之和，做到尽量充填而不是劈裂。注浆压力过大，对地层扰动大，将会造成较大的地层后期沉降和隧道本身沉降，还容易跑浆。注浆压力过小，则浆液充填速度慢，填充不充分。一般来讲，注浆压力可取 1.1～1.2 倍的静止土压力。

C　衬砌防水

由于盾构隧道多修建在地下水位以下，故须进行衬砌接头的防水施工，以承受地下水压。隧道内的漏水，使隧道竣工后的功能及维修管理方面出现许多问题，所以必须注意。根据隧道的使用目的，选取适合于作业环境的方法进行防水施工。

衬砌防水分为密封、嵌缝、螺栓孔防水三种。根据使用目的不同，有时只采用密封，有的三种措施同时采用。

密封是在管片接头表面进行喷涂或粘贴胶条的方法。密封材料的必要特性是：应具有弹性，在盾构千斤顶推力反复作用及衬砌变形时仍能够保持防水性能，在承受紧固螺栓的状态下具有均匀性；对衬砌的组装不会产生不良影响；密封材料和衬砌之间需密贴；具有良好的化学稳定性并可适应气候的变化；易于施工等。

施工时，在喷涂或粘贴面上需涂底漆。对管片隅角部分必须仔细粘贴，采取在运输时不致受到破坏的措施。

螺栓孔防水是在螺栓垫圈及螺栓孔间放入环形衬垫，在紧固螺栓时，此衬垫的一部分产生变形，填满在螺栓孔壁和垫圈表面间形成的空隙中；防止从螺栓孔中漏水。衬垫的材料须具备下述特点：伸缩性良好且不透水、可承受螺栓紧固力、耐久性好等。一般使用合成树脂类的环状衬垫，有时也采用尿烷类的具有遇水膨胀特性的衬垫。

螺栓紧固后，有时经过一段时间会产生松弛。导致产生这种现象的原因有许多，对衬垫的蠕变具有不小的影响，从防水观点出发，必须认真进行二次紧固螺栓的作业。

在螺栓杆和螺栓孔之间也置入衬垫材料。为使衬垫的防水性良好，螺栓孔的上下两端宜制成漏斗状，加大孔径。

嵌缝指预先在管片的内侧边缘留有嵌缝槽，以后用嵌缝材料填塞。嵌缝材料需具有以下特点：具有不透水性、化学稳定性及良好的适应气候变化的性能，在湿润状态下易于施工；伸缩及复原性良好；硬结时不受水的影响；施工后尽早具有不粘着性，终凝时间短；收缩小等。

嵌缝的施工应在衬砌组装后，在没有推力的影响下进行。首先必须将嵌缝槽中的油、锈、水等清洗干净，在涂以底漆后进行嵌缝。一般多用作业台车进行嵌缝作业。

当已进行密封条、嵌缝作业后仍不能止水时，在漏水处设置注浆孔，注入尿烷类浆液进行填充，浆液与地下水反应后发泡，体积膨胀，从而提高止水效果。

　　D　地表沉降的控制

　　a　减少对开挖面地层的扰动

　　（1）采取灵活合理的正面支撑或适当的气压值来防止土体坍塌，保持开挖面土体的稳定。条件许可时，尽可能采用泥水加压式盾构、土压平衡盾构等技术先进的基本上不改变地下水位的施工方法，以减少由于地下水位的变化而引起的土体扰动。

　　（2）盾构掘进时，严格控制开挖面的出土量，防止超挖。即使对地层扰动较大的局部挤压盾构，只要严格控制其出土量，仍有可能控制地表变形。根据上海地下铁道盾构法在软土中的施工经验，当采用挤压式盾构时，其出土量控制在理论土方量的80%～90%即不发生隆起现象。

　　（3）减少盾构在地层中的摆动和对土体的扰动。同时尽量减少纠偏需要的开挖面局部超挖。

　　（4）提高施工速度和连续性。实践证明，盾构停止推进时，会因正面土压力的作用而产生后退。因此提高隧道施工速度和连续性，避免盾构停搁，对减少地表变形非常有利。若盾构要中途检修或其他原因必须暂停推进时，务必做好防止盾构后退的措施，正面及盾尾要严密封闭，以尽量减少搁置时间对地表沉降的影响。

　　b　做好盾尾建筑空隙的充填压浆

　　（1）确保压注工作的及时性，尽可能缩短衬砌脱出盾尾的暴露时间，以防止地层坍塌。

　　（2）控制压浆数量及注浆压力。注浆材料会产生收缩，因此压浆量必须超过理论建筑空隙体积，一般超过10%左右，但是过量的压浆会引起地表隆起及局部跑浆现象，对管片受力状态也有不利影响。

　　（3）保证压浆材料的性能。施工时，地面搅拌站要严格控制压浆浆液的配合比，对其凝结时间、强度、收缩量要通过试验不断改进，提高注浆材料的抗渗性，这样有利于隧道防水，相应也会减少地表沉降。

　　E　盾构穿越建筑物时的保护技术

　　a　保护对象的确定

　　在施工前应确定哪些建筑物需要保护，如何保护，在施工中对保护的建筑物要严格监测，以信息反馈确保建筑物和施工安全。为此，在施工前要做好以下几项工作：

　　（1）既有建筑物和地下管线调查。对沿线影响范围内的建筑物和地下管线一一编号，根据档案资料和现场调查，列表标明建筑物的规模、形式、基础构造、建筑年代、使用状况等，对地下管线则标明其种类、材料修建年代、接头形式和使用情况等。对有必要保护的建筑物尚需查清有无进行保护工程所必需的工作场地和与邻近建筑物的关系。

　　（2）确定已有建筑物和地下管线的容许变形量。从结构和使用功能两方面加以考虑，在考虑地基条件、基础形式、上部结构特性、周围环境、使用要求后，在不产生结构性损坏和不影响使用功能的前提下予以确定。一般各地区的地基基础设计规范中对此都有规定。

　　（3）预测已有建筑物由于盾构施工可能产生的变形量。盾构法施工中，地基变形的大小随地层条件、隧道埋深和尺寸、施工方法和水平而异，一般可根据理论分析和已有施工实践资料的积累，对处于不同位置的建筑物可能产生的变形量作出预测，并将其与它自身的容许变形相比较，以判断它是否需要保护。但最终的决策还得从经济和社会效益等方面综合考虑决定。

b 保护方法

保护方法可分为基础托换、结构补强等直接法和地基加固、隔断法、冻结法等间接法两大类。

（1）基础托换法。当盾构施工中需要将建筑物的桩基切断或可能使其产生过大的变形时，常采用基础托换予以保护。该法需要预先在隧道两侧或单侧影响范围外设置新桩基和承载梁，以代替或托换原基础。托换法按其对建筑物的支承方式又可分为下承式、补梁式、吊梁式等。

（2）地基加固。目前常用的地基加固方法有：注浆、树枝桩、旋喷桩、深层搅拌桩等。经实践证明，都能取得控制地表变形，保护建筑物的良好效果。地基加固范围，应根据隧道与建筑物的相对位置、隧道覆盖层厚度以及建筑物基础结构形式而定。

（3）隔断法。在靠近已有建筑物进行盾构施工时，为避免或减少盾构施工对建筑物基础的影响，可在两者之间设置隔断墙加以保护。隔断墙可以采用钢板桩、地下连续墙、连续旋喷桩和挖孔桩等构成。它们应按承受盾构通过时的侧向土压力和地基下沉产生的负摩擦力进行验算，以确定适当的配筋和埋置深度。为防止隔断墙侧向位移，还可在墙体顶部构筑联系梁并以地锚支承。

5.4.4 大型沉管隧道施工事故及防护

5.4.4.1 大型沉管隧道施工中常遇事故及风险

A 隧道基础不均匀沉降问题

在沉管段基槽开挖时，无论采取何种挖泥设备，浅挖后沟槽底面总留有 15～50cm 的不平整度。沟槽底面与管段表面之间存在众多不规则的空隙，导致地基土受力不均匀，引起不均匀沉降。同时地基受力不均也会使管段结构受到较高的局部应力，以至开裂。另一方面，这些空隙极易形成淤泥的夹层，特别是在含泥量较大的水域，淤泥在沉管与下部基础之间形成夹层，同样会使沉管管段产生不均匀沉降。

若沉管段底面以下的地基土特别软弱，或在隧道轴线方向上基底土层软硬度不均，会造成管段产生不均匀沉降。地震或列车通过时的振动会使砂性基础产生液化的不良后果。

基础的不均匀沉降带来的危害主要有：

（1）在隧道部分及接头处（含沉管与陆上部分的接头）会产生较大的应力和位移，以致损坏管段与接头。

（2）如为铁路沉管隧道时，沉降会使纵向铁路线的形状发生不连续变化，而影响列车的正常运行，同时也影响隧道的整体性，沉陷严重时会导致隧道毁灭性破坏（如地震液化）。

B 起浮与抗浮问题

沉管管段在干坞内预制完成后，自重可达万吨甚至数万吨，它能否顺利起浮是管段施工中的关键技术之一。管段沉放并加上镇重后是否稳定，不再发生浮起事故是施工和日后运营中极为重要的问题，必须慎重对待。起浮与抗浮是管段施工中相互制约的一对矛盾，应予以妥善协调处理。

C　沉管隧道的防水与接头问题

防水是沉管隧道设计与施工的难题之一，沉管隧道各管段是在岸上整体预制，其管段本体防水质量得到可靠保证，但是在施工现场有少量施工接缝以及接头处，都需要采取相应防水技术，管段防水技术与管段的结构形式有关，对钢壳管段，由于被钢壳完全封闭，其防水问题主要是管段之间的接缝防水。防水方法主要是接缝对准后使用钢钉扣紧，在接缝两侧安装模板后，用导管法灌注密实的混凝土，将接缝完全包围住。

D　管段浮运、沉放、定位与水下压接问题

管段在干坞制作完毕后下水，在系泊处进行必要的施工附件安装后，将被拖轮拖运至工程建设的施工地点进行沉放定位。预制管段浮运到现场并沉放安装的整个施工过程分为以下几个步骤：管段起浮、出坞与浮运、管段沉放与水力压接、基础构筑及覆土。其中，隧道管段的出坞与浮运、沉放、定位与水下对接是沉管隧道施工中关键的阶段，是沉管隧道施工过程中的一项重要技术。

沉放是沉管施工过程中最危险的阶段。由于是水下施工，难度较大，又要求作业时间短，所以它不仅受气候河流自然条件的直接影响，还受到航道、设备条件的制约。隧道管段的沉放是在相对困难的条件下进行的，因为此时的大多数作业是无法在直接观察的情况下完成的。因此，作业的关键是尽可能使作业简单，尽量多地利用水的自然能力。

5.4.4.2　大型沉管隧道施工事故的对策

A　隧道不均匀沉降的对策

（1）进行基础处理。沉管隧道基础处理主要是解决：

1）基槽开挖作业所造成的槽底不平整问题；

2）地基土特别软弱或软硬不均问题；

3）施工期间基槽回淤或流砂管涌等。

（2）使隧道结构具备一定的柔性，避免基础的不均匀沉降。一般在制作管段时，沿轴线每隔一定的距离（15～20m）设有变形伸缩缝，在管段与管段之间设有防水接头（刚性或柔性）。如采用柔性接头，则沉放在基础上的整座隧道就像一根链条结构，可自由地随基底土层变形而变形，从而可较好地解决防止地基不均匀沉降的问题。

B　解决管段起浮力与抗浮的对策

在干坞内使管段起浮，通常用钢制端封门将管段两端密封以形成空腔，如果管段断而不对称，还要在一侧空腔内灌注一定量的平衡水，调整重心使其落在中线轴上，然后往干坞内灌水使管段起浮，管段起浮后高出水面的高度 H，称为干舷值。

干舷值过小会增加管段浮起的困难，甚至会发生起浮障碍；干舷值过大就要增加沉放的压重，沉放后由于要求达到一定的抗浮系数，从而增加抗浮的困难。在设计起浮时，往往担心管段浮不起来，有意无意放大干舷值，起浮后又不得不增加镇重来达到抗浮的要求。根据国内外的经验，一般的管段干舷高度均在 150～250mm 的范围内。

此外，还需要在管段上安装压载设施，管段的下沉是由压载设施加压实现的，压载设施一般采用水箱的形式。在端封墙安设之前，每一管段至少设置四个水箱，对称分布于管段的四角位置。管段在出坞前作最后渗流检查并调整干舷值。

C 防水

管段防水包括管段结构自防水、施工缝防水及管段接头防水。管段结构以混凝土结构自防水为根本,特别要求结构不允许贯穿裂缝的出现。一般大型沉管管段表面裂缝宽度要求不大于0.2mm。故管段预制过程中,需采用混凝土裂缝控制技术,另外可设置管段混凝土外防水层。

5.4.5 冻结法及其他辅助工法事故及防护

人工地层冻结工法(简称"冻结法")是利用人工制冷技术,通过埋设在地层中的冻结管带走地层中的热量,使地层中的水结冰,把天然岩土变成冻土,形成具有较高强度和稳定性的冻土帷幕,隔绝地下水与地下工程的联系,以便在冻土帷幕的保护下进行地下工程掘砌施工的特殊施工方法。

冻结法具有自身的特殊性,如钻孔工序的必要性、冻土性质和冻土帷幕性状的变化性、土体冻胀融沉的自然性等。由于这些特性的存在,冻结法在冻结孔钻孔、冻结、开挖以及冻土解冻过程中都可能发生事故。因此,冻结法是一种风险较大的工法,稍有不慎便可酿成事故。当前,在软土地区的地下工程建设中,冻结法得到普遍应用。由于冻结法的特殊性,其施工风险很多并且具有一定的特殊性和隐蔽性。

5.4.5.1 冻结法施工可能造成的事故及原因分析

A 冻结孔钻孔事故

在从地下建筑向结构外围土体进行冻结孔钻孔施工时发生的孔口密封失效事故,可引起喷水、喷砂,严重时因地层损失过大导致地下结构变形破坏,造成地面建筑、地下构筑物和管线的破坏,甚至工程淹没的灾害,在冻结孔进入承压水地层时尤其危险。其主要原因是土层随钻孔循环浆液流失或者使孔口密封装置失效。

B 管片损坏事故

过密的冻结孔布置方案难免会切断过多的管片主筋,破坏结构的完整性,对管片造成过大损伤。开挖时拆除部分管片使管片环丧失完整性,造成隧道开口处出现较大应力集中,导致管片的过大变形甚至失稳。

C 冻土帷幕事故

a 冻土帷幕的几何缺陷

(1)冻土帷幕形成不足。冻土帷幕自身形成不足的原因有冻结冷量不足、冻结管缺陷、冷量流失、地层冻结温度低和难冻地层等。

冷量不足可以是设计制冷量不足、制冷设备效率不足、冻结器盐水流量不足等原因引起的。制冷设备效率不足除了机器本身的问题外还可能是高温季节冷却水温度过高导致制冷效率下降。盐水流量不足的原因可能是盐水配给不合理,也可能是冻结器意外堵塞或冻结器内残留空气。

冻结管缺陷主要是冻结管间距过大或长度不足,一般由钻孔偏斜或设计不合理造成。

冷量流失一般由结构散热、地下水流速过大、地层中有高导热性的异物和异常热源等原因引起,其中结构散热最为常见。结构散热可能导致冻土帷幕温度过高、冻土帷幕与结构之间的冻着（胶结）面积不足和两者之间的冻着强度不足。

地层冻结温度低指地层结冰的温度比预料的低，导致冻土帷幕厚度小于设计厚度。这种情况多发生于黏性土和含盐土层。

（2）冻土帷幕恶化。冻土帷幕恶化的主要原因有盐水泄漏、结构散热、冻土开挖面散热、异常热源和冷冻机异常停机等。

盐水在冻土中泄漏会引起冻土融化。盐水泄漏可由于冻结管缺陷（如接头焊缝质量）和冻结管断裂而发生。冻结管断裂的原因可以是冻土帷幕变形过大、冻胀过大、开挖变形过大、开挖损伤和冻结孔成孔弯曲导致的冻结管变形应力过大。

结构散热主要是由于保温层失效、高温空气对流和表面冻结管（俗称"冷排管"）失效等因素造成的。结构散热引起的冻土帷幕恶化不仅表现在冻土帷幕温度升高、体积减小，更具有危害性的是减小冻土帷幕与结构之间的冻着面积和降低两者之间的冻着强度。冻土开挖面散热也是引起冻土帷幕恶化的一个因素。开挖面使冻土帷幕接触空气对流而温度升高，从而使强度降低。当开挖面暴露时间过长时冻土帷幕较大程度恶化的可能性增大。异常热源（如混凝土水化热、高温管道、温泉等）的热侵蚀也会引起冻土帷幕恶化。冷冻机异常停机供冷中断时间过长也必定引起冻土帷幕恶化。

（3）地层缺陷。假如冻土帷幕设计范围内及其附近存在沼气包、溶洞和暗浜等地层缺陷，或者地层因先期工程遭到过剧烈扰动，会在冻土帷幕中形成空洞或冰体，造成冻土帷幕缺陷，有时甚至是致命的缺陷（开挖时形成冻土帷幕"开窗"导致透水事故）。

b　冻土帷幕的物理缺陷

冻土帷幕的物理缺陷是指冻土帷幕没有达到设计的强度和刚度。强度和刚度不足都可能导致冻土帷幕事故。

造成冻土帷幕强度和刚度不足的原因主要有冻土帷幕温度过高和低强度地层。冻土温度过高时无法达到设计强度。一些地层冻土本身的强度偏低，如果在设计冻土帷幕范围内意外出现这种地层，则会导致冻土帷幕强度无法达到设计指标。冻土帷幕刚度不足的主要原因有冻土温度过高、开挖后冻土暴露时间过长、开挖空帮过大、初衬失效和强蠕变地层等。

D　冻胀事故

冻结过程中由于土体冻胀现象引起冻结管断裂和地下结构变形破坏事故，冻胀事故发生的原因主要有冻胀敏感性地层、冻结时间过长、冻土体积过大和冻胀控制措施不力。冻结管断裂有可能造成冻土帷幕薄弱区，导致冻土帷幕失稳事故，而地下结构变形破坏将影响到地下结构的使用寿命。

E　融沉事故

目前，控制融沉主要是通过冻土融后注浆来实现。采用冻土自然解冻、跟踪注浆的措施时，由于自然解冻时间相当长，工程中往往缺乏长期跟踪注浆的条件。采用强制解冻措施时，虽然可以大幅度缩短注浆周期，但工程中往往缺乏足够的解冻进程监测数据，使得注浆不能保证准确到位。另一方面，由于种种条件的限制，注浆管难以布置到最佳位置，不能保证对整个冻结区域进行充分的注浆，从而引发融沉事故。

5.4.5.2　冻结法风险源及其对策

A　地质条件风险

地层中存在的对热传导和冻土力学性能不利影响因素均为冻结法的地质条件风险源。

工程地质环境中不利因素为对冻结不利的地质类型、局部异常的地层性质及构造、土层中的异常物体。水文地质条件中的异常因素为地下水流速流向、水质（含盐）、水温（温泉）、承压水等。

对冻结法地质条件风险的对策是做好详细准确的地质勘探，并做好各种土层的冻土物理力学性能试验和必要的水质化验。

B 冻土方案设计风险

冻土方案设计风险存在于设计依据（冻土物理力学性能）的可靠性、冻结系统参数计算的准确性，以及冻土帷幕结构参数计算的合理性等方面。

不准确的冻结系统参数计算，可能导致两种相反的结果：第一，供冷量不足，不能在预计时间内形成预想的冻土帷幕性状，不能达到设计的冻土帷幕温度，导致冻土帷幕的厚度或强度不足；第二，供冷过量，导致冻结强度过大引起冻结危害。

控制冻结方案风险的对策是获得可靠的冻土物理力学性能参数，全面考虑各种不同因素进行冻结系统各种参数的精心设计并正确选择冻土设备，正确估计荷载并采用合理的力学模型进行准确计算，以获得安全的冻土帷幕结构参数。

C 冻结孔钻孔施工风险

从地下建筑内部向结构外围土体进行冻结孔钻孔施工的风险在于钻孔循环浆液携砂量失控和孔口密封管失效。

冻结孔钻孔风险对策是采用有效措施控制钻孔循环浆液携砂量，比如从孔口密封管旁通阀提供与地层埋深相当的压力以平衡水土压力，同时应严密监视掺砂量，当底层损失过大时应利用冻结管进行底层补偿注浆，确保孔口密封管与结构之间的牢固连接，以防孔口密封管脱离结构导致突发性喷砂，这一点对于结构下方的冻结管尤其重要。

D 冻结系统运转风险

制冷设备完好状态不佳、电力供应不足、制冷效应不足、冷媒剂流速流量不足或过足、凝结管密封状态不佳均为冻结系统运转可导致的风险源。

冻结系统运转风险源的控制对策是保证制冷设备的完好状态，重要工程要有备用设备；保证充足的电力供应；保证冷却水在正常温度内；严格控制冷媒剂流量流速，进行盐水去回路温度监测和其他监测；定期排放冻结器内残留空气，出现异常情况时要及时调整；确保冻结孔钻孔质量和冻结管接头密封性，尽量减少冻结管接头，冻结器安装后要进行耐压试验，运转期间严密监测盐水箱水位，以便及时发现盐水泄漏现象。

E 冻土帷幕性状判断风险

冻土帷幕性状判断失误的风险源主要存在于冻结管空间位置资料不准确、测温点布置方案不合理、测温点空间位置资料不准确、土体温度和冷媒剂温度监测数据不可靠、冻土物理力学性质不明、温度场数学模型不正确、散热边界的考虑不充分。

冻土帷幕性状判断失误风险的控制对策是确保准确的冻结管空间位置资料，做好冻结孔或孔测量，充分考虑可能出现的冻结管后期变形，制定合理地测温点布置方案并掌控准确的测温点空间位置资料，要考虑可能出现的测温管后期变形，注意可能出现的测温线在测温孔中的位置变化，确保可靠的检测数据；保证检测系统运转正常，对系统故障要及时排除；进行冻土物理力学性质试验，查明各种参数；根据冻结管布置形式选用正确的温度场数学模型以及有关的参数和系数；充分考虑结构散热边界对冻土帷幕性状的不利影响。

F　冻胀作用风险

冻胀作用风险源主要存在于冻结时间过长、冻土体积过大和冻胀控制措施不力。

冻胀作用风险的控制对策是对地层冻胀敏感性要事先通过冻胀试验确定，避免冻结时间过长，根据冻土帷幕性状检测判断结果，一旦达到设计要求应尽快开始开挖砌筑工序，开挖砌筑期间进行维护冻结，避免维护冻结期中供冷过足，控制冻胀措施要落实到位，对可能发生过大变形的结构加以保护，例如在隧道内假设预应力支架限制管片因冻胀引起的变形。

除了上述主要的常见事故以外，还有许多因素可能导致冻结事故。例如，供电系统故障、冻结系统运行故障、冻结系统拆除不及时、高温天气影响、管理失误等等。地下工程的冻结法施工是一项高风险的工作，在施工的每一个环节，特别是在开挖砌筑阶段，必须根据冻结法的特殊性，密切监视风险因素的发展和变化，及时发现事故征兆，在第一时间采取必要的、可靠的措施，把事故消灭在萌芽状态，确保工程的安全。

5.4.6　降水施工引起的事故防护

多数地下工程灾害事故都与地下水处理不当有关。如基坑工程的流砂、管涌、坑底失稳和坑壁土体滑移及坍塌等，大都是由人工降低地下水位失误或突降暴雨使土体含水量骤增引起的。

通常，淤泥质饱和黏土由液态的水与固态土粒两部分组成。土层中液态水分为结合水和自由水两类。结合水是在分子引力作用下吸引在土粒表面的水体。这种引力可高达几个甚至上万个大气压。结合水通常只有在加热成蒸汽时才能和土粒分开，自由水是指土粒表面电场影响范围之外的重力水和毛细水。井点降水一般是降低土体中自由水形成的水面高程。轻型井点和喷射井点是利用真空度产生的负压将地下水抽吸上来，所以这两种降水方法适用于渗透系数小的土层降水；砂砾渗井是疏通上下含水层，将上层浅水层疏导到下层的含水层，再结合管井以降低基础底部承压水层；电渗井点是将井点管井身作阴极，钢管或钢筋作阳极，联合组成通路，并对阳极施加强直流电流，应用电压比降使带电（负）土粒流向阳极，带正电荷的孔隙水向阴极电渗井点管集中，产生电渗现象，所以电渗井点适用于透水性差，持水性强的饱和淤泥或淤泥质黏土中的降水，这种地层中单用一般的轻型井点及喷射井点无法达到疏干基坑降低地下水的效果。

降水设计是地下工程特别是深基坑施工设计的一个重要组成部分，依据基坑面积、水位降低的深度和土体的渗透系数，确定单井抽水量和整个地下工程需要的井点数，上述工程地质和水文地质的资料不齐全时，对于大型的地下工程，进行井点的抽水试验是必要的。

人工降低地下水施工质量安全管理十分重要。井点管深度不足、冲洗不净、滤网网眼过粗都可能导致抽水失败，引发工程事故。基坑开挖过程中突然断电，中断降水，坑间地下水回流将可能淹没基坑。地下工程底板完工后，过早停止地下水降低，可能引起结构底板上浮，过量大范围的抽取地下水，往往会引起附近地面的下沉，甚至导致建构筑物的变形开裂和地下管道损坏。

5.4.7 注浆施工引起的事故及防护

注浆材料分为无机类和有机类两类。无机注浆材料是以水泥和水玻璃为主要注浆材料，添加水等掺合剂构成无机硅酸盐浆液。它无毒、廉价、可注性好，占目前使用的化学浆液的90%以上。将水玻璃掺入水泥浆中，不仅可改善浆液的可注性，且使得结石体强度大为提高，抗渗性能好，浆液凝固时间可调整，价格便宜，广泛应用于地基加固和防渗堵漏工程。

有机化学注浆材料为合成高分子聚合物，主要有环氧树脂、丙凝（丙烯酰胺类）、聚氨酯、水质素、尿醛树脂等。有机类注浆材料各自有不同的特点，有的强度高，粘结力强，有的黏度低，渗透能力高，耐久性好。浆液选择是注重化学稳定性好，常温常压下不变质，浆液无毒无公害，不污染环境，尤其是对人体无害。

注浆施工中常发生的事故主要有以下几种：

（1）注浆压力过大，特别是双重管高压旋喷注浆，压力高达30~40MPa。过高的注浆压力导致管路接头松动、突然喷射的浆液使人体受击伤。此外，压力过高也可能引起使建筑物移位。如南京地铁一号线三山街站南段井盾构出洞，采用高压旋喷注浆对进出洞土体加固，注浆压力使中山南路十几米长路面抬高0.5~1.0m，影响到车辆的畅通。

（2）浆液在土体中渗透不均匀，注浆加固后土体抗渗性、强度、承载力提高量值缺少严格的评价指标。依据经验进行土体加固，往往引起上部建筑过大沉降或差异沉降，影响使用。如上海地区，6~7层混合结构住宅建筑遇饱和淤泥质黏土地基时，地基承载力不足，20世纪90年代常采取注浆加固或搅拌加固地基方法处理。虽然上述方法在一些工程中取得成功，但许多建筑因为加固强度不足、土体改良不均，引起房屋差异沉降超标，房屋开裂。上海市建筑行业一度否定注浆加固用于民用住宅地基加固。事实上，如果改进注浆工艺，增加严格计量检查设备，加强质量监管，注浆和深层搅拌加固仍不失为房屋建筑地基处理的好方法。

（3）浆液向地面窜流污染环境，流入河道、湖泊污染水源。为防止此类事故发生，应严格控制注浆量和注浆压力，及时封堵向外流窜通路，经常检查注浆工地现场，及早发现浆液外溢。

（4）部分有机浆液含有毒性。应避免使用含有毒性的有机浆液。不得不使用时，应严格按照操作规程施工，做好施工人员劳动保护，特别要戴好防毒口罩、面具、手套等。严格有毒试剂管理，既要保证不对施工人员和附近居民造成任何伤害，同时防止有毒物质污染水源、土壤，给环境造成不可逆转的损伤。

因地制宜合理的选择冻结、降水、注浆等辅助施工工法，对地下工程安全施工有非常重要的意义，在施工的每一个环节，特别是在开挖砌筑阶段，必须根据冻结法的特殊性，密切监视风险因素的发展和变化，及时发现事故征兆，在第一时间采取必要的、可靠的措施，把事故消灭在萌芽状态，确保工程的安全。

5.5 地下建筑安全管理

依据地下建筑灾害事故管理的综合性特征，基于对国内外地下建筑灾害事故综合管理的经验总结，以及对我国目前存在的主要问题分析，结合我国的国情特点，建立合理高效的地下建筑灾害事故综合管理体系，对于地下建筑工程的防灾减灾具有重要意义。

5.5.1　建立综合协调机构

地下建筑灾害事故综合管理协调机构的主要职责是对地下建筑灾害事故管理工作进行统一指导，制定相关法规政策并进行安全执法和监管，协调地下建筑灾害事故应急处置工作，编制和修订地下建筑应急预案，组织信息资源整合，以及开展相关演练和宣传教育等。表 5.3 为地下建筑灾害事故综合管理组织机构职能表。按照我国行政管理的模式，地方政府应当是地下建筑灾害事故管理的领导机构，对地下建筑灾害事故管理承担直接的责任。在地方政府总的领导下，可以设立或明确地下建筑灾害事故综合管理的协调机构。

表 5.3　地下建筑灾害事故综合管理组织机构职能

组织性质	组 织 名 称	组 织 职 责
领导机构	市政府	决定和部署城市地下空间灾害事故综合管理工作
协调机构	城市地下空间灾害事故综合管理办公室	负责城市地下空间灾害事故管理工作的统一指导，制定相关法规政策并进行安全执法和监管，协调地下空间灾害事故应急处置工作，编制和修订地下空间应急预案，开展相关演练和宣传教育等
应急联动机构	市应急指挥中心	对较大和一般的地下空间灾害事故进行应急联动处置和先期处置
临时机构	应急指挥部	根据城市地下空间灾害事故的层级设立市应急处置指挥部或现场指挥部，统一组织指挥应急处置工作
灾种管理部门	建设、公安、消防等部门	负责城市地下空间施工安全、工程质量事故灾难、火灾、爆炸、水灾等事故的预防和应急管理
责任主体	经营单位	承担地铁、地下经营场所等地下工程设施的安全使用责任
建设审批部门	规划、建设、民防等部门	负责城市地下空间规划审批，安全防护标准、民防工程审批和安全设防要求等
其他相关部门	公安、卫生、法制等部门	负责治安、通信、医疗救护、立法、新闻等保障任务
区县政府		对区域内地下空间灾害事故管理实施属地管理
专家咨询机构	专家以及科研设计单位	为城市地下空间灾害事故综合管理提供决策建议，进行相关的科研分析和设计

协调好与灾种管理部门和责任主体的关系十分重要。地下建筑一旦发生灾害事故，应当按照预案的规定，按不同的级别和等次进入灾害事故应急处置流程。城市应急联动中心是地下建筑灾害事故应急处置的指挥机构，地下建筑灾害综合管理协调机构应当与城市应急联动中心密切配合，参与灾害事故的处置并提供相关信息资源和保障。明确公安、消防、建设、安监、水务等单灾种管理部门，地铁、隧道、民防工程、商场等责任主体，规划、建设、民防等地下工程规划、建设审批部门以及设计单位，新闻、法制、教育等相关部门以及专家咨询机构的职责和协调机制。特别是在地下建筑灾害事故综合管理的日常工作中，要建立一个与上述部门之间的协调联系机制，才能顺畅有效地开展工作。

应当明确将地下建筑灾害事故综合管理向基层灾害管理组织衍生。结合城市应急管理体制向社区深化的要求，在社区建设中强化与重视地下建筑安全建设，加强居民群众的安全教育。

5.5.2　明确指挥协调机制

地下建筑灾害事故应急处置指挥协调机制在地下建筑灾害事故综合管理中起着核心作用。在我国现有的应急管理体制下，要着重处理好地下建筑灾害事故综合协调机构、应急指挥机构、各部门、救援队伍以及政府与社会的关系，发挥好它们的协同作用，尽最大可能提高危机处理的效率。

应急处置是危机管理的核心，在地下建筑灾害事故综合管理指挥协调关系中，实施灾害应急处置的关键是确立流程。应当通过制定专门的地下建筑灾害事故应急处置预案和相关分预案，明确应急指挥协调的机制和流程。处置流程应当包含：

（1）信息报告。现场有关人员和单位通过110向市应急联动中心或地下建筑灾害事故综合管理协调机构及其他有关部门报告，有关单位接报后立即向市政府报告。灾种管理部门和应急管理机构负责做好地下建筑灾害事故的信息监测、预测和预报，及时向市政府提出、报告应急处置的建议和相关信息。

（2）先期处置。灾害事故发生后，地下建筑使用或管理单位负有及时处置的第一责任，立即启动相应的应急处置规程，在第一时间进行应急处置。地下建筑灾害事故综合管理协调机构、其他主管部门协同应急联动中心，通过组织、指挥、调度、协调各方面资源和力量，实施先期处置。

（3）应急响应。依据灾害事故可能造成的危害程度、紧急程度和发展势态，对不同等级的地下建筑灾害事故实行不同响应级别，视情成立市应急指挥部和现场指挥部，各有关部门、区县和单位共同实施处置。一旦地下建筑灾害事故扩展，且有蔓延扩大的趋势，情况复杂难以控制时，及时提升响应级别。当危害减缓和消除，不会进一步扩散，逐级报告并降低或解除响应级别。地下建筑灾害事故综合管理协调机构应根据所发生的灾害事故级别，按照地下建筑应急预案启动应急响应，及时向市政府报告事件的基本情况、事态发展和救援进展情况，并组织相关专家力量为现场应急处置提供技术支持并开展其他协调工作。

（4）应急指挥协调。地下建筑发生重大或特别重大的灾害事故，由应急处置指挥部组织市有关应急机构、区县政府、专业救援队伍等开展应急救援行动；指导现场指挥部工作；指挥相关部门和单位按照各自应急预案，提供应急增援或保障。现场指挥部负责现场应急救援的组织指挥，对现场各应急处置力量实施统一指挥，向应急处置指挥部报告现场处置进展情况。现场指挥部成立前，事发单位和先期到达的应急救援队伍要迅速、有效地实施应急处置；事发地区、县政府负责组织协调，控制事态发展。

（5）应急结束。地下建筑灾害事故应急现场处置完成后，现场指挥部向市应急处置指挥部上报现场处置情况，宣布现场处置结束，组织应急救援队伍撤离现场。市应急处置指挥部提出终止应急响应建议，报市政府或授权部门批准后宣布解除应急状态。

地下建筑灾害事故处置完毕后，灾害事故主管部门、事发地区、县政府通过迅速采取措施，组织实施救济救助，妥善安置和慰问受害及受影响人员，保证社会稳定，尽快恢复正常秩序。同时，对灾害事故的起因、性质、影响、责任、灾害损失情况、重建能力等方面进行调查评估，制定切实可行的恢复重建计划，并及时向市政府报告。保险监管机构必须做好有关保险理赔和给付的监管工作。民政等部门对在应急救援行动中伤亡的人员及时给予抚恤、补助。地下建筑灾害事故综合管理协调机构和各灾种管理部门及时汇总和总结分析灾害事故的成因、处置是否妥当、事故后果怎样等情况，向市政府提出相关建议和意见。

5.5.3 地下建筑安全管理方法

5.5.3.1 实现信息资源的共享

地下建筑灾害事故综合管理信息资源的共享主要是运用信息化管理的手段，整合地下建筑灾害事故的信息资源，建立地下建筑灾害事故综合管理的信息资源机制，改变地下建筑管理部门分割、信息不全的状况，为地下建筑灾害事故的有效防范和应急处置提出及时、准确、全面的信息资源。主要包括以下几个方面：

（1）建立地下建筑灾害事故综合管理信息系统。在地下建筑综合管理信息平台的基础上，建立地下建筑灾害事故综合管理信息系统，同时与地下建筑管理和城市总体应急信息系统相衔接，将地下建筑的基础数据和应急管理的资源覆盖到这个系统上来。主要包括：

1）地下工程的分布情况，包括民防工程、地铁、隧道、地下管线、地下综合体等的分布以及面积、抗力防护标准等；

2）地下连通道和地下临时紧急避难场所的分布情况，作为组织人员疏散的重要路径，应当规划设计地下连通道和避难场所并实行动态信息管理；

3）地下交通、商业、娱乐等各类场所的人员密度和流动情况；

4）地下建筑停放的机动和非机动车保有率，以及仓库等各类设施的物资情况；

5）地下建筑的出入口标识；

6）地下建筑各类工程、设施的抗风险等级和评估情况；

7）地下建筑各类灾害危险源以及易发灾害事故标识；

8）地下建筑灾害事故救援力量的分布情况；

9）地下建筑灾害应急的通信联络方式；

10）地面救援资源的情况，包括地面避难场所、灾后恢复重建资源等。

（2）建立完善的地下建筑管理预案和辅助决策数据库。包括地下建筑灾害事故应急预案，以及各部门组织编制的单灾种预案数据库和在地下建筑灾害事故中的运用情况等。对地下建筑不同环境、不同形态、不同地域等各类灾害事故应急处置的相关要素进行收集、整理和分析，运用仿真和建模等技术，形成多个具有可操作性的地下建筑灾害事故应急处置方案。同时，搜集、掌握地下建筑灾害事故的历史资料和数据，对其进行综合分析比较，提出各类地下建筑灾害事故应急处置的优化方案并不断动态更新。

（3）建立地下建筑灾害事故综合管理信息和数据维护机制。在建立信息系统和数据库的基础上，统一数据标准和技术标准，并及时、准确、全面地对基础信息和数据进行更新维护，实现应急管理的宽带互联和在线监测。建议借鉴日本地铁安全避难指导手册的做法，出版地下建筑安全使用地图。由综合协调部门牵头绘制地下建筑安全使用地图，并定期更新。地图的内容包括地下建筑主要状况、疏散逃生的途径、人员临时掩蔽的场所、救援的渠道和资源的配置、呼救的方式等等内容。详细版的地图可以向有关灾害管理部门、责任主体、建设单位等发放；简易版的地图直观地反映地下建筑安全使用的情况，可以在人流密集的地下商场、出入口、地铁内向民众发放，既是对地下建筑安全工作的宣传，又切实起到向民众告知自救互救方法的作用。

（4）对地下建筑灾害事故综合管理资源进行统一组织和指挥，达到统一规划、科学配置、重点建设、合理调用的目的。主要包括：

1）地下建筑灾害事故应急救援队伍在不同灾害事故中的作用；

2）各类救援物资的调度使用；

3）地下建筑各类场所在应急处置中的开放使用；

4）各类地下工程、地下设施在防灾标准设计上的统一规范；

5）各类地下工程、地下设施在风险评估上的共同特点；

6）地下建筑灾害事故应急管理宣传、教育方面的共性；

7）地下建筑各类灾害事故在救援措施、救援手段上的共性等。

这些具有共性或可以共享的资源，都应当进行整合，使其发挥最大的效应。

5.5.3.2 形成政府与社会的共识与合力

危机事件不仅是对政府能力的挑战，更是对社会整体能力的综合考验。通过大力加强对社会各个层面的防灾宣传和培训演练，形成政府与社会对地下建筑灾害事故综合管理的共识与合力，加强灾害事故的预防工作。

（1）形成政府部门间的工作合力。尤其是政府各部门要统一思想认识，对地下建筑的整体安全予以重视，树立地下建筑整体的安全观。在综合协调部门的牵头和协调下，改变原来部门分割、各管一块的局面，在灾害事故的预防、应急处置和恢复重建等工作中紧密配合，发挥合力。

（2）形成政府与社会的互动，促进政府和社会对地下建筑安全认识上的平衡发展。

1）政府和社会共同进行深入的防灾宣传。政府部门、非政府组织和企业单位等共同加强对地下建筑各类灾害事故防范和救援知识的宣传教育，特别是在地下建筑人员密集场所和流动性大的区域，加强防灾宣传，标识疏散通道，研究地下建筑灾害事故应急逃生的心理特征，提高人民群众的防灾意识。其中，地下建筑灾害事故综合管理协调机构牵头开展相关防灾宣传工作，制定地下建筑防灾宣传教育计划，制定地下建筑防灾宣传的手册、读本和开展其他形式的宣传活动，会同有关部门加强地下建筑安全使用和事故预防、避险、避灾、自救、互救常识的宣传。地下建筑使用单位要提高安全意识，与社区建立互动宣传机制。新闻媒体提供相应的支持。

2）政府和社会联合开展经常性的培训演练。地下建筑灾害事故综合管理协调机构组织地下建筑灾害事故管理责任单位、居民群众开展经常性的灾害处理、逃生技能、自救互救等方面的培训，提高干部、学生、民众应对地下建筑灾害事故的能力。同时，联合应急部门积极指导、协调、组织地下建筑灾害事故应急救援演练，提高协同作战能力。地下建筑使用单位、居民社区以及相关的媒体积极配合、支持和参与地下建筑灾害事故的培训演练，共同提高演练的实际效果。

总之，地下建筑的安全问题不容忽视，应当运用综合化管理的手段，在地下建筑灾害事故预防、处置、恢复等各阶段加强协调与控制，实现各类信息、资源、人员的整合，构建地下建筑灾害事故的综合管理体系。最终目的是最大限度地减少地下建筑灾害事故的发生及其带来的损失。

思 考 题

5-1 简述地下建筑的主要灾害及其特点。

5-2 简述地下建筑的火灾特点及其防护。

5-3 地下建筑消防系统设计时应注意哪些问题?

5-4 简述地下建筑水灾的特点及其防护。

5-5 简述基坑工程的主要事故类型及其防治措施。

5-6 简述隧道施工的主要事故类型及其防治措施。

5-7 阐述盾构法施工过程中的主要安全隐患及其防灾对策。

5-8 说明如何进行地下建筑的安全管理。

地下建筑工程技术

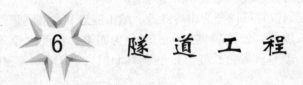

6 隧道工程

6.1 概述

隧道是指修建在地下，两端具有出入口，可供车辆、行人、水流及管线等通过的工程建筑物。它包括山岭隧道、河谷隧道、水底隧道和城市道路隧道等，当今隧道已涉及到国民经济的各个领域，如公路、铁路、水利、电力、煤炭、采矿、国防、市政工程等。

新中国建立以来，我国的隧道事业有了长足进展。特别是改革开放以来，公路和铁路建设得到了快速发展，公路和铁路隧道的建设日新月异，取得了世界瞩目的成绩。据交通运输部公布的《2012 年公路水路交通运输行业发展统计公报》显示，到 2012 年末，全国公路隧道为 10022 处，总长度 $805.27 \times 10^4 \mathrm{m}$。其中特长隧道 441 处，长度 $198.48 \times 10^4 \mathrm{m}$；长隧道 1944 处，长度 $330.44 \times 10^4 \mathrm{m}$。

隧道的种类繁多，从不同的角度有不同的分类方法。

（1）按其用途分类，可分为：

1）交通隧道。交通隧道是指在交通线路中为克服山岭、江河、海峡、港湾等障碍而修建的工程结构物，根据交通的种类或用途，又可分为：

公路隧道——是修筑在地下主要供汽车行驶的隧道，通常布置在穿越山岭的公路线上，尤其在高速公路上，是一种大量应用的线路通过方式。

铁路隧道——是修建在地下并铺设轨道供铁路机车车辆通行的建筑物。铁路隧道线长占整个线路的比例，称为隧线比，我国一些铁路线路的隧线比可达到 10% ~ 40%。

地铁隧道——是修筑在地下供城市地铁行驶的隧道，通常是专线运行。

越江隧道和海底隧道——是为了解决横跨江河、海峡、海湾之间的交通，而又在不妨碍船舶航运的条件下，建造在海底之下供人员及车辆通行的水下隧道。

航运隧道——是指专供船只通过的地下隧道。

人行隧道——也称人行地道，常在道路交叉口为行人穿越道路而设。

2）矿山隧道。矿山隧道是为开采地下矿产而修建的地下隧道。矿山隧道一般都处在地下数十米甚至更深的部位，其断面一般比交通隧道的略小一些，因此在设计与施工上与交通隧道也有一定的区别。矿山隧道还可进一步分为运输巷道、通风巷道、专用设备及材料存放巷道、水仓（存放地下水的巷道），以及联络巷道、人行巷道等。

3）市政隧道。市政隧道是为解决城市居民电、水、气、暖的供应和污物（水）的排放所修建的地下隧道，包括管线隧道、污水隧道等。将电缆线、通讯线、供水管、排水管、供暖管、供气管和热水共用管等管线铺设在一个公用地下隧道中，也称此类隧道为共同沟。

4）水工隧道。水工隧道是水利水电工程中修建的用于引水或排放水流，或其他专门用途的隧道工程。一般包括引水隧道、尾水隧道。

（2）按其所处的地质条件分为土质隧道和岩质隧道。

（3）按埋置深度可分为浅埋隧道和深埋隧道。

（4）按隧道所处的位置可以分为山岭隧道、城市隧道和水底隧道等。

（5）按照隧道长度分。公路隧道按照长度分为四类。长度大于 3km 者为特长隧道；长度小于 3km 但不小于 1km 者为长隧道；小于 1km 但大于 250m 者为中隧道；小于 250m 者为短隧道。

铁路隧道的分类与公路隧道的并不相同。铁路隧道按照长度也分为四类：其长度大于 10km 者为特长隧道；小于 10km 但不小于 3km 者为长隧道；小于 3km 但大于 500m 者为中隧道；小于 500m 者为短隧道。

（6）按照隧道建筑物的作用可将其分为主体建筑物和附属建筑物，前者包括洞身衬砌和洞门，后者包括通风、照明、防排水、安全设备等。

6.2　隧道衬砌结构类型及材料

6.2.1　隧道衬砌结构类型

在修建隧道时，需先在地层内开挖出具有一定几何形状的坑道。由于地层被开挖后，坑道周围地层的原有平衡遭到破坏，容易引起坑道变形、坍塌或涌水，所以除了在极为稳定的地层中且没有地下水的地段以外，大都需要在坑道周围修建支护结构，即衬砌。衬砌的断面形状和尺寸，应能使结构受力状态合理和稳固，又不造成浪费。

隧道衬砌的构造与围岩的地质条件和施工方法密切相关。归纳起来，常用的有以下几种类型。

6.2.1.1　整体式混凝土衬砌

整体式混凝土衬砌是指在坑道内借助模板就地灌注混凝土而成的衬砌，也称模筑混凝土衬砌。模筑混凝土衬砌的特点是对地质条件的适应性强，易于按需要成型，整体性好、抗渗性强，适用于多种施工条件，如可用木模板、钢模板或衬砌台车等，是我国隧道工程中广泛采用的衬砌结构类型。按其边墙的形式，又可分为直墙式衬砌和曲墙式衬砌。

直墙式衬砌适用于地质条件比较好，围岩压力以竖向压力为主，几乎没有或者仅有很小水平侧向压力的地层。

曲墙式衬砌适用于地质条件比较差，岩体松散破碎，强度不大，又有地下水，侧向水平压力也相当大的地层。

6.2.1.2　装配式衬砌

装配式衬砌是指在工厂或现场预先制备成若干构件，运入坑道内，用机械将其拼装而成的衬砌。这种衬砌的优点是不需要养生时间，一旦拼装成型即可承受围岩压力。由于构件是预先在工厂成批生产的，可以保证制作质量；在洞内采用机械化拼装，缩短了工期，改善了劳动条件；拼装时不需要临时支撑，可节省大量的支撑材料和劳动力。但装配式衬砌在实际应用中也存在一些缺点，如需要坑道内有足够的拼装空间，制备构件尺寸要求一定的精度，接缝多，防水较困难等。基于以上原因，目前多用在使用盾构法施工的城市地下铁道中，在我国的铁路和公路隧道中还未得到推广应用。

6.2.1.3 锚喷衬砌

锚喷衬砌是指以锚喷支护作永久衬砌的通称。锚喷支护包括锚杆支护、喷射混凝土支护、喷射混凝土锚杆联合支护、喷射混凝土钢筋网联合支护、喷射混凝土与锚杆及钢筋网联合支护，以及由上述几种类型支撑（或格栅支撑）组成的联合支护。

锚喷支护是目前常用的一种地下工程围岩支护手段。采用锚喷支护可以充分发挥围岩的自承能力，有效地利用洞内净空，提高作业效率，并能适应软弱和膨胀性地层中的隧道开挖，以及用于整治塌方和隧道衬砌的裂损。

相对于模筑混凝土衬砌而言，锚喷支护是一种与模筑混凝土衬砌本质上不同的支护方式。从作用原理上看，它不是以一个刚度很大的结构物来抵抗围岩所产生的压力荷载，而是通过一种措施来发挥围岩本身的自稳能力，与围岩一起共同工作。从施工方法来看，它不用拱架和模板来使建筑材料成型，而是直接把建筑材料喷到岩壁上，使其凝结成支护层，从而节约了大量模板及支撑材料，降低了工人的劳动强度，使坑道断面缩小，减少了挖方量，坼工量也因减薄而节省。目前在我国，锚喷支护不仅在隧道工程中得到大量应用，而且在其他许多土建工程中也在大力推广应用，并取得了显著的成效。

6.2.1.4 复合式衬砌

复合式衬砌是指外层用锚喷作初期支护，内层用模筑混凝土或喷射混凝土作二次衬砌的永久结构。由于这类衬砌是由外衬和内衬两层组成，所以也有人称其为"双层衬砌"。初期支护可以采用喷射混凝土衬砌和锚杆喷射混凝土衬砌。当岩石条件较差时，也可在喷层中增设钢筋网或型钢拱架，或采用钢纤维喷射混凝土，初期支护的厚度多在 5～20cm 之间。二次支护常为整体式现浇混凝土衬砌，或喷射混凝土衬砌。整体式现浇混凝土衬砌有表面平顺光滑，外观视觉较好，通风阻力较小等优点，适宜于对洞室内环境要求较高的场合。喷射混凝土衬砌施工工艺简单，省工省时，投资较低，但外观视觉相对较差，通风阻力较大，对洞室环境要求较低时可以使用，否则需另设内衬改善景观和通风条件。图 6.1 为目前在公路隧道中常见的复合式衬砌结构。

对于岩质较好、跨度不大的情况，二次支护常在围岩变形趋于稳定后施作，截面厚度和配筋可按构造要求确定。当岩质较差或洞室跨度较大时，则常在围岩变形尚未稳定时施作，故需与初期支护共同承受形变压力的作用，截面和配筋量需要通过计算确定。

为防止地下水渗入隧道内，常在外衬与内衬之间铺设一层塑料防水板、土工布或土工复合膜作为防排水层。

6.2.1.5 连拱衬砌

连拱隧道是洞室衬砌结构相连的一种特殊双洞结构形式，它是将两隧道之间的岩体用混凝土替代，即将两隧道相邻的边墙连接成为整体，中间的连接部分通常称为中墙。

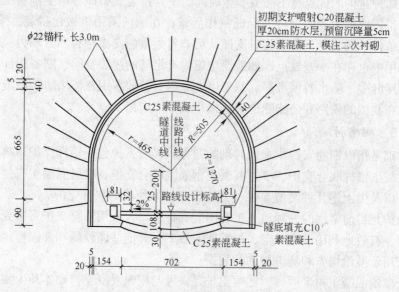

图 6.1 复合式衬砌结构图（单位：cm）

图 6.2 为一个市政快速交通主干道上的连拱隧道衬砌结构实例。连拱隧道主要用于地形复杂、线路布设极为困难，或桥隧相连情况下的隧道工程。由于增加了中墙结构，连拱隧道的造价高于独立双洞的造价，且因开挖时分块多，工程进度较慢，因而连拱隧道一般只适用于长度不超过 500m 的短隧道。

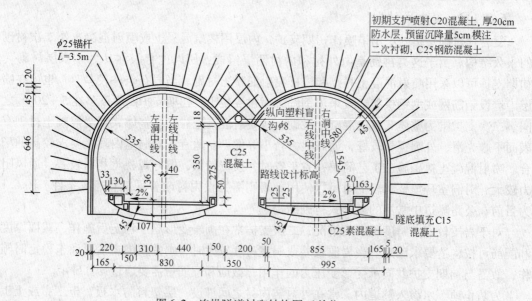

图 6.2 连拱隧道衬砌结构图（单位：cm）

6.2.2 隧道衬砌材料

隧道是埋藏在地下的工程建筑物，其衬砌不仅要承受较大的围岩压力、地下水压力、有时还会受到化学物质的侵蚀，地处高寒地区的隧道往往还要受到冻害的作用等，因此，用于修建隧道工程的材料应具有足够的强度和耐久性，同时还要满足抗冻、抗渗和抗侵害的需要。另一方面，隧道是大型工程结构物，每延米隧道需要大量建筑材料，工程量很大，所以，从节省造价的观点看，还应满足就地取材，降低造价，施工方便及易于机械化施工等要求。

常用的隧道衬砌材料有：混凝土及钢筋混凝土、片石混凝土、料石或混凝土预制块，以及喷射混凝土等。

公路和铁路隧道工程常用的各类建筑材料可按照下列强度等级（括弧中的强度等级仅为公路隧道设计规范中采用）选用：

（1）混凝土：（C10）、C15、C20、C25、C30、C40、C50；

（2）石材：MU100、MU80、MU60、MU50、MU40；

（3）水泥砂浆：（M25）、M20、M15、M10、M7.5、M5；

（4）喷射混凝土：（C30）、（C25）、C20；

（5）混凝土砌块：MU30、MU20；

（6）钢筋：HPB300、HRB335、HRB400。

隧道衬砌及其他各部位的建筑材料，强度等级不应低于表6.1和表6.2的规定。

表6.1　衬砌及管沟建筑材料

工程部位 ＼ 材料种类	混凝土	钢筋混凝土	喷射混凝土	片石混凝土
拱圈	C20	C25	C20	
边墙	C20	C25	C20	
仰拱	C20	C25	C20	
底板	C20	C25	—	
仰拱充填	C20（C10）	—	—	（C10）
水沟、电缆槽	C15	—（C25）	—	
水沟、电缆槽盖板	—	C20	—	

注：表中带括号的为公路隧道设计规范中采用的等级。

表6.2　洞门建筑材料

工程部位 ＼ 材料种类	混凝土	钢筋混凝土	片石混凝土	砌体
端墙	C20	C25	（C15）	M10水泥砂浆砌片石、块石或混凝土砌块镶面
顶帽	C20	C25	—	M10水泥砂浆砌粗料石
翼墙和洞口挡土墙	C20	C25	（C15）	M7.5水泥砂浆砌片石
侧沟、截水沟	C15	—		M5水泥砂浆砌片石
护坡	C15	—		M5水泥砂浆砌片石

注：1. 护坡材料也可采用C20喷射混凝土；

　　2. 最冷月份平均气温低于 −15℃ 的地区，表中水泥砂浆的强度应提高一级。

6.2.3　隧道基本尺寸与限界

隧道基本尺寸包括隧道衬砌内轮廓线、隧道衬砌外轮廓线。

衬砌内轮廓线是指衬砌的内空截面的周边线，在内轮廓线之内的空间，即为隧道的净空断面。该线应满足所围成的断面积最小，适合围岩压力和水压力的特点，以既经济又适用为目的。

衬砌外轮廓线是指衬砌外缘的周边线。为保证衬砌的设计厚度，在该周边线内的岩体必须全部清除掉，木质临时支撑或木模板等也不应侵入，所以该线又称为最小开挖线，其断面要素如图6.3所示。为保证衬砌外轮廓，开挖时往往稍大一些，尤其是采用钻爆法进行施工时，实际开挖线不可避免的成为不规则形状。因为它比衬砌外轮廓线大，所以又称为超挖线，超挖部分的大小叫超挖量，一般不应超过10cm。实际上因凸凹不平，10cm的限制线只是一个平均线，它是设计时进行工程量计算的依据。

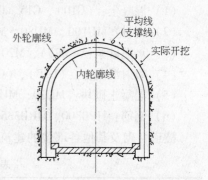

图6.3　隧道断面要素

限界是决定隧道内轮廓线的依据，是在车辆限界以外一个形状类似的轮廓。隧道限界包括建筑限界和行车限界。

铁路隧道建筑限界是根据铁路基本建筑限界制定的，基本建筑限界又是根据机车车辆限界制定的。

机车车辆限界是指机车车辆最外轮廓线的限界尺寸。要求所有在线路上行驶的机车车辆停在平坡直线上时，车体所有部分都不得超越此限界范围。

基本建筑限界是指线路上各种建筑物和设备均不得侵入的轮廓线，它的用途是保证机车车辆的安全运行以及建筑物和设备不受损害。

隧道建筑限界是由车辆限界外增加适量的安全间隙来确定的。它要比基本建筑限界大一些，以留出少许空间用于安装通讯信号、照明、电力等设备。

道路隧道的建筑限界包括车道、路肩、路缘带、人行道等的宽度，以及车道、人行道的净高。道路隧道的净空除包括公路建筑限界以外，还包括通风管道、照明设备、防灾设备、监控设备、运行管理设备等附属设备所需要的足够的空间，以及富余量和施工允许误差等。图6.4和图6.5分别给出了公路隧道建筑限界和铁路隧道建筑限界。

隧道行车限界是指为了保证隧道中行车安全，在一定宽度、高度的空间范围内任何物件不得侵入的限界。隧道中的照明灯具、通风设备、监控设备、运行管理专用设备等附属设备都应安装在限界以外。

6.2.4　隧道衬砌断面形式

隧道的净空及限界确定以后，就可以进行隧道断面的初步拟定。由于隧道衬砌是一个高次超静定结构，不能直接用静定结构力学方法计算出应有的截面尺寸，而必须预先拟定一种截面尺寸，按照这一尺寸验算在荷载作用下的内力，如果达不到设计要求，调整截面后再进行计算，直到满足设计要求为止。

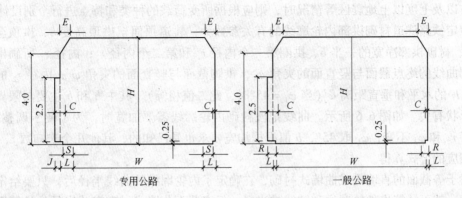

图 6.4　公路隧道建筑限界

W—行车道宽度，按公路隧道设计规范的规定选用；S—行车道两侧路缘带宽度，按设计规范的规定选用；C—余宽，当计算行车速度≥100km/h 时为 0.50m，计算行车速度 <100km/h 时为 0.25m；H—净高，汽车专用公路，一般二级公路为 5m，三、四级公路为 4.5m；E—建筑限界顶角宽度，当 L≤1m 时，E＝L，当 L>1m 时，E＝1；L—侧向宽度，高速公路，一级公路上的短隧道，其侧向宽度宜取硬路肩宽度；R—人行道宽度；J—检修道宽度

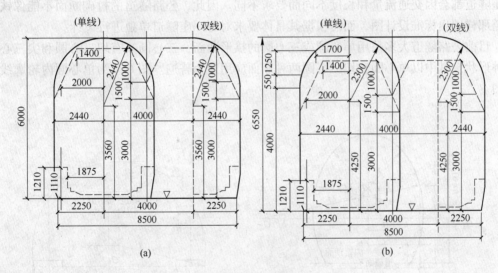

图 6.5　铁路隧道建筑限界（单位：mm）
（a）隧道 1；（b）隧道 2

　　初步拟定截面尺寸时，可以采用经验类比方法，或依据规范规定的方法。一般说来，当隧道衬砌承受径向分布的静水压力时，结构轴线以圆形为宜。当衬砌主要承受竖向荷载和不大的水平荷载时，结构轴线宜采用上部为圆弧形或尖拱形，下部为直线形的直墙式断面。当衬砌在承受竖向荷载的同时，还要承受较大的水平荷载时，结构轴线宜采用上部为圆弧形或平拱形，下部为凸向外方的圆弧形的曲墙式断面。

6.2.4.1　铁路隧道断面

　　我国铁路隧道的建筑限界是统一固定的，因此，在相同围岩类别情况下，其衬砌结构的断面形状也是固定的，这些衬砌结构均有通用的设计标准图可以采用，不需做专门的设计计算。但对于一些特殊情况，如有较大偏压、冻胀力、倾斜的滑动推力或施工中出现大量塌方以及七度以上地震区等情况时，则应根据所受荷载的种类和特点进行个别设计。

拟定铁路隧道衬砌拱部内轮廓线的有关参数为：轨道顶面至拱顶高度 h、拱顶至拱脚矢高 f、衬砌拱部净宽的一半 b、拱圈第一个内径 r_1 和第二个内径 r_2；内径 r_1 所画出的第一段圆曲线的终点截面与竖直面的夹角 φ_1，拱脚截面与竖直面的夹角 φ_2；内径 r_2 的圆心 O_2 至 O_1 的水平和垂直距离 a（当 $\varphi_1 = 45°$ 时，此二值相等）。其中 h 和 b 主要与限界的尺寸和形状有关。如图 6.6 所示。曲线地段衬砌内轮廓线需要加宽时，为了便于调整拱架，应保持 r_2 和 φ_2 不变，φ_1 取 $45°$，b 值根据加宽要求也是已知的，其他几个未知数 f、a、r_1 可由相应的公式算得。

对于等截面的直墙式或曲墙式衬砌，在确定了内轮廓线的曲线半径后，只要给定断面的厚度，就可计算出外轮廓线和轴线的半径。但变截面曲墙式衬砌有关半径的计算则比较麻烦，其具体的计算方法可参阅铁路隧道设计手册。

6.2.4.2 公路隧道断面

公路隧道的建筑限界取决于公路等级、地形、车道数、人行道宽度及高度等条件；公路隧道的附属设施如通风、照明、监控、运营管理设备等也比铁路隧道多且要求高，且每一座隧道都会因交通流量和长度不同而要求不同。因此，公路隧道的衬砌断面不能像铁路隧道那样编出标准设计图，而需根据其具体要求对每一座隧道单独进行设计。

目前公路隧道大多采用单心圆或三心圆的拱形断面，三心圆又有坦三心圆和尖三心圆两种形状。其中以单心圆和坦三心圆两种断面应用最为普遍。图 6.7 为单心圆内轮廓线示意图。

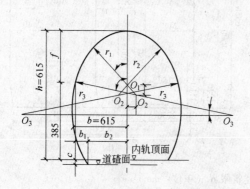

图 6.6　铁路隧道衬砌内轮廓线
（单位：cm）

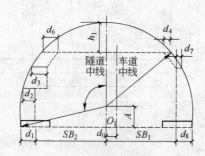

图 6.7　单心圆内轮廓线

6.3　隧道工程勘测

隧道是全部埋置于地下岩土体中的工程结构物，它既以岩土体为环境，又以岩土体为介质、结构或部分结构，其在施工期间和正常运营后的安全，与其所在位置的工程地质条件紧密相关。在工程建设前期，进行深入细致的地质勘测，查明场地的基本地形地质条件和岩土体的工程特性，获得设计所需要的各种地质资料及参数，对于安全、经济地建设隧道工程有着重要的意义。隧道勘测工作包括已有文献资料的搜集、工程测量、初步勘察和详细勘察等内容。

6.3.1 隧道工程勘测的任务

隧道工程勘测是指为查明工程项目建设地点的地形地貌、地层岩性、地质构造、水文条件、气象灾害及环境等资料而进行的测量、测绘、测试、地质调查、勘探、试验研究、鉴定和综合评价工作。其主要任务是为隧道选址（选线）定位、项目决策、工程设计和施工提供可靠的依据。

工程勘测应由专门的勘测单位或咨询服务单位承担，一般在项目建议书批准后，由建设单位向具备相应资格的勘测单位委托勘测任务。工程施工中的勘测工作，一般由施工单位负责委派，工程技术人员和测量班（组）承担。

隧道勘测工作的技术要求、勘测深度、质量标准应符合国家有关规定，并应满足工程建设各阶段的需要。

6.3.2 文献资料的搜集

隧道工程所需文献资料包括地形、地质、水文、气象、构造、用地、灾害及环境等资料。搜集资料应以隧道为中轴线，向两侧适当扩大范围。

地形资料：通常指地形图、航空和航天遥感图像。一般应搜集 1：50000 ~ 1：25000 及 1：5000 ~ 1：1000 两种比例尺的地形图，前者主要用于路线规划，后者主要用于隧道方案的比选。地形图是选择路线、确定线形和判读地形地质的基本资料。由于建设事业的发展，特别是城镇建设的发展，各地区的地形地貌可能经常发生变化，一般对于收集到的地形资料，均需在实地进行核查。

地质资料：指地质图及其说明书。一般应从地质部门收集 1：200000 ~ 1：50000 比例尺的地质图。长、大隧道还应参考航空和航天影像等遥感资料。

工程资料：隧道场址附近的在建和已建工程往往可以提供基岩露头情况和其他相关的工程地质与水文地质资料。这些资料可以从现有的工程地质勘察报告、施工记录等文件中获得。

气象资料：包括气温、气压、降水、风、雾、水温、地温等，可从当地气象台（站）和有关期刊、汇编、年鉴中获得。

用地及环境资料：用地资料包括工程用地和施工用地。环境资料包括自然环境、文物古迹、自然保护区、居民生活环境等。

灾害资料：隧道所在地区历史上遭受地震、滑坡、暴雨、台风、崩塌、泥石流等自然灾害危害的记录，可通过查阅资料和访问当地居民等方法获得。

6.3.3 隧道工程测量

隧道工程测量包括总体规划测量、工程定位测量、工程施工测量等。

（1）总体规划测量。总体规划测量是为解决工程总体规划而进行的测量工作，目的是为工程规划设计（或方案设计）提供依据。工程总体规划测量的内容一般包括建设场地（或区域）控制测量、地形图测绘、规划工程定位、地上地下建筑物（构筑物）的测绘等。

（2）工程定位测量。工程定位测量的任务是在预定地点确定隧道的形状和位置，包括洞口方位、工程轴线走向、标高和坡度等，工程定位测量的内容一般应包括平面控制测量、线路测量和制图等。测量成果和成图精度应满足相应阶段的要求。

（3）工程施工测量。工程施工测量的任务是解决如何达到工程断面形状和预定位置的问题，也就是如何将工程设计各部分的断面、长度、高程、方向等数据，通过测量手段在预定地点落实，从而为工程施工提供科学、可靠的依据。施工测量的内容一般包括工程定位测量、开挖或掘进测量、衬砌结构放样测量、工程竣工测量等。

工程测量中对测量仪器、测量方法和技术要求、工作精度和允许误差、内外作业要求、技术资料整理、图纸绘制、技术报告编写等工作，应符合国家颁布的现行工程测量规范和隧道施工技术要求的有关规定。

6.3.4　隧道工程地质勘察

工程地质勘察是为建设项目的选址、设计、施工提供工程地质方面的详细资料。勘察阶段的划分应与工程设计阶段的划分相适应。一般分为定点勘察、初步勘察和详细勘察。对工程地质条件复杂或有特殊要求的重要工程，还要进行施工勘察，对规模不大且工程地质条件简单的工程，或根据已有资料和施工经验通过采取适当的工程措施能够保证质量的工程，勘察阶段可以适当简化。

（1）定点勘察。定点勘察的任务是为隧道选址定位和拟定工程设计方案提供依据，主要工作内容是对拟建隧道位置在地质上的稳定性和适宜性作出客观的评价，推荐符合技术要求、经济合理的隧道建设位置。定点勘察需要进行的主要工作是：

1）搜集和分析比较拟定隧址区域的地形、地质、地震等资料；

2）进行工程地质调查，测绘工程地质平面图，进行工程地质分区，为隧道选址定点提供地形地质基础资料；

3）提出隧道定位推荐方案，初步确定隧道出入口位置、轴线走向和方位等；

4）编制定点工程地质勘察报告，推荐最优方案。

（2）初步勘察。初步勘察的主要工作内容为：

1）初步查明地层、构造、岩石和土质的物理力学性能及冻结深度，判断拟建工程的区域稳定型及岩土体稳定性，选择适宜隧道工程建设的层位，提出不良地质现象的防治工程建议；

2）进行隧道围岩分类，必要时应进行岩体弹性抗力测定，为选择衬砌或支护类型提供地质资料；

3）查明地下水及其对工程的影响；

4）提出工程地质建议，包括不良地质现象整治方案，对特殊土层的工程措施、结构防水建议、结构抗震建议等；

5）编制初步工程地质勘察报告。初勘报告的图表部分应包括工程地质平面图、剖面图、单独钻孔柱状图以及不良地质平面图、剖面图和地层的物理力学性质指标表等。

（3）详细勘察。详细勘察是为满足施工图设计和施工组织设计的需要而对工程某一地段的具体工程地质问题进行的勘察，是初步勘察的深入和继续。详细勘察工程地质报告的内容是补充和修正初勘报告，补充详勘成果及对有关施工方法和工程处理措施提出具体建议。

（4）施工勘察。施工勘察的目的是配合设计及施工单位解决与施工有关的工程地质问题，包括施工阶段的勘察和施工完成后的监测工作，主要内容有工程验槽和掘进毛洞检查、施工完成后的监测工作等。施工勘察不是一个固定的勘察阶段，是根据具体工程施工过程中的需要而进行的勘察工作。

6.4　隧道建筑设计

隧道建筑设计是根据勘测资料以及隧道的使用要求等，进行具体的建筑位置、建筑形式和结构尺寸的确定。隧道的建筑位置取决于建筑场地的地形、地质、水文、自然环境等条件。隧道结构尺寸除要适应隧道结构安全需要外，还要考虑洞内交通环境条件，要有稳定的地下空间和良好的车辆行驶条件。

6.4.1　隧道的定位

隧道线路的选择必须结合地形、地质、环境等条件，通过对其综合研究，全面分析，以选定经济合理且有利于运营的方案。隧道线路是否合理，不仅直接关系到工程投资和运输效率，更重要的是影响到隧道在路网中是否能起到应有的作用，即是否满足国家政治、经济、国防和长远利益的要求。

6.4.1.1　越岭隧道位置的选择

越岭线路的特点是要克服很大的高差，线路长度和平面位置又取决于线路纵坡，因此，选择越岭隧道位置时，应综合分析，慎重比选。越岭隧道主要应处理好垭口选择、过岭标高选择和垭口两侧路线展线方式三者的关系。垭口是越岭隧道线路的主要控制点。垭口的选择应在符合路线基本走向的较大范围内选择，要全面考虑垭口的位置、标高、地形条件、地质情况和展线条件。过岭标高决定着隧道的长短，理想的越岭线路位置是：偏离主线路方向较小、距离短、线路顺直、垭口标高与主线路高差小、两侧展线少、主要技术指标和地质条件都较好。选择越岭隧道位置主要是选择垭口和确定隧道标高。

6.4.1.2　河谷隧道位置的选择

河谷线路是指沿河傍山而行的线路。这种线路左右受到山坡和河谷的制约，上下受到标高和坡度的控制，虽然线路选择时可能移动幅度不大，但对工程的难易、大小都有影响。

河谷地段往往山坡陡峻。岩石风化破碎严重，常伴有不良地质现象，所以线路若选择在稍偏河流一侧，就有可能落在山体的风化表层内，常会产生滑坡、塌方、落石等地质灾害；如果偏于靠山一侧，则可能因为靠山侧隧道的覆盖层较薄而引起洞室的偏压，对施工和结构的受力都产生不利影响。为了使隧道顶部有足够的覆盖岩体，隧道结构不致受到偏压，还能形成自然拱，洞顶以上外侧覆盖层应有足够的厚度。当岩层结构面倾向山体一侧时，岩层比较稳定，覆盖层厚度可以酌减，而当岩层结构面倾向河流一侧时，覆盖层的厚度就应大一些。

傍山隧道多与桥梁涵洞相连，隧道标高如果过低，在洪水季节，就会造成洪水灌入隧道、淹没桥梁的现象；标高过高，又会增加连接桥涵的工程量。在选择隧道位置时，必须权衡考虑利弊，确定出最优方案。

河谷线路跨越支流河谷时，如果上游有发生泥石流的可能，则隧道标高要满足预防泥石流的要求，为跨越泥石流沟的桥梁留出足够净空。

在河道狭窄、冲刷力强的地段，还应注意水流冲刷对山体和洞身稳定性的影响，必要时应采取护坡、增设支挡结构等措施。

6.4.1.3 洞口位置的确定

理想的洞口位置应选择在地质条件好、地势开阔、施工方便的地段。在选择隧道洞口位置时，应注意以下几个原则：

洞口应避开不良地质地段，如断层、滑坡、岩堆、岩溶、流砂、泥石流、多年冻土、雪崩、冰川等地段，并应避开地表水汇集处。

当隧道线路通过岩壁陡立、基岩裸露处时，一般不宜扰动原生地表，以保持山体的天然平衡，洞口位置应根据具体情况，可采取贴壁进洞或设置一段明洞，以防止山坡上的危石滚落造成的危害，或者修建特殊结构的洞门予以预防。

当线路位于可能被水淹没的河滩或水库回水影响范围以内时，隧道洞口的位置应高出洪水位加波浪高度，以防洪水灌入隧道。

边坡及仰坡如果开挖过高，不仅在施工期间容易发生塌方，行车后边坡也常常会产生滚石及掉块，因此必须尽量减少开挖高度，以保证洞口的稳定与安全。

6.4.2 几何设计

（1）平面设计。隧道平面是指隧道中心线在平面上的投影形状，通常是由直线段和曲线段共同组成。其中曲线段又分为缓和曲线和圆曲线。对直线段的限制技术指标主要是直线的长度，而对曲线段的限制技术指标主要是曲线的最小半径和长度。隧道的平面线形原则上宜采用直线，避免曲线。若必须设置曲线时，其半径不宜小于不设超高的曲线半径。当受地形限制不得不采用小半径曲线时，其最小半径不得超过规范的规定。

（2）纵断面设计。隧道纵断面是指隧道中心线展直后在垂直面上的投影。它也是由直线段和曲线段组成。直线段的主要技术指标是纵坡坡度，曲线段的技术指标是竖曲线的最小半径和曲线的最小长度。这些指标的选用同样要遵守相关标准和规范的要求。

（3）横断面设计。横断面设计必须结合地形、地质、水文等条件，本着节约用地的原则，选用合理的断面形式，以满足行车顺适、工程经济、路基稳定且便于施工和养护的要求。横断面设计必须满足隧道建筑限界的要求。铁路隧道和公路隧道的基本限界不同，因此在横断面设计中，必须根据相关的限界要求做好断面的确定。

6.5 隧道结构的力学模型

6.5.1 隧道结构的力学模型

隧道衬砌是埋置于地层中的结构物，它的受力及变形与围岩的性质和类别密切相关。支护结构与围岩作为一个统一的受力体系相互约束、共同作用，正确地体现这一特点，是保证隧道支护结构合理设计的重要前提。

根据对支护结构与围岩相互作用考虑方式的不同，隧道支护结构计算的力学模型可以分为两大类：一类是以隧道支护结构作为承载主体的荷载－结构模型；另一类是考虑围岩与支护结构相互作用的围岩－支护结构相互作用模型。

荷载－结构模型认为围岩对支护结构的作用是通过作用在结构上的荷载（包括主动的围岩压力和被动的弹性抗力）来体现的，这种荷载就是结构上方塌落的岩层或土层。因此，作用在支护结构上的垂直荷载就是其上方塌落的岩土体的重量。对于浅埋隧道，就是衬砌上方岩土体的全部重量；对于深埋隧道，即为隧道开挖而引起的围岩松动或坍塌部分岩土体的重量。如果岩层或土层并未产生塌落，而仅是向支护结构方向产生变形，导致支护结构上产生压力，在这种情况下，荷载－结构模型的应用比较勉强。所以荷载－结构模型只适用于浅埋情况及围岩塌落而出现松动压力的情况。

围岩－支护结构相互作用模型主要适用于由于围岩变形而引起的压力，它是将支护结构与围岩视为一体，作为共同承受荷载的隧道结构体系，故又称为复合整体模型。其作用于衬砌上的压力值必须通过支护结构与围岩共同作用而求得，这是一种反映现代支护设计理念的计算方法。在岩质隧道计算中，必须用到岩体力学的方法。由于利用围岩－支护结构相互作用模型进行隧道结构体系计算的关键在于如何合理地确定围岩的初始应力场，以及正确地确定围岩和衬砌材料的各种物理力学参数及其变化情况，如果这些问题得到合理解决，则在任何情况下都可以应用数值分析方法求解围岩和支护结构的应力、位移状态。

6.5.2　作用在隧道衬砌上的荷载

作用在隧道衬砌上的荷载按其性质可分为主动荷载和被动荷载。

主动荷载是主动作用于结构并引起结构变形的荷载。包括围岩压力、支护结构自重、回填土荷载、地下静水压力及车辆荷载，也包括一些偶然的、非经常作用的荷载，如温差压力、灌浆压力、冻胀压力、混凝土收缩压力以及地震作用等。

被动荷载是指作用于围岩上的弹性抗力，它只产生在被衬砌压缩的围岩周边上。目前隧道弹性抗力的计算主要采用局部变形理论。

当作用在支护结构上的荷载确定后，就可以应用结构力学等方法求解隧道结构的内力和位移。结构力学法概念清楚，计算简单。其缺点是无法反映出隧道开挖后围岩应力的实际动态变化对支护结构的作用。

6.6　整体式隧道结构的设计与计算

6.6.1　拱的轴线方程

整体式隧道衬砌结构常用的拱轴线有单心圆（割圆）、三心圆和抛物线三种。

（1）单心圆拱轴线

图 6.8 表示单心圆拱轴线，坐标原点取在拱的顶点，它的方程可表示为

$$x^2 + y^2 - 2Ry = 0 \tag{6.1}$$

或写为

$$x = R\sin\varphi \tag{6.2}$$

$$y = R(1 - \cos\varphi) \tag{6.3}$$

半径 R 和拱轴线的全长 S 按下式计算：

$$R = \frac{1}{8f}(l^2 + 4f^2) \tag{6.4}$$

$$S = 2R\varphi_{n} \tag{6.5}$$

式中 l——拱的跨度；

    f——拱的矢高；

    φ_{n}——拱脚截面与竖直面的夹角。

（2）三心圆拱轴线

图 6.9 表示三心圆拱轴线。圆弧 BB' 的半径为 r，圆心为 O_1，圆弧 AB 和 $A'B'$ 的半径是 R，圆心分别为 O_2 和 O_3。这三段圆弧分别在点 B 及点 B' 相切。

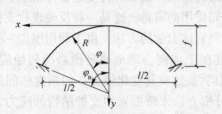

图 6.8 单心圆拱轴线

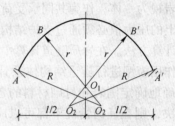

图 6.9 三心圆拱轴线

（3）抛物线拱轴线

图 6.10（a）表示抛物线拱轴线。坐标原点取在顶点，拱轴线的方程为

$$y = \frac{4f}{l^2}x^2 \tag{6.6}$$

拱轴线上任一点的斜率为

$$\tan\varphi = \frac{dy}{dx} = \frac{8f}{l^2}x \tag{6.7}$$

由三角函数中知道

$$\cos\varphi = \frac{1}{\sqrt{1 + \tan^2\varphi}}, \quad \sin\varphi = \frac{\tan\varphi}{\sqrt{1 + \tan^2\varphi}} \tag{6.8}$$

当坐标原点取在左拱脚时，如图 6.10（b）所示，则拱轴线的方程变为

$$y = \frac{4f}{l^2}x(l - x) \tag{6.9}$$

根据理论分析，当拱的全跨受竖向均布荷载作用时，采用抛物线拱轴线受力较好。当其只受径向均布荷载作用时，采用单心圆拱轴线较好。当拱受任意荷载作用，且矢高 f 和跨度 l 一定时，采用三心圆拱轴线较好。虽然单心圆拱轴线不如三心圆拱轴线更接近于压力曲线，但因其拱轴线便于施工，因此在地下结构中经常被采用。

6.6.2 整体式隧道内力计算

对于半衬砌隧道和落地拱隧道，由于其拱脚都是支承在岩石上，岩石受力后会发生变形，因此，拱脚也随同产生位移与角变。在计算这类拱结构时，应将拱脚视为弹性固定

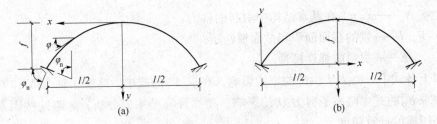

图 6.10　抛物线拱轴线

（*a*）坐标原点取在顶点；（*b*）坐标原点取在左拱脚

（弹性支座上的拱）无铰拱。

　　当拱结构对称、荷载对称和两拱脚处岩石的弹性压缩系数 K 相同时，则为对称情况，如图 6.11（a）所示。若应用结构力学中的力法求解，这时拱结构在对称荷载作用下，拱脚 A 与 B 有相等的位移和角变。计算时可采用如图 6.11（b）所示的基本结构。根据拱顶

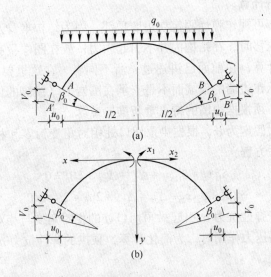

图 6.11　弹性固定无铰拱

切口处两截面的相对角变为零和相对水平位移为零的条件，可列出如下的力法方程：

$$\delta_{11}x_1 + \delta_{12}x_2 + \Delta_{1P} + 2\beta_0 = 0 \tag{6.10}$$

$$\delta_{21}x_1 + \delta_{22}x_2 + \Delta_{2P} + 2f\beta_0 + 2u_0 = 0 \tag{6.11}$$

式中，单位变位 δ_{ij} 及载变位 Δ_{iP} 可根据不同的拱轴线和不同的荷载采用相应的公式计算。β_0 和 u_0 为拱脚的角变与水平位移，是由于拱脚压缩岩石而引起的。可根据拱支座的变形，采用文克尔假定计算得出。拱结构的单位变位 δ_{ij} 与载变位 Δ_{iP} 按下列公式计算：

$$\delta_{11} = \int_s \frac{\overline{M}_1^2}{EI}\mathrm{d}s, \delta_{12} = \delta_{21} = \int_s \frac{\overline{M}_1\overline{M}_2}{EI}\mathrm{d}s, \delta_{22} = \int_s \frac{\overline{M}_2^2}{EI}\mathrm{d}s + \int_s \frac{\overline{N}_2^2}{EF}\mathrm{d}s \tag{6.12}$$

$$\Delta_{1P} = \int_s \frac{M_P\overline{M}_1}{EI}\mathrm{d}s, \Delta_{2P} = \int_s \frac{M_P\overline{M}_2}{EI}\mathrm{d}s \tag{6.13}$$

式中　$\overline{M}_1$，$\overline{M}_2$——$x_1 = 1$、$x_2 = 1$ 在基本结构中引起的弯矩；

　　　　M_P——外荷载在基本结构中引起的弯矩；

$\overline{N}_2$——$x_2 = 1$ 在基本结构中引起的轴力；

F，I——拱的截面面积和截面惯性矩；

E——材料的弹性模量。

在以上各式中，略去了拱的曲率的影响，在求 Δ_{2P} 的式中，略去了轴力 N 和剪力 Q 的影响，在求 δ_{22} 的式中略去了剪力 Q 的影响。根据计算结果的分析，忽略这些因素的影响能够保证所需的计算精度。

在求 δ_{22} 的计算中，当拱的矢跨比 $\dfrac{f}{l} > \dfrac{1}{4}$ 时也可将轴力 N 忽略。

当根据拱支座处的变形求得 β_0 和 u_0 后，就可代入式（6.10）和式（6.11）中，联立求解出多余未知力 x_1、x_2。

直墙拱是整体式隧道衬砌结构中经常采用的结构类型，在进行直墙拱的结构计算时，可将顶拱视为支承在边墙上的弹性固定无铰拱，对拱结构采用力法求解，边墙作为基础梁，按弹性地基梁进行计算。

计算顶拱时，拱脚可视作弹性固定在边墙顶部。因为结构本身及荷载均属对称，当两拱脚发生相等的竖向位移时，在结构内并不引起内力，故在图中没有表示出竖向位移。关于弹性固定无铰拱的计算，在前面已讲述过，所不同者，在这里要考虑顶拱的弹性抗力，另一方面因拱脚是支承在边墙的顶端而不是支承在围岩上（拱脚的位移等于墙顶的位移），故在计算拱脚位移时，须根据边墙的特点重新推导计算公式。

拱端部的弹性抗力假定为 σ，根据拱顶切口处相对角变为零和相对水平位移为零的条件，可列出以下的力法方程：

$$\delta_{11}x_1 + \delta_{12}x_2 + \Delta_{1P} + \Delta_{1\sigma} + 2\beta_0 = 0 \tag{6.14}$$

$$\delta_{21}x_1 + \delta_{22}x_2 + \Delta_{2P} + \Delta_{2\sigma} + 2u_0 + 2\beta_0 f = 0 \tag{6.15}$$

式中，$\Delta_{1\sigma}$ 和 $\Delta_{2\sigma}$ 是由于弹性抗力 σ 引起拱顶切口处的相对角变与相对水平位移。

当直墙拱承受地层压力作用时，为简化计算，顶拱的弹性抗力 σ 的分布规律可近似地用下式表示：

$$\sigma = \sigma_n \frac{\cos^2 \varphi_b - \cos^2 \varphi}{\cos^2 \varphi_b - \cos^2 \varphi_n} \tag{6.16}$$

式中，σ 为拱的弹性抗力集度，σ_n 和 σ 的作用线与拱轴线上相应点的切线相垂直。角 φ_b 通常定为 45°。

由于直墙拱的拱脚角变和水平位移应等于墙顶的角变和水平位移，因此式（6.14）和式（6.15）中的 β_0 和 u_0 可通过边墙的变形求出。在进行求解时，需首先判断边墙的类型是属于弹性地基上的短梁、长梁或刚性梁，再分别选用短梁、长梁或刚性梁公式进行计算。

这样，当求出顶拱的多余力 x_1 和 x_2 后，其内力即可由静力平衡条件算出。

对于整体式隧道中的曲墙拱，其计算方法可参见第 3 章的曲墙拱计算。

6.7　隧道洞门设计

6.7.1　隧道洞门的类型

洞门作为隧道的出入口，对隧道的安全运营起着至关重要的作用。如果隧道洞门出现滑坡、塌方等灾害事故，将会造成交通的中断，影响到隧道的正常通行，甚至造成行人生命及财产损失。而从岩土体稳定性上看，洞口部分在地质上通常是不稳定的，易于发生滑坡、崩塌、泥石流等地质灾害，是整个隧道工程的薄弱部位。为了保障隧道的安全运营，必须对隧道洞门进行合理的设计，使其满足安全的需要。位于城镇、风景区、车站附近的洞门，还应考虑环境协调和建筑美观的要求。常见的洞门形式有以下几种。

6.7.1.1　环框式洞门

当洞口岩层坚硬、整体性好、节理不发育、且不易风化，路堑开挖后仰坡稳定，且没有较大的排水要求时，可以设置一种不承载的简单环框。它能起到加固洞口及减少雨后洞口滴水的作用。并能起对洞口适当的装饰作用。

环框在剖面上微向后倾，其倾斜度与顶上的仰坡一致。环框的宽度与洞口外观相匹配，一般不小于70cm，突出仰坡坡面不少于30cm，使从仰坡上流下的水沿洞口正面淌下，如图6.12所示。

6.7.1.2　端墙式洞门

在地形开阔、岩质基本稳定的Ⅳ类以上围岩和地形开阔地区，可采用端墙式洞门。这是最常见的一类洞门形式。端墙的作用是支护洞口仰坡，保持其稳定性，并将仰坡水流汇集排出。这种洞门只在隧道口正面设置一面能抵抗山体纵向推力的端墙。它不仅起挡土墙的作用，而且能支持洞口正面的仰坡，并将从仰坡上流下来的地面水汇集到排水沟中去。

端墙的构造一般是采用等厚的直墙。墙身微向后倾斜，斜度约为1:10，这样可以受到较竖直墙为小的岩土压力，而且有利于端墙的抗倾覆稳定性，如图6.13所示。

端墙式洞门在正交及斜交洞口均可采用，具有施工简单，便于引排水的优点。

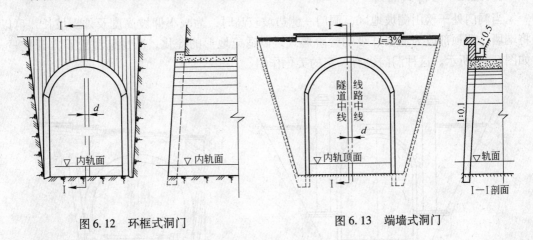

图6.12　环框式洞门　　　　　　　图6.13　端墙式洞门

6.7.1.3　翼墙式洞门

翼墙式洞门通常应用在洞口地质条件较差，一般为土层、风化破碎岩层、碎石土以及堆积体，山体侧向推力较大，以及需要开挖路堑的地方。这种洞门是在端墙式洞门以外另增加单侧或双侧的翼墙，翼墙与端墙共同作用，以抵抗山体的纵向推力，增加洞门的抗滑动和抗倾覆能力。翼墙式洞门的仰坡坡率一般为1:0.75～1:1.5，洞门顶的汇水可由翼墙顶水沟排入路堑侧沟，排水方便，其形式如图6.14所示。

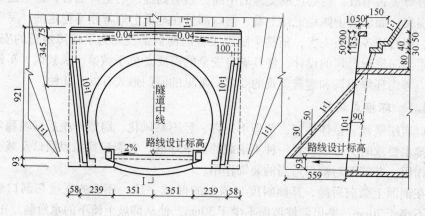

图 6.14　翼墙式洞门

　　翼墙的正面端墙一般采用微向后方倾斜的等厚直墙，斜度为 1：10。翼墙前面与端墙垂直，顶面斜度与仰坡坡度一直。翼墙基础同样应设置在稳定的地基上，埋深应和端墙基础相同。

6.7.1.4　柱式洞门

　　当地形较陡，地质条件较差，仰坡稳定性较差，有下滑的可能性，而又受到地形和地质条件限制，不能设置翼墙时，可以在东门两侧设置两个断面较大的柱墩，以增加端墙的稳定性，如图 6.15 所示。这种洞门墙面线条凸出，较为美观，适宜在城市附近或风景区内采用。对于较长大的隧道，采用柱式洞门比较壮观。

6.7.1.5　台阶式洞门

　　当洞门处于傍山侧坡地区，洞门一侧边坡较高时，为减小仰坡高度及外露坡长，可以将端墙一侧顶部改为逐步升级的台阶形式，以适应地形的变化，减少仰坡土石方开挖量，如图 6.16 所示。这种洞门也有一定的美化作用。

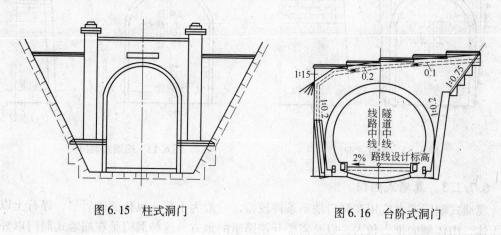

图 6.15　柱式洞门　　　　　　　　图 6.16　台阶式洞门

6.7.1.6　斜交洞门

　　当线路方向与地形等高线斜交，经技术经济比较不宜采用正交洞门时，可将洞门做成与地形等高线一致的斜交洞门。如图 6.17 所示。斜交洞门的端墙与线路中线的交角不应小于45°，斜洞门与衬砌斜口段应整体砌筑。由于斜洞门及衬砌斜口段的受力情况复杂，施工也不方便，所以，道路隧道一般应尽量少设或不设斜洞门，只有在十分必要时才采用。

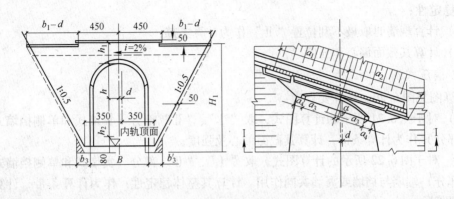

图 6.17　斜交洞门

除上述常见形式的洞门外，还有一些变化形式，如端墙式洞门用于傍山隧道时，端墙可为台阶式，还可以用柱式、直立式等。又如翼墙式洞门的翼墙开度可随地形变化，也可因地制宜设置一侧翼墙等。总之，洞门的设置既要考虑到地形地质条件，也要与周围环境相协调，以体现安全与美观的统一。

6.7.2　洞门计算部位的选取及计算要点

作用在隧道洞门上的力主要是来自坡体的土石压力，因此在计算时，可将洞门视作挡土墙，按挡土墙的理论进行分析与计算。

计算时，对于作用于墙背的主动土压力，可按库仑理论进行计算。这时无论墙背仰斜或直立，土压力的作用方向均可假定为水平。由于墙体前部的被动土压力通常很小，一般情况下不予考虑。

隧道洞门设计的关键是合理地选取计算部位。在进行洞门计算时，应选取最不利位置进行。通常将端墙及挡（翼）墙按1m或0.5m划分成条带。对于不同形式的洞门，其选取计算条带的位置也不相同。

6.7.2.1　柱式、端墙式洞门

柱式、端墙式洞门的端墙独立承受墙背土压力，因此，端墙自身必须具有足够的强度和整体稳定性。如图 6.18 所示，计算时应分别取图中Ⅰ、Ⅱ条带作为计算条带，计算墙身截面的偏心和强度，以及基底偏心应力及沿基底的滑动和绕墙趾倾覆的稳定性。

6.7.2.2　有挡、翼墙的洞门

有挡、翼墙的洞门的端墙是在挡、翼墙的共同作用下承受墙背的土压力。端墙墙身截面应满足偏心和强度的要求，并应满足与挡、翼墙共同作用时的整体稳定性。

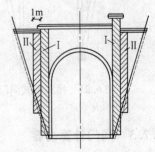

图 6.18　柱式、端墙式
洞门计算条带

A　翼墙式洞门

计算图见图 6.19。计算要点为：

（1）计算翼墙时取洞门端墙墙趾前之翼墙宽 1m 的条带"Ⅰ"，按挡土墙计算偏心、强度及稳定性；

（2）计算端墙时取最不利位置"Ⅱ"作为计算条带；

（3）计算其截面偏心和强度。

B　偏压式洞门

计算图见图 6.20。计算要点为：

（1）对于图 6.21 所示的计算图式，取"Ⅰ"、"Ⅱ"部分（翼墙式和单侧挡墙式只取"Ⅰ"部分）作为计算条带，计算其截面偏心及强度；

（2）对于图 6.22 所示的计算图式，取"Ⅰ"、"Ⅱ"部分（翼墙式和单侧挡墙式只取"Ⅰ"部分）端墙与挡墙或翼墙共同作用，计算其整体稳定性；作为计算条带，计算截面偏心及强度；

（3）翼墙的计算，见图 6.22，取"Ⅲ"部分（按 2.5m 墙长之平均高度作为计算高度），按挡土墙计算其偏心、强度及稳定性。

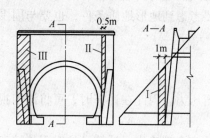

图 6.19　翼墙式洞门计算条带

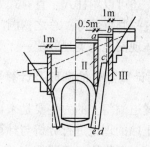

图 6.20　偏压式洞门计算条带

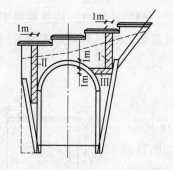

图 6.21　挡翼墙式洞门计算条带

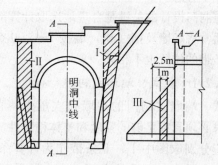

图 6.22　挡翼墙式明洞门计算条带

6.7.3　洞门计算内容

洞门计算内容包括：墙身偏心及强度、墙体的抗倾覆稳定性、沿基底抗滑动稳定性以及基底应力检算。此外，对于高洞门墙（包括洞口路堑高挡土墙），为避免拉应力过大，设计时还应验算截面上的拉应力。

6.7.4　洞门的构造要求

　　洞门的端墙、翼墙、挡土墙应根据情况设置伸缩缝和沉降缝。缝宽一般为 2～3cm，缝内填塞沥青麻筋或沥青木板，填塞深度不小于 0.2m。

　　洞门翼墙和挡土墙应设置泄水孔，按照上下左右每隔 2～3m 交错布置；泄水孔的进水侧应设置反滤层，厚度不小于 0.3m，在最低排泄水孔的下部，应设隔水层，以免积水渗入基底。

　　洞门端墙、翼墙和挡土墙的基础应埋入路基面以下，其埋入的深度应根据不同的地质条件确定。土质地基埋置深度不应小于 1m。在冻胀性土壤中设置基础时，其基底应埋置于冻胀线以下 0.25m；当冻结深度超过 1m 时，为节约圬工，可将基底至冻结线以下 0.25m 处换填为砂砾石垫层，且应满足基底应力的要求。

思　考　题

6-1　简述隧道工程的分类方法。

6-2　简述隧道衬砌结构类型。

6-3　简述隧道基本尺寸与限界的概念。

6-4　铁路隧道断面和公路隧道断面有什么区别？

6-5　简述隧道工程地质勘察的任务及内容。

6-6　简述作用于隧道结构上的荷载种类。

6-7　简述整体式隧道结构受力分析和计算方法。

6-8　说明作用于整体式隧道结构上的被动荷载的特点及其计算理论。

6-9　简述荷载——结构模型的特点。

6-10　简述围岩——支护结构相互作用模型的特点。

6-11　简述隧道洞门的计算内容和计算方法。

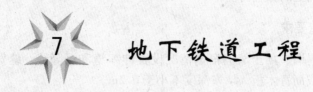

7　地下铁道工程

7.1　概述

地下铁道（简称地铁）是指在城市地下隧道中敷设轨道，以电动快速列车运送乘客的铁道。现今的地铁除了设在城市地面以下的隧道中，也有从地下延伸至地面，或升高到高架桥上。地铁现在已经成为解决大城市交通拥堵，快速、安全、准时地运送乘客的一种现代化交通工具，在特殊情况下，地铁也可以用于运送物资，在战时还可以起到防护的作用。美国纽约以及我国台湾、香港等地也称其为"大容量轨道交通"（Mass Rail Transit）或"捷运交通系统"（Rapid Transit System）。

自1863年1月10日，伦敦建成世界第一条地下铁道以来，世界各大城市的地下铁道有了很大的发展。我国于1965年7月在北京开始修建第一条地铁，第一期工程全长22.17km，于1971年投入运营，二期工程环线16.1km，1984年通车。截至2014年1月，北京地铁共有17条运营线路。它包含16条地铁线路和1条机场轨道，组成覆盖北京市11个市辖区，拥有273座运营车站，总长465km运营线路的轨道交通系统，是中国运营时间最久、乘客运载最多的地铁线路。预计到2016年底，北京地铁运营总里程将达到660km以上。在远景规划中，到2020年时，运营总里程将超过1000km。目前，我国已经开通地铁的城市达到20多个，还有一些城市的地铁正在建设中。

目前的地铁技术不断发展，但总的来讲都是电力牵引，都可以实现车辆连挂、编组运行，我国地铁主要技术参数见表7.1。

表7.1　地铁主要技术参数

序号	项目	技术参数	序号	项目	技术参数
1	高峰小时单向运送能力/人	30000~70000	9	安全性和可靠性	较好
2	列车编组/节	4~8（最多11节）	10	正线最小曲线半径/m	250、300、350
3	列车容量/人	3000	11	正线最大坡度	30%~35%
4	车辆最高运行速度/km·h^{-1}	80~100	12	舒适性	较好
5	列车运行速度/km·h^{-1}	>35	13	城市景观	无大影响
6	车站平均间距/m	600~2000	14	空气污染噪声污染	小
7	最大通过能力/对·h^{-1}	>35	15	站台高度	一般为高站台，乘降方便
8	与地面交通隔离率	100%			

7.2 地下铁道规划与设计

7.2.1 地下铁道的规划设计原则

在拟建地下铁道的初期，应对各方面的因素进行周密的分析，从长远的观点出发，搞好城市的线网规划。在具体的线网规划中，应遵循如下几个原则：

（1）线网中的规划线路走向应与城市交通中的主客流方向相一致；

（2）线网规划要与城市发展规划紧密结合，并适当留有发展的可能性；

（3）规划线路要尽量沿城市干道布设；

（4）线网中线路布置要均匀，线路密度要适量，乘客换乘方便，换乘次数要少；

（5）线网要与城市公共交通网衔接配合，充分发挥各自优势，为乘客提供优质的交通服务；

（6）线网中各条规划线的客流负荷量要尽量均匀，避免个别线路负荷过大或过小；

（7）选择线路走向时，应考虑沿线地面建筑情况，要注意保护重点历史文物古迹和环境；

（8）车辆段（场）的位置要规划好；

（9）环线的设置要因地制宜，不可生搬硬套；

（10）在确定规划中的线路修建程序时，要与城市建设计划和旧城改造规划相结合。

7.2.2 客流预测

客流预测是指在城市的社会经济、人口、土地使用以及交通发展等条件下，利用交通模型等技术手段，预测各目标年限地铁线路的客流量、断面流量、站点流量、站间 OD（即起终点间的交通出行量）、平均运距等线路客流数量特征。在工程可行性研究阶段，客流量是工程修建必要性和可行性的主要依据；在工程设计中，其系统运输能力、车辆选型及编组、设备容量及数量、车站规模以及工程投资等，都要依据预测客流量的大小来确定。通过对城市主要交通干道的客流预测，定量地确定出各条线路单向高峰小时客流量，以便合理地确定每条线路的规模。

7.2.2.1 预测年限

预测年限也就是设计年限或规划年限，它随需要而定。在新线设计时应和设计年限相一致；在线网规划时，应和规划年限相一致。设计或规划年限，就是在规划设计时，城市对快速轨道交通的最大客流需求量与快速轨道交通最大的系统运送能力的合理匹配时限。

设计年限一般分为初期、近期与远期 3 个阶段，时间均从工程建成通车之年算起。根据国外的经验，设计年限一般近期定为 10～15 年，远期 20～30 年较合适。我国现行《地铁设计规范》规定，设计年限近期按建成通车后第 10 年，远期按建成通车后第 25 年确定。线网规划年限一般应与城市发展总体规划规定的年限相一致，但不应少于 30 年。

7.2.2.2 预测方法

地铁客流预测在我国虽然起步较早，但真正应用于实践工程中，则始于 20 世纪 80 年代的上海地铁 1 号线设计。根据国内外的经验，当有了较详细的城市发展总体规划和最近作过全市居民出行调查的城市，可以通过对居民出行生成、出行分布、交通方式划分及客流分配4个步骤进行城市客流预测，并根据城市的不同特点，建立相应的客流预测数学模型和快轨交通客流分配模型。客流预测的工作框图如图7.1所示。

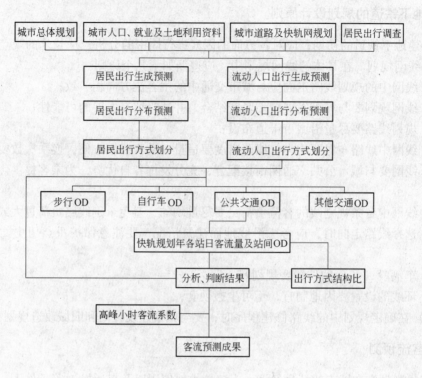

图7.1　客流预测的工作框图

7.2.2.3　客流预测内容

地铁客流预测可分为工程可行性研究和设计两个阶段。地铁工程可行性研究阶段客流预测的目的是为确定系统选型、线路运力规模、车辆编组、车站和车辆基地的规模等提供依据。而设计阶段客流预测的目的则是为确定车站形式、出入口布设、换乘通道设计等内容提供依据。

工程可行性研究阶段客流预测的主要内容有：

（1）全线客流预测：全日客流量和高峰小时的客流量及比例；

（2）车站客流预测：全日、高峰小时的上下车客流、站间断面流量；

（3）分段客流预测：全日、高峰小时站间OD矩阵表、平均运距及各级运距的乘客量；

（4）换乘客流预测：线路全日、高峰小时换入、换出总量，各换乘站全日、高峰小时分向换乘客流量。

设计阶段客流预测应在工程可行性研究阶段的各项客流指标基础上进行，预测的主要内容应包括：全日及高峰小时各车站出入口分方向客流量、车站超高峰系数和换乘车站超高峰系数。车站超高峰系数应分上、下车量分别给出。换乘车站超高峰系数应分换乘向分别给出。对各个车站出入口高峰时段的分担客流即车站分向客流进行预测，确定客流在各个进出口方向上的分配数量和分担比例。

客流预测的成果主要有：

（1）线路客流预测总体指标汇总表；

（2）各预测年按全日和高峰小时的分方向和不分方向的乘降量表和示意图；

（3）全日和高峰小时断面流量图；

（4）全日和高峰小时站间 OD 表、分区域 OD 表、区域交换量表及示意图；

（5）全日和高峰小时各换乘站点分象限换乘量示意图。

7.2.3 线网规划

在没有快速轨道交通系统的城市进行线网规划设计时，首先要进行快速轨道交通建设必要性的论证，若经过论证认为确有必要发展该系统，再根据规划内容要求进行线网的具体规划设计。

7.2.3.1 线网规划内容

A 选定线路走向

选定线网中各条线路的走向是线网规划的主要内容，一般应结合城市线网和客流流向情况，沿城市主干道和主客流方向布设线路，其路线要尽量经过大的客流集散点，如商业中心、文化娱乐中心、对内对外交通枢纽和大的居民住宅区等。在确定线路起始点位置时，要预留向城市周围集团城镇延伸的可能性，以适应远景城市发展的需要。尤其对一个正在发展中的城市，一定要注意将线网设计成"开放式"而不是"封闭式"的，线网中的线路端点，根据城市规划需要，要设计成可向外伸展而不是往里收缩的形式。

B 线网基本结构形式

根据城市现状与规划情况编制的线网中各条线路组成的几何图形一般称为线网结构形式，其形式一般要与城市道路的结构形式相适应，但在选定时，首先应考虑客流主方向，并为乘客创造便利条件，以便更多地吸引乘客。为此在规划线网时，不但要考虑各线的具体情况，更要考虑线网的整体布局，也就是要考虑线网总的结构形式是否合理。目前，世界上已有 100 多个城市建有轨道交通系统，其中北京、伦敦、巴黎、柏林、纽约、东京、莫斯科等已形成网络。这些轨道交通系统网络虽然形式多种多样，但都是与各自城市的结构相适应并相互影响。虽然世界各国城市快速轨道交通线网结构形式比较繁杂，但从几何图形上考虑，主要归纳为放射形（星形）、放射形网状、放射形环状、棋盘式（栅格网状）、棋盘加环线形式、棋盘环线加对角线形等，如图 7.2 所示。

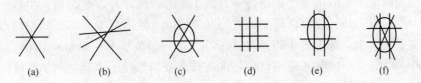

图 7.2 线网几何结构图形

（a）放射形；（b）放射形网状；（c）放射形环状；（d）棋盘式；（e）棋盘加环线形式；（f）棋盘环线加对角线形

放射形结构引导城市向单中心结构发展。因为所有轨道交通线都从市中心发出，导致城市中心比其他任何地方的可连性都显著提高。在吸引各种功能设施时，市中心便成为首选位置，市民也愿意在交通便利的中心城区居住。随着市中心交通基础设施的不断开发完善，居民密集现象更为加剧，最终结果便是在城市中心形成一个强大的单一的市中心区，造成城市在市中心区高密度的土地利用。

棋盘式结构的线路分布比较均匀，在线网的覆盖区域内各点的到达性相差不大，因而会有效地降低既有市中心的土地利用强度。因为线路能纵横两个方向分布延伸，为了方便地利用轨道交通，从市中心迁出的人口也会沿这两个方向分布。线网分布范围内可达性差异不大，线网覆盖范围以外郊区交通条件相差很大，使郊区居民向轨道交通网附近迁移。这样可引导城市较均匀地向外扩展，整个城市不易形成土地利用强度特别高的市中心。

放射形网状结构的市中心区，由于线路和换乘站密集，网络覆盖区内各点的可达性大大高于网络覆盖范围以外的区域，从而对城市居民和房地产开发商产生很大吸引力。由于其径向线深入市郊，使得市中心与市郊的联系方便，加上市中心区各种齐备完善的功能设施为市郊的居民提供了就业的机会和换乘场所，从而产生大量的向心客流，有力地维护了市中心的繁荣与活力。在市郊从市中心伸出的放射线不仅能够有效地将市郊的居民出行引向市中心，而且还能促成轨道交通沿线居住密度的提高，形成城市居民的带状分布。

放射形环状结构具有放射网状结构的全部优点，因此也能引导城市如手掌状向外延伸。根据环线位置不同，对城市延拓施加不同的影响。

环线在市中心商务区周围，除同一般轨道交通的作用外，还可以截流到市中心换乘的客流，并将其引至中心商务区附近的环线上，这样可以大大减少市中心的客流量，从而缓解市中心的交通拥挤状况，如莫斯科和北京的地铁环线。由于这种环线位于网络的覆盖范围外，提高了网络和换乘站的密度，从而更加刺激市中心的高度发展。

我国绝大多数城市都是单中心结构，市中心人口密集，城市发展仍是那种由市中心向周围蔓延的同心圆环状向外扩展的模式。这种单一中心的缺陷十分明显：（1）加剧市中心的交通拥挤；（2）增加人们平均出行距离；（3）造成市中心的地价高，反过来抑制市中心的发展；（4）造成市中心人口过分密集，环境污染，生活质量下降。我国城市要走持续发展之路，必须借鉴世界发达国家城市发展的成功经验，变单一中心的同心圆平面发展的模式为多中心的轴线式发展模式，变单一向平面坐标延伸为高空和地下三维立体拓展。实现这种转变的一种有力手段就是利用快速轨道交通引导城市结构布局的改变和发展。

C　线网规模

线网规模由线网的线路数量和线路总长度两部分组成。

地铁线网密度主要取决于居民出行步行到车站的距离，并以此距离为半径，以车站中点为中心，画一吸引环，要求两环间除大的客流集散点外不套接，各环间空白点的少量乘客由地面交通去解决。考虑按步行速度 4km/h，步行时间为 6 ~ 12min 计算时，则步行距离约为 400 ~ 800m。一般市区采用 600 ~ 700m 作为吸引半径，也就是两平行线间的距离以 1200 ~ 1400m 比较合适。特殊情况最好不小于 800m，不大于 1600m，市郊距离可以放大一些。一般认为线网规划密度取 0.25 ~ 0.35km/km^2 或每百万人 25 ~ 30km 是能满足大城市交通需要的，并且能充分发挥自身的作用。

7.2.3.2　车站分布规划

车站分布是线网规划的主要内容之一，一般和线路走向的选定工作同时进行，因往往会由于位置不当或技术条件不合适而引起线路的改变，所以在规划线网时，两者要紧密结合，相辅相成才能选出好的线路与站位。

快速轨道交通的客流要靠车站来吸引。而车站位置选择的是否合适，又直接影响对客流的吸引和快速轨道交通在城市公共交通中所发挥的作用。所以，车站在快速轨道交通中的重要作用是十分明显的。

在规划车站分布时，一定要结合城市规划和城市现状，并根据车站周围的土地使用情况、大的客流集散点、网线相交处、工程和环境条件以及考虑适当的站间距等因素，经详细调研、认真比选后确定。为了给广大乘客提供最大的方便条件，在规划车站位置的同时，还要适当考虑出入口的分布和换乘方式的布局，使能建立方便的换乘枢纽，以保证快速轨道交通之间、对内对外的大交通枢纽之间有方便的联系。

7.2.3.3　联络线规划

快速轨道交通是城市独立的公共客运交通系统，线网中的每条线路（除支线外）都是各自独立运行的系统，为了使线网形成有机的整体，在编制线网规划时，一定要认真规划好联络线的分布位置，以使线网线路建成后，能机动灵活地调用线网中各线的车辆。

7.2.3.4　线路敷设方式规划

线路敷设方式是线网规划的主要内容之一，主要分为三种情况：地面线、地下线、高架线。这三种方式的特点为：（1）地面线节约投资，但噪声大，占地大；（2）地下线投资大；（3）高架线占地少，噪声大，但比地下线一般能降低工程投资的 1/5 ~ 1/3。

当线网线路走向和车站分布规划完成后，就要根据规划要求、工程地质和水文地质调查资料、地上与地下能控制线路埋设深度的建（构）筑物以及施工方法等有关资料，按照快速轨道交通工程的技术要求，进行线路纵断面拉坡设计。一方面进一步论证线路走向的可行性，另一方面可初步确定地上线与地下线的分界点及其过渡线长度，以便规划控制用地。最后，根据各网线的拉坡设计情况，统计出整个线网地上线和地下线的公里数。规划部门还必须根据地上线、地下线及过渡线对土地的使用要求，认真做好线网各条线路的详细规划，只有这样才能真正做到控制用地，并为今后线网建设提供依据。

在规划设计时，无论是地下线还是地上线，都要充分考虑利用地下和地上的空间资源。规划部门要严格按线网规划用地要求控制用地，以防后患。

为了降低工程造价和减小对城市的干扰，在地铁离开人口稠密的市中心区后，可以出地面设地上线（地面线或高架线）。高架线比地下线一般能降低工程投资 1/5 ~ 1/3，并且，由于不需要通风、照明（白天）和排水提升设备等，可节省大量的能耗和运营维修管理费用，但高架线对城市景观和居民生活有一定的影响，在规划设计中应进行认真处理。

另外，高架线与地下线对城市规划控制用地的要求是不一样的，高架线对城市规划建筑红线宽度有一定要求，一般要在 40m 以上，但高架线施工较简单，施工用地少，施工期间基本上可工厂化施工，对城市干扰相对较小；地下线所有设备和管理用房均设在地下，对城市规划建筑红线宽度（除车站外）一般无特殊要求，但施工复杂，难度大，工程造价高。

7.2.3.5　车辆段及其他基地规划

车辆段是车辆的维修保养基地，也是车辆停放、运用、检查、整备和维修的管理单位。若运行线路较长（超过 20km），为了有利于运营和分担车辆段的检修工作量，可在线路的另一端设停车场，负责部分车辆的存放、运用、检查和整备工作。当技术经济合理时，也可以在两条或两条以上线路共设一个车辆段。

快速轨道交通除车辆保养基地外，还有综合维修中心、材料总库和职工技术培训中心等基地，当有条件时，尽量将它们与车辆段规划在一起。

7.3　地下车站建筑物及结构

7.3.1　站厅和站台

7.3.1.1　站厅

站厅的作用是将由出入口进入的乘客迅速、安全、方便地引导到站台乘车，或将下车的乘客引导至出入口出站。对乘客来说，站厅是上下车的过渡空间。乘客在站厅内需要办理上下车的手续，因此，站厅内需要设置售票、检票、问讯等为乘客服务的各种设施。站厅内设有地铁运营、管理用房。站厅又具有组织和分配人流的作用。

A　站厅的位置

站厅的位置与人流集散情况、所处环境条件、车站类型、站台形式等因素有关。站厅设计的合理与否，将直接影响到车站使用效果及站内的管理和秩序。站厅的布置有以下 4 种，如图 7.3 所示。

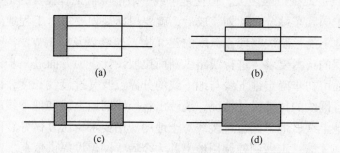

图 7.3　车站站厅布置示意图

（a）站厅位于车站一端；（b）站厅位于车站两侧；（c）站厅位于车站两端的
上层或下层；（d）站厅位于车站上层

（1）站厅位于车站一端：这种布置方式常用于终点站，且车站一端靠近城市主要道路的地面车站。

（2）站厅位于车站两侧：这种布置方式常用于侧式车站，客流量不大时采用。

（3）站厅位于车站两端的上层或下层：这种布置方式常用于地下岛式车站及侧式车站站台的上层，高架车站站台的下层，客流量较大时采用。

（4）站厅位于车站上层：这种布置方式常用于地下岛式车站和侧式车站，适用于客流量很大的车站。

B　站厅设计

根据车站运营及合理组织客流路线的需要，站厅划分为付费区及非付费区两大区域。付费区是指乘客需要经购票、检票后方可进入的区域，然后到达站台。非付费区也称免费区或者公用区，乘客可以在本区内自由通行。付费区与非付费区之间应分隔。付费区内设有通往站台层的楼梯、自动扶梯、补票处，在换乘车站，还需设置通向另一车站的换乘通道。非付费区内设有售票处、问讯处、公用电话等，必要时，可增设金融、邮电、服务业等机构。

C　进、出站检票口

进、出站检票口应分设在付费区与非付费区之间的分界线上，两者之间的距离应尽量远一点，以便分散客流，避免相互干扰拥挤。检票口处宜设置监票厅，便于对乘客进行监督和检查。需要补票的乘客可以到设在付费区内的补票处办理补票手续。如站厅位于整个车站上层时，应沿站厅一侧留一条通道，使站厅两端非付费区之间便于联系。

7.3.1.2　站台

站台是供乘客上、下车及候车的场所。站台层布设有楼梯、自动扶梯及站内用房。目前各国地铁车站采用的站台形式绝大多数为岛式站台与侧式站台两种。两种站台的优缺点比较如表7.2所示。

表7.2　岛式站台与侧式站台优缺点比较

项　目	岛　式　站　台	侧　式　站　台
站台使用	站台面积利用率高，可调剂客流，乘客有乘错车的可能	站台面积利用率低，不需调剂客流，乘客不易乘错车
站台设置	站厅与站台需设在两个不同的高度上，站厅跨过线路轨道	站厅与站台可以设在同一高度上，站厅可以不跨过线路轨道
站台管理	管理集中，联系方便	站厅分设时，管理分散，联系不方便
乘客中途折返	乘客中途改变乘车方向比较方便	乘客中途改变乘车方向不方便，需经天桥过或地道
改扩建难易性	改建扩建时，延长车站很困难，技术复杂	改建扩建时，延长车站比较容易
站内空间	站厅、站台空间宽阔完整	站厅分设时，空间分散，不及岛式车站宽阔
喇叭口设置	需设喇叭口	不设喇叭口
造价	较高	较低

7.3.2　站内主要服务设施

7.3.2.1　楼梯

当两地面高差在6m以内时，一般采用步行楼梯；大于6m时，考虑乘客因高差较大，行走费力，宜增设自动扶梯。

车站用房区内，上下层中间至少应设一座楼梯。除设在出入口的楼梯外，站厅层至站台层供乘客使用的楼梯应设在付费区内。

设在车站用房区供车站工作人员使用的楼梯应设封闭楼梯间。楼梯宽度不应小于1200mm。封闭楼梯间应符合建筑防火规范规定。

7.3.2.2　自动扶梯

《地铁设计规范》中规定，车站出入口的提升高度超过6m时，宜设上行自动扶梯，超过 10m 时，应设上、下行自动扶梯。站厅与站台间应设上行自动扶梯，高差超过 6m 时，上、下行均应设自动扶梯。分期建设的自动扶梯应预留装设位置。站厅层供乘客至站台层使用的自动扶梯应设在付费区内。

在车站出入口设置自动扶梯时，对提升高度超过 12m 或客流量很大的车站，除设上、下行自动扶梯外，还应考虑设置一台备用自动扶梯，自动扶梯应为可逆转式。

7.3.2.3　电梯

有无障碍设计要求及在车站用房区内，站厅层至站台层之间宜设垂直电梯，以方便残疾人并运送站内小型机具、设备和物件。电梯应设封闭室并符合防火规范要求。

7.3.2.4　售、检票设施

售、检票设施在这里主要是指乘客使用的售、检票系统。

进出站检票口的数量必须根据高峰小时客流量来计算。

售票口、自动售票机、检票口一般都设在站厅层，也有些车站的地面出入口面积比较大，并且与车站用房、通风亭组合成地面厅，因此，也可以将售票口、自动售票机设在地面厅内。在人工售票的车站内应设置售票室。

7.3.2.5　屏蔽门

地铁屏蔽门是现代化地铁工程的必备设施，它沿地铁站台边缘设置，将列车与地铁站台候车室隔离。屏蔽门不仅可以防止乘客跌落或跳下轨道而发生危险，让乘客安全、舒适地乘坐地铁，而且具有节能、环保和安全功能，可减少站台区与轨行区之间冷热气流的交换，降低环控系统的运营能耗，从而节约营运成本。此外，屏蔽门还具有缩小车站规模和改善车站环境（减少噪声、尘埃）的作用。

《地铁设计规范》规定，若夏季当地最热月平均温度超过 25℃，且地铁高峰时间内每小时行车对数和列车编组节数的乘积大于 180 时，可采用空调系统。空调系统可选择闭式系统或屏蔽门系统。

7.3.2.6　各部位通过能力

车站各部位最大通过能力是确定该部位宽度尺寸及应设数量的依据。这些部位有通道、楼梯、自动扶梯、售票及检票口等。通过能力以单位时间通过的人数来计算。

各国地铁车站各部位最大通过能力有所不同。我国采用的各部位最大通过能力列于表 7.3。

表 7.3　车站各部位最大通过能力

部　位　名　称		每小时通过人数
1m 宽楼梯	上行	4700
	下行	3700
	双向混行	3200
1m 宽通道	单向	5000
	双向混行	4000
1m 宽自动扶梯	传送速度 0.5m/s	6720
	传送速度 0.65m/s	不大于 8190

续表 7.3

部　位　名　称		每小时通过人数
0.65m 宽自动扶梯	传送速度 0.5m/s	4320
	传送速度 0.65m/s	5265
1m 宽自动扶梯停运作步梯		2770
0.65m 宽自动扶梯停运作步梯		1390
人工售票口		1200
自动售票机		300
人工检票口		2600
自动检票机	三杆式　非接触 IC 卡	1200
	门扉式　非接触 IC 卡	1800
	双向门扉式　非接触 IC 卡	1500

7.3.3　车站出入口及通道

7.3.3.1　出入口分类

根据地铁车站出入口的布置形式、位置、使用性质不同，出入口分类如下。

A　按平面形式分类

（1）"一"字形出入口。出入口、通道为"一"字形排列，如图 7.4（a）所示。这种出入口占地面积少，结构及施工简单，布置比较灵活，进出方便，比较经济。由于口部较宽，不宜修建在路面狭窄地区。

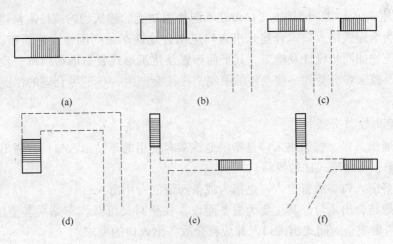

图 7.4　按平面形式分类的车站出入口

（a）"一"字形出入口；（b）"L"形出入口；（c）"T"形出入口；
（d）"□"形出入口；（e），（f）"Y"形出入口

（2）"L"形出入口。出入口与通道呈一次转折布置，如图 7.4（b）所示。这种形式进出方便，结构及施工稍复杂，比较经济。由于口部较宽，不宜修建在路面狭窄地区。

（3）"T"形出入口。出入口与通道呈"T"形布置，如图 7.4（c）所示。这种形式进出方便，结构及施工稍复杂，造价比前两种形式高。由于口部比较窄，适用于路面狭窄地区。

（4）"冂"形出入口。出入口与通道呈两次转折布置，如图 7.4（d）所示。由于环境条件所限，当出入口长度按一般情况设置有困难时，可采用这种形式。这种形式的出入口，乘客要走回头路。

（5）"Y"形出入口。这种出入口布置常用于一个主出入口通道有两个及两个以上出入口的情况，如图 7.4（e）、（f）所示。这种形式布置比较灵活，适应性强。

B　按口部围护结构形式分类

（1）敞口式出入口。口部不设顶盖及围护墙体的出入口称为敞口式出入口。从行人安全考虑，除入口方向外，其余部分设栏杆、花池或挡墙加以围护。

敞口式出入口应根据当地情况，采取措施，妥善解决风、沙、雨、雪、口部排水及踏步冻冰防滑问题。

（2）半封闭式出入口。口部设有顶盖、周围无封闭围护墙体的出入口称为半封闭式出入口。适用于气候炎热、雨量较多的地区。

（3）全封闭式出入口。口部设有顶盖及封闭围护墙体的出入口称为全封闭式出入口。这类出入口有利于保持车站内部的清洁环境，便于车站运营管理。在寒冷地区多采用这种形式的出入口。

C　按口部修建形式分类

（1）独建式出入口。独建式出入口是指独立修建的出入口。独建式出入口布局比较简单，建筑处理灵活多变，可根据周围环境条件及主客流方向确定车站出入口的位置及入口方向。

（2）合建式出入口。地铁出入口设在不同使用功能的建筑物内或贴附修建在建筑物一侧的入口称为合建式出入口。合建式出入口应结合地铁车站周围地面建筑布设情况修建。出入口与建筑物如同步设计及施工，其平面布置及建筑形式容易取得协调一致；如不同步进行，设计及施工将会受到一些条件的限制，往往会产生一些不尽合理的情况，造成一定的复杂性。

D　按使用性质分类

（1）普通出入口。普通出入口是指供地铁乘客使用的车站出入口。普通出入口功能单一、结构简单，平面形式比较灵活。

（2）战备出入口。战备出入口是指为战备而设的专用出入口。

（3）平战结合出入口。其主要为战备而设，在平时又可兼作车站乘客使用的出入口。这种出入口应做成全封闭式出入口，并应符合战备出入口的要求。

7.3.3.2　普通出入口的设计

A　出入口的设置

（1）出入口数量的确定。车站出入口数量应根据车站规模、埋深、车站平面布置、地形地貌、城市规划、道路、环境条件并按照车站远期预测高峰小时客流量计算，还要适当考虑吸引与疏散客流的要求。

一般情况下，浅埋地下车站的出入口数量不宜少于 4 个；深埋地下车站出入口的数量不宜少于 2 个。对于客流量较少的车站，若是浅埋，其出入口数量可以酌情减少，但不应少于 2 个，对于地下浅埋车站分期修建出入口的，第一期修建的出入口数量不应少于 2 个，每端的出入口不宜少于 1 个。

（2）主要尺寸的确定。出入口宽度按车站远期预测超高峰小时客流量计算确定。根据出入口位置、主客流方向以及可能产生的突发性客流，应分别乘以 1.1～1.25 的不均匀系数。车站出入口宽度的总和，应大于该站远期预测超高峰小时客流量所需的总宽度。出入口的最小宽度不应小于 2.5m。兼作城市地下人行过街道的车站出入口，其宽度应根据城市过街客流量加宽。

车站出入口地面与站厅地面高差较大时，宜设置自动扶梯。

B　出入口口部设计

（1）简单出入口。除出入口口部外不设其他房间的出入口称为简单出入口。这种出入口仅供乘客进出车站之用，不设售检票设施。简单出入口可设计成敞口式、半封闭式和全封闭式。可以独建，也可以与其他建筑物合建在一起，或与车站地面通风亭组建在一起。

（2）地面站厅。将车站的一部分用房、售检票设施、地面通风亭与出入口组合在一起，修建成地面站厅的形式，这种形式的出入口称为地面站厅。地面站厅可以单独修建，也可以与其他建筑物合建在一起。

7.3.3.3　平战结合出入口的设计

A　出入口的设置

平战结合出入口的位置选择应根据环境条件，因地制宜。出入口应朝向主人流方向，有些出入口宜隐蔽，必要时对有些出入口还要进行伪装，既考虑平时使用的方便，又要兼顾附近人流在战时能够迅速安全地进入地铁车站。

出入口之间的距离尽可能增大，一般应设在建筑物倒塌范围之外。口部建筑不应采用敞口式出入口。出入口宜采用轻型结构。通向出入口的通路应便捷畅通，出入口应远离火灾危险性大的建筑物，宜设在地势较高、无污染且通风良好的地方。

B　出入口口部设计

平战结合出入口口部可分为不需要隐蔽伪装的出入口及需要隐蔽伪装的出入口两种。前者可按普通出入口的口部处理，后者可以按照不同条件分别处理。对于后者的建筑处理，主要有出入口与室外工程设施相结合，与建筑物相结合，与建筑小品相结合，与绿化相结合等，其形式可以有多种变化。

7.3.3.4　出入口通道

连接出入口与车站站厅之间的通行道路称为出入口通道。

A　出入口通道分类

（1）地道式出入口通道。设在地面以下的出入口通道称为地道式出入口通道。地下出入口通道力求短、直，通道的弯折不宜超过 3 处，弯折角不宜大于 90°，浅埋地下车站，当出入口下面的地面与车站站厅地面高差较小，其坡度小于 12% 时可设置坡道；其坡度大于 12% 宜设置踏步；如高差太大，可考虑设置自动扶梯。深埋地下车站出入口通道内应设自动扶梯。出入口通道长度不宜超过 100m，超过时应采取能满足消防疏散要求的措施，有条件时宜设置自动步道。

（2）天桥式出入口通道。设在地面高架桥上的出入口通道称为天桥式出入口通道。通道上可设楼梯踏步或自动扶梯。天桥式出入口通道可做成敞开式（两侧设栏杆或栏板）、半封闭式和全封闭式，可根据当地气候等条件选定。

B　出入口通道设计

出入口通道宽度应根据各出入口已确定的客流量及通道通过能力经计算确定。如出入口通道与城市人行过街道合建，其宽度还应另加过街人流所需的宽度。

出入口通道内如设有楼梯踏步或自动扶梯，设置楼梯或自动扶梯处的出入口通道宽度应根据其通过能力加宽。

地下车站宜采用地道式出入口通道，高架车站多采用天桥式出入口通道。

地道式出入口通道的埋深一般受城市地下管网埋深的影响较大，天桥式出入口通道的设计应考虑城市景观问题及车辆限界问题。

出入口通道地面宜做成不小于5‰的纵坡，以利排水，其净高一般为2.6m。

7.3.4　车站通风道

地下车站四周封闭，客流量大，机电设备多，湿度较大，站内空气污浊，为了及时排出车站内的污浊空气，给乘客创造一个舒适的环境，在地下车站内需要设置环控系统。地面车站及高架车站都修建在地面以上，原则上采用自然通风方式。

7.3.4.1　车站通风道

为了缩短地下车站的总长度，节约资金，环控设备大多数设在车站以外的车站通风道内。环控设备主要有通风机、冷冻机组、控制设备、通风管道及附属设备等，一般分两层布置。

通风道的数量根据当地气候条件、车站规模、温湿度标准等因素由环控专业计算确定。地下车站一般设有1~2个车站通风道。如地下车站附近设有地下商场等公用设施时，应根据具体情况增设通风道。除地下车站设有车站通风道外，地下区间隧道还设有区间通风道。

车站通风道的平面形式及尺寸应根据工艺布置、车站所在地的环境条件、道路及建筑物设置情况等因素综合考虑决定，如图7.5所示。

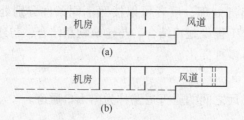

图7.5　车站通风道平面示意图
（a）上层平面；（b）下层平面

车站的送风方式有端部纵向送风、侧面横向送风、顶部送风及混合送风几种。车站的通风管道可设在车站吊顶及站台板下的空间内。地下车站附属用房另设有小型通风机进行局部通风。

7.3.4.2　地面通风亭

通风道在地面口部所设的有围护结构的建筑物称为地面通风亭,简称通风亭。地面通风亭一般均设有顶盖及围护墙体,墙上设门,供运送设备及工作人员出入使用。车站通风亭上部设通风口,风口外面可设或不设百叶窗。通风口距地面的高度一般不应小于2m,特殊情况下通风口可酌情降低,但不宜小于0.5m。位于低洼及临近水面的通风亭应考虑防水淹设施,防止水倒灌至车站通风道内。

地面通风亭可设计成独建式或合建式,其建筑处理应尽量与周围环境协调。

7.4　地下区间隧道的结构

7.4.1　明挖法修建的隧道衬砌结构

明挖法施工的隧道结构通常采用矩形断面,一般为整体现场浇筑或装配式结构,优点是其内轮廓与地下铁道建筑限界接近,内部净空可以得到充分利用,结构受力合理,顶板上便于敷设城市地下管网设施。

7.4.1.1　整体式衬砌结构

整体式衬砌结构断面分单跨、双跨等形式,图7.6为我国地铁采用过的结构形式。由于其整体性好,防水性能容易得到保证,故可适用于各种工程地质和水文地质条件,但施工工序较多,速度较慢。

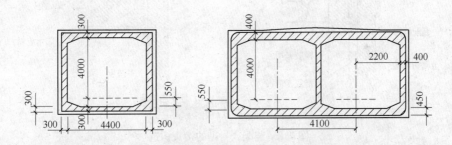

图7.6　明挖法修建的整体式衬砌结构形式(单位:mm)

7.4.1.2　预制装配式衬砌

预制装配式衬砌的结构形式应根据工业化生产水平、施工方法、起重运输条件、场地条件等因地制宜选择,目前以单跨和双跨较为通用,图7.7(a)为构件拼装式,图7.7(b)为整体预制式。

对于装配式衬砌各构件之间的接头构造,除了要考虑强度、刚度、防水性等方面的要求外,还要求构造简单、施工方便。接头构造如图7.8所示。装配式衬砌整体性较差,对于有特殊要求(如防护、抗震)的地段要慎重选用。

7.4.1.3　区间喇叭口隧道

喇叭口衬砌通常都采用整体式钢筋混凝土结构,图7.9为非对称型的喇叭口结构。

7.4.1.4　渡线隧道、折返线隧道

为满足运营需要,进行列车折返调度、换线、停车等作业,区间隧道内需设置单渡线、

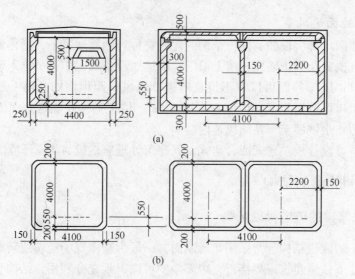

图 7.7 明挖法修建的装配式衬砌结构形式（单位：mm）

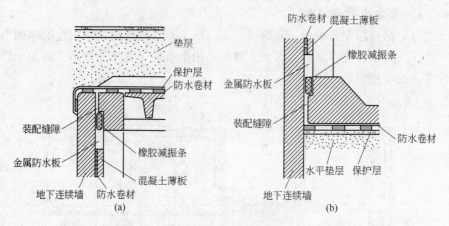

图 7.8 装配式衬砌的接头构造

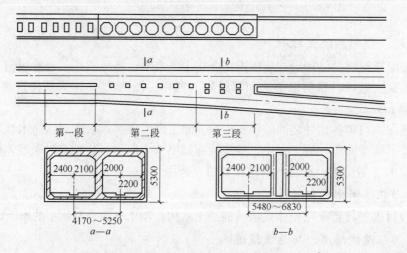

图 7.9 非对称型的喇叭口结构（单位：mm）

交叉渡线，如图7.10和图7.11所示。隧道断面需适应岔线线间距的渐变，并要对结构物进行特殊设计。

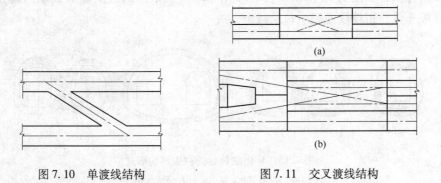

图7.10 单渡线结构　　　　　　　　图7.11 交叉渡线结构

7.4.1.5 联络通道及其他区间附属结构物

根据国内外地下铁道运营中的灾害事故分析发现，当列车在区间隧道内发生火灾而又不能牵引到车站时，乘客必须在区间隧道下车。为了保证乘客的安全疏散，两条单线区间隧道之间应设置联络通道，如图7.12和图7.13所示，这样可使乘客通过联络通道从另一条隧道疏散到安全出口。这种通道也可供消防人员和维修人员使用，或供敷设管线路等使用。

为了排出区间隧道的渗漏水、维修养护用水等，在线路的最低点需设置排水站。根据通风、环控系统的设计要求，有时还需设置区间风道等附属结构物，如图7.14所示。

图7.12 正交联络通道　　　图7.13 正交联络通道　　　图7.14 区间风道

7.4.2 矿山法修建的隧道衬砌结构

采用矿山法修建的区间隧道衬砌应满足以下基本要求：

（1）能与围岩大面积牢固接触，保证衬砌与围岩作为一个整体进行工作。

（2）要允许围岩能产生有限的变形（在浅埋隧道中限制较严格），能在围岩中形成卸载拱，不使上覆地层的重量全部作用到衬砌上。

（3）隧道衬砌以封闭式为佳，尽量接近圆形，一般都应设置仰拱，以增加结构抵抗变形的能力和整体稳定性。在围岩十分稳定的情况下亦可不设仰拱，但需用混凝土铺底，其厚度不得小于20cm。

（4）隧道衬砌应能分期施工，又能随时加强，这样，就可根据施工量测信息，调整衬砌的强度、刚度和施作时机，包括仰拱闭合和后期支护的施工时间，主动"控制"围岩变形。

地下铁道区间隧道采用矿山法施工时，一般采用拱形结构，其基本断面形式为单拱、双拱和多跨连拱，如图 7.15 所示。前者多用于单线或双线的区间隧道或联络通道，后两者多用在停车线、折返线或喇叭口岔线上。

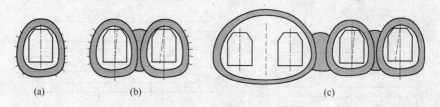

图 7.15　矿山法修建的衬砌结构形式
（a）单拱；（b）双拱；（c）多跨连拱

矿山法修建的隧道一般采用复合式衬砌，如图 7.16 所示。外层为初期支护，其作用为加固围岩，控制围岩变形，防止围岩松动失稳，是衬砌结构中的主要承载单元。一般应在开挖后立即施作，并应与围岩密贴。所以，最适宜采用喷锚支护，现行《地铁设计规范》对此有具体规定。内层为二次衬砌，通常在初期支护变形稳定后施作。因此，它的作用主要为安全储备，并承受静水压力以及因围岩蠕变或围岩性质恶化和初期支护腐蚀后所引起的后续荷载，并提供光滑的通风表面，复合式衬砌的二次衬砌应采用钢筋混凝土，在无水的Ⅰ、Ⅱ级围岩中可采用模注混凝土，但也可采用喷混凝土。在初期支护和二次衬砌之间一般需敷设不同类型的防水隔离层。防水隔离层的材料应选用抗渗性能好、化学性能稳定、抗腐蚀及耐久性好并具有足够的柔性、延伸性、抗拉和抗剪强度的塑料或橡胶制品。为了控制水流和作为缓冲垫层，可在塑料或橡胶板后加一层无纺布或泡沫塑料。近几年也有采用复合式防水卷材的防水层。

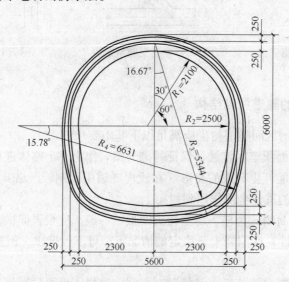

图 7.16　单线区间隧道的复合式衬砌（单位：mm）

　　在干燥无水和不受冻害影响、围岩完整、稳定地段的非行车隧道衬砌亦可采用单层喷锚支护，但此时对喷混凝土的内部净空应考虑结构补强的预留量。

　　当岩层的整体性较好、基本无地下水，防水要求不高，从开挖到衬砌这段时间围岩能够自稳，或通过锚喷使支护围岩能够自稳时，对Ⅰ～Ⅱ级围岩中单线区间隧道和Ⅰ级围岩中的双线区间隧道可采用整体现浇混凝土衬砌，有条件时也可采用装配式衬砌，不做初期支护和防水隔离层。对不受冻害和水压力作用的稳定围岩，整体式衬砌可做成等截面直墙式。对软弱围岩，宜做成等截面或变截面曲墙式。在衬砌做好后应向衬砌背后注浆，充填空隙，改善衬砌受力状态，减少围岩变形。同时衬砌混凝土本身需有较高的自防水性能。

　　矿山法也可用来修建折返段等特殊地段的隧道。

7.4.3　盾构法修建的隧道衬砌与构造

　　盾构法修建的隧道衬砌有预制装配式衬砌、预制装配式衬砌和模注钢筋混凝土整体式衬砌相结合的双层衬砌以及挤压混凝土整体式衬砌三大类。在满足工程使用、受力和防水要求的前提下，应优先使用装配式钢筋混凝土单层衬砌。

7.4.3.1　预制装配式衬砌

　　盾构隧道的预制装配式衬砌是采用预制管片，在盾构尾部拼装而成的。管片种类按材料可分为钢筋混凝土、钢、铸铁以及由几种材料组合而成的复合管片。

　　按管片螺栓手孔成型大小，可将管片分为箱形和平板形两类。箱形管片是指因手孔较大而呈肋板形结构的管片，如图7.17所示。手孔较大不仅方便了接头螺栓的穿入和拧紧，而且也节省了材料，使单块管片重量减轻，便于运输和拼装。但因截面削弱较多，在盾构千斤顶推力作用下容易开裂，故只有金属管片才采用箱形结构。当然，直径和厚度较大的钢筋混凝土管片也有采用箱形结构的。

　　在箱形管片中纵向加劲肋是传递千斤顶推力的关键部位，一般沿衬砌环向等距离布置，其数量应大于盾构千斤顶的台数，其形状应根据管片拼装和是否需要灌注二次衬砌而定。

　　平板形管片是指因螺栓手孔较小或无手孔而呈曲板形结构的管片，如图7.18所示。由于管片截面削弱较少或无削弱，故对千斤顶推力具有较大的抵抗力，对通风的阻力也较小。无手孔的管片也称为砌块。现代的钢筋混凝土管片多采用平板形结构。

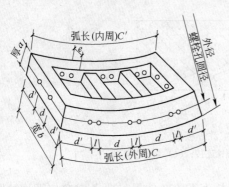

图7.17　箱形管片

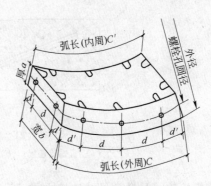

图7.18　平板形管片

210

箱形管片的纵向接缝（径向接缝）和横向接缝（环向接缝）一般都是平面状的。为了减少管片在盾构千斤顶推力和横向荷载作用下的损伤，钢筋混凝土管片间的接触面通常比相应的接缝轮廓要小一些。

平板形管片的接缝除了可采用平面形状外，为提高装配式衬砌纵向刚度和拼装精度，也有采用榫槽式接缝的，如图 7.19 所示。当管片间的凸出和凹下部分相互吻合衔接时靠榫槽即可将管片相互卡住。当衬砌中内力较大时，管片的径向接缝还可以做成圆柱状的，使接缝处不产生或少产生弯矩，如图 7.20 所示。

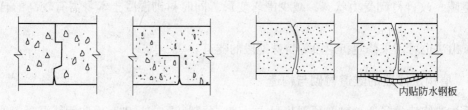

内贴防水钢板

图 7.19　榫槽式接缝　　　　　　　　　　图 7.20　圆柱状接缝

衬砌环内管片之间以及各衬砌环之间的连接方式，从其力学特性来看，可分为柔性连接和刚性连接，前者允许相邻管片间的转动和压缩，使衬砌环能按内力分布状态产生相应的变形，以改善衬砌的受力状态。后者则通过增加连接螺栓的数量，力图在构造上使接缝处的刚度与管片本身相同。实践证明，刚性连接不仅拼装麻烦，造价高，而且会在衬砌环中产生较大的次应力，带来不良后果。因此，目前较为通用的是柔性连接，常用的有以下几种形式：

（1）单排螺栓连接。其按螺栓形状又可分为弯螺栓连接、直螺栓连接和斜螺栓连接三种，如图 7.21 所示。弯螺栓连接多用于钢筋混凝土管片平面形接缝，由于它所需螺栓手孔小，截面削磨少，原以为接缝刚度可以增加，能承受较大的正负弯矩。但实践表明，弯螺栓连接容易变形，拼装麻烦，用料又多，近年来有被其他螺栓连接方式取代的倾向。

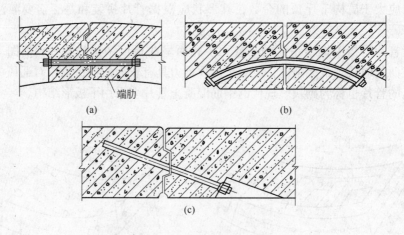

端肋

(a)　　　　　　　　　　(b)

(c)

图 7.21　管片柔性连接形式

（a）直螺栓连接；（b）弯螺栓连接；（c）斜螺栓连接

直螺栓连接是最常见的连接方式。设置单排直螺栓的位置，要考虑它与管片端肋的强度相匹配，即在端肋破坏前，螺栓应先屈服，同时又要考虑施工因素影响。一般设在 $h/3$ 处（h 为管片厚度），且螺栓直径亦不应过小。

斜螺栓连接是近几年发展起来的用于钢筋混凝土管片上的一种连接方式，它所需的螺栓手孔最小，耗钢量最省，如能和榫槽式接缝联合使用，管片拼装就位亦很方便。

从理论上讲，连接螺栓只在拼装管片时起作用，拼装成环并向衬砌背后注浆后，即可将其卸除。但在实践中大多不拆，其原因是拆除螺栓费工费时，得不偿失，其次是为了安全，不准备拆除的螺栓，必须要有很高的抗腐、抗锈能力。试验表明，采用锌粉酪酸进行化学处理形成保护膜和氧化乙烯树脂涂层效果较好，可以有 100 年以上的保护效果（在海岸地带）。

（2）销钉连接。销钉连接可用于纵向接缝，亦可用于横向接缝。所用的销钉可在管片预制时埋入，亦可在拼装时安装。销钉的作用除为了临时稳定管片，保证防水密封垫的压力外，在安装管片时还起导向作用，将相邻衬砌环连在一起。用销钉连接的管片形状简单，截面无削弱，建成的隧道内壁光滑平整。和螺栓连接相比既省力、省时，价格又低廉，连接效果也相当好。销钉是埋在衬砌内的，不能回收，故通常都用塑料制成。

（3）无连接件。在稳定的不透水地层中，圆形衬砌的径向接缝也可不用任何连接件连接。因管片沿隧道径向呈一楔形体，外缘宽内缘窄，在外部压力作用下，管片将相互挤紧，形成一个稳定的结构。

7.4.3.2 双层衬砌

为防止隧道渗水和衬砌腐蚀，修正隧道施工误差，减少噪声和振动以及作为内部装饰，可以在装配式衬砌内部再做一层整体式混凝土或钢筋混凝土内衬。根据需要还可以在装配式衬砌与内层之间敷设防水隔离层。国内外在含地下水丰富和含有腐蚀性地下水的软土地层内的隧道，大都选用双层衬砌，即在隧道衬砌的内侧再附加一层厚 $250 \sim 300$mm 的现浇钢筋混凝土内衬，主要解决隧道防水和金属连接杆件防锈蚀问题，也可使隧道内壁光洁，减少空气流动阻力。

7.4.3.3 挤压混凝土整体式衬砌

挤压混凝土衬砌可以是素混凝土或是钢筋混凝土，但应用最多的是钢纤维混凝土。

挤压混凝土衬砌一次成型，内表面光滑，衬砌背后无空隙，故无需注浆，且对控制地层移动非常有效。但因挤压混凝土衬砌需要较多的施工设备，而且混凝土制备、配送、钢筋骨架等工艺较为复杂，在渗漏性较大的土层中要达到防水要求尚有困难。故挤压混凝土衬砌的应用目前尚不够广泛。

7.4.3.4 盾构法施工时特殊地段的衬砌

A 曲线段的衬砌

在竖曲线和水平曲线地段上，需要在标准衬砌环之间插入一些楔形衬砌环，以保证隧道向所需的方向逐渐转折，如图 7.22 所示。

楔形衬砌环的楔入量 Δ（即楔形衬砌环最大宽度与最小宽度之差），或楔入角 θ（即楔入量与衬砌外径 $D_{外}$ 之比，$\theta = \Delta/D_{外}$），除应根据曲线半径 R、衬砌直径、管片宽度和在曲线段使用楔形衬砌环所占的百分比确定外，

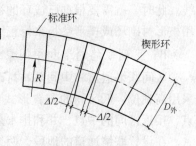

图 7.22 曲线段的管片衬砌

还要按盾尾间隙量进行校核。实践中采用的楔入量和楔入角如表 7.4 所示，可供参考。

表 7.4　楔入量、楔入角

衬砌外径 $D_{外}$/m	$D_{外} < 4$	$4 \leqslant D_{外} < 6$	$6 \leqslant D_{外} < 8$	$8 \leqslant D_{外} < 10$	$10 \leqslant D_{外} < 12$
楔入量/mm	$15 \sim 45$	$20 \sim 50$	$25 \sim 60$	$30 \sim 70$	$32 \sim 80$
楔入角	$15' \sim 60'$	$15' \sim 45'$	$10' \sim 35'$	$10' \sim 30'$	$10' \sim 25'$

通常，一条线路上有很多不同半径的曲线，按不同的曲线半径来设计楔形环势必造成类型太多，给制造增加麻烦，甚至无法制造。如曲线半径为 3000m 时，楔形衬砌环的楔入量 $\Delta = 2.01$mm，制造楔入量如此小的钢筋混凝土管片，精度不易控制，造价必然高。因此，常用的方法是根据线路上的最小曲线半径设计一种楔形环，然后用优选的方法将标准环和楔形环进行排列组合，以拟合不同半径的曲线段，并使线路拟合误差，即隧道推进轴线与设计轴线之间的偏差达到最小（≤10mm）。在进行排列组合时，楔形衬砌环与标准衬砌环的组合比最好不要大于 2∶1，否则暗榫式对接区间过长，易于变形，从构造和施工两方面来看都不可取。此时可以重新设计楔形衬砌环以满足上述要求，或采用楔形垫板的方法，如图 7.23 所示，即在标准衬砌环背向盾构千斤顶的环面上，分段覆贴不同厚度的石棉橡胶板，以使其在施工阶段千斤顶推力作用下成为一个合适的斜面，以调整楔形衬砌环的拟合精度或组合比。

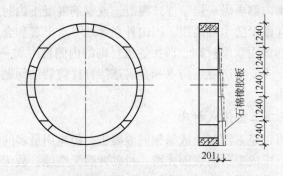

图 7.23　楔形垫块（单位：mm）

拟合曲线用的楔形衬砌环或楔形垫板也可用来修正蛇行。所谓蛇行即盾构在施工中，由于地质条件变化或操作不当，使施工轴线或左或右地偏离设计轴线，其轨迹似蛇行的曲线。此时，就需要根据已成环的衬砌的坐标和后续施工的设计轴线情况，在一段范围内采用楔形衬砌环或楔形垫板来修正线路位置，使线路偏差控制在允许范围内。

B　区间联络通道和中间泵站衬砌

区间联络通道和中间泵站衬砌采用盾构法修建区间隧道时，地下铁道的线路纵断面常采用高站位、低区间的布置形式，因此，两条区间隧道之间联络通道可设在线路的最低点，接近区间的中点，并和排水泵合并建造，如图 7.24 所示。

在设置联络通道的地段，两个区间隧道的内侧均要留出一个旁洞，宽约 250～400cm。为了承受洞门顶和底部拱圈传来的荷载，旁洞上下均需设置过梁以及支撑过梁的壁柱，从

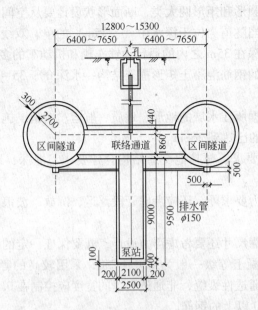

图 7.24　区间联络通道

而在旁洞四周形成一个坚固的封闭框架。由于框架受力复杂，加工精度要求高，故通常采用钢管片或铸铁管片拼装而成。

旁洞的开口部分在盾构通过时临时填充管片堵塞，使衬砌环仍为封闭的，以改善其受力条件，防止泥沙涌入，联络通道施工前，再将填充管片拆除形成旁洞，于是，荷载完全传到框架上。

一般情况下，联络通道和中间泵站都采用矿山法施工，为了加强其防水性能多采用封闭的复合式衬砌。联络通道衬砌的各项设计参数可按计算确定，亦可按工程类比法确定。

中间泵站一般设在联络通道中部底板下，其集水池有效容积宜按不小于 10min 的渗水量与消防废水量之和确定，且不得小于 30m³。

用矿山法修建区间隧道时，其联络通道和中间泵站也可采用类似的衬砌结构，只不过两侧区间隧道的旁洞框架采用钢筋混凝土结构，相对来说较为简单。

C　渡线和折返线衬砌结构

采用盾构法修建区间隧道时，渡线和折返线隧道一般和车站一起采用明挖法或暗挖法施工，故其衬砌结构与明挖法或暗挖法施工相同，也有在盾构通过后再采用矿山法修建的。

7.4.4　特殊地段隧道衬砌结构

7.4.4.1　沉埋结构

地下铁道穿越江、河、湖、海时，往往采用预制沉埋法施工，这一方法的要点是先在干船坞或船台上分段制作隧道结构，然后放入水中，浮运至设计位置，逐段沉入到水底预先挖好的沟槽内，处理好各节段的接缝，如图 7.25 所示，使其连成整体贯通隧道。

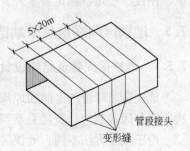

图 7.25　沉埋节段与变形缝

沉埋结构横断面有圆形和矩形两大类,断面形状设计要从空间的充分利用和结构受力合理两方面综合考虑。当隧道为位于深水中（>45m）的单、双线隧道时,宜用圆形或双层钢壳混凝土结构;水深在35m之内的通行地铁车辆和机动车的多车道隧道,宜用普通混凝土或纵向施加预应力的钢筋混凝土矩形框架结构;水深介于35～45m之间时,要进行详细对比予以选择。

每节沉管的长度依据所在水域的地形、地质、航运、航道、施工方法等要求确定,一般为100～130m,最长的已达到268m。

断面尺寸根据使用要求、与其他交通结构合建要求、埋深、地质条件、施工方法等确定。

管段结构构造除受力要求外,还应考虑管段浮运、沉放、波浪力、基础形式及地基性质的影响。

沉管段结构的外轮廓尺寸还要考虑浮力设计,既要保证一定的干舷,又要保证一定的安全系数。沉管结构混凝土等级一般为C30～C50,采用较高的等级主要是抗剪的需要。沉管结构中不容许出现通透性裂缝,非通透裂缝的宽度应控制在0.15～0.2mm,因此不宜采用HRB400或HRB400以上的钢筋。

当隧道的跨度较大,或者水、土压力较大（300～400kPa）时,顶、底板受到的弯矩和剪力很大,此时可采用预应力结构。一般为简化施工,尽量采用普通钢筋混凝土结构。

沉管段连接均在水下进行,一般有水中混凝土连接和水压压接两种方式。按变形状况可分为刚性接头和柔性接头,对于地震区的沉管隧道宜采用特殊的柔性接头,这种接头既能适应线位移和角变形,又具有足够的轴向抗拉、抗压、抗剪和抗弯强度。

管段沉放和连接后,应对管底基础进行灌沙或以其他方法予以处理。

7.4.4.2　顶进法施工的区间隧道结构

浅埋地下铁道线路在穿越地面铁路、地下管网群、交通繁忙的城市交通干线、交叉路口及其他不允许挖开地面的区段时,常采用顶进法施工。

顶进法施工一般分为顶入法、中继间法和顶拉法3种,各种方法对其相应结构及构造有不同要求。

顶进法施工的区间隧道结构形式应根据工程规模、使用要求、工程地质情况、施工方法合理选用,一般多选用箱形框架结构。其正常使用阶段的结构强度可参照明挖框架结构设计,垂直荷载应注意地面动载的影响;对施工阶段的结构强度,要验算千斤顶推力的影响及顶进过程中框架可能受扭的应力变化,在刃角、工作坑、滑板、后背等设计中除强度、刚度、稳定性满足要求外,还应考虑施工各阶段受力特性及构造措施。

7.5　地铁区间隧道及车站结构设计

7.5.1　地铁区间隧道结构设计

地铁区间隧道的走向和埋深,受工程地质和水文地质条件,地面和地下环境,施工方法等多种因素制约,直接关系到造价的高低和施工的难易。

由于施工方法不同,地铁区间隧道的断面形式、结构支护衬砌类型、结构计算方法和适用范围各异。

当采用明挖法施工，隧道断面为矩形和直墙拱，衬砌支护形式为现浇钢筋混凝土或预制钢筋混凝土砌块时，结构的设计计算可采用结构力学方法或假定抗力的结构力学方法。

采用矿山法（钻爆法、凿岩机掘进法）施工，隧道断面为拱形、直墙拱形和圆形钢拱架，衬砌支护形式为喷射混凝土锚杆支护、现浇钢筋混凝土复合衬砌、预制钢筋混凝土砌块时，可采用局部变形理论的弹性地基梁方法、反分析法、新奥法、数值分析方法。

对于用盾构法施工的圆形断面，衬砌支护形式采用钢、铸铁或钢筋混凝土管片时，结构设计计算方法可采用弹性无铰自由变形圆环、弹性多铰局部抗力约束圆环、地层衬砌位移协调弹性解析解、数值分析法等。

对于用顶管法施工的圆形或矩形断面预制管段，可采用弹性无铰自由变形圆环、弹性多铰局部抗力约束圆环，以及衬砌位移协调弹塑性解析解，数值分析法。

用沉管法施工的矩形断面，衬砌支护形式为预制钢筋混凝土箱段，可采用软弱土层中弹性连续矩形、拱形框架，结构力学方法或假定抗力结构力学方法。

对于配合上述施工方法的辅助工法，如注浆加固、冻结法、管棚法，断面形式为圆形、直墙拱形、矩形的钢拱架临时支护、现浇钢筋混凝土的衬砌支护，可采用局部变形理论的弹性地基梁方法，反分析法、新奥法、数值分析方法进行结构设计计算。

近年来，随着计算机的普及以及一批运算功能强大的商业软件的推广，以连续介质力学理论为基础的有限单元法在工程中得到了广泛应用，采用有限元法进行地下结构分析，不仅可得到衬砌结构的应力变形，而且能了解四周围岩介质的应力和应变状态，对于认识圆形隧道和周围介质共同作用规律十分有用。但是，在有限元法中，必须正确提供围岩介质和衬砌结构的弹性模量和泊松比。由于影响地下结构与围岩相互作用的因素很多，而且变化很大，有些因素很难甚至无法完全搞清楚，加之地下结构的受力特性在很大程度上还与地下工程的施工方法及施工步骤直接相关，这些问题的存在，使得计算时输入的结构衬砌和介质的力学参数与实际不可避免地存在差异，这就直接影响到计算结果的准确性。因此，有限元等数值方法目前还多用于科学研究，将其计算结果直接用于设计还有一段距离。

隧道沿线覆土厚度、地下水位、地质地貌不相同，横断面设计计算控制断面应选择在覆盖层厚度最大或最小横断面的位置厚度，地下水位最高最低的断面、超载最大和有偏压的横截面。

7.5.2　地铁车站结构设计

车站结构设计的主要内容包括：结构选型、荷载计算、围护结构设计、内衬侧墙设计、结构楼板设计、梁设计、抗浮设计、出入口通道设计、风道设计等，另外还包括端头井设计、车站纵向结构设计、防杂散电流设计、防水设计和人防设计等内容。

进行地下铁道车站结构的静、动力计算时，必须考虑结构与地层共同作用。影响结构与地层共同作用的因素很多，而且地下结构的受力特性在很大程度上还与地下工程的施工方法及施工步骤直接相关。因此，在进行地下车站结构设计时，一般采用结构计算、经验判断和实测相结合的信息化设计方法。

用于地下铁道车站结构静、动力计算的设计模型随结构形式和施工方法而异，软土地层中的浅埋车站结构一般采用荷载－结构模型计算，例如弹性地基框架、弹性地基圆环等；对于深埋或浅埋于岩层中的地铁车站结构（矿山法除外），一般可采用连续介质模型计算或以工程类比法设计。

根据我国地下铁道的建设特点，在很长一段时间内，仍以建设浅埋地下铁道为主，在这种情况下，地下铁道结构大多埋设在第三、第四纪的软弱地层中，地铁车站采用明挖法施工的较多。对于采用明挖顺作法修建的多层多跨矩形框架结构，通常按两种方法进行验算：一是按车站的结构形式、刚度、支承条件、荷载情况和施工方法模拟分步开挖、回填和使用阶段不同的受力状况，考虑结构体系受力的连续性，用叠加法或总和法计算。二是将其视为一次整体受力的弹性地基上的框架进行内力分析。

将车站按底板支承在弹性地基上的平面框架进行分析时，一般以水平弹簧模拟地层对侧墙的水平位移的约束作用，以竖向弹簧模拟地层对底板、侧墙底部的竖向位移的约束作用。

框架结构基底反力可以采用两种计算方法：假设结构是刚性体，则基底反力的大小和分布即可根据静力平衡条件求得；假设结构为文克尔地基上的矩形框架，根据地基变形计算基底每一点的反力。

在顶、楼板的横向框架内力计算中，要考虑因纵梁刚度不足（当跨度较大、截面高度较小时）、跨中挠度较大所产生的横向板带正负弯矩在纵向分布的不均匀性。与纵梁支座处的横向板带相比，在纵梁跨中处通常是板支座负弯矩减小，板跨中正弯矩增加。

顶板一般按纯弯结构计算。在进行中楼板、底板截面配筋计算时，可考虑侧向土压力对板产生的轴向压力，将其作为偏心受压构件进行计算，要考虑轴向力 N 的最大、最小可能值（施工阶段及使用阶段地下墙外侧压力变化所引起）及挠度对轴向力偏心距的影响（偏心距增大系数 v），以确保结构安全。对框架结构的隅角部分和梁柱交叉节点处，配筋时要考虑侧墙宽度的影响。当沿车站纵向的覆土厚度、上部建筑物荷载、内部结构形式变化较大时，或基底地层有显著差异时，还应进行结构纵向受力分析。

思 考 题

7-1　简述地铁线网规划的设计原则。

7-2　地铁客流预测年限是如何确定的？

7-3　简述地铁客流预测的内容与成果。

7-4　简述地铁线网的基本结构形式及对城市发展的影响。

7-5　简述地铁车站的建筑组成。

7-6　简述地铁站厅位置的布置方式及其特点。

7-7　简述地铁车站出入口的类型及其适用范围。

7-8　盾构法修建的隧道衬砌环内管片之间以及各衬砌环之间的连接方式，从其力学特性来看，可分为柔性连接和刚性连接。目前较为通用的柔性连接，常用的有哪几种形式？

7-9　采用矿山法修建的区间隧道衬砌应满足哪些基本要求？

7-10　综述地铁区间隧道的施工方法与结构形式。

8　城市地下综合体工程

8.1　概述

城市地下综合体是指为考虑地面与地下协调发展，合理利用地下空间，将交通、商业、娱乐、市政、办公、餐饮等三项以上功能组合成多种用途，并在各部分之间建立一种相互助益的能动关系的地下公共建筑的有机集合体。随着城市经济和社会的发展，以及集约化程度的不断提高，传统的单一功能的单体公共建筑已不能完全适应城市生活的日益丰富和变化，因而逐渐向多功能和综合化发展，例如在一幢高层建筑中，在不同的层面以及地下室中布置有商业、居住、停车等内容，这些内容有的位于地面以上，有的置于地下，形成了在功能上有一定联系，但又相互独立的综合体系。

当城市中若干个地下综合体通过地下铁道或地下步行系统联系在一起时，将形成规模更庞大的综合体群。

世界各地地下综合体建设发展都有各自的侧重点和特点。早在 20 世纪 30 年代初，日本东京地铁建成之后，便在地铁的人行通道两侧开设地下商场，形成早期的地下商业街。乘客不仅可以享受快捷的地下交通服务，缩短不同线路之间的换乘时间，还可方便乘客购物，促进商业发展。在长期的实践应用中，地下街的功能不断完善，已形成以地铁为主干，结合地下街、地下商城的城市地下综合体。美、英、法等国家的一些大城市，结合战后的重建和改建，在发展高速交通系统的同时，发展了多种类型的地下综合体。加拿大开发地下空间，把克服冬季积雪时间长对地面交通的影响作为重点内容，建设地下综合体，通过地铁和地下步行街将城市中心的高层建筑、商店、餐厅、旅馆、影剧院、银行等公共活动中心以及交通枢纽连接起来。现今，纽约、多伦多、蒙特利尔等城市都已修建有地下街系统，将地下交通、地下商场和地下停车场相结合，形成了规模巨大的地下综合体，获得了良好的经济效益和社会效益。

我国自 20 世纪 70 年代末开始，地下空间的利用从"战备"转向"平战结合"，不少城市结合城市规划修建、改建了许多人防工程。进入 80 年代以后，许多城市开始进行大规模的地下工程建设，有的建筑面积达数万平方米，既有地下停车场、地下商场、地下过街通道等单功能结构，也有将地下街道与地下商场相结合或者地下厅堂与地下车场相结合的多功能地下综合体。

限于我国的国情和经济能力，地下综合体的发展与经济发达国家相比存在较大差异。目前，城市综合体主要在一些条件较成熟的城市部分区域内进行建设。在城市地下综合体建设中，应考虑以下几条原则：

（1）解决地面交通问题应作为地下综合体建设的主要目的；

（2）多功能一体的开发应得到足够重视；

（3）充分保障环境的舒适性和人员、物资及设备的安全性；

（4）适当控制地下综合体商业用途的规模，注意投资回收期的资金运转能力；

（5）近期规划应符合城市长远发展的需要。

城市地下综合体是 20 世纪 60 年代左右出现的，由于城市迅速发展，城市地面空间日益局促，城市用地逐渐较少，使得地下空间综合工程类型发展十分迅速，尤其是城市中心区，容纳了越来越多的城市功能。这就要求将各项城市功能建筑进行整合并向地下发展，形成城市地下综合体。随着现代城市的不断发展，地下综合体在繁华都市中将起到越来越重要的作用，并成为解决城市矛盾的最佳途径。

根据城市地下结构与周围地面建筑相互之间的结合方式，可以将城市地下综合体分为以下三类：

（1）与高层建筑群结合的地下综合体。建设在高层建筑群下的地下综合体是地面建筑功能向地下空间的延伸，其内容和功能多与该高层建筑的性质和功能有关。例如纽约的曼哈顿区、芝加哥市中心区、多伦多市中心区等，这些地区地面建筑拥挤，街道阴暗狭窄，人车混杂严重，为了改善这种状况，城市建设者将高层建筑地下室与街道或广场的地下空间同步开发，使之连成一片，形成一个大面积的地下综合体。这样一来，地面公共广场、建筑空间和地下空间有机地结合为一个整体，使城市面貌及环境有了极大的改善。如图 8.1 为纽约市与罗切斯特大楼结合的地下综合体。

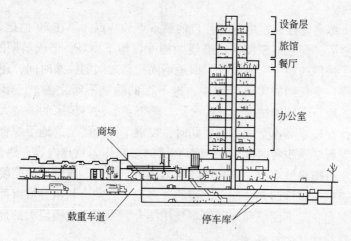

图 8.1   纽约市罗切斯特大楼剖面图

（2）城市广场和街道下的地下综合体。在城市的中心广场、文化休息广场、购物中心广场和交通集散广场，以及交通和商业高度集中的街道及街道交叉口，都适合于建设地下综合体。首先，广场和街道的地下空间比较容易开发，尤其是广场、建筑物和地下管线的拆迁问题和对地面交通的影响都较小；其次，这些地点的人流、车流相对集中，城市交通问题较为突出，需要对城市进行改造或再开发。

（3）新建城镇的地下综合体。新建城镇或大型居住区的公共活动中心，可将一部分交通、商业等功能放到地下综合体中，与地面公共建筑相配合，这样既可以节省土地，使中心区步行化，又可以克服不良气候的影响。这种地下综合体布置紧凑、使用方便，地面和地下空间融为一体，很受居民的欢迎。如图 8.2 为巴黎德方斯卫星城地下综合体。

地下综合体在城市发展中可以对地下空间资源实施有序的开发，进行统一规划布置，

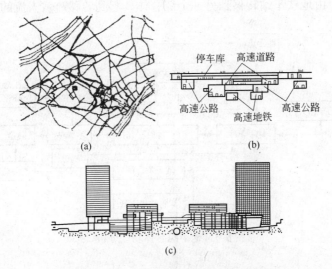

图 8.2 巴黎德方斯卫星城地下综合体

（a）区域图；（b）中心轴横剖面；（c）中心轴纵剖面

减少资源的浪费与损失；分担和提高城市繁华区的特有功能，解决城市地面空间开发过程中所产生的一系列矛盾；实施对原有城市建筑的保护，特别是对有历史代表意义的古街道、古城堡、教堂及建筑的保护。拆毁那些对城市面貌及环境有突出影响的建筑、街道及管线，将阳光、绿地、广场、花园留给自然界；改善城区旧貌，使城市更贴近自然，对城市的改造使城市地面空间成为独特的风景艺术。在并不减弱原有城市功能的同时，恢复城市地面空间的物理生态环境，包括明媚的阳光、绿色的植物、清新的空气、清洁的江水、自由生存的动物等。

现阶段我们在地下空间的利用上，地下综合体是最为常见的一种表现形式，它常常出现在城市中心区最繁华的地段，并和地下交通系统紧密结合。城市中心区规划、城市交通系统规划又恰恰是城市规划工作中的重点内容，由此可见，在新时期的城市规划理论中地下综合体在其中的地位是相当重要的，也在一定程度上影响着城市规划方案。

城市地下综合体是集交通、商业、娱乐等多种功能为一体的地下建筑，在功能上涉及地下商业、地下公共建筑、地下停车场以及地铁车站等，空间设计比较复杂。然而，与地面建筑相比，地下综合体空间相对封闭，进入其内部的人们很难用外界环境的变化来确定方位和感知时间，很容易迷失方向。因此，在地下综合体设计中，采用良好的易于理解的空间布局方式有利于人们建立空间的方位感，尤其在防灾避险中的作用更加明显。

8.2 城市地下综合体的空间组合

8.2.1 城市地下综合体空间功能组合

地下综合体的空间布局与组合是城市建设的重要组成部分，如果地下空间建筑的功能过于单一，而又没有与城市发展相结合，未考虑到不同时期扩展的需要，那么必将给城市建设带来负面影响。图 8.3 显示了地下综合体的空间功能组合情况，图中反映出地下综合体入口、步行街与地铁车站相互间的空间功能联系，其基本流线是人员从入口进入地下步行街或地铁车站，由地铁车站转移到另一个综合体，起到转移疏散人流的作用。

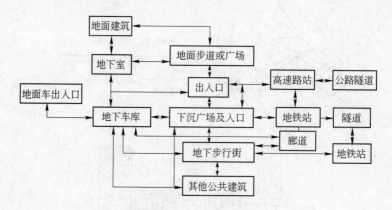

图8.3　地下综合体功能分析

8.2.2　城市地下综合体竖向空间组合

地下综合体主要通过竖向空间组合实现不同交通工具的功能分区问题。竖向组合方式是采用垂直分层式解决。基本关系是人流首先进入地下步行街，然后由步行街进入深层地铁车站；车辆由入口进入地下车库，存车后人员可以从车库进入地下街或返回地面街以及建筑。图8.4是地下综合体分层组合示意图，地下空间建筑划分为四部分，依次为地下步行街、地下车库、地下铁道车站、管线廊道，并连接两端的高速公路隧道，地下车库与地下街既可平行设在同一标高上，也可设在地下街下部。

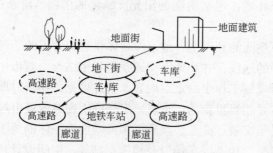

图8.4　地下综合体竖向空间组合关系

8.2.3　城市地下综合体平面空间组合

城市地下空间综合体的平面空间组合可以分为条形组合、广场式组合、发散式组合及集团式组合。

（1）条形组合。条形组合形式是我国大多数地下综合体开发的类型，其主要特点是在地面街道下方并受到街道和相邻建筑的限制，如图8.5所示。因此，条形组合常采用垂直分层进行地下空间的功能布置；一般是地下街、车库、公共建筑设在上面几层，而交通设施中地铁车站设在最下层，高速路车站既可在上，又可在下。

（2）广场式组合。广场式组合常建设在城市繁华区广场、公园、绿地、大型交叉道路

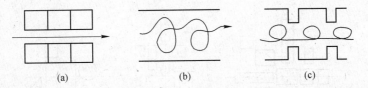

图 8.5 线式条形组合

(a) 走道式组合；(b) 穿套式组合；(c) 串联式组合

中心口等场所的地下，形成集地下过街通道、步行街集散厅、地下中间站厅等多种功能为一体的地下综合体，如图 8.6 所示。

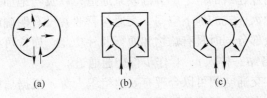

图 8.6 广场式组合

(a) 圆形；(b) 矩形；(c) 不规则形

（3）发散式组合。发散式组合是广场式与条形两种组合的结合。它由一个主导的中央空间和一些向外辐射扩展的线式组合空间所构成，发散式组合具有向外扩展的特征，如图 8.7 所示。

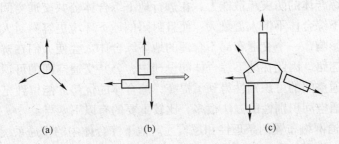

图 8.7 发散式组合

(a) 三角式；(b) 四角式；(c) 多角式

（4）集团式组合。集团式组合是由各个独立空间紧密连接起来而形成的整体，常由不同形式的类似功能空间相互连接而成。如地下街与地下室的连接，地下广场与地下车库的连接等。每一组的组合形式可以为条形、广场式或发散式。因此，集团式组合在形式上较其他形式复杂，如图 8.8 所示。

8.2.4 地下综合体的公共交通工程

地下综合体的内部空间可分为使用空间、交通空间和辅助空间。其中公共交通空间是地下综合体中很重要的组成部分，也是人们在地下空间中心理问题反映最突出的部分。

地下综合体的公共交通空间包括三个层次上的内容。首先，包括地下建筑空间内部的

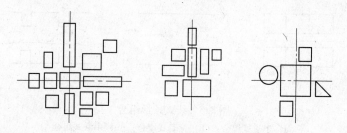

图 8.8　集团式组合

交通联系部分。其次，它包括地下使用空间部分与地下停车场、地铁车站检票口以外的交通联系部分，与地面商业建筑的地下部分的联系通道，以及与地面广场、地面交通的联系部分。此外，对于营业大厅式的地下空间，交通与营业并没有明确的界限，因为除柜台和售货所占空间外，其余部分同时具有购物和通行两种功能。通常可将柜台之间的距离减去1.2m（即相对柜台前各站一排人），看作步行交通通道。

地下综合体中公共交通空间可以合理有效地组织人流，根据功能区划，不同功能位于地下建筑的不同方位。人们为了满足不同的需求，必然需要在不同空间之间来回走动，合理的交通空间为人们提供这种走动的可能性。同时，在发生灾害时，交通空间的重要性将更加突出，大量的人流将通过交通空间被及时的疏散到建筑外部。

在地下综合体的公共交通空间中，建筑入口空间、室内步行商业街、中庭空间是最基本的空间要素，而且也是最能影响塑造建筑个性、特色的空间，是人们的交通和交流场所，是空间的骨架和精髓。

为提高地下综合体的防灾疏散能力，在进行地下综合体公共交通空间设计中，应注意提高识别性。地下综合体不但人流量大，而且封闭的地下环境更容易对人方向的识别能力产生一定程度的影响，一个交通布局不合理的地下综合体，会使人们在辨别方向上花费更多的时间，甚至迷路。因此在地下综合体的设计中，公共交通空间的可识别性是一个设计重点，只有当交通空间的可识别性得到了提高，综合体的优势才能得到充分体现。

提高公共交通空间识别性的方法很多，比较重要的有以下两点：

（1）强化交通网络布置的条理性和逻辑性。地下综合体中的交通系统应该有一定的逻辑关系，易于让人找到其中的规律。尽量设计成网格状的地下交通系统，这样的交通路线便于查找和推理。在条件允许的情况下，还可同地面交通系统结合设计，使它们之间建立一定的上下对应的关系。因为人们已经熟悉了地面的交通情况，如果地下与地面交通属于同一个设计系统，那么人们在进入地下综合体后就能在短时间内适应陌生的地下交通环境。

（2）提高交通网络的空间可达性。地下综合体中包括各种建筑功能的组合，在不同的功能之间必须建立密切的联系，方便人流的到达和离开。可达性的提高需要在平面和竖向两个维度上同时入手，不但要加强地下综合体内部各功能之间的人行组织，而且还要积极主动地提高地下综合体中各个组成部分与地面之间的直接上下联系。

8.2.5　城市地下综合体空间设计原则

地下综合体的内部空间设计是一个综合性的问题，为了创造良好的室内空间环境，在地下空间的设计中应遵循以下几方面的原则：

（1）功能完善、分区合理。地下综合体在功能上不仅包括商业、娱乐、购物、交通、停车等，还要考虑与地面交通、地铁车站保持方便、快捷的联系。合理的功能分区，尤其是竖向的功能分区，在地下综合体的空间组织中尤为重要。另外，在地下封闭的环境中，人们因无法利用周围环境的变化来识别方向，无法确定自己所处的位置而产生恐惧感，这是地下商业建筑中应着重要解决的问题。因此，地下商业建筑功能分区明确对于建立完整的空间秩序感，帮助人们很快地认知环境，在地下综合体的设计中有很重要的现实意义，清晰的空间布局对于疏散防灾也是很有利的。

（2）注重公共空间的设计。现代建筑越来越注重公共空间的设计。在地下综合体的公共空间中，步行街、中庭或是最基本的空间元素，入口空间、室内步行商业街和中庭空间的设计最能影响造就空间的个性、特色，它们是公众的交通与交流空间，是空间的骨架。因此，大型地下综合体的设计，本质上讲就是公共空间的设计。

（3）改善人的心理环境。地下建筑与地面建筑相比，通过建筑的空间布局来改善人的心理环境是地下商业建筑设计的重点。因此，在地下商业建筑的设计中，创造一个易于理解的空间结构，加强空间的方向感，使人身处其间而不感到迷惑，进而能够把握住整个空间模式。空间还应尽可能创造出一种清晰的形象，以弥补外部景象的不足而造成的空间单一性，使得室内空间多样化以加强空间的可识别性。

8.3　地下街道

修建在城市中心区、商业区繁华街道下或客流集散量较大的车站广场下的地下综合性建筑称为地下街道。它通常将商业、停车和过街等几项功能集于一体。

8.3.1　地下街道的组成部分

地下商业综合体中是否要停车场，与很多因素有关。例如其所在的位置、地上交通的状况、环境要求、地下商业建筑的经营管理体制等。一般来说，在地下商业综合体内设停车场有很多优点，如使用方便、结构合理、管理统一等。

地下商业综合体的商业部分可分为营业部分、交通部分和辅助部分。营业部分是商业部分的主体；交通部分是顾客出入、人流集散、选购商品和货物运输所必需的；辅助部分的主要内容是仓库和机房等，是维持地下商业正常运营所需的设备用房，而其他诸如行政管理用房，除总控制室、防灾中心和少量办公室外，一般不应放在造价昂贵的地下。

在营业部分、交通部分和辅助部分之间，应当保持一个合理的比例关系。营业面积与交通面积的比例关系至关重要，因为商业的经济效益与营业面积成正比；但是如果过分看中经济效益而压缩交通面积，则可能会造成人员拥挤，购物环境质量差，适得其反。

从表 8.1 中可以看出，日本地下街营业面积与交通面积之比平均为 1：0.74，辅助面积平均占总建筑面积的 3.2%，与营业面积之比为 1：16.7。这些面积比例在我国的地下商业建筑设计中是值得借鉴的。

表 8.1　日本地下街面积分配表

地下街名称			总建筑面积	营业面积		交通面积		辅助面积
				商业	休息厅	水平	垂直	
东京八重洲地下街	m²		35584	18352	1145	11029	1732	3326
	%		100	51.6	3.2	31.0	4.9	9.3
大阪虹之町地下街	m²		29480	14160	1368	8840	1008	4104
	%		100	48	4.6	30.0	3.4	14
名古屋中央公园地下街	m²		20376	9308	256	8272	1260	1280
	%		100	45.7	1.3	40.6	6.1	6.3
东京歌舞伎町地下街	m²		15637	6884	—	4014	504	4235
	%		100	44.0		25.7	3.2	27.1
横滨波塔地下街	m²		19215	10303	140	6485	480	1807
	%		100	53.6	0.8	33.7	2.5	9.4

注：清华大学董林旭教授统计分析。

8.3.2　地下街道横断面和纵剖面设计

8.3.2.1　横断面设计

地下街道的设计涉及横断面设计和纵剖面设计，横断面设计包括拱形断面、平顶断面及拱、平结合断面等。

（1）拱形断面。拱形断面是地下工程中最常见的横断面形状，优点是工程结构受力好，起拱高度较低（约 2m 左右），拱部空间可充分利用，能充分显示地下空间的特点，如图 8.9 所示。

（2）平顶断面。平顶断面是拱形结构加吊顶，也可直接将结构的顶板做成平的。平顶剖面打破了拱形空间的单调感，如图 8.10 所示。

（3）拱、平结合断面。在中央大厅做成拱形断面，而在两边做成平顶的，称为拱、平结合断面，如图 8.11 所示。

图 8.9　拱形断面

图 8.10　平顶断面

图 8.11　拱、平结合断面

受地下空间的限制，地下商业街横断面的尺寸不宜过大，一般步行街的宽度约 5 ~ 6m；道路两侧的店铺进深可以因地制宜，不必强求一致，一般在 12 ~ 16m，而铺面宽度则根据业主需要进行分隔。地坪至吊顶的距离一般控制在 2.4 ~ 3.0m。若采用空调，层高可适当降低一些。

8.3.2.2 纵剖面设计

地下街的纵剖面一般随地表面起伏而变化，但其最小纵向坡度必须满足排水要求，一般不得小于3/1000。

8.3.3 地下街结构类型

地下街的结构形式一般有直墙拱、矩形框架和梁板式结构三种。对于主要交通干道下的人行过街通道，施工时为了不影响交通的正常进行，也常采用暗挖法施工。

地下街主要结构形式：

（1）直墙拱。直墙拱一般用在人防工事改建而成的地下街中。墙体部分通常用砖或块石砌筑，根据拱部跨度大小可采用预制混凝土拱或采用现浇钢筋混凝土拱。拱顶部分按照其轴线形状又可分为半圆拱、圆弧拱、抛物线拱等多种形式。

（2）矩形框架。采用明挖法施工时，多选择矩形框架，其开挖段面最经济且易于施工。由于矩形框架的弯矩较大，故一般都采用钢筋混凝土结构。

（3）梁板式结构。对于地下水位较低的地区，采用明挖法施工时，可选择梁板式结构。其顶、底板为现浇钢筋混凝土，围墙和隔墙为砌体结构，在地下水位较高或防护等级要求较高的地下街中，一般（除内隔墙外）均做成钢筋混凝土结构，如图8.12所示。

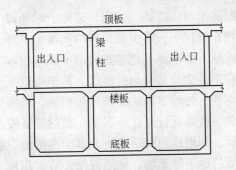

图8.12 钢筋混凝土结构示意图

地下街的结构设计可根据结构类型，分别采用直墙拱、矩形框架结构或梁板式结构的设计方法。

一般来说，位于沿海平原地区大城市的地下商业街一般覆土较浅，多为明挖法施工。结构形式分为矩形框架结构（小跨度）和梁板式结构（大跨度空间）。其结构计算方法类同于地下铁道车站结构受力分析。

位于山区岩石地质城市的地下街，覆土深浅不一，大多用矿山暗挖法施工。其结构形式类似于拱形、直墙拱形，结构计算和断面设计类似于一般的山岭隧道设计。

8.4 地下停车场

地下停车场是指建筑在地下用来停放各种大小机动车辆的建筑物，也称地下（停）车库，有时地下停车场也提供低级保养和重点小修业务服务。在我国，一些城市还建有用于专门停放自行车的地下停车场。

随着汽车工业的迅速发展和城市化进程的加速，大型城市的汽车停放问题日益突显。

国外大城市停车场地的选择也经历了由最初的路边停车发展到开辟专用露天停车场；再到 20 世纪 60 ~ 70 年代大量建造多层停车场，后又发展了机械式多层停车场的过程。与此同时，利用地下空间解决停车问题逐渐受到重视，地下公共停车场有了很大发展。

由于缺乏远景规划，以往我国的城市建设极少考虑车辆停放问题，因而造成目前地面停车场少的现象；又鉴于我国大城市用地极为紧张，因此，在城市中心区开发利用地下空间、建设地下停车场是解决停车问题的主要途径。

8.4.1　地下停车场的分类、形式及特点

地下汽车停车场，按其建筑形式、使用性质、运输方式、地质条件和设置场所等有不同的分类方式，见表 8.2。

表 8.2　地下停车场的分类

按建筑形式分	按使用性质分	按运输方式分	按地质条件分	按设置场所分
单 建 式	公共停车场	坡 道 式	土层地下车场	道路地下车场、公园地下车场
附 建 式	专用停车场	机 械 式	岩层地下车场	广场地下车场、建筑物地下车场

8.4.1.1　单建式和附建式地下停车场

单建式地下停车场一般建于城市广场、公园、道路、绿地或空地之下，主要优点是对地面上的城市空间和建筑物影响较小，除少量出入口和通风口外，顶部覆土后可为城市提供开敞空间。而且，单建式地下停车场可建造在城市中那些根本无条件布置地面多层停车场的地方，如广场、街道或建筑物非常密集的地段，甚至可以利用一些沟、坑、旧河道等地方，修建地下停车场后填平，为城市提供新的平坦用地，或提供新的绿地。

附建式地下停车场是在一些需就近兴建停车场，而附近又没有足够的空地建设单建式停车场的大型公共建筑场所，利用地面高层建筑及其裙房的地下室布置的地下停车场，称为附建式停车场。这种类型的地下停车场，使用方便，节省用地，规模适中，但设计中最大的困难在于选择合适的柱网，同时满足地下停车和地面建筑使用功能的要求。对于采用高低层组合形式的大型公共建筑，可将地下停车场布置在低层部分的地下室中，减小对地面建筑功能使用的影响。

8.4.1.2　公共停车场和专用停车场

建设停车场的主要目的是为了满足城市停车需要，改善城市静态交通环境。这类停车场大多是供车辆暂时停放的场所，具有公共使用性质，是一种市政服务设施，故称公共停车场。

公共停车场的需要量大，分布面广，是城市停车设施的主体。在进行地下停车场设置时，应根据实际需要和可能，使公共停车场具有一定的容量，保持适当的充满度和较高的周转率，既要保障较高的单位面积利用率，又要便于车辆进出和停放方便，以保证公共停车场发挥较高的社会和经济效益。

专用停车场是所有者自己使用的停车场，直接为某一特定范围内的旅客、顾客和职工服务。我国一些城市在 20 世纪 70 年代曾结合人防工程建设，修建了若干为战时人防专业队使用的专用地下车场，用于停放消防车、救护车、工程车等。

8.4.1.3　坡道式和机械式地下停车场

坡道式停车场又称自走式停车场。这种停车场的优点是坡道的造价低，可以保证必要的进、出车速度，且不受机、电设备运行状况的影响，运行成本也较低。与机械式相比，自走式的主要缺点是用于交通运输的使用面积占整个车场面积的很大比重，两者的比例接近于0.9∶1，其面积的有效利用率大大低于机械式停车场。另外，由于汽车尾气排放还需相应增大车场通风量。

8.4.1.4　土层和岩层中的地下停车场

在土层中建造的地下停车场，由于其多数埋深较浅，因而多采用明挖法施工。然而，在土层还是岩层中建停车场并不能看作是浅埋与深埋的区别。有的城市地下土层很厚，土质很好，地下水位不高，或浅埋工程与原有的浅层地下设施有较大矛盾时，可以考虑用暗挖施工方法在土层中建造深埋地下停车场。在建设中可以与城市地下交通系统统一部署，节省在结构、施工、垂直运输等方面的高额费用。

我国一些城市依山而筑，也有的城市土层很薄，地下不深处即是基岩，如大连、青岛、厦门、重庆等，可以在浅埋岩层中建造地下停车场。

在岩层中建造的地下停车场，与在土中浅埋的停车场有很大不同，主要特点是布置比较灵活，一般不需要垂直运输，当地形、地质条件比较有利时，规模几乎可不受限制，对地上和地下的其他工程基本上没有影响，节省用地的效果明显。在地质条件允许的情况下，停车场洞室跨度可以加大，由于没有柱子对行车的遮挡，面积利用率比土中浅埋的停车场要高。

但是，因岩石中的洞室作为停车场多是单跨，当停车场规模较大时，要由多个单独的停车间组成，使工程平面狭长，车辆在场内水平行驶的距离较长，行车通道面积在停车场面积中所占比重较高。

8.4.2　地下停车场设计

地下停车场主要由停车间、通道、坡道或机械提升间、出入口、调车场地等组成。这些部分的设计是地下停车场设计的主要内容。

地下小客车停车场按容量可分为五级：Ⅰ级停放400辆以上；Ⅱ级停放201~400辆；Ⅲ级停放101~200辆；Ⅳ级停放26~100辆；Ⅴ级停放25辆以下。地下公共停车场，按每辆车20~40m²估算，辅助设备面积可按停车间的10%~15%估算。坡道面积在总建筑面积中所占比例，应达到一定值，对于专用车库占65%~75%比较合适；对公共车库占75%~85%为宜。

8.4.2.1　停车间

停车间的设计主要依据车型、车辆存放与停驶方式。

（1）车型。目前，我国车辆以进口车为主，牌号和型号复杂，而国产车也正处于改型、发展阶段，没有统一标准车型；同时，我国城市的停车需求，除小汽车外，还有相当数量的旅行车、工具车和载重车。一般来说，大型客车和载重量超过5t的载重车，不宜作为地下停车场的服务对象。汽车设计车型的外廓尺寸见表8.3。

（2）车位尺寸。停车间内车辆之间应保留足够的安全距离以及行动空间，因此在标准车型确定后，还需进一步确定每一个停车位的基本尺寸，即车型尺寸加上周围所需的安全距离。有关安全距离的最小尺寸建议值见表8.4。

表8.3　汽车设计车型外廓尺寸　　　　　　　　　　（m）

车 型	总 长	总 宽	总 高
微型车	3.50	1.60	1.80
小型车	4.80	1.80	2.00
轻型车	7.00	2.10	2.60
中型车	9.00	2.50	3.20（4.00）
大型客车	12.00	2.50	3.20
铰接客车	18.00	2.50	3.20
大型货车	10.00	2.50	4.00
铰接货车	16.50	2.50	4.00

表8.4　确定车位尺寸的有关安全距离　　　　　　　　　　（m）

车型	停放条件	车头距前墙（或门）	车尾距后墙	车身（有司机一侧）距侧墙或邻车	车身（无司机一侧）距侧墙或邻车	车身距柱边
小汽车	单间停放	0.7	0.5	0.6	0.4	0.3
小汽车	开敞停放	0.7	0.5	0.5	0.3	0.3
载重车	单间停放	0.7	0.5	0.8	0.4	0.3
载重车	开敞停放	0.7	0.5	0.7	0.3	0.3

（3）车辆存放方式和停驶方式。车辆的停驶方式主要指车辆进出车位的方式，如图8.13所示。

车辆在停车间内的停放方式应充分考虑停车的方便程度和每辆车所占用的停车间面积大小。车辆的存放方式主要指车辆停放后，车的纵轴线与建筑轴线所成的角度，一般0°、30°、45°、60°和90°为常见。

8.4.2.2　停车场线路设计

车辆的停放，无论是室内还是露天，都要占用一定的场地，它包括停车车位和进出车的行车通道，这些面积的总和约为车辆本身投影面积的3～4倍。汽车在通道内回转时，通常为平面内圆曲线。汽车从直线进入圆曲线前的某一路段内，逐渐改变前轮转角才能进入圆曲线，即从直线过渡到圆曲线。汽车的行驶曲率半径是不断变化的，这一变化称为缓和曲线。大型地下停车库进出环线，应设置缓和曲线，以使离心加速度逐渐变化，减少因方向改变所产生的侧向冲击；同时，通过曲线曲率的逐渐变化，可适应汽车转向操作行驶轨迹及线路顺畅，协调美观。此外，缓和曲线还可以作为横向超高的过渡段，减少行车的振荡。汽车回转时，当环道内外半径不同时，最小道宽尺寸因车体不同，二者呈反比关系。

机动车辆最大爬坡能力技术指标，小汽车为18°～24°，普通载重车为22°～28°。从国外经验和我国情况出发，地下停车场坡道纵向坡度的建议值见表8.5。

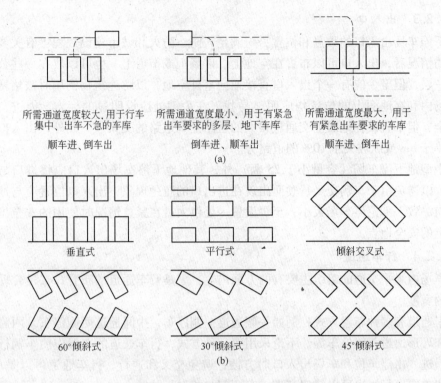

图 8.13 车辆停驶方式和存放方式

（a）车辆停驶方式；（b）车辆存放方式

表 8.5 地下停车场坡道纵坡（建议值）

车型	坡度	直线坡道		曲线坡道	
		百分比（%）	比值（高：长）	百分比（%）	比值（高：长）
微型车 小型车		15	1:6.67	12	1:8.3
轻型车		13.3	1:7.50	10	1:10
中型车		12	1:8.3		
大型客车 大型货车		10	1:10	8	1:12.5
铰接客车 铰接货车		8	1:12.5	6	1:16.7

注：曲线坡道坡度以车道中心线计。

多层车库的坡道和出入口是汽车出入的通道，是多层地下车库的重要组成部分。在整个地下车库的面积、空间、造价等方面占有相当大的比重。坡道的数量必须满足防火规范要求，且取决于进出车辆的数量、速度，车辆在库内水平行驶的长度，出入口的位置和数量等因素。对直线坡道，小汽车可取 10% ~ 15%，载重车取 8% ~ 12%。对曲线坡道，小汽车纵坡坡度可取 8% ~ 12%，载重汽车取 6% ~ 10%。随着国内外汽车质量的提高，可适当加大以往设计中使用的纵坡坡度。

8.4.2.3　出入口

地下停车场出入口的数量和位置，应满足人防、防火和城市建设规程等有关要求。从地面上的情况看，出入口可以布置在空地上、广场上或街道上，也可以放在一些公共建筑的地上一层，但至少应有一个出入口直接通向室外空地，以防建筑物倒塌时被堵塞。出入口在车场内和在地面上的位置均应明显易找，在关键处应设明显的标志，使进、出车方便、安全，但不宜设在地面上交通量很大的道路上和道路的交叉点。此外，出入口不应设在宽度小于6m或纵坡大于10%的道路旁。

除小型地下停车场（容量小于25辆）外，其他地下停车场出入口应将进口与出口分开设置，以避免由于车辆交叉行驶而出现在进出口的瓶颈现象，出入口位置应与地面车辆行驶方向一致。不论停车场大小，至少设置一处供人员在紧急情况时使用的安全出口，直通地面上的安全地点。

8.4.2.4　行车通道

停车场内水平交通的组织主要有两方面内容：一是行车通道的布置；二是合理确定行车通道的宽度。

行车通道有多种布置方式，例如一侧通道一侧停车，中间通道两侧停车，两侧通道中间停车和环形通道两侧停车等。不论采用哪一种方式，行车通道的布置应使车辆行驶时路线短捷，进、出停车位和车场出入口时方便，避免交叉和逆行。行车通道可以是单车道，车辆一律单向顺行；也可以是双车道，车辆双向相对行驶。

目前，国内外采用中间通道两侧停车的方式较多，这种行车通道的利用率较高。对于有紧急进、出车要求的停车场，常采用两侧通道中间停车的布置方式。

8.4.2.5　停车间的柱网选择

停车间是地下停车场的主要组成部分，其柱网尺寸受两方面影响：一是停车技术要求，二是结构设计要求。综合分析柱网尺寸的影响因素，确定一个最经济合理的方案，是地下停车场工程设计的主要内容之一。一般以停放一辆车平均需要的建筑面积作为衡量柱网是否合理的综合指标，并同时满足以下几点基本要求：

（1）适应一定车型的存放方式、停驶方式和行车通道布置的各种技术要求，并保留一定的灵活性；

（2）保证足够的安全距离，使车辆行驶通畅，避免碰撞和遮挡；

（3）尽可能缩小停车位所需面积以外的不能充分利用的面积；

（4）结构合理、经济、施工简便；

（5）尽可能减少柱网种类，统一柱网尺寸，并应保持与其他部分柱网协调一致。

柱网由跨度和柱距两个方向上的空间组成。在多跨结构中，几个跨度相加后和柱距形成一个柱网单元。对于停车间来说，停车场柱距尺寸的确定主要取决于两柱之间所停放的车型尺寸和车辆数量，以及必要的安全距离。跨度指车位所在跨度（简称车位跨）和行车通道所在跨度（简称通道跨），这两个跨度的尺寸不易统一。

柱距、通道跨和车位跨三者之间有一定的关系，当加大柱距时，柱子对出车的阻挡作用减小，通道跨尺寸随之减小，但加大到一定程度后，柱子不再成为出车的障碍，这时通道跨的尺寸主要受两侧车位外端点的控制；当柱距固定，调整车位跨尺寸时，通道跨尺寸也随之变化，车位跨尺寸越小，即柱子向里移，所需行车通道的宽度越小，超过车后轴位置后，柱子不再成为出车的障碍，如将柱向外移，超过停车位前端线后，通道跨尺寸则需要加大。

在选择停车间柱网时，除满足停车技术要求和使用面积达到最优外，还应考虑结构上是否经济合理，包括结构跨度尺寸不应过大，材料消耗量要小，结构构件尺寸合理，在平面和高度上不过多占用室内空间，跨度与柱距的比例适当，见表8.6。岩层中地下停车场的柱网选择应适合岩层压力分布规律，有利于岩层控制。

表8.6　停放方式比较

停 车 类 型	小 轿 车			载重车、中型客车		
两柱间停车数/辆	1	2	3	1	2	3
最小柱距/m	3.0	13.4	7.8	3.9	7.2	9.9
车库类别	多层车库和地下车库			地下车库		

注：1. 一般采用柱网尺寸为3.4～7.8m，超过8m的柱网不够经济；

　　2. 表内尺寸系指一般常用车型，特殊车型可适当增大。

8.4.2.6　地下停车场的结构设计

土中浅埋地下车库一般采用矩形框架结构。大部分为梁板式矩形框架结构，也有无梁楼盖结构体系。其层高除考虑与车辆本身的高度和必要安全距离（0.2m）外，还需考虑安装各种管道所需的高度。标准车型停车间净高不小于2.4m，矩形框架层数，一般认为二、三层为宜。柱网间距应考虑满足行车安全，又使结构合理，施工简便。土中浅埋地下车库结构计算类似于浅埋地下铁道车站分析方法。

岩石中建设的地下停车场可采用钻爆法施工，由于受力条件要求结构形式多为拱形、通道距离较长，停车间洞室的布置可比较分散，依据地下车库所处围岩分类不同，采用不同的临时支护和永久衬砌形式，其设计施工方法类似于铁路公路隧道的设计施工方法，应用最广泛的是变形监测信息反馈的设计施工方法，即新奥法。

思 考 题

8-1　简述地下综合体的设计要点。

8-2　地下综合体平面组合形式有哪些？

8-3　地下综合体空间组合原则是什么？

8-4　如何提高地下交通系统中的可识别性？

8-5　地下商业街的主要结构类型有哪些？

8-6　简述地下街结构的设计方法。

8-7　地下停车场停车间的设计应考虑哪些因素？

8-8　地下停车场的柱网选择中应注意哪些环节？

8-9　简述土中浅埋地下车库的设计方法。

8-10　简述岩石中地下车库的设计方法。

9　防空地下室工程

9.1　概述

9.1.1　人防工程的定义、分级及分类

9.1.1.1　人防工程的定义

人防工程是人民防空工程的简称，也称民防工程。人防工程的主要作用是在战时掩蔽人员、物资以及保护人民生命财产安全，有效地保存有生力量和战争潜力，以长期稳定地支持反侵略战争。人防工程是国家战略威慑力量一个组成部分，也是国家战略防御的一个重要方面。自 20 世纪 80 年代以来，我国的人防工程建设执行平战结合、与城市建设相结合的方针，取得了显著的建设成就，特别是在人防建设与城市建设相结合方面得到了长足的发展，人防工程的用途更加广泛，规模越来越大。

9.1.1.2　人防工程建设的方针

"长期准备、重点建设、平战结合"，是当前我国人防工程建设的方针。将人防工程建设与城市建设相结合，符合现代化城市和平时期自然灾害和突发事故防护要求。在人防工程的平面布置、结构选型、通风防潮、采光照明和给排水等方面，应采取相应的措施，在确保战备效益的前提下，充分发挥社会效益和经济效益。

9.1.1.3　人防工程的分级、分类

A　人防工程的分类

人防工程按所处地层条件和施工方法的不同分类，可分为坑道式、地道式、掘开式和附建式。

（1）坑道式。指建筑于山地或丘陵地，其大部分主体地面与出入口基本呈水平的暗挖式人防工程。

（2）地道式。指建筑于平坦地带，大部分主体地面明显低于出入口的暗挖式人防工程。

（3）掘开式。指埋深较浅，采用明挖法施工，其上方没有其他永久性地面建筑物的人防工程，也称单建掘开式。

（4）附建式。指具有战时防空功能，采用明挖法施工建造，而且在其上方建有永久性地面建筑物的人防工程。

人防工程按照战时的使用功能分类，可分为：指挥通信工程、医疗救护工程、防空专业队工程、人员掩蔽工程和配套工程。

（1）指挥通信工程。指挥通信工程即各级人防指挥所，是保障人防指挥机关战时能够不间断工作的人防工程。

（2）医疗救护工程。指战时为救治伤员修建的医疗救护设施。根据医疗分级和任务的不同分为三等：一等为中心医院；二等为急救医疗；三等为救护站。

（3）防空专业队工程。指战时保障各类专业队掩蔽和执行勤务而修建的人防工程。防空专业队伍包括抢险抢修、医疗救护、消防、治安、防化防疫、通信、运输等专业队伍。

（4）人员掩蔽工程。指战时供人员掩蔽使用的人防工程。根据使用对象的不同，人员掩蔽工程可分为两等，一等人员掩蔽工程是为战时坚持生产和工作的留城人员掩蔽的工程；二等人员掩蔽工程是为战时留城的居民提供掩蔽的工程。

（5）配套工程。指战时用于协调防空作业的保障性工程，主要有区域电站、供水站、食品站、生产车间、疏散干（通）道、警报站、核生化监测中心等。

B 人防工程的分级

人防工程的抗力等级分为 1 级、2 级、2B 级、3 级、4 级、4B 级、5 级、6 级、6B 级等级别。抗力等级主要用以反映人防工程能够抵御敌人核、生、化和常规武器袭击能力的强弱，是国家设防能力的一种体现。抗力等级按照防核爆炸冲击波地面超压的大小和不同口径常规武器的破坏作用划分，抗力等级不同，抵抗武器破坏效应、通风、洗消、供电照明、给排水等功能要求不同。1 级、2 级、2B 级、3 级抗力等级较高的坑道、地道、掘开式人防工程按照《人民防空工程设计规范》（坑道、地道、掘开式工事）规定设计；4 级、4B 级、5 级、6 级、6B 级人民防空地下室按照《人民防空地下室设计规范》规定进行设计。

我国地域辽阔，城市（地区）之间的战略地位差异悬殊，威胁环境十分不同，为了考虑这种差异，做到合理设计，《人民防空地下室设计规范》又把防空地下室区分为甲、乙两类。甲类防空地下室战时需要防核武器，防常规武器、防生化武器等；乙类防空地下室不考虑防核武器，只防常规武器和防生化武器。至于防空地下室是按甲类，还是按乙类修建，应由当地的人防主管部门根据国家的有关规定，根据该地区的具体情况确定。

9.1.2 防空地下室结构的特点

防空地下室是指在地面建筑的首层地面以下及土中建造的具有一定防护抗力要求的地下或半地下工程，属于附建式地下建筑。防空地下室与普通地下室的区别在于，防空地下室要满足战时防护和使用要求，具有规定的设防等级，能够保障隐蔽人员的安全，而普通地下室在战时必须经过改造转换才能达到相应的防护能力。

由于防空地下室附建于上部地面建筑的下方，因此，它作为地面建筑物的一部分，可以结合基本建设进行构筑。在第二次世界大战以后，各国都在大量投资修建防空工程，目前仍在继续进行建设。据资料介绍，美国民防掩蔽部可容纳人数占总人口的 80%，全国 11 个城市的地铁约有 1100 余千米，纽约市就有 255km，可掩蔽 450 万人。俄罗斯民防工程可掩蔽全国人口的 80% 左右，莫斯科地铁战时可掩蔽 350 万人口。瑞士民防掩蔽部可容纳人数占总人口的 89%。以色列民防掩蔽部可容纳 100% 的人口。英国《民防法》规定："新建楼房均应设计地下室，从 1980 年开始执行家庭掩蔽部计划，标准至少 $1m^2$/人，净空高度不低于 2m。"法国规定 5 万人口以上的城镇，都要修建防空地下室。在我国，防空地下室是人防工程建设的重点，国家要求在新建、改建的大、中型工业交通项目和较大的民用建筑中，要按建筑面积比例同时构筑防空地下室，并在本地区人防规划和城市规划的统一安排下，将经费、材料纳入基本建设计划，按照国家基本建设程序及要求进行设计和施工。

结合基本建设修建防空地下室与修建单建式人防工程相比，有以下优越性：

（1）节约建设用地；

（2）在战时人员和设备容易迅速转入地下；

（3）增强上层建筑的抗地震能力，在地震时可作为避震室使用；

（4）上层建筑对战时核爆炸冲击波、光辐射、早期核辐射以及炮（炸）弹有一定的防护作用，防空地下室的造价比单建式的要低；

（5）便于施工管理，能够保证工程质量，同时也便于日常维护。

但是，防空地下室的土方量较大，结构构造比较复杂，施工周期长，影响上部地面建筑的施工速度。在战时，地面建筑遭到破坏时容易造成出入口的堵塞，甚至引起火灾。由于在战时核爆炸或大规模燃烧弹袭击作用下引发的全域性的火灾，会在地面上形成长时间的高温，使得地下室内部温度过高而使室内人员无法生存，无法转移，造成重大人员伤亡。在第二次世界大战期间，造成房屋破坏和人员伤亡的一个主要原因就是大型火灾。因此，在防空地下室设计中必须满足防火的要求。

现代战争对防空地下室结构的要求是根据核爆炸的杀伤因素（冲击波、光辐射、早期核辐射、放射性沾染）、化学武器与生物武器的杀伤作用确定的，其中对承重结构有决定意义的是核爆炸因素（例如冲击波）的破坏作用。防空地下室结构不仅承受上部地面建筑传来的静荷载，而且在战争中受到敌人袭击时，地面建筑一旦遭到破坏，地下室结构还将承受核爆炸冲击波的动荷载。这种动荷载的数值比一般工业与民用建筑中的静荷载大几十倍甚至几百倍，且不是长期作用在结构上，与静荷载相比，它具有作用时间短暂的特点。在这样的动载作用下，虽然结构变形超出了弹性范围，出现了塑性变形，但只要结构的最大变形不超过其破坏时的极限变形，在荷载消失后，即使有一定的残余变形，结构仍然有一定的承载能力。因此考虑人防要求的结构，不同于普通的工业与民用建筑结构的一个特点，就是允许结构出现一定的塑性变形。

在实际工程中，防空地下室的顶板一般都采用钢筋混凝土结构，可以按弹塑性阶段进行设计。考虑结构在弹塑性阶段的工作，充分利用了材料的潜在能力，节省钢材，具有很大的经济意义。试验结果也表明，在核爆炸动荷载作用下，钢筋混凝土结构可以按弹塑性阶段设计。由于核爆炸动荷载的作用仅在很短的时间内使结构产生变形，这种变形一般不会危及防空地下室的安全。而且，根据动荷载设计的结构具有足够的刚度和整体性，它在静荷载作用下不会产生过大的变形。因此对防空地下室结构不必进行结构变形的验算。在控制延性比的条件下，不再进行结构构件裂缝开展的计算，但对要求高的平战结合工程可另做处理。考虑到核爆炸压缩波不仅作用在地下结构上，还作用在地下室周围的土层中，使四周土层在一定深度范围内产生压缩变形（弹性的和塑性的），这样就使结构不均匀沉陷的可能性相对减少，而结构整体沉陷不会影响结构的使用，并且这种地基变形也是瞬时的，因此，也不必单独验算地基变形。当然，对于大跨度地下室采用条形基础或单独基础的情况，应另作考虑。

9.1.3　防空地下室的结构类型

防空地下室的结构类型主要包括梁板式结构、板柱结构、箱形结构以及其他结构。

9.1.3.1　梁板式结构

梁板式结构是由钢筋混凝土梁和板组成的结构。除个别作为指挥所、通讯室外，大部分防空地下室在战时是作为人员掩蔽工事、地下医院、救护站、生产车间、物资仓库等使用，属于大量性防空工事，防护能力要求相对较低。其上部地面建筑多为民用建筑或一般的中小型工业厂房。在地下水位较低及土质较好的地区，地下室的结构型式、所用的建筑材料及施工方法等，基本上与上部地面建筑物的相同，主要承重结构为顶盖、墙、柱及基础等。在地下水位较低的地区可以采用砖外墙。当房间的开间较小时，钢筋混凝土顶板直接支承在四周承重墙上，构成无梁体系。当战时和平时需要大房间，承重墙间距较大时，为了不使顶板跨度过大，可设钢筋混凝土梁。梁可在一个方向上设置，也可在两个方向上设置，梁的跨度不能过大，必要时可在梁下设柱。钢筋混凝土梁板结构可用现浇法施工，这样整体性好，但需要模板，施工进度慢，已建工程中大部分都是采用现浇钢筋混凝土顶板，如图9.1所示。

在使用要求比较高、地下水位高、地质条件差、材料供应有保障以及采用大模板或预制构件装配施工的建筑中，可采用现浇的或预制的钢筋混凝土墙板。

9.1.3.2　板柱结构

板柱结构是由现浇钢筋混凝土柱和板组成的结构型式。板柱结构的主要型式为无梁楼盖体系，如图9.2所示。

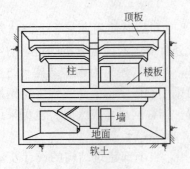

图9.1　梁板式结构

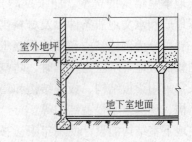

图9.2　板柱结构

当地下水位较低时，其外墙可用砖砌或预制构件，当地下水位较高时，采用整体混凝土或钢筋混凝土。在这种情况下，如地质条件较好，可在柱下设单独基础；如地质条件较差，可设筏式基础。为使顶板受力合理，柱距一般不宜过大。

9.1.3.3　箱形结构

箱形结构是高层建筑常用的一种基础形式，它是由底板、顶板、外围挡土墙以及一定数量内隔墙构成的单层或多层钢筋混凝土结构，具有刚度大、整体性好、传力均匀等优点。采用箱形结构的防空地下室一般是属于以下几种情况：工事的防护等级较高，结构需要考虑某种常规武器命中引起的效应；土质条件差，在地面上部是高层建筑物，地下水位高，地下室处于饱和状态的土层中，对结构的防水有较高的要求；或根据平时使用要求，需要密闭的房间（如冷藏库）等；以及采用诸如沉井法、地下连续墙等特殊施工方法等。

9.1.3.4　其他结构

当地面建筑物是单层（如车间、食堂、商店、礼堂等）、大跨度，并且下面的地下室是平战两用的，则地下室的顶板可采用受力性能较好的钢筋混凝土壳体（双曲扁壳或筒壳），单跨或多跨拱和折板结构等，如图9.3所示。

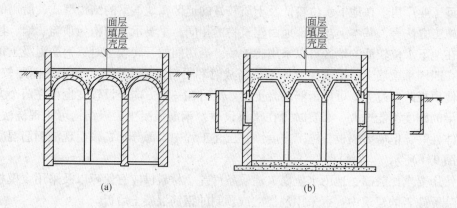

图9.3　壳体顶盖及折板结构
（a）壳体顶盖；（b）折板结构

9.1.4　防空地下室结构设计的一般规定

防空地下室结构的选型，应根据防护要求、平时和战时使用要求、上部建筑结构类型、工程地质和水文地质条件以及材料供应和施工条件等因素综合分析确定。防空地下室的类别一般可分为砌体结构和钢筋混凝土结构两种。当上部建筑为砌体结构，防空地下室抗力级别较低且地下水位也较低时，防空地下室可采用砌体结构。防空地下室钢筋混凝土结构体系常采用梁板结构、板柱结构和箱形结构等。当柱网尺寸较大时，也可采用双向密肋楼盖结构、现浇空心楼盖结构等。

防空地下室结构的设计使用年限应按50年采用。当上部建筑结构的设计使用年限大于50年时，防空地下室结构的设计使用年限应与上部建筑结构相同。

甲类防空地下室结构应能承受常规武器爆炸动荷载和核武器爆炸动荷载的分别作用，乙类防空地下室结构应能承受常规武器爆炸动荷载的作用。对常规武器爆炸动荷载和核武器爆炸动荷载，设计时均按一次作用。

防空地下室的结构设计，应根据防护要求和受力情况做到结构各个部位抗力相协调。在常规武器爆炸动荷载或核武器爆炸动荷载作用下，其动力分析可采用等效静荷载法。

防空地下室结构在常规武器爆炸动荷载作用下，应验算结构承载力；对结构变形、裂缝开展以及地基承载力与地基变形可不进行验算。

对乙类防空地下室和核5级、核6级、核6B级甲类防空地下室结构，当采用平战转换设计时，应通过临战时实施平战转换达到战时防护要求。

9.2　防空地下室建筑设计

防空地下室的位置、规模、战时及平时的用途，应根据城市的人防工程规划以及地面建筑规划，地上和地下综合考虑，统筹安排。

人员掩蔽工程应布置在人员居住、工作的适中位置，其服务半径不宜大于200m。

为确保防空地下室的战时安全，防空地下室距生产、储存易燃易爆物品厂房、库房的距离不应小于50m，距有害液体、重毒气体的贮罐不应小于100m。

防空地下室是一个全封闭的地下空间，由于人员在敌人袭击时需生活在掩蔽空间内，因此应解决掩蔽时期防护密闭要求与通风、换气、人员进出、给排水、排污、排烟等生活要求之间的矛盾，既达到保证战时掩蔽部内的可居住性，又要满足防护密闭效果。平战结合的人防工程还应满足平时使用功能的要求。当平时使用要求与战时的防护要求不一致时，设计中应采取平战功能转换措施。

通常一个独立的有防毒要求的人防掩体由三部分组成。其中第一部分为出入口消毒区；第二部分为主体人员掩蔽空间清洁区；第三部分为设备辅助用房的染毒区。

9.2.1　早期核辐射的防护

对早期核辐射的防护，实际上还包括对热辐射和城市火灾的防护。早期核辐射是核爆炸最初十几秒释放出的β射线、γ射线和中子流。它透过岩土覆盖层及结构进入人防工程内部，引起人体伤害和电子元件、光学玻璃损伤。由于散射的作用，也可通过出入口通道并透过门扇进入工程内部。适当选择高密度的材料如钢筋混凝土、钢板，增加覆土层厚度，增加口部拐弯和临时墙厚度，可使最终进入人防工程内部的早期核辐射剂量设计限值满足规范要求。

9.2.2　主体设计

（1）防空地下室各组成部分的平面布局应紧凑合理。人员隐蔽所面积标准和室内净高应按有关规范采用，其他工程室内地平面至顶板的结构板底面的净高不宜小于2.4m。

（2）合理划分防护单元和抗爆单元。在人防工程中设置防护单元的目的是为了降低遭敌人炸弹命中的概率，减少遭破坏的范围，特别是对于大型人员掩蔽部尤其重要。设置抗爆单元的目的是为了在防护单元一旦遭到炸弹击中时，尽可能减少人员或物资受伤害的数量。即当防护单元中的某个抗爆单元遭到命中时，可以保护相邻抗爆单元的人员及物资不受伤害。但坑道、地道工程由于抗炮弹的防护能力较强，故不需要限制单元的大小。对于掘开式浅覆土人防工程，当工程单层建筑面积超过一定限度，其遭受炮弹的破坏概率，必然会随着单层建筑面积的增大而增大。在局部受到破坏或出现火灾时，应使破坏的范围限制在较小的范围内，不至于影响工程的整体，因此划分防护单元和抗爆单元，对于减轻人员的伤亡，具有重要的作用。按现行规范规定，人员掩蔽工程防护单元最高容纳人数将近800人，一旦遭到破坏，人员伤亡将会很大，为减少人员伤亡，故提出每一个防护单元又划分出若干抗爆单元。按《人防工程设计防火规范》防火分区的划分，在有喷淋的情况下，每个防火单元使用面积为800m²。这正好与人员掩蔽部一个防护单元有效面积相同。抗爆单元取其一半，即400m²，相当于一个防烟分区的面积。相邻抗爆单元之间应设置抗爆隔墙。防空地下室每一个防护单元的防护设施和内部设备应自成系统。相邻防护单元之间应设置防护密闭隔墙，防护密闭隔墙还应达到相应的耐火极限。

（3）防护单元内不应设置伸缩缝或沉降缝。防空地下室顶板底面不宜高出室外地面。对于高出室外的外墙，采光窗的设置必须满足战时各项防护要求。

9.2.3　口部设计

口部是指防空地下室的主体与地面的连接部分。对于有防毒要求的防空地下室，其口部包括密闭通道、防毒通道、洗消间、除尘室、滤毒室和防护密闭门以外的通道、竖井、扩散室等。口部一般是人防工程战时防护的关键环节。口部设计是防空地下室设计中的重点和难点，也是防空地下室设计中最具特色的部位。口部设计应做到以下几点：

（1）防空地下室的每一个防护单元应不少于两个出入口（不包括竖井式出入口、防护单元间的连通口），其中至少有一个室外出入口（竖井式除外），其战时的主要出入口应设在室外。两个出入口应设在不同方向，保持一定的距离。出入口的通道尺寸、防护门、防护密闭门设置的数量，按照设防要求和防护规范确定。

（2）甲类防空地下室中，其战时作为主要出入口的室外出入口通道的出地面段（即无防护顶盖段）宜布置在地面建筑的倒塌范围以外，若因平时需要设置口部建筑时，宜采用单层轻型建筑，处于倒塌范围以内的口部建筑应采用防倒塌的棚架。

（3）等级防空地下室的战时主要出入口应按规定设置密闭通道、防毒通道、洗消间或简单洗消。

（4）进风口、排风口宜在室外单独设置。供战时使用和平战两用的进风口、排风口应采取防倒塌、防堵塞装置；等级人防工事，进风口、排风口、排烟口应设防爆活门、扩散室和扩散箱等滤波设施。

（5）有防毒要求的人员掩蔽部，应设滤毒室，滤毒室和进风机房宜分室布置。滤毒室应设在染毒区，滤毒室的门应设置在直通地面和清洁区的密闭通道或防毒通道内，并宜设密闭门；进风机室应设在清洁区。

（6）应有防地面水倒灌措施。在有暴雨或有江河泛滥可能的地区，考虑出入口地面水倒灌也很重要，在出入口设计时必须采取有效地防止地面雨水倒灌措施。

9.2.4　辅助房间设计

开水间、盥洗室、饮水间、储水间、厕所等辅助房间宜相对集中布置在排风口附近，并在上述房间或走廊设置弹簧门。柴油发电站的位置应根据工程的用途和发电机组容量等条件确定，发电站宜与主体工程分开布置，并用通道连接。发电站宜靠近负荷中心，远离安静房间。柴油发电站的控制宜与发电机室分室布置，控制室应设在清洁区，控制室与发电机室之间应设密闭隔墙，密闭观察窗和防毒通道。

9.2.5　内部装修

人防地下工程的装修设计应根据战时及平时的功能需要，并按适用、经济、美观的原则确定。灯光、色彩、饰面材料的处理上应有利于改善地下空间的环境条件。所用材料要具备防火、防潮、防霉、消音、倒塌后易于清除的性能。

9.3 防空地下室结构设计

人防工程结构设计的目的是使工程结构达到设计任务书规定的防护等级，在相应战术技术要求下抵御武器的毁伤效应，给掩蔽人员提供安全的掩蔽空间。人防工程结构分析包括强度分析、抗倾覆分析、抗震分析、抗核电磁脉冲分析、抗核辐射的防护效能分析等内容，其中强度分析和抗倾覆分析是最重要的。对人防工程一般只验算结构强度（包括稳定性），可不进行结构变形和结构裂缝宽度验算。为了保证人防工程的防水、密闭性能，在截面设计时以允许延性比 $[\beta]$ 控制。

9.3.1 人防工程的荷载计算

人防工程按照四周围岩介质不同分为：岩体中的坑道地道式人防工程，土中坑道地道工程，土中掘开式人防工程，附建式人防工程（防空地下室）四类。因为岩体的物理力学参数，结构的抗力特性，所承受武器破坏作用参数都是随机变化的，要进行确定性计算分析是非常困难的。不同类型的地下结构荷载的简化计算方法不同。下面对岩土中坑道式，土中掘开式高抗力等级人防工程做简略介绍，对常用的防空地下室荷载计算做重点说明。

（1）岩体中的坑、地道人防工程。对于 I ~ IV 类围岩的 4 级或 3 级人防工程，应该依卸载拱的理论计算出不同毛洞跨度下将地面冲击波超压卸载至零时的顶部自然防护厚度。若岩体中坑道、地道工程顶部自然防护层厚度不能满足要求时，可不考虑压缩波在岩体中的衰减及在衬砌上的反射，作用在衬砌上竖向动荷载可近似取冲击波地面超压峰值 ΔP_{m}。侧墙水平动荷载按《国防工程设计规范》取 $(0.1 \sim 0.2)\Delta P_{\mathrm{m}}$。抗力等级高于 3 级的人防工程，参照《国防工程设计规范》计算。对于 V 类破碎软弱围岩可近似按碎石中坑、地道人防工程处理。

（2）土中的坑、地道人防工程。基于土中卸载拱理论，计算土中坑、地道工程核爆炸作用下，结构动荷载为零时的毛洞顶土层厚度，称为最小安全防护厚度。土体的最小防护层厚度，按照内摩擦角不同分别给出，具体计算参照有关规范。

（3）土中掘开式人防工程。影响土中浅埋掘开式人防工程结构动荷载因素很多，作用机理复杂。地面冲击波参数、围岩介质的特性、层状、含水量、顶盖覆土厚度、结构顶盖的形状、尺寸、刚度等是决定土中浅埋结构荷载的主要条件，近年来对土体和结构在冲击波动荷载下共同作用进行了较多理论和试验研究，取得了较好的成果，提出了多种结构荷载计算模型。人防工程规范采取单自由度等效体系的三系数（衰减系数、反射系数、动力系数）方法，并对有关系数给出了计算公式和图表，设计时可参考相关文献。

（4）附建式人防工程（防空地下室）。在结构计算中，核爆炸地面空气冲击波超压波形，可取峰值压力处按切线简化的无升压时间的三角形波。土中压缩波波形可取简化为有升压时间平台形。防空地下室设计采用的地面空气压缩波最大超压 ΔP_{m}，应按国家人防工程的战术技术要求及工程的设计任务书选定。

9.3.2 防空地下室结构荷载及组合

作用在防空地下室结构上的荷载，应包括常规武器爆炸动荷载、核武器爆炸动荷载、上部建筑物自重、土压力、水压力、防空地下室自重和内部永久设备重量等。下面重点介绍常规武器地面爆炸动荷载和核武器爆炸动荷载的计算。

9.3.2.1 常规武器地面爆炸空气冲击波、土中压缩波参数

防空地下室防常规武器作用应按非直接命中的地面爆炸计算，这时，由于常规武器爆心距防空地下室外墙及出入口有一定距离，其爆炸对防空地下室结构主要产生整体效应。因此，防常规武器作用应按常规武器地面爆炸的整体破坏效应进行设计，可不考虑常规武器的局部破坏作用。

常规武器地面爆炸产生的空气冲击波与核武器爆炸冲击波相比，其正相作用时间较短，一般仅数毫秒或数十毫秒，且其升压时间极短，因此在结构计算中，可取按等冲量简化的无升压时间的三角形波形，如图 9.4 所示。

常规武器地面爆炸在土中产生的压缩波在向地下传播时，随着传播距离的增加，陡峭的波阵面逐渐会变成有一定升压时间的压力波，其作用时间也不断加大，为便于计算，可将土中压缩波波形按等冲量简化为有升压时间的三角形，如图 9.5 所示。

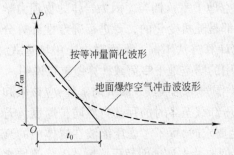 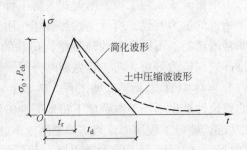

<table>
<tr><td>

图 9.4 常规武器地面爆炸
空气冲击波简化波形

ΔP_{cm}—常规武器地面爆炸空气冲击波

最大超压，N/mm^2；t_0—地面爆炸

空气冲击波按等冲量简化的

等效作用时间，s

</td><td>

图 9.5 常规武器地面爆炸
土中压缩波简化波形

P_{ch}—常规武器地面爆炸空气冲击波感生的土中压缩波最大

压力，N/mm^2；σ_0—常规武器地面爆炸直接产生的土中压

缩波最大压力，N/mm^2；t_r—土中压缩波的升压时间，s；

t_d—土中压缩波按等冲量简化的等效升压时间，s

</td></tr>
</table>

9.3.2.2 核武器爆炸地面空气冲击波、土中压缩波参数

核爆炸动荷载包括核爆炸时产生的冲击波和土中压缩波对防空地下室结构形成的动荷载。在防空地下室结构计算中，核武器爆炸地面冲击波超压波形，可取在最大压力处按切线或按等冲量简化的无升压时间的三角形，如图 9.6 所示。防空地下室结构设计采用的地面最大超压（简称地面超压）ΔP_m，应按国家现行有关规定确定。地面空气冲击波的其他主要设计参数可按表 9.1 采用。

表 9.1 地面空气冲击波主要设计参数

防核武器抗力等级	按切线简化的等效作用时间 t_1/s	按等冲量简化的等效作用时间 t_2/s	负压值 $/kN \cdot m^{-2}$	动压值 $/kN \cdot m^{-2}$
6B	0.90	1.26	$0.300\Delta P_m$	$0.10\Delta P_m$
6	0.70	1.04	$0.200\Delta P_m$	$0.16\Delta P_m$
5	0.49	0.78	$0.110\Delta P_m$	$0.30\Delta P_m$
4B	0.31	0.52	$0.055\Delta P_m$	$0.55\Delta P_m$
4	0.17	0.38	$0.040\Delta P_m$	$0.74\Delta P_m$

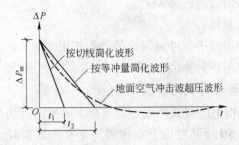

图 9.6 核武器爆炸地面空气冲击波简化波形

ΔP_m—地面空气冲击波最大超压，N/mm^2；t_1—地面空气冲击波按切线简化的等效作用时间，s；

t_2—地面空气冲击波按等冲量简化的等效作用时间，s

核爆炸产生的冲击波对地面的冲击作用，一方面以反射波的形式传播出去，另一方面以另一种波的形式向地下传播。核爆炸冲击波的巨大压力压缩地面，使地面土壤产生一定的速度和加速度，受压的上层土壤压缩下层土壤，使下一层土壤也获得一定的速度和加速度。这种逐次传播的受压和运动过程就是压缩波的传播，在土壤中传播的压缩波就称为土中压缩波。在结构计算中，土中压缩波压力波形可取简化为有升压时间的平台形，如图 9.7 所示。

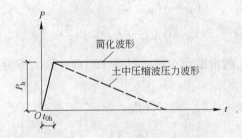

图 9.7 核武器爆炸土中压缩波简化波形

其最大压力及土中压缩波升压时间可按下列公式确定：

$$P_h = \left[1 - \frac{h}{v_1 t_2}(1-\delta) \right] \Delta P_m \tag{9.1}$$

$$t_{0h} = (\gamma_c - 1)\frac{h}{v_0} \tag{9.2}$$

$$\gamma_c = v_0 / v_1 \tag{9.3}$$

式中 P_h——土中压缩波的最大压力，kN/m^2，当土的计算深度不大于 1.5m 时，P_h 可近似取 ΔP_{ms}；

    t_{0h}——土中压缩波升压时间，s；

    h——土的计算深度，m，计算顶板时，取顶板的覆土厚度；计算外墙时，取防空地下室结构土中外墙中点至室外地面的深度；

    v_0——土的起始压力波速，m/s；

    γ_c——波速比；

v_1——土的峰值压力波速，m/s；

δ——土的应变恢复比；

t_2——地面空气冲击波按等冲量简化的等效作用时间，s；

ΔP_m——空气冲击波超压计算值，kN/m^2。

9.3.2.3 核武器爆炸动荷载的计算

全埋式防空地下室结构上的核武器爆炸动荷载，可按同时均匀作用在结构各部位进行受力分析。当核6级和核6B级防空地下室顶板高于室外地面时，应验算地面空气冲击波对高出地面外墙的单向作用。

防空地下室结构顶板的核武器爆炸动荷载最大压力 P_{c1} 及升压时间 t_{0h} 可按下列公式进行计算：

（1）不考虑上部建筑影响的防空地下室

$$P_{c1} = KP_h \tag{9.4}$$

$$t_{0h} = (\gamma_c - 1)\frac{h}{v_0} \tag{9.5}$$

式中 P_{c1}——防空地下室结构顶板的核武器爆炸动荷载最大压力，kN/m^2；

K——顶板核武器爆炸动荷载综合反射系数。

（2）考虑上部建筑影响，顶板核爆炸动荷载计算公式为

$$P_{c1} = KP_h \tag{9.6}$$

$$t_{0h} = 0.025 + (\gamma_c - 1)\frac{h}{v_0} \tag{9.7}$$

（3）土中结构外墙上的水平均布核武器爆炸动荷载最大压力 P_{c2} 及升压时间 t_{0h} 的计算公式为

$$P_{c2} = \xi P_h \tag{9.8}$$

$$t_{0h} = (\gamma_c - 1)\frac{h}{v_0} \tag{9.9}$$

式中 P_{c2}——土中结构外墙上的水平均布核武器爆炸动荷载的最大压力，kN/m^2；

ξ——土的侧压力系数。

对核6级、核6B级防空地下室的顶板底面高出地面，直接承受空气冲击波作用的外墙最大水平均布压力 P'_{c2} 可取 $2\Delta P_m$。

（4）结构底板核武器爆炸动荷载最大压力计算公式为

$$P_{c3} = \eta P_{c1} \tag{9.10}$$

式中 P_{c3}——结构底板上核武器爆炸动荷载的最大压力，kN/m^2；

η——底压系数，当底板位于地下水位以上时取 $0.7 \sim 0.8$，其中核4B级及核4级取小值；当底板位于地下水位以下时取 $0.8 \sim 1.0$，其中含气量 $a_1 \leq 0.1\%$ 时取大值。

9.3.2.4 结构动力计算

用等效静载法进行结构动力计算时，宜将结构体系拆成顶板、外墙、底板等构件，分别按等效单自由度体系进行动力分析。

在常规武器爆炸动荷载或核武器爆炸动荷载作用下，结构构件的工作状态均可用结构

构件的允许延性比 $[\beta]$ 表示。对砌体结构构件，允许延性比 $[\beta]$ 值取 1.0；对钢筋混凝土结构构件，允许延性比 $[\beta]$ 按表 9.2 取值。

表9.2　钢筋混凝土结构构件的允许延性比 $[\beta]$ 值

结构构件使用要求	动荷载类型	受力状态			
		受 弯	大偏心受压	小偏心受压	轴心受压
密闭、防水要求高	核武器爆炸动荷载	1.0	1.0	1.0	1.0
	常规武器爆炸动荷载	2.0	1.5	1.2	1.0
密闭、防水要求一般	核武器爆炸动荷载	3.0	2.0	1.5	1.2
	常规武器爆炸动荷载	4.0	3.0	1.5	1.2

在常规武器爆炸动荷载作用下，顶板、外墙的局部等效静荷载标准值，可按下列公式计算确定：

$$q_{ce1} = k_{dc1} P_{c1} \tag{9.11}$$

$$q_{ce2} = k_{dc2} P_{c2} \tag{9.12}$$

式中　q_{ce1}，q_{ce2}——分别为作用在顶板、外墙的均布等效静荷载标准值，kN/m^2；

$\quad\quad P_{c1}$，P_{c2}——分别为作用在顶板、外墙的均布动荷载最大压力，kN/m^2；

$\quad\quad k_{dc1}$，k_{dc2}——分别为顶板、外墙的动力系数。

在核武器爆炸动荷载作用下，顶板、外墙、底板的均布等效静荷载标准值可分别按下列公式计算确定：

$$q_{e1} = k_{d1} P_{c1} \tag{9.13}$$

$$q_{e2} = k_{d2} P_{c2} \tag{9.14}$$

$$q_{e3} = k_{d3} P_{c3} \tag{9.15}$$

式中　q_{e1}，q_{e2}，q_{e3}——分别为作用在顶板、外墙及底板上的均布等效静荷载标准值；

$\quad\quad P_{c1}$，P_{c2}，P_{c3}——分别为作用在顶板、外墙及底板上的动荷载最大压力；

$\quad\quad k_{d1}$，k_{d2}，k_{d3}——分别为顶板、外墙及底板的动力系数。

结构构件的动力系数 k_d，应按下列规定确定。

（1）当常规武器爆炸动荷载的波形简化为无升压时间的三角形时，根据结构构件自振圆频率 ω、动荷载等效作用时间 t_0 及允许延性比 $[\beta]$ 按下列公式计算确定：

$$k_d = \frac{2}{\omega t_0}\sqrt{2[\beta]-1} + \frac{2[\beta]-1}{2[\beta]\left(1+\dfrac{4}{\omega t_0}\right)} \tag{9.16}$$

（2）当常规武器爆炸动荷载的波形简化为有升压时间的三角形时，根据结构构件自振圆频率 ω、动荷载升压时间 t_r、动荷载等效作用时间 t_d 及允许延性比 $[\beta]$ 按下列公式计算确定：

$$k_d = \bar{\xi}\,\bar{k}_d \tag{9.17}$$

$$\bar{\xi} = \frac{1}{2} + \frac{\sqrt{[\beta]}}{\omega t_r}\sin\left(\frac{\omega t_r}{2\sqrt{[\beta]}}\right) \tag{9.18}$$

式中　$\bar{\xi}$——动荷载升压时间对结构动力响应的影响系数；

$\overline{k}_d$——无升压时间的三角形动荷载作用下结构构件的动力系数,应按式(9.16)计算确定,此时式中的t_0改用t_d。

(3)当核武器爆炸动荷载的波形简化为无升压时间的三角形时,根据结构构件的允许延性比[β]按下列公式计算确定:

$$k_d = \frac{2[\beta]}{2[\beta] - 1} \tag{9.19}$$

(4)当核武器爆炸动荷载的波形简化为有升压时间的平台形时,根据结构构件自振圆频率ω、升压时间t_{0h}、允许延性比[β]按表9.3确定。

表9.3 动力系数 k_d

ωt_{0h}	允许延性比 [β]				
	1.0	1.2	1.5	2.0	3.0
0	2.00	1.71	1.50	1.34	1.20
1	1.96	1.68	1.47	1.31	1.19
2	1.84	1.58	1.40	1.26	1.15
3	1.67	1.44	1.28	1.18	1.10
4	1.50	1.30	1.13	1.11	1.06
5	1.40	1.22	1.13	1.07	1.05
6	1.33	1.17	1.09	1.05	1.05
7	1.29	1.14	1.07	1.05	1.05
8	1.25	1.11	1.06	1.05	1.05
9	1.22	1.09	1.05	1.05	1.05
10	1.20	1.08	1.05	1.05	1.05
15	1.13	1.05	1.05	1.05	1.05
20	1.10	1.05	1.05	1.05	1.05

按等效静荷载法进行结构动力分析时,宜取与动荷载分布规律相似的静荷载作用下产生的挠曲线作为基本振型,确定自振频率时,可不考虑土的附加质量的影响。

在核武器爆炸动荷载作用下,结构底板的动力系数k_{d3}可取1.0,扩散室与防空地下室内部房间相邻的临空墙动力系数可取1.30。

常规武器地面爆炸动荷载及核武器爆炸动荷载作用下的等效静荷载标准值,除按上述公式进行计算外,当条件符合时,也可按规范中提供的表格直接选用。

当荷载确定后,就可以根据规范的规定进行荷载组合。

9.3.2.5 防空地下室结构荷载组合

在防空地下室结构的荷载组合中,对核爆炸动荷载,设计时采用一次作用。对于较高等级的人防工程,如果考虑常规武器的冲击侵彻爆炸作用,则常规武器只考虑一次命中。核武器和常规武器的作用不互相叠加,以一种荷载的破坏作用为主,另一种荷载破坏作为复核,做局部加强。高层建筑地下室往往承受上部结构风荷载及地震作用影响。视抗震设防烈度、风荷载等级、防空地下室等级等考虑其荷载的组合。核爆炸动荷载不与地震荷载叠加组合，应在抗震设计基础上对地下室进行核爆炸动荷载作用下的抗倾覆、抗剪切及主要构件强度的复核。甲类防空地下室结构的荷载（效应）组合工况为：

（1）平时使用状态的结构设计荷载；

（2）战时常规武器爆炸等效静荷载与静荷载同时作用；

（3）战时核武器爆炸等效静荷载与静荷载同时作用。

乙类防空地下室结构应分别按照上列第（1）、（2）条规定的荷载（效应）组合进行设计，并应取各自的最不利的效应组合作为设计依据。其中平时使用状态的荷载（效应）组合应按国家现行有关标准执行。

在常规武器爆炸等效静荷载与静荷载共同作用下，结构各部位的荷载组合可按表9.4的规定确定。

表 9.4　常规武器爆炸等效静荷载与静荷载同时作用的荷载组合

结构部位	荷 载 组 合
顶　板	顶板常规武器爆炸等效静荷载，顶板静荷载（包括覆土、战时不拆迁的固定设备、顶板自重及其他静荷载）
外　墙	顶板传来的常规武器爆炸等效静荷载、静荷载，上部建筑自重，外墙自重；常规武器爆炸产生的水平等效静荷载，土压力、水压力
内承重墙（柱）	顶板传来的常规武器爆炸等效静荷载、静荷载，上部建筑自重，内承重墙（柱）自重

注：上部建筑自重系指防空地下室上部建筑的墙体（柱）和楼板传来的静荷载，即墙体（柱）、屋盖、楼板自重及战时不拆迁的固定设备等。

在核武器爆炸等效静荷载与静荷载共同作用下，结构各部位的荷载组合可按表9.5确定。

表 9.5　核武器爆炸等效静荷载与静荷载共同作用的荷载组合

结构部位	防核武器抗力等级	荷 载 组 合
顶板	6B、6、5、4B、4	顶板核武器爆炸等效静荷载，顶板静荷载（包括覆土、战时不拆迁的固定设备、顶板自重及其他静荷载）
外墙	6B、6	顶板传来的核武器爆炸等效静荷载、静荷载，上部建筑物自重，外墙自重，核武器爆炸产生的水平等效静荷载，土压力、水压力
	5	顶板传来的核武器爆炸等效静荷载、静荷载；当上部建筑外墙为钢筋混凝土承重墙时，上部建筑自重取全部标准值；其他结构形式，上部建筑自重取标准值的一半；外墙自重；核武器爆炸产生的水平等效静荷载，土压力、水压力
	4B、4	顶板传来的核武器爆炸等效静荷载、静荷载；当上部建筑外墙为钢筋混凝土承重墙时，上部建筑自重取全部标准值；其他结构形式，不计上部建筑自重；外墙自重；核武器爆炸产生的水平等效静荷载，土压力、水压力
内承重墙（柱）	6B、6	顶板传来的核武器爆炸等效静荷载、静荷载，上部建筑自重，内承重墙（柱）自重
	5	顶板传来的核武器爆炸等效静荷载、静荷载；当上部建筑为砌体结构时，上部建筑自重取标准值的一半；其他结构形式，上部建筑自重取全部标准值；内承重墙（柱）自重

续表9.5

结构部位	防核武器抗力等级	荷载组合
内承重墙（柱）	4B	顶板传来的核武器爆炸等效静荷载、静荷载； 当上部建筑物外墙为钢筋混凝土承重墙时，上部建筑物自重取全部标准值；当上部建筑物为砌体结构时，不计入上部建筑物自重；其他结构形式，上部建筑自重取标准值的一半；内承重墙（柱）自重
	4	顶板传来的核武器爆炸等效静荷载、静荷载； 当上部建筑物外墙为钢筋混凝土承重墙时，上部建筑自重取全部标准值；其他结构形式，不计入上部建筑物自重；内承重墙（柱）自重
基础	6B、6	底板核武器爆炸等效静荷载（条、柱、桩基为墙柱传来的核武器爆炸等效静荷载）； 上部建筑自重，顶板传来静荷载，防空地下室墙体（柱）自重
	5	底板核武器爆炸等效静荷载（条、柱、桩基为墙柱传来的核武器爆炸等效静荷载）； 当上部建筑为砌体结构时，上部建筑自重取标准值的一半；其他结构形式，上部建筑自重取全部标准值； 顶板传来静荷载，防空地下室墙体（柱）自重
	4B	底板核武器爆炸等效静荷载（条、柱、桩基为墙柱传来的核武器爆炸等效静荷载）； 当上部建筑外墙为钢筋混凝土承重墙时，上部建筑自重取全部标准值；当上部建筑为砌体结构时，不计入上部建筑自重；其他结构形式，上部建筑自重取标准值的一半； 顶板传来静荷载，防空地下室墙体（柱）自重
	4	底板核武器爆炸等效静荷载（条、柱、桩基为墙柱传来的核武器爆炸等效静荷载）； 当上部建筑为钢筋混凝土承重墙时，上部建筑自重取全部标准值；其他结构形式，不计入上部建筑自重； 顶板传来静荷载，防空地下室墙体（柱）自重

注：上部建筑自重指防空地下室上部建筑的墙体（柱）和楼板传来的静荷载，即墙体（柱）、屋盖、楼盖自重及战时不拆迁的固定设备等。

9.3.2.6 内力分析和截面设计

在确定等效静荷载和静荷载后，防空地下室工程可按静力计算方法进行结构内力分析。对于超静定的钢筋混凝土结构，可按由非弹性变形产生的塑性内力重分布计算内力。

防空地下室结构在确定等效静荷载标准值和永久荷载标准值后，其承载力设计应采用下列极限状态设计表达式：

$$\gamma_0 (\gamma_G S_{Gk} + \gamma_Q S_{Qk}) \leqslant R \tag{9.20}$$

$$R = R(f_{cd}, f_{sd}, \alpha_k, \cdots) \tag{9.21}$$

$$f_d = \gamma_d f \tag{9.22}$$

式中　γ_0——结构重要性系数，可取1.0；

γ_G——永久荷载分项系数，当其效应对结构不利时可取1.2，有利时取1.0；

S_{Gk}——永久荷载效应标准值；

γ_Q——等效静荷载分项系数，可取1.0；

S_{Qk}——等效静荷载效应标准值；

R——结构构件承载力设计值；

$R(\cdots)$——结构构件承载力函数；

f_{cd}——混凝土动力强度设计值，可按式（9.22）计算确定；

f_{sd}——钢筋（钢材）动力强度设计值，可按式（9.22）计算确定；

α_k——几何参数标准值；

f_d——动荷载作用下材料强度设计值，N/mm^2；

f——静荷载作用下材料强度设计值，N/mm^2；

γ_d——动荷载作用下的材料强度综合调整系数，可按表9.6确定。

表 9.6　材料强度综合调整系数 γ_d

材　料　种　类		综合调整系数 γ_d
热轧钢筋（钢材）	HPB235 级（Q235 钢）	1.50
	HRB335 级（Q345 钢）	1.35
	HRB400 级（Q390 钢）	1.20（1.25）
	HRB400 级（Q420 钢）	1.20
混凝土	C55 及以下	1.50
	C60 ~ C80	1.40
砌　体	料石	1.20
	混凝土砌块	1.30
	普通黏土砖	1.20

注：对于采用蒸汽养护或掺入早强剂的混凝土，其强度综合调整系数应乘以折减系数0.90。

结构构件按弹塑性工作阶段设计时，受拉钢筋配筋率不宜大于1.5%。当大于1.5%时，受弯构件或大偏心受压构件的允许延性比［β］值应满足式（9.23）和式（9.24），且受拉钢筋最大配筋率不宜大于表9.7的规定。

表 9.7　受拉钢筋的最大配筋百分率　　　　　　　　（%）

混凝土强度等级	C25	≥C30
HRB335 级钢筋	2.2	2.5
HRB400 级钢筋	2.0	2.4
RRB400 级钢筋		

$$[\beta] \leq \frac{0.5}{x/h_0} \qquad (9.23)$$

$$x/h_0 = (\rho - \rho')f_{yd}/(\alpha_a f_{cd}) \qquad (9.24)$$

式中　x——混凝土受压区高度，mm；

h_0——截面的有效高度，mm；

ρ，ρ'——纵向受拉钢筋及受压钢筋配筋率；

α_c——系数，按表9.8取值。

表9.8　α_c值

混凝土强度等级	≤C50	C55	C60	C65	C70	C75	C80
α_c	1	0.99	0.98	0.97	0.96	0.95	0.94

　　人防工程结构的梁、板、柱构件的重要性系数应取不同值。强柱、弱梁、板更次之，按等效静载法分析得出的内力，进行墙、柱受压构件正截面承载力验算时，混凝土及砌体的轴心抗压动力设计强度应乘以折减系数0.8。进行梁、柱斜截面承载力验算时，混凝土及砌体的动力强度设计值应乘以折减系数0.8。当板的周边支座横向伸长受到约束时，其跨中截面的计算弯矩值对梁板结构可乘以折减系数0.7，对无梁楼盖可乘以折减系数0.9。

　　对于均布荷载作用下的钢筋混凝土梁，当按等效静荷载法分析得出的内力进行斜截面承载力验算时，对斜截面受剪承载力需作跨高比的修正。当仅配置箍筋时，斜截面受剪承载力应符合下列规定：

$$V \leqslant 0.7\psi_1 f_{td}bh_0 + 1.25f_{yd}\frac{A_{sv}}{s}h_0 \tag{9.25}$$

$$\psi_1 = 1 - (l/h_0 - 8)/15 \tag{9.26}$$

式中　V——受弯构件斜截面上的最大剪力设计值，N；

　　　　b——梁截面宽度，mm；

　　　　A_{sv}——配置在同一截面内箍筋各肢的全部截面面积，mm^2；

　　　　s——沿构件长度方向上的箍筋间距，mm；

　　　　l——梁的计算跨度，mm；

　　　　ψ_1——梁跨高比影响系数，当$l/h_0 \leqslant 8$时，取$\psi_1 = 1$；当$l/h_0 > 8$时，ψ_1应按式
　　　　（9.26）计算确定，当$\psi_1 < 0.6$时，取$\psi_1 = 0.6$。

9.4　防空地下室的口部处理

　　防空地下室的口部既是整个建筑物的一个薄弱部位，又是一个很关键的部位。在战时城市遭到空袭后，尤其是遭受核袭击之后，地面建筑会遭到严重破坏以至于倒塌，造成口部堵塞，将影响整个防空地下室的使用和人员的安全。因此，设计时必须给予足够的重视。

9.4.1　室内出入口

　　为使地下室与地面建筑的联系畅通，特别是为平战结合创造条件，每个独立的防空地下室至少要有一个室内出入口。室内出入口有阶梯式和竖井式两种，作为人员出入的主要出入口，多采用阶梯式的，它的位置往往设在上层建筑楼梯间的附近。竖井式的出入口，主要用作战时安全出入口，平时可供运送物品之用。

9.4.1.1　阶梯式出入口

　　设在楼梯间附近的阶梯式出入口，以平时使用为主，在战时（或地震时）倒塌堵塞的

可能性很大。因此，它很难作为战时的主要出入口。位于防护门以外通道内的防空地下室外墙称为"临空墙"。临空墙的外侧没有土层，它的厚度应满足防早期核辐射的要求，同时它又是直接承受冲击波作用的，所受的动荷载要比一般外墙大很多，因此在平面设计时，首先要尽量减少临空墙。其次，在可能的条件下，要设法改善临空墙的受力条件。例如在临空墙的外侧填土，使它变为非临空墙；或在其内侧布置小房间（像通风机室，洗涤间等），以减小临空墙的计算长度；也可以为满足平时利用大房间的要求，暂时不修筑其中的隔墙，只根据设计做出留槎，临战时再行补修。这种临空墙所承受的水平方向荷载较大，可采用混凝土或钢筋混凝土结构。为了节省材料，这种钢筋混凝土临空墙可按弹塑性工作阶段设计。

防空地下室的室内阶梯式出入口，除临空墙外其他与防空地下室无关的墙、楼梯板、休息平台板等，一般均不考虑核武器爆炸动荷载，可按平时使用的地面建筑进行设计。

9.4.1.2　竖井式出入口

当处于城市建筑密集区，场地有限，难以做到把室外安全出入口设在倒塌范围以外，而又没有条件与人防支干道连通，或几个工事连通合用安全出入口的情况下，可考虑设置竖井式安全出入口。

9.4.2　室外出入口

室外出入口往往作为战时的主要出入口，它是保障防空地下室战时能够发挥作用的重要部位，因此要求尽可能将通道敞开段布置在倒塌范围之外，以免空袭之后被倒塌物堵塞。每一个独立的防空地下室（包括人员掩蔽室的每个防护单元）都应设有一个室外出入口，以作为战时的主要出入口。室外出入口也有阶梯式和竖井式两种形式。

9.4.2.1　阶梯式出入口

当把室外出入口作为战时主要出入口时，为了人员进出方便，一般都做成阶梯式的。设于室外阶梯式出入口的伪装遮雨棚，应采用轻型结构，使它在冲击波作用下可能被吹走，以免堵塞出入口。不宜修建高出地面的口部其他建筑物。由于室外出入口比室内出入口所受荷载更大一些，室外阶梯式出入口的临空墙，一般采用钢筋混凝土结构，其中除按内力配置受力钢筋外，在受压区还应配置构造钢筋，构造钢筋不应少于受力钢筋的 $1/3\sim2/3$。

室外阶梯式出入口的敞开段（无顶盖段）侧墙，其内、外侧均不考虑受动荷载的作用，按照一般挡土墙进行设计。

9.4.2.2　竖井式出入口

室外安全出入口一般采用竖井式的。竖井计算时，无论有无盖板，一般都只考虑由于土中压缩波产生的法向均布荷载，不考虑其内部压力的作用。

当室外出入口没有条件设在地面建筑物倒塌范围以外时，也可考虑设在建筑物外墙一侧，其高度可在建筑物底层的顶板水平上。

9.4.3　通风采光洞

为了给平时使用所需自然通风和天然采光创造条件，可在地下室侧墙开设通风采光洞，但必须在设计上采取必要的措施，保证地下室防核爆炸冲击波和早期核辐射的能力。

　　防护等级较高时结构承受荷载较大，由于窗洞的加强措施比较复杂，因而仅大量性防空地下室才开设通风采光洞。等级稍高的防空地下室不宜开设通风采光洞，而以采用机械通风为好。

　　洞口过多、过大将给防护处理增加困难，因此，防空地下室外墙开设的洞口宽度，不应大于地下室开间尺寸的1/3，且不应大于1.0m。临战前必须用黏性土将通风采光井填塞。因为黏性土密实可靠，能满足防早期核辐射的要求。

　　在通风采光洞上，应设置防护挡板一道。挡板的计算与防护等级相一致。

　　洞口的周边应采用钢筋混凝土柱和梁予以加强，使洞口的承载力不因开洞而降低，柱和梁的计算，可按两端铰支的受弯构件考虑。

　　凡是开设通风采光洞的侧墙，在洞口上缘的圈梁应按过梁计算。

9.5　防空地下室结构的构造要求

　　为了适应现代战争中防核武器、化学武器、生物武器的要求，防空地下室结构设计不仅要根据强度和稳定性的要求确定其断面尺寸与配筋方案，对结构进行防光辐射和早期核辐射的验算，对其延性比加以限制不使结构的变形过大，同时要保证整体工事具有足够的密闭性和整体性。此外，考虑到它处于土层介质中的工作条件，对其构造要求如下：

　　（1）建筑材料的强度等级，应不低于表9.9的数值。

表9.9　材料强度等级

构件类别	混凝土		砌 体			
	现浇	预制	砖	料石	混凝土砌块	砂浆
基础	C25	—	—	—	—	—
梁、楼板	C25	C25	—	—	—	—
柱	C30	C30	—	—	—	—
内墙	C25	C25	MU10	MU30	MU15	M5
外墙	C25	C25	MU15	MU30	MU15	M7.5

注：1. 防空地下室结构不得采用硅酸盐砖和硅酸盐砌块；
　　2. 严寒地区，饱和土中砖的强度等级不应低于MU20；
　　3. 装配填缝砂浆的强度等级不应低于M10；
　　4. 防水混凝土基础底板的混凝土垫层，其强度等级不应低于C15。

　　（2）防空地下室结构构件的最小厚度，应符合表9.10的规定。

表9.10　结构构件最小厚度　　　　　　　　　　　　　（mm）

构件类别	材 料 种 类			
	钢筋混凝土	砖砌体	料石砌体	混凝土砌块
顶板、中间楼板	200	—	—	—
承重外墙	250	490（370）	300	250
承重内墙	200	370（240）	300	250
临空墙	250	—	—	—

构 件 类 别	材 料 种 类			
	钢筋混凝土	砖砌体	料石砌体	混凝土砌块
防护密闭门门框墙	300	—	—	—
密闭门门框墙	250	—	—	—

注：1. 表中最小厚度不包括甲类防空地下室防早期核辐射对结构厚度的要求；
    2. 表中顶板、中间楼板最小厚度系指实心截面，如为密肋板，其实心截面厚度不宜小于100mm；如为现浇空心板，其板顶厚度不宜小于100mm；且其折合厚度均不应小于200mm；
    3. 砖砌体项括号内最小厚度仅适用于乙类6级防空地下室；
    4. 砖砌体包括烧结普通砖、烧结多孔砖及非黏土砖砌体。

（3）保护层最小厚度。防空地下室钢筋混凝土结构的纵向受力钢筋，其混凝土保护层厚度（钢筋外边缘至混凝土表面的距离）应比地面结构有所增加。因为地下结构的外侧与土壤接触，内侧的相对湿度较高。混凝土保护层的最小厚度应按表 9.11 的规定取值。

表 9.11　纵向受力钢筋的混凝土保护层最小厚度　　　　　　（mm）

外 墙 外 侧		外墙内侧、内墙	板	梁	柱
直接防水	设防水层				
40	30	20	20	30	30

注：基础中纵向受力钢筋的混凝土保护层厚度不应小于40mm，当基础板无垫层时不应小于70mm。

（4）变形缝的设置。防空地下室结构在防护单元内不宜设置沉降缝、伸缩缝；上部地面建筑需设置伸缩缝、防震缝时，防空地下室可不设置；室外出入口与主体结构连接处宜设置沉降缝；钢筋混凝土结构设置伸缩缝最大间距应按国家现行有关标准执行。

（5）圈梁的设置。混合结构应按下列规定设置圈梁。

1）当防空地下室顶板采用叠合板结构时，沿内、外墙顶应设置一道圈梁，圈梁应设置在同一平面上，并应相互连通，不得断开。圈梁高度不宜小于180mm，宽度应同墙厚，上下应各配置 3 根直径为 12mm 的纵向钢筋，箍筋直径不宜小于 6mm，间距不宜大于 300mm。当圈梁兼作过梁时，应另行验算。顶板与圈梁的连接处（如图 9.8 所示），应设置直径为 8mm 的锚固钢筋，其间距不应大于 200mm，锚固钢筋深入圈梁的锚固长度不应小于 240mm，深入顶板内锚固长度不应小于 $l_0/6$（l_0 为板的净跨）。

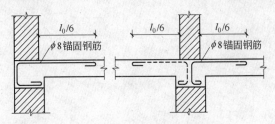

图 9.8　顶板与砖墙锚固钢筋

2）当防空地下室顶板采用现浇钢筋混凝土结构时，沿外墙顶部应设置圈梁。在内隔墙上，圈梁可间隔设置，其间距不宜大于 12m，配筋与1）的要求相同。

（6）构件相接处的锚固。在防空地下室砌体结构墙体转角及交接处，当未设置构造柱时，应沿墙高每隔 500mm 配置 2 根直径为 6mm 的拉结钢筋。当墙厚大于 360mm 时，墙厚每增加 120mm，应增设 1 根直径为 6mm 的拉结钢筋。拉结钢筋每边深入墙内不宜小于 1000mm。

（7）对于砌体结构的防空地下室，由防护密闭门至密闭门的防护密闭段，应采用整体现浇钢筋混凝土结构。

（8）临战加固。采用平战兼顾设计的防空地下室，经临战加固后，必须满足预定的各项防护功能要求。采用平战转换的防空地下室，应进行一次性的平战转换设计。作为平战转换的结构构件在设计中应满足转换前后两种不同受力状态的各项要求，并在设计图纸中说明转换部位、方法及具体实施要求。平战转换措施应按不使用机械，不需要熟练工人便能在规定时间内完成。临战时实施平战转换不应采用现浇混凝土。对所需的预制构件应在工程施工时一次做好，并做好标志，就近存放。

思 考 题

9-1　简述人防工程的分级、分类。

9-2　说明防空地下室荷载与普通地下室荷载的区别。

9-3　简述对防空地下室出入口设置的要求。

9-4　简述防护单元和抗爆单元的作用和区别。

9-5　对防空地下室的荷载组合有哪些规定？

9-6　说明防空地下室的结构动力计算方法。

9-7　简述防空地下室内力分析和截面设计方法。

9-8　对防空地下室的平战转换有什么要求？

9-9　简述防空地下室的构造要求。

10 基坑工程

10.1 概述

基坑工程是为保护地下主体结构施工和周边环境安全而采取的临时性支护、土体加固、地下水控制等工程的总称，包括勘察、设计、施工、监测、试验等。支挡或加固基坑侧壁的结构称为支护结构。支护结构可分为两类：支护型，将支护墙（排桩）作为主要受力构件，如板桩墙、排桩、地下连续墙等；加固型，充分利用加固土体的强度来保持基坑的稳定，如水泥搅拌桩、高压旋喷桩、注浆和树根桩等。在实际工程中，有时也将二者结合起来应用在同一工程中。

支护结构的作用主要有以下几个方面：（1）保证基坑周围未开挖土体的稳定，满足地下结构施工有足够空间的要求；（2）控制土体变形，保证基坑周围相邻的建筑物、构筑物和地下管线在地下结构施工期间不受损害；（3）结合降水、排水等措施，将地下水位降到作业面以下，以满足地下结构施工对环境的要求。

基坑工程具有以下特点：

（1）综合性强。基坑工程涉及工程地质、土力学、结构工程、施工技术和监测设计等众多知识，综合性强，影响因素多，设计理论还不够完善，在一定程度上还依赖于工程实践经验。

（2）临时性和风险性大。一般情况下，基坑支护是临时措施，主体结构施工完成时，支护结构即完成任务。因此，支护结构的安全储备相应较小，具有较大的风险。

（3）地区性差异显著。各地区基坑工程的地质条件不同，同一城市不同区域也有差异。因此，设计要因地制宜，不能简单照搬。

（4）环境条件要求严格。邻近的高大建筑、地下结构、管线、地铁等对基坑的变形限制严格，施工因素复杂多变，气候、季节、周围水体均可引起重大变化。

基坑工程包括了围护体系的设置和土方开挖两个方面。土方开挖的施工组织是否合理对围护体系安全与正常使用也会产生重要影响。不合理的土方开挖方式、步骤和速度有可能导致支护结构变形过大，对相邻建筑物、构筑物和地下管线产生不利的影响，甚至引起围护体系失稳和破坏。

10.2 基坑支护结构的设计原则

10.2.1 基坑支护结构的设计原则

为了保证基坑支护结构的正常使用要求，在设计过程中必须遵守相应的设计原则。在《建筑基坑支护技术规程》（JGJ 120—2012）中提出的基坑支护结构的设计原则为：

（1）基坑支护设计应规定其使用期限。基坑支护结构的设计使用期限不应小于1年。

（2）基坑支护应满足保证基坑周边建（构）筑物、地下管线、道路的安全和正常使用；保证主体地下结构施工空间的功能要求。

（3）基坑支护设计时，应综合考虑基坑周边环境和地质条件的复杂程度、基坑深度等因素，按照表 10.1 确定支护结构的安全等级。对同一基坑的不同部位，可采用不同的安全等级。

表 10.1　支护结构的安全等级

安全等级	破　坏　后　果
一级	支护结构失效、土体过大变形对基坑周边环境或主体结构施工安全的影响很严重
二级	支护结构失效、土体过大变形对基坑周边环境或主体结构施工安全的影响严重
三级	支护结构失效、土体过大变形对基坑周边环境或主体结构施工安全的影响不严重

（4）支护结构设计时应采用承载能力极限状态或正常使用极限状态。

（5）支护结构、基坑周边建筑物和地面沉降、地下水控制的计算和验算应根据所采用的极限状态，分别采用不同的设计表达式。

10.2.2　基坑支护结构的计算和验算

支护结构、基坑周边建筑物和地面沉降、地下水控制的计算和验算应采用下列表达式。

10.2.2.1　承载能力极限状态

（1）承载能力极限状态是指支护结构构件或连接超过材料强度或过度变形的状态，设计时应符合下式要求：

$$\gamma_0 S_d \leqslant R_d \tag{10.1}$$

式中　γ_0——支护结构重要性系数。对安全等级为一级、二级、三级的支护结构，其结构重要性系数应分别不小于 1.1、1.0、0.9；

　　　S_d——作用基本组合的效应（轴力、弯矩等）设计值；

　　　R_d——结构构件的抗力设计值。

对临时性支护结构，作用基本组合的效应设计值应按下式确定：

$$S_d = \gamma_F S_k \tag{10.2}$$

式中　γ_F——作用基本组合的综合分项系数，按承载能力极限状态设计时，不应小于 1.25；

　　　S_k——作用标准组合的效应。

（2）整体滑动、坑底隆起失稳、挡土构件嵌固段推移、锚杆与土钉拔动、支护结构倾覆与滑移、土体渗透破坏等稳定性计算与验算，均应符合下式要求：

$$\frac{R_k}{S_k} \geqslant K \tag{10.3}$$

式中　R_k——抗滑力、抗滑力矩、抗倾覆力矩、锚杆和土钉的极限抗拔承载力等土的抗力标准值；

　　　S_k——滑动力、滑动力矩、倾覆力矩、锚杆和土钉的拉力等作用标准值的效应；

　　　K——安全系数。

10.2.2.2 正常使用极限状态

正常使用极限状态是按照支护结构水平位移、基坑周边建筑物和地面沉降等控制的设计，应符合下式要求：

$$S_d \leqslant C \tag{10.4}$$

式中 S_d——作用标准组合的效应（位移、沉降）设计值；

C——支护结构水平位移、基坑周边建筑物和地面沉降的限值。

支护结构重要性系数与作用基本组合的效应设计值的乘积 $\gamma_0 S_d$ 可采用下列内力设计值表示：

弯矩设计值

$$M = \gamma_0 \gamma_F M_k \tag{10.5}$$

剪力设计值

$$V = \gamma_0 \gamma_F V_k \tag{10.6}$$

轴力设计值

$$N = \gamma_0 \gamma_F N_k \tag{10.7}$$

式中 M_k——作用标准组合的弯矩值，$kN \cdot m$；

V_k——作用标准组合的剪力值，kN；

N_k——作用标准组合的轴力值，kN。

10.2.3 基坑支护设计控制值

基坑支护设计应按下列要求设定支护结构的水平位移控制值和基坑周边环境的沉降控制值：

（1）当基坑开挖影响范围内有建筑物时，支护结构水平位移控制值、建筑物的沉降控制值应按不影响其正常使用的要求确定，并应符合现行国家标准《建筑地基基础设计规范》（GB 5007—2011）中对地基变形允许值的规定；当基坑开挖影响范围内有地下管线、地下构筑物、道路时，支护结构水平位移控制值、地面沉降控制值应按不影响其正常使用的要求确定，并应符合现行相关标准对其允许变形的规定。

（2）当支护结构构件同时用作主体结构构件时，支护结构水平位移控制值不应大于主体结构设计对其变形的限值。

由于基坑支护破坏形式和土的性质的多样性，国家标准中难以给出反映各种不同情况下的支护结构水平位移控制值，因此，一些地方根据当地的经验提出了地区支护结构水平位移的量化要求，在具体设计时，可以参考。对于无地方标准的，也可根据地区经验按照工程的具体条件进行确定。

基坑支护应按实际的基坑周边建筑物、地下管线、道路和施工荷载等条件进行设计，设计中要明确提出基坑周边荷载的限值、地下水和地表水控制等基坑使用要求。同时应满足下列主体结构的施工要求：

（1）基坑侧壁与主体地下结构的净空间和地下水控制应满足主体地下结构及其防水的施工要求。

（2）采用锚杆时，锚杆的锚头及其腰梁不应妨碍地下结构外墙的施工。

（3）当采用内支撑时，内支撑与腰梁的设置应便于地下结构及防水的施工。

支护结构按平面结构分析时，应按基坑各部位的开挖深度、周边环境条件、地质条件等因素划分设计计算剖面。对每一计算剖面，应按其最不利条件进行计算。对电梯井、集水坑等特殊部位，应单独划分计算剖面。

基坑支护设计应规定支护结构各构件施工顺序及相应的开挖深度。

10.2.4　土的抗剪强度指标的确定

在进行土压力和水压力计算、土的稳定性验算时，土、水压力的计算方法及土的抗剪强度指标类别应符合下列规定：

（1）对地下水位以上的黏性土、黏质粉土，土的抗剪强度指标应采用三轴固结不排水抗剪强度指标 c_{cu}、φ_{cu} 或直剪固结快剪强度指标 c_{cq}、φ_{cq}，对地下水位以上的砂质粉土、砂土、碎石土，土的抗剪强度指标应采用有效应力强度指标 c'、φ'。

（2）对地下水位以下的黏性土、黏质粉土，可采用土压力、水压力合算方法。此时，对正常固结和超固结土，其抗剪强度指标应采用三轴固结不排水抗剪强度指标 c_{cu}、φ_{cu} 或直剪固结快剪强度指标 c_{cq}、φ_{cq}，对欠固结土，宜采用有效自重压力下预固结的三轴不固结不排水抗剪强度指标 c_{uu}、φ_{uu}。

（3）对地下水位以下的砂质粉土、砂土和碎石土，应采用土压力、水压力分算方法。此时，土的抗剪强度指标应采用有效应力强度指标 c'、φ'；对砂质粉土，当缺少有效应力强度指标时，也可采用三轴固结不排水抗剪强度指标 c_{cu}、φ_{cu} 或直剪固结快剪强度指标 c_{cq}、φ_{cq} 代替，对砂土和碎石土，有效应力强度指标 φ' 可根据标准贯入试验实测击数和水下休止角等物理力学指标取值；土压力、水压力采用分算方法时，水压力可按静水压力计算，当地下水渗流时，宜按渗流理论计算水压力和土的竖向有效应力；当存在多个含水层时，应分别计算各含水层的水压力。

有可靠的地方经验时，土的抗剪强度指标尚可根据室内、原位试验得到的其他物理力学指标，按经验方法确定。

支护结构设计时，应根据工程经验分析判断计算参数取值和计算分析结果的合理性。

10.3　基坑支护工程的勘查要求与环境调查

工程地质勘察资料是基坑支护结构设计的重要依据，在支护结构设计之前，应尽可能搜集建设场地的工程地质和水文地质资料，并进行地下障碍物及环境调查。调查的主要内容应包括：

了解既有地下输水管线、煤气管道、地下电缆等在施工场地的埋设位置、深度，有无地下埋设物及废弃的地下结构物，输水管线的使用状况和有无渗漏状况。

了解场地周围道路、拟设堆料场位置，施工设备等临时荷载情况；既有建筑物的等级、基础形式与埋设深度，与基坑的平面距离等；对道路除了解其类型、位置外，还应了解其宽度、行驶情况和最大车辆荷载等。

了解当地的水文、气象及环境资料。

必要时可在主体建筑地基初步勘察资料的基础上，结合基坑支护结构设计，进行一定量的补充勘察和室内试验，提出基坑支护的建议方案。

基坑工程勘察应符合下列规定：

（1）勘探点范围应根据基坑开挖深度及场地的岩土工程条件确定；基坑外侧布置勘探点，其范围不宜小于基坑深度的 1 倍；当需要采用锚杆时，基坑外侧的勘探点范围不宜小于基坑深度的 2 倍；当基坑外无法布置勘探点时，应通过调查取得相关勘察资料并结合场地内的勘察资料进行综合分析。

（2）勘探点应沿基坑边布置，其间距宜取 15～25m；当场地存在软弱土层、暗沟或岩溶等复杂地质条件时，应加密勘探点并查明其分布和工程特性。

（3）基坑周边勘探孔的深度不宜小于基坑深度的 2 倍；基坑面以下存在软弱土层或承压水含水层时，勘探孔深度应穿过软弱土层或承压水含水层。

（4）应按国家现行标准《岩土工程勘察规范》（GB 50021—2001）的规定进行原位测试和室内试验并提出各层土的物理性质指标和力学指标；对主要土层和厚度大于 3m 的素填土，应进行抗剪强度试验并提出相应的抗剪强度指标。

（5）当有地下水时，应查明各含水层的埋深、厚度和分布，判断地下水类型、补给和排泄条件；有承压水时，应分层测量其水头高度。

（6）应对基坑开挖与支护结构使用期内地下水位变动情况进行分析。

（7）当基坑需要降水时，宜采用抽水试验测定各含水层的渗透系数与影响半径，并在勘察报告中提出各含水层的渗透系数。

在获得岩土及周边环境有关资料的基础上，基坑工程勘察报告应提供支护结构的设计、施工、监测及信息施工的有关建议，供设计和施工人员参考。

10.4　基坑支护结构的形式及适用范围

基坑支护结构的形式主要有：放坡开挖及简易支护、悬臂式结构、重力式结构、内撑式结构、拉锚式结构、土钉墙，此外还有其他形式支护结构，如门架式支护结构、拱式组合型结构、喷锚网结构、沉井结构、加筋水泥土结构等。

10.4.1　悬臂式结构

悬臂式结构常采用钢筋混凝土排桩、钢板桩、钢筋混凝土板桩、地下连续墙等结构形式。悬臂式结构是依靠足够的入土深度和结构的抗弯刚度来挡土和控制墙后土体及结构的变形。悬臂式结构对开挖深度十分敏感，容易产生大的变形，有可能对相邻建筑物产生不良的影响。

（1）钢板桩。钢板桩是用槽钢正反扣搭接组成，或用 U 形和 Z 形截面的锁口钢板，使相邻板桩能相互咬合成既能截水又能共同承受荷载的连续护壁结构。带锁口的钢板桩一般能起到隔水作用。钢板桩采用打入法打入土中，完成支挡任务后，可以回收重复使用，一般用于开挖深度为 3～10m 的基坑。

（2）钢筋混凝土桩挡墙。钢筋混凝土桩挡墙常采用钻孔灌注桩和人工挖孔桩，直径 600～1000mm，桩长 15～30m，组成排桩式挡墙，桩间距应根据排桩受力及桩间土稳定条件确定，一般不大于桩径的 1.5 倍。在地下水位较低地区，当墙体没有隔水要求时，中心距还可大些，但不宜超过桩径 2 倍。为防止桩间土塌落，可在桩间土表面采用挂钢丝网喷浆等措施予以保护。在桩顶部浇筑钢筋混凝土冠梁，一般用于开挖深度为 6～13m 的基坑。

（3）地下连续墙。地下连续墙是在地下成槽后浇筑混凝土，建造具有较高强度的钢筋混凝土挡墙，用于开挖深度达 10m 以上的基坑或施工条件较困难的情况。

10.4.2　重力式结构

重力式结构通常由水泥搅拌桩组成，有时也采用高压喷射注浆法形成。当基坑开挖深度较大时，常采用格构体系。水泥土和它包围的天然土形成了重力挡土墙，可以维持土体的稳定。深层搅拌水泥土桩结构常用于软黏土地区，开挖深度 7.0m 以内的基坑工程。重力式挡土墙的宽度较大，适用于较浅的、基坑周边场地较宽裕的、对变形控制要求不高的基坑工程。

10.4.3　内撑式结构

内撑式结构由挡土结构和支撑结构两部分组成。挡土结构常采用密排钢筋混凝土桩或地下连续墙。支撑结构有水平支撑和斜支撑两种。根据不同的开挖深度，可采用单层或多层水平支撑。

内支撑常采用钢筋混凝土梁、钢管、型钢格构等形式。钢筋混凝土支撑的优点是刚度大，变形小，而钢支撑的优点是材料可回收，且施加预应力较方便。

内撑式支护结构可适用于各种土层和基坑深度。

10.4.4　拉锚式结构

拉锚式结构由挡土结构和锚固部分组成。挡土结构除了采用与内撑式结构相同的结构形式外，还可采用钢板桩作为挡土结构。锚固结构有锚杆和地面拉锚两种。根据不同的开挖深度，可采用单层或多层锚杆。

采用锚杆结构需要地基土提供较大的锚固力，多用于砂土地基或软土地基。

10.4.5　土钉墙

通过在基坑边坡中设置土钉，形成重力式挡土墙。土钉墙施工时，边开挖基坑，边在土坡中设置土钉，在坡面上铺设钢筋网，并通过喷射混凝土形成混凝土面板，最终形成土钉墙。

土钉墙适用于地下水位以上或人工降水后的黏土、粉土、杂填土以及非松散砂土、碎石土等。

基坑支护结构选型时，应综合考虑下列因素：

（1）基坑深度；

（2）土的形状及地下水条件；

（3）基坑周边环境对基坑变形的承受能力及支护结构失效的后果；

（4）主体地下结构和基础形式及其施工方法、基坑平面尺寸及形状；

（5）支护结构施工工艺的可行性；

（6）施工场地条件及施工季节；

（7）经济指标、环保性能和施工工期。

各类支护结构的适用条件如表 10.2 所示。

表 10.2 各类支护结构的适用条件

结构类型		安全等级	适 用 条 件	
			基坑深度、环境条件、土类和地下水条件	
支挡式结构	锚拉式结构	一级 二级 三级	适用于较深的基坑	1. 排桩适用于可采用降水或截水帷幕的基坑; 2. 地下连续墙宜同时用作主体结构外墙,可同时用于止水; 3. 锚杆不宜用于软土层和高水位的碎石土、砂土层中; 4. 当邻近基坑有建筑物地下室、地下构筑物等,锚杆的有效锚固长度不足时,不应采用锚杆; 5. 当锚杆施工会造成周边建(构)筑物的损害或违反城市地下空间规划等规定时,不应采用锚杆
	支撑式结构		适用于较深的基坑	
	悬臂式结构		适用于较浅的基坑	
	双排桩		当锚拉式、支撑式和悬臂式结构不适用时,可考虑采用双排桩	
	支护结构与主体结构结合的逆作法		适用于基坑周边环境条件很复杂的深基坑	
土钉墙	单一土钉墙	二级 三级	适用于地下水位以上或降水的非软土基坑,且基坑深度不宜大于12m	当基坑潜在滑动面内有建筑物、重要地下管线时,不宜采用土钉墙
	预应力锚杆复合土钉墙		适用于地下水位以上或降水的非软土基坑,且基坑深度不宜大于15m	
	水泥土桩复合土钉墙		用于非软土基坑时,基坑深度不宜大于12m;用于淤泥质土基坑时,基坑深度不宜大于6m;不宜用在高水位的碎石土、砂土层中	
	微型桩复合土钉墙		适用于地下水位以上或降水的基坑,用于非软土基坑时,基坑深度不宜大于12m,用于淤泥质土基坑时,基坑深度不宜大于6m	
重力式水泥土墙		二级 三级	适用于淤泥质土、淤泥基坑,且基坑深度不宜大于7m	
放坡		三级	1. 施工场地满足放坡条件; 2. 放坡与上述支护结构形式结合	

当基坑不同部位的周边环境、土层性状、基坑深度等不同时,可在不同部位分别采用不同的支护形式。

对于支护结构,亦可采用上、下不同结构类型组合的形式。

10.5 支护结构上的荷载计算

10.5.1 土、水压力的计算

支护结构的荷载包括以下几个方面:土压力、水压力(静水压力、渗流压力、承压水压力)、基坑周围的建筑物及施工荷载引起的侧向压力、临水支护结构的波浪作用力和水流退落时的渗透力、作为永久结构时的相关荷载。其中,对一般支护结构,其荷载主要是土压力、水压力。

　　准确地确定支护结构上的荷载需要根据土的抗剪强度指标并通过土压力理论进行计算。土的抗剪强度指标的影响因素十分复杂，土层天然状态下经过的应力历史，基坑开挖时的应力路径，排水条件，加载、卸载特性，剪胀、剪缩特性，在试验时采用直接剪切或三轴剪切，计算时采用总应力法还是有效应力法，都会对土压力计算产生很大的影响。

　　目前，土压力计算的基本理论仍然是库仑土压力理论和朗肯土压力理论。库仑和朗肯土压力理论只能计算极限平衡状态下的土压力，而在基坑支护中，当结构的变形不能使土体处于极限平衡状态时，作用在支护结构上实际的土压力值与计算值可相差 30% ~ 70%。计算地下水位以下的土、水压力，有"土水分算"和"土水合算"两种方法。由于主动土压力系数 K_a 一般在 0.3 左右，大约只有静水压力的 1/3，而被动土压力系数 K_p 值一般在 3.0 左右，约为静水压力的 3 倍。采用不同的计算方法得到的土压力相差很大，这也直接影响支护结构的设计。对于渗透性较强的土，例如，砂性土和粉土，一般采用土、水分算，也就是分别计算作用在支护结构上的土压力和水压力，然后相加。对渗透性较弱的土，如黏土，可以采用土、水合算的方法。因此，确定作用在支护结构上的荷载时，要按土与支护结构相互作用的条件确定土压力，采用符合土的排水条件和应力状态的强度指标，按基坑影响范围内的土性条件确定由水土产生的作用在支护结构上的侧向荷载。

　　水土分算法或水土合算法涉及的问题比较多，难以作出简单的结论，各地也有各自不同的工程经验，以下分别对两种方法予以介绍。

10.5.1.1　土水压力分算法

　　土水压力分算法是采用有效重度计算土压力，按静水压力计算水压力，并将两者叠加。叠加的结果就是作用在挡土结构上的总侧压力。计算土压力时采用有效应力法或总应力法。

　　采用有效应力法的计算公式为：

$$p_a = \gamma' H K_a' - 2c'\sqrt{K_a'} + \gamma_w H \tag{10.8}$$

$$p_p = \gamma' H K_p' + 2c'\sqrt{K_p'} + \gamma_w H \tag{10.9}$$

式中　γ'，γ_w——土的有效重度和水的重度；

　　　　K_a'——按土的有效应力强度指标计算的主动土压力系数，$K_a' = \tan^2(45° - \varphi'/2)$；

　　　　K_p'——按土的有效应力强度指标计算的被动土压力系数，$K_p' = \tan^2(45° + \varphi'/2)$；

　　　　φ'——有效内摩擦角；

　　　　c'——有效黏聚力。

　　采用有效应力法计算土压力，概念明确。在不能获得土的有效强度指标的情况下，也可以采用总应力法进行计算：

$$p_a = \gamma' H K_a - 2c\sqrt{K_a} + \gamma_w H \tag{10.10}$$

$$p_p = \gamma' H K_p + 2c\sqrt{K_p} + \gamma_w H \tag{10.11}$$

式中　K_a——按土的总应力强度指标计算的主动土压力系数，$K_a = \tan^2(45° - \varphi/2)$；

　　　　K_p——按土的总应力强度指标计算的被动土压力系数，$K_p = \tan^2(45° + \varphi/2)$；

φ——按固结不排水剪确定的内摩擦角；

c——按固结不排水剪确定的黏聚力。

10.5.1.2 土水压力合算法

土水压力分算法在实际使用中有时还存在一些困难，特别是黏性土在实际工程中孔隙水压力常难以确定。因此，在许多情况下，往往采用总应力法计算土压力，即将水压力和土压力合算，各地对此都积累有一定的工程实践经验。由于黏性土渗透性弱，地下水对土颗粒不易形成浮力，故宜采用饱和重度，用总应力强度指标进行计算，此时的计算结果中已包括了水压力的作用。其计算公式如下：

$$p_a = \gamma_{sat}HK_a - 2c\sqrt{K_a} \tag{10.12}$$

$$p_p = \gamma_{sat}HK_p + 2c\sqrt{K_p} \tag{10.13}$$

式中　γ_{sat}——土的饱和重度，在地下水位以上采用天然重度；

　　K_a——主动土压力系数，$K_a = \tan^2(45° - \varphi/2)$；

　　K_p——被动土压力系数，$K_p = \tan^2(45° + \varphi/2)$；

　　φ——按固结不排水剪确定的内摩擦角；

　　c——按固结不排水剪确定的黏聚力。

需要指出的是，在土水压力合算法中低估了水压力的作用。

10.5.2 挡土结构位移对土压力的影响

由于支护结构的刚度与一般挡土墙的刚度有相当大的差异，当挡土结构产生变形时，土压力也会发生一定的变化。挡土结构对土压力的影响主要表现在两个方面，一方面是对主动土压力的分布特征产生影响，另一方面对土压力的量值产生影响。

太沙基通过试验得出：当挡土结构的上端固定，而下端向外移动时，土压力是抛物线，如图 10.1（a）所示，当挡土结构上下两端固定，而中央向外鼓出时，土压力呈马鞍形，如图 10.1（b）所示。当挡土结构作平行向外移动时，土压力呈抛物线状，如图 10.1（c）所示，当挡土结构只是绕下端中心向外倾移时，才会产生一般的主动土压力，如图

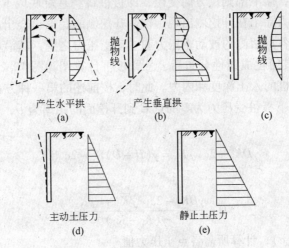

图 10.1　不同变位产生不同土压力

10.1（d）所示，只有当挡土结构完全不移动时，才可能产生静止土压力，如图 10.1（e）所示。

日本曾对地下连续墙所承受的土压力数值等进行实地量测，认为实测的土压力呈三角形分布，并且随开挖后墙体变形的开展，土压力在逐渐减小。开挖后完成的全土压力值为开挖前的 40% ~ 50%。

10.6 悬臂式支护结构内力分析

悬臂式支护结构可取某一单元体（如单根桩）或单位长度进行内力分析及配筋或强度计算。悬臂式支护结构上部悬臂挡土，下部嵌入坑底下一定深度作为固定。宏观上看像是一端固定的悬臂梁，实际上二者有根本的不同之处。首先是确定不出固定端位置，因为杆件在两侧高低差土体作用下，每个截面均发生水平向位移和转角变形；其次，嵌入坑底以下部分的作用力分布很复杂，难于确定。

悬臂式支护结构必须有一定的插入坑底以下土中的深度（又称嵌入深度），以平衡上部土压力、水压力及地面荷载形成的侧压力，这个深度直接关系到基坑工程的稳定性，且较大程度地影响工程的造价。

悬臂式支护结构的嵌入深度，目前常采用极限平衡法计算确定，而常用的又有两种方法来保证桩（墙）嵌入深度具有一定安全储备：第一种方法是规定桩（墙）嵌入深度应使 K_t 满足一定的要求（$K_t =$ 抗倾覆力矩/倾覆力矩）；第二种方法是按抗倾覆力矩与倾覆力矩相等的情况确定临界状态桩长，然后将土压力零点以下桩长乘以一个大于 1 的系数（经验嵌固系数）予以加长。这两种计算方法均对结构两侧的荷载分布作了相应的假设，然后简化为静定的平衡问题。与第二种方法通过加大结构尺寸提高安全储备相比，第一种方法中的安全储备更加直观一些，但第二种方法计算过程相对而言较为简单。

根据支护结构可能出现的位移条件，在桩（墙）的相应部位分别取主动土压力或被动土压力，形成静力极限平衡的计算简图。

如图 10.2（a）所示，均质土中的悬臂板桩在基坑底面以上主动土压力的作用下，板桩将向基坑内侧倾移，而下部则反方向变位，即板桩将绕基坑底以下某点（如图中 E 点）旋转，因此被动土压力除了在开挖侧出现，在非开挖侧的底部也会出现。作用在悬臂板桩上各点的净土压力为各点两侧的被动土压力和主动土压力之差，其沿墙身的分布情况如图 10.2（b）所示，将其简化成线性分布后，悬臂板桩计算图为图 10.2（c）所示，即可根据力平衡条件计算板桩的入土深度和内力。此时，按前述的第一种方法，计算过程如下：

（1）令开挖面以下板桩受压力为零的点 C 到开挖面的距离为 D，即为主动土压力与被动土压力相等的位置。

$$\gamma D K_p + 2c \sqrt{K_p} = \gamma (H + D) K_a - 2c \sqrt{K_a} \tag{10.14}$$

由此可解得

$$D = \frac{\gamma H K_a - 2c(\sqrt{K_p} + \sqrt{K_a})}{\gamma (K_p - K_a)} \tag{10.15}$$

（2）由图 10.2（c），计算所需各点土压力值

$H + z_1$ 深度处土压力

$$p' = \gamma z_1 K_p + 2c\sqrt{K_p} - \left[\gamma(z_1 + H)K_a - 2c\sqrt{K_a}\right] \tag{10.16}$$

$H + t$ 深度处的土压力

$$p'' = \gamma(H + t)K_p + 2c\sqrt{K_p} - \left[\gamma t K_a - 2c\sqrt{K_a}\right] \tag{10.17}$$

基坑底部主动土压力 p_a^h

$$p_a^h = \gamma H K_a - 2c\sqrt{K_a} \tag{10.18}$$

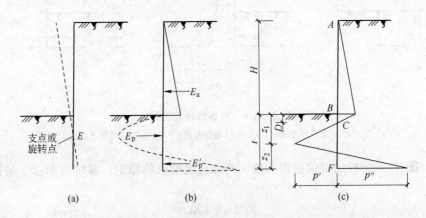

图 10.2 悬臂板桩的变位及土压力分布图

（a）支护桩的变位示意图；（b）桩两侧的主动区和被动区；（c）土压力计算简图

（3）未知数 z_1（或 z_2）和 t 可用使任意一点力矩之和等于零和水平力之和等于零的两组方程求解：

$$\left.\begin{aligned} z_2 &= \sqrt{\dfrac{\gamma K_a(H + t)^3 - \gamma K_p t^3}{\gamma(K_a + K_p)(H + 2t)}} \\ \gamma K_a(H + t)^2 &- \gamma K_p t^2 + \gamma z_2(K_p - K_a)(H + 2t) = 0 \end{aligned}\right\} \tag{10.19}$$

t、z_2 可用试算法求得。计算得到的 t 值需乘以 1.1 的安全系数作为设计入土深度。

H. Blum 建议以如图 10.3 所示的图形代替。假设悬臂桩在主动土压力作用下，绕旋转点 E 转动，并假设点 E 以上墙后为主动土压力，悬臂桩前为被动土压力，E 点以下则相反，桩后为被动土压力，桩前为主动土压力，如图 10.3（b）所示。将排桩前后土压力叠加，即可得到如图 10.3（c）所示净土压力分布。

悬臂后的净主动土压力合力用 $\overline{E}_a$ 表示，该合力作用点距地面为 h_a，墙前底部的净被动土压力合力用 $\overline{E}_p$ 表示。C 点为净土压力零点，距坑底的距离为 x。旋转点 E 以下部分的土压力通常用一个集中力 P_R 代替。为计算方便，假设悬臂桩是绕其根部转动，则为保证排桩不绕根部转动，其最小嵌入深度应满足力矩平衡条件。

由 $\sum M_E = 0$ 有：

$$(H - h_a + x + t)E_a - \frac{t}{3}\overline{E}_p = 0 \tag{10.20}$$

将 $\overline{E}_p = \dfrac{1}{2}\gamma(K_p - K_a)t^2$ 代入上式，可得：

$$t^3 - \frac{6\overline{E}_a}{\gamma(K_p - K_a)}t - \frac{6(H + x - h_a)\overline{E}_a}{\gamma K_p - K_a} = 0 \tag{10.21}$$

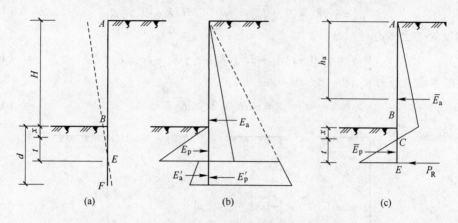

图 10.3　布鲁姆计算简图

(a) 支护桩的变位示意图；(b) 土压力分布图；(c) 叠加后简化土压力分布图

由此可求得悬臂桩的有效嵌固深度。为保证悬臂桩的稳定，基坑地面以下的插入深度可取为：

$$d = x + Kt \tag{10.22}$$

式中　K——与土层和环境有关的经验系数，依据基坑工程的重要性，对于板桩可取1.9～2.1，对于排桩可取1.2～1.4。

板桩墙最大弯矩应在剪力为零处，设剪力零点距土压力零点距离为 x_m，则

$$\overline{E}_a - \frac{1}{2}\gamma(K_p - K_a)x_m^2 = 0 \tag{10.23}$$

由此可求得最大弯矩点距土压力零点 C 的距离 x_m 为

$$x_m = \sqrt{\frac{2\overline{E}_a}{\gamma(K_p - K_a)}} \tag{10.24}$$

而此处的最大弯矩为

$$M_{max} = (H - h_a + x + x_m)\overline{E}_a - \frac{\gamma(K_p - K_a)x^3}{6} \tag{10.25}$$

例 10.1　某基坑开挖深度 $H = 5.5\mathrm{m}$，均质土重度 $\gamma = 19.2\mathrm{kN/m^3}$，内摩擦角 $\varphi = 18°$，黏聚力 $c = 12\mathrm{kPa}$。地面超载 $q_0 = 15\mathrm{kPa}$。采用悬臂式排桩支护，试确定排桩的最小长度和最大弯矩。

解：沿支护结构长度方向取 1 延米进行计算。

主动土压力系数

$$K_a = \tan^2\left(45° - \frac{\varphi}{2}\right) = \tan^2\left(45° - \frac{18°}{2}\right) = 0.53$$

被动土压力系数

$$K_p = \tan^2\left(45° + \frac{\varphi}{2}\right) = \tan^2\left(45° + \frac{18°}{2}\right) = 1.89$$

因土体为黏性土，按朗肯土压力理论，墙顶部土压力为零的临界深度为：

$$z_0 = \frac{2c}{\gamma}\frac{1}{\sqrt{K_a}} - \frac{q_0}{\gamma} = \frac{2 \times 12}{19.2 \times \sqrt{0.53}} - \frac{15}{19.2} = 0.94\mathrm{m}$$

基坑开挖底面处土压力强度为

$$\sigma_{aH} = (q_0 + \gamma H)K_a - 2c\sqrt{K_a}$$
$$= (15 + 19.2 \times 5.5) \times 0.53 - 2 \times 12 \times \sqrt{0.53}$$
$$= 46.45 \text{kN/m}^2$$

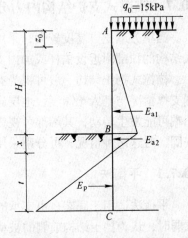

土压力零点距开挖面的距离为

$$x = \frac{(q_0 + \gamma H)K_a - 2c(\sqrt{K_a} + \sqrt{K_p})}{\gamma(K_p - K_a)} = 0.5 \text{m}$$

土压力分布如图 10.4 所示。

墙后土压力为

$$E_{a1} = \frac{1}{2} \times 46.45 \times (5.5 - 0.94) = 105.9 \text{kN/m}$$

$$E_{a2} = \frac{1}{2} \times 46.45 \times 0.5 = 11.6 \text{kN/m}$$

图 10.4 土压力分布图

墙后土压力合力为

$$\overline{E}_a = E_{a1} + E_{a2} = 105.9 + 11.6 = 117.5 \text{kN/m}$$

合力作用点距地表的距离

$$h_a = \frac{E_{a1}h_{a1} + E_{a2}h_{a2}}{\overline{E}_a} = \frac{105.9 \times \left[0.94 + (5.5 - 0.94) \times \frac{2}{3}\right] + 11.6\left(5.5 + \frac{0.5}{3}\right)}{117.5} = 4.15 \text{m}$$

将 $\overline{E}_a$ 和 h_a 带入下式

$$t^3 - \frac{6\overline{E}_a}{\gamma(K_p - K_a)}t - \frac{6(H + x - h_a)\overline{E}_a}{\gamma(K_p - K_a)} = 0$$

得：

$$t^3 - \frac{6 \times 117.5}{19.2 \times (1.89 - 0.53)}t - \frac{6 \times (5.5 + 0.5 - 4.15) \times 117.5}{19.2 \times (1.89 - 0.53)} = 0$$

即

$$t^3 - 27.0t - 49.9 = 0$$

解得 $t = 5.95 \text{m}$，取增大系数为 1.2，则排桩的最小长度为

$$l_{min} = H + x + 1.2t = 5.5 + 0.5 + 1.2 \times 5.95 = 13.1 \text{m}$$

最大弯矩应在剪力为零处，设剪力零点与压力零点距离为 x_m，有：

$$\overline{E}_a - \frac{1}{2}\gamma(K_p - K_a)x_m^2 = 0$$

则最大弯矩点距土压力零点的距离 x_m 为

$$x_m = \sqrt{\frac{2\overline{E}_a}{\gamma(K_p - K_a)}} = \sqrt{\frac{2 \times 117.5}{19.2 \times (1.89 - 0.53)}} = 3.0 \text{m}$$

而此处的最大弯矩为

$$M_{max} = (H - h_a + x + x_m)\overline{E}_a - \frac{\gamma(K_p - K_a)x_m^3}{6}$$

$$= (5.5 - 4.15 + 0.5 + 3.0) \times 117.5 - \frac{19.2 \times (1.89 - 0.53) \times 3.0^3}{6}$$

$$= 452.371 \text{kN} \cdot \text{m}$$

10.7　锚撑式支护结构内力分析

当填方或挖方高度较大，采用悬臂式结构不能满足稳定性与变形的要求时，可在悬臂式结构的顶部附近设锚杆或加内支撑，成为锚撑式挡土结构。

锚撑式挡土结构一般可视为有支撑点的竖直梁，其上的锚系点可视为一个支点，其底端支撑情况与其入土深度、地层岩性有关，当结构埋入土中较浅或底部土体较软时，此时下端可能发生转动，其端部可视为铰支，而当下部埋入土中较深时，其端部可认为在土中嵌固。对这两种情况，可分别采用平衡法和等值梁法计算。

10.7.1　平衡法

平衡法适用于底端自由支承的单锚式挡土结构。挡土结构入土深度较小或底端土体较软弱时，认为挡土结构前侧的被动土压力已全部发挥，底端可以转动，故后侧不产生被动土压力。此时挡土结构前后的被动土压力和主动土压力对锚系点的力矩相等，挡土结构处于极限平衡状态，在锚系点铰支而底端为自由端，如图 10.5 所示。用静力平衡法计算嵌入深度和内力。

为使挡土结构稳定，作用在其上的各作用力必须平衡。亦即

（1）所有水平力之和等于零

$$T_a - E_a + E_p = 0 \qquad (10.26)$$

（2）所有水平力对锚系点 A 的弯矩之和等于零

$$M = E_a h_a - E_p h_p = 0 \qquad (10.27)$$

如图 10.5 所示，有

$$h_a = \frac{2(h+t)}{3} - h_0 \quad 和 \quad h_p = h - h_0 + \frac{2t}{3} \qquad (10.28)$$

则

$$M = E_a\left[\frac{2(h+t)}{3} - h_0\right] - E_p\left(h - h_0 + \frac{2t}{3}\right) = 0 \qquad (10.29)$$

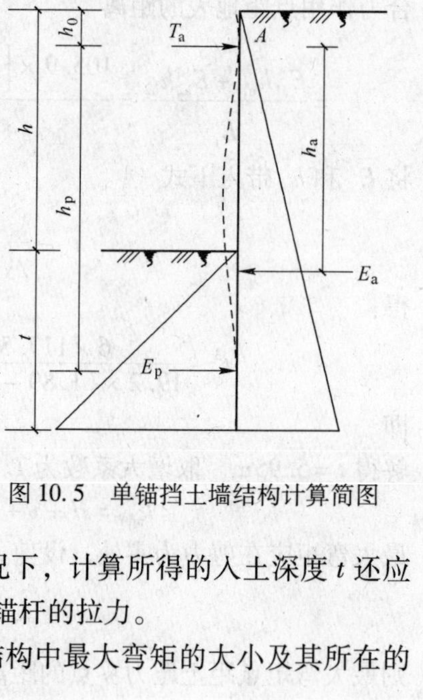

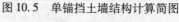

图 10.5　单锚挡土墙结构计算简图

式（10.20）可解得挡土结构的入土深度 t。一般情况下，计算所得的入土深度 t 还应再乘以一个增大系数。求出 t 后，可由式（10.26）求得锚杆的拉力。

由最大弯矩截面处的剪力等于零的条件可求出挡土结构中最大弯矩的大小及其所在的深度。

10.7.2　等值梁法

当挡土结构入土深度较大时，挡土结构底端向后倾斜，结构的前后侧均出现被动土压力，结构在土中处于弹性嵌固状态，相当于上端简支而下端嵌固的超静定梁，工程上常采用等值梁法计算。

要求解该挡土结构的内力，有三个未知量：T_a、P 和 d（或 t，t 为有效嵌入深度），而可以利用的平衡方程式只有两个，因此不能用静力平衡条件直接求得排桩的入土深度。

图 10.6（a）中给出了排桩的挠曲线形状，在挡土结构下部有一反弯点。实测结果表明净土压力为零的位置与弯矩为零的位置很接近，因此可假定反弯点就在净土压力为零处，即图 10.6（c）中的 C 点，它距坑底面的距离 x 可根据作用于墙前后侧土压力为零的条件求出。

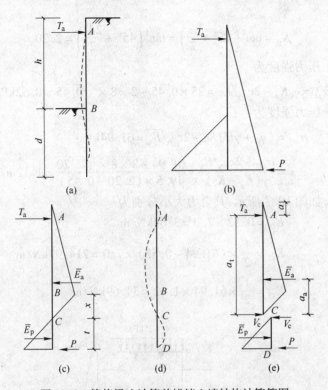

图 10.6 等值梁法计算单锚挡土墙结构计算简图

（a）桩变形示意图；（b）土压力分布；（c）净土压力分布；（d）变矩示意图；（e）等值梁示意图

反弯点位置 C 确定后，假设在 C 点处把梁切开，并在 C 点处设置支点形成简支梁 AC，如图 10.6（e）所示，则 AC 梁的弯矩将保持不变，因此 AC 梁即为 AD 梁上 AC 段的等值梁。根据平衡方程计算支点反力 T_a 和 C 点剪力 V_c。

对 C 点取矩，由 $\sum M_C = 0$ 得：

$$T_a \cdot a_t = \overline{E}_a \cdot a_a + \overline{E}_p \cdot 2t/3 \qquad (10.30)$$

对锚系点 A 点取矩，由 $\sum M_A = 0$ 得：

$$V_C \cdot a_t = \overline{E}_a(a_t - a_a) \qquad (10.31)$$

取板桩下端为隔离体，由 $\sum M_E = 0$，可求出有效嵌固深度 t：

$$t = \sqrt{\frac{6V_c}{\gamma(K_p - K_a)}} \qquad (10.32)$$

例 10.2 某基坑工程开挖深度 $H = 7\text{m}$，采用单支点锚杆排桩支护结构，支点离地面距离 $a = 1.2\text{m}$，支点水平间距 $S_h = 1.5\text{m}$。地基土层参数加权平均重度值为：$\gamma = 19.5\text{kN}/\text{m}^3$、内摩擦角 $\varphi = 22°$，黏聚力 $c = 8\text{kPa}$，地面超载 $q_0 = 25\text{kPa}$。试以等值梁法计算排桩的最小入土深度和支点水平支锚力 T。

解： 取支点水平间距作为计算宽度。

主动土压力系数

$$K_a = \tan^2\left(45° - \frac{\varphi}{2}\right) = \tan^2\left(45° - \frac{22°}{2}\right) = 0.45$$

被动土压力系数

$$K_p = \tan^2\left(45° + \frac{\varphi}{2}\right) = \tan^2\left(45° + \frac{22°}{2}\right) = 2.20$$

墙后底面处主动土压力强度为

$$\sigma_{a1} = q_0 K_a - 2c\sqrt{K_a} = 25 \times 0.45 - 2 \times 8 \times \sqrt{0.45} = 0.52\text{kPa}$$

墙后基坑底面处土压力强度为

$$\sigma_{aH} = (q_0 + \gamma H)K_a - 2c\sqrt{K_a} = 61.94\text{kPa}$$

$$x = \frac{\sigma_{aH} - 2c\sqrt{K_p}}{\gamma(K_p - K_a)} = \frac{61.94 - 2 \times 8 \times \sqrt{2.20}}{19.5 \times (2.20 - 0.45)} = 1.12\text{m}$$

墙后净土压力分布如图 10.7 所示,其合力大小分别为

$$E_{a1} = 0.52 \times 7.0 = 3.64\text{kN/m}$$

$$E_{a2} = \frac{1}{2} \times (61.94 - 0.52) \times 7.0 = 214.97\text{kN/m}$$

$$E_{a3} = \frac{1}{2} \times 61.94 \times 1.12 = 34.69\text{kN/m}$$

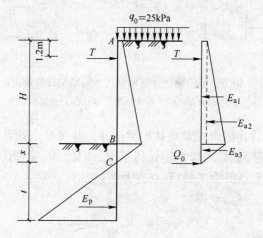

图 10.7　墙后净土压力分布

支点水平支锚力 T'(每延米)为

$$T' = \frac{E_{a1}h_1 + E_{a2}h_2 + E_{a3}h_3}{H + x - a}$$

$$= \frac{3.64 \times \left(\frac{7}{2} + 1.12\right) + 214.97 \times \left(\frac{7}{3} + 1.12\right) + 34.69 \times 1.12 \times \frac{2}{3}}{7 + 1.12 - 1.2}$$

$$= 113.46\text{kN/m}$$

则支点水平支锚力 T 为

$$T = 1.5T' = 1.5 \times 113.46 = 170.19\text{kN}$$

土压力零点处的剪力为

$$V_0 = \sum E_{ai} - T' = 3.64 + 214.97 + 34.69 - 113.46 = 139.84 \text{kN}$$

桩的有效嵌固深度

$$t = \sqrt{\frac{6V_0}{\gamma(K_p - K_a)}} = \sqrt{\frac{6 \times 139.84}{19.5 \times (2.20 - 0.45)}} = 4.96 \text{m}$$

桩的入土深度

$$d = x + 1.2t = 1.12 + 1.2 \times 4.96 = 7.2 \text{m}$$

10.8 基坑监测

在工程中，常会出现实际的岩土体条件与设计采用的土的物理、力学参数不符的情况，且基坑支护结构在施工期和使用期可能出现土层含水量、基坑周边荷载、施工条件等自然因素和人为因素的变化，通过基坑监测可以及时掌握支护结构受力和变形状态、基坑周边受保护对象变形形态是否在正常设计状态之内。当出现异常时，以便及时采取措施。

10.8.1 基坑监测项目

基坑监测项目应根据支护结构的具体形式、基坑周边环境的重要性及地质条件的复杂性确定监测点部位及数量。选用的监测项目及其监测部位应能够反映支护结构的安全状态和基坑周边环境受影响的程度。

安全等级为一级、二级的支护结构，在基坑开挖过程与支护结构使用期内，必须进行支护结构的水平位移监测和基坑开挖影响范围内建（构）筑物、地面的沉降监测。且监测应覆盖基坑开挖与支护结构使用期的全过程。选用的监测项目及其监测部位应能够反映支护结构的安全状态和基坑周边环境受影响的程度。《建筑基坑支护技术规程》（JGJ 120—2012）规定的基坑监测项目见表10.3。

表 10.3　基坑监测项目选择

监 测 项 目	支护结构的安全等级		
	一级	二级	三级
支护结构顶部水平位移	应测	应测	应测
基坑周边建（构）筑物、地下管线、道路沉降	应测	应测	应测
坑边地面沉降	应测	应测	宜测
支护结构深部水平位移	应测	应测	选测
锚杆拉力	应测	应测	选测
支撑轴力	应测	应测	选测
挡土结构内力	应测	宜测	选测
支撑立柱沉降	应测	宜测	选测
挡土构件、水泥土墙沉降	应测	宜测	选测
地下水位	应测	应测	选测
土压力	宜测	选测	选测
孔隙水压力	宜测	选测	选测

基坑工程的监测项目应与基坑工程设计、施工方案相匹配。应针对监测对象的关键部位，做到重点监测、项目配套并形成有效的、完整的监测系统。

当基坑周边有地铁、隧道或其他对位移有特殊要求的建筑物及设施时，监测项目应与有关管理部门或单位协商确定。

支挡式结构顶部水平位移监测点的间距不宜大于20m，土钉墙、重力式挡墙顶部水平位移监测点的间距不宜大于15m，且基坑各边的监测点不应少于3个。

在建筑物临基坑一侧，平行于坑边方向上的测点间距不宜大于15m。

道路沉降监测点的间距不宜大于30m，且每条道路的监测点不应少于3个。

对基坑监测有特殊要求时，各监测项目的测点布置、量测精度、监测频度等应根据实际情况确定。

10.8.2　基坑监测报警

基坑工程监测报警值应由监测项目的累计变化量和变化速率值共同控制。

基坑及支护结构监测报警值应根据土质特征、设计结果及当地经验等因素共同确定，当无当地经验时，可根据土质特征、设计结果及表10.4确定。

表10.4　基坑及支护结构监测报警值

序号	监测项目	支护结构类型	基坑类别								
			一级			二级			三级		
			累计值		变化速率/mm·d⁻¹	累计值		变化速率/mm·d⁻¹	累计值		变化速率/mm·d⁻¹
			绝对值/mm	相对基坑深度(h)控制值		绝对值/mm	相对基坑深度(h)控制值		绝对值/mm	相对基坑深度(h)控制值	
1	围护墙（边坡）顶部水平位移	放坡、土钉墙、喷锚支护、水泥土墙	30~35	0.3%~0.4%	5~10	50~60	0.6%~0.8%	10~15	70~80	0.8%~1.0%	15~20
		钢板桩、灌注桩、型钢水泥土墙、地下连续墙	25~30	0.2%~0.3%	2~3	40~50	0.5%~0.7%	4~6	60~70	0.6%~0.8%	8~10
2	围护墙（边坡）顶部竖向位移	放坡、土钉墙、喷锚支护、水泥土墙	20~40	0.3%~0.4%	3~5	50~60	0.6%~0.8%	5~8	70~80	0.8%~1.0%	8~10
		钢板桩、灌注桩、型钢水泥土墙、地下连续墙	10~20	0.1%~0.2%	2~3	25~30	0.7%~0.8%	3~4	35~40	0.5%~0.6%	4~5
3	深层水平位移	水泥土墙	30~35	0.3%~0.4%	5~10	50~60	0.6%~0.8%	10~15	70~80	0.8%~1.0%	15~20

续表 10.4

序号	监测项目	支护结构类型	基坑类别								
			一级			二级			三级		
			累计值		变化速率 /mm·d^{-1}	累计值		变化速率 /mm·d^{-1}	累计值		变化速率 /mm·d^{-1}
			绝对值 /mm	相对基坑深度（h）控制值		绝对值 /mm	相对基坑深度（h）控制值		绝对值 /mm	相对基坑深度（h）控制值	
3	深层水平位移	钢板桩	50~60	0.6%~0.7%	2~3	80~85	0.7%~0.8%	4~6	90~100	0.9%~1.0%	8~10
		型钢水泥土墙	50~55	0.5%~0.6%		75~80	0.7%~0.8%		80~90	0.9%~1.0%	
		灌注桩	45~50	0.4%~0.5%		70~75	0.6%~0.7%		70~80	0.8%~0.9%	
		地下连续墙	40~50	0.4%~0.5%		70~75	0.7%~0.8%		80~90	0.9%~1.0%	
4	立柱竖向位移		25~35	—	2~3	—	—	4~6	—	—	8~10
5	基坑周边地表竖向位移		25~35	—	2~3	50~60	—	4~6	60~80	—	8~10
6	坑底隆起（回弹）		25~35	—	2~3	50~60	—	4~6	60~80	—	8~10
7	土压力		(60%~70%)f_1		—	(70%~80%)f_1		—	(70%~80%)f_1		—
8	孔隙水压力										
9	支撑内力		(60%~70%)f_2		—	(70%~80%)f_2		—	(70%~80%)f_2		—
10	围护墙内力										
11	立柱内力										
12	锚杆内力										

注：1. h 为基坑设计开挖深度，f_1 为荷载设计值，f_2 为构件承载能力设计值；

　　2. 累计值取绝对值和相对基坑深度（h）控制值两者的小值；

　　3. 当监测项目的变化速率达到表中规定值或连续 3 天超过该值的 70%，应报警；

　　4. 嵌岩的灌注桩或地下连续墙位移报警值宜按表中数值的 50% 取用。

　　基坑周边环境监测报警值应根据主管部门的要求确定，如主管部门无具体规定，可按表 10.5 采用。

表 10.5　建筑基坑工程周边环境监测报警值

序号	监测对象			累计值/mm	变化速率/mm·d^{-1}	备注
1	地下水变化			1000	500	
2	管线位移	刚性管道	压力	10~30	1~3	直接观察点数据
			非压力	10~40	3~5	
		柔性管线		10~40	3~5	

续表10.5

序号	监 测 对 象		累计值/mm	变化速率/mm·d^{-1}	备　注
3	邻近建筑位移		10 ~ 60	1 ~ 3	
4	裂缝宽度	建筑	1.5 ~ 3	持续发展	
		地表	10 ~ 15	持续发展	

注：建筑物整体倾斜度累计值达到2/1000或倾斜速度连续3天大于0.0001H/天（H为建筑承重结构高度）时应报警。

　　周边建筑的安全性与其沉降或变形总量有关，其中基坑开挖造成的沉降仅是其中的一部分。应保证周边建筑原有沉降或变形与基坑开挖造成的附加沉降或变形叠加后，不能超过允许的最大沉降或变形值，因此在监测前应收集周边建筑使用阶段监测的原有沉降与变形资料，结合建筑裂缝观测确定周边建筑的报警值。

思 考 题

10 - 1　简述基坑支护结构的设计原则。

10 - 2　简述基坑支护结构的形式及适用范围。

10 - 3　简述土水压力分算法与土水压力合算法的区别。

10 - 4　综述悬臂式支护结构内力分析的基本原理及方法，并画出其计算简图。

10 - 5　综述平衡法计算锚撑式支护结构内力的基本原理及方法，并画出其计算简图。

10 - 6　综述等值梁法计算锚撑式支护结构内力的基本原理及方法，并画出其计算简图。

10 - 7　简述对基坑地下水控制的方法及原理。

10 - 8　综述基坑监测的项目及要求。

地下建筑施工降水与防水

地下建筑是在含水的岩土环境中修建的，在其设计、施工和使用过程中，必须考虑水对地下建筑物的影响。如在盾构隧道、明挖深基坑、沉井和顶管施工中，若地下水的水位太高，将给施工造成困难，必须进行降水处理。同时由于地下水的渗透和浸蚀作用，使工程产生病害，轻者影响使用，严重者可使工程报废，造成巨大的经济损失和不良的社会影响。因此，在地下建筑的设计、施工、甚至维护阶段，必须做好地下工程的施工降水、防水和施工工作。

11.1　地下水的类型及性质

11.1.1　地下水的基本类型

11.1.1.1　上层滞水

上层滞水是指存在于包气带中局部隔水层或弱透水层之上的局部的、暂时性的集水，如图 11.1（a）所示。其主要补给来源为大气降水和地下水，主要的耗损形式则是蒸发和渗透。地表的低洼地区，由于降水很难从其中流走也可以形成上层滞水。上层滞水型的地下水距地表一般较浅，分布范围有限，补给区与分布区一致，水量极不稳定，通常是雨季出现，旱季消失。因此，旱季勘测时往往很难发现。另外，在居民区和工业区上下水管的渗漏，也有可能出现上层滞水；人工填土层中也会出现上层滞水。

11.1.1.2　潜水

潜水是埋藏在地表以下第一个隔水层以上的地下水。当开挖到潜水层时，即出现自由水面或称潜水面。在地下工程中通常把这个自由水面标高称作地下水位。潜水主要由大气降水、地表水和凝结水补给，变化幅度比较大。潜水是重力水，在重力作用下由高水位流向低水位。当河水水位低于潜水位时，潜水补给河水，如图 11.1（b）所示；当河水水位高于潜水水位时，河水补给潜水。因此，当地下工程采取自流排水的办法防水时，必须准确掌握地表水体（江河、湖泊、水渠、水库等）的常年水位变化情况，对于近地表水体构筑的地下工程，要特别注意防止洪水倒灌。

11.1.1.3　毛细管水

通常毛细管水可以部分或全部充满离潜水面一定高度的土壤孔隙，如图 11.1（c）所示。毛细管现象是由于土粒和水接触时受到表面张力的作用，水沿着土粒间的连通孔隙上升而引起的。土壤的孔隙所构成的毛细管系统很复杂，所形成的沟管通向各个方向，沟管的粗细变化也很大，而薄膜水的存在又妨碍了毛细管水的运动。因此，土中毛细管水的上升高度与土壤的种类、孔隙和颗粒大小及土壤湿润程度等有关。一般粗砂和大块碎石类土中毛细管水的上升高度不超过几厘米，而黄土可超过 2m，黏土则更大。水的毛细管上升引力作用是与毛细管的直径成反比的。当温度为 15℃ 时，直径为 1mm 的毛细管里的水上升高度为 0.29cm；直径为 0.1mm 的可上升 29cm；直径为 0.01mm 的可上升 200cm。实验证明，小碎石粒径为 0.1～0.5mm 时，毛细管水可上升 1.31cm；土粒径为 0.1～0.2mm 时，毛细管水可上升 4.82cm；土粒径为 0.01～0.05mm 时，毛细管水可上升 10.5cm。土壤中的毛细管水上升，也可传播到与地下水和土壤的毛细管水相接触的地下工程。在地下工程防水设计时，毛细管水带区取潜水位以上 1m，毛细管带以上部分可设防潮层。

11.1.1.4　层间水

埋藏在两个隔水层之间的地下水称为层间水。在层间水未充满透水层时为无压水；如水充满了两个隔水层之间的含水层，打井至该层时，水便在井中上升甚至喷出，这种层间水称为承压水或自流水。承压水的特征是上下都有隔水层，具有明显的补给区、承压区和泄水区，如图 11.1（d）所示。补给区和泄水区相距很远；由于具有隔水层顶板，受地表水文气候因素影响较小，水质好，水温变化小。它是很好的给水水源，但是当地下工程穿越该层时，由于层间水压力较大，要采取可靠的防压力水渗透措施，否则将造成严重后果。

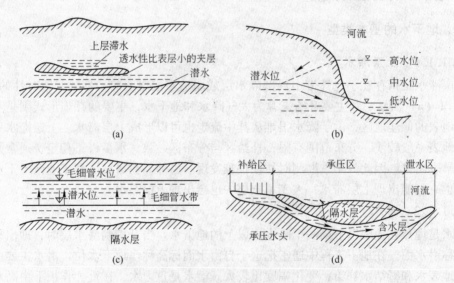

图 11.1　地下建筑工程常遇的地下水

（a）上层滞水；（b）潜水与河水补给关系；（c）毛细管水；（d）层间水

11.1.2　地下水的基本性质

地下水在土中的流动称为渗流。两点间的水头差与渗透过程长度之比称为水力坡度，并以 i 表示，$i = (H_1 - H_2)/L$。当水力坡度 $i = 1$ 时的渗透速度称为土的渗透系数 k，单位常用 m/d、m/s 等表示。土的渗透系数 k 的大小影响降水方法的选用，k 是计算涌水量的重要参数。

水在土中渗流时，对单位土体产生的压力称为动水压力 F

$$F = -\gamma_w i \tag{11.1}$$

式中　γ_w——水的重度，一般取 $\gamma_w = 10\text{kN/m}^3$；

　　　　i——水力坡度。

当动水压力 F 不小于土的有效重度时，土颗粒处于悬浮状态，土的抗剪强度等于零，土颗粒将随着渗流的水一起流动，即所谓"流沙"现象。降低地下水位，不仅保持了坑底的干燥，便于施工，而且能消除动水压力，是防止产生流沙的重要措施。打钢板桩、采用地下连续墙等亦可有效制止流沙现象的产生。

11.2 地下建筑工程降水设计

11.2.1 地下建筑工程降水方法

地下水控制方法可归纳为两种：一种是降水；另一种是止水——防水帷幕。

降水的方法有集水井降水和井点降水两类。集水井降水是在坑底周围开挖排水沟，将地下水引入坑底的集水井后再用水泵抽出坑外。该方法在基坑开挖深度大，地下水位高而土质又不好，容易引起流沙、管涌和边坡失稳的情况下使用。

井点降水法有轻型井点、喷射井点、电渗井点、管井井点等。各种井点降水法的选择视含水地层、土的渗透系数、降水深度、施工条件和经济分析结果等而定，见表11.1。井点降水设计流程如图11.2所示。

表11.1 降水技术方法适用范围

降水技术方法	适 合 地 层	渗透系数	降水深度/m
明排井	黏性土、砂土	<0.5	<2
真空井点	黏性土、粉质黏土、砂土	0.1~20.0	单级<6；多级<20
喷射井点	黏性土、粉质黏土、砂土	0.1~20.0	<20
电渗井点	黏性土	<0.1	按井类型确定
引渗井	黏性土、沙土	0.1~20.0	由下伏含水层的埋藏和水头条件确定
管井	砂土、碎石土	1.0~200.0	>5
大口井	砂土、碎石土	1.0~200.0	<20
辐射井	黏性土、砂土、粒砂	0.1~20.0	<20
潜埋井	黏性土、砂土、粒砂	0.1~20.0	<2

轻型井点系统由井点管、连接管、集水总管及抽水设备等组成，如图11.3所示。钻孔孔径常用 $\phi250\sim300$mm，间距 $1.2\sim2.0$m，冲孔深度应超过过滤管管底0.5m。井点管采用 $38\sim55$mm 直径的钢管，长度一般为 $5\sim7$m，井点管下部过滤管长度为 $1.0\sim1.7$m。集水总管每节长4m，一般每隔 $0.8\sim1.6$m 设一个连接井点管的接头。轻型井点的降水井深度可按下式计算：

$$\begin{cases} H \geqslant H_{1w} + H_{2w} + H_{3w} + H_{4w} + H_{5w} + H_{6w} \\ H_{3w} = ir_0 \end{cases} \tag{11.2}$$

式中 H_{1w}——基坑深度，m；

$\quad H_{2w}$——降水水位距离基坑底要求的深度，m；

$\quad i$——水力坡度，在降水井分布范围内宜为 $1/15\sim1/10$，降水开始时取1；

$\quad r_0$——降水井分布范围的等效半径或降水井排间距的 $1/2$，m；

H_{4w}——降水期间的地下水位变幅，m；

H_{5w}——降水井过滤器工作长度，m；

H_{6w}——沉砂管长度，m。

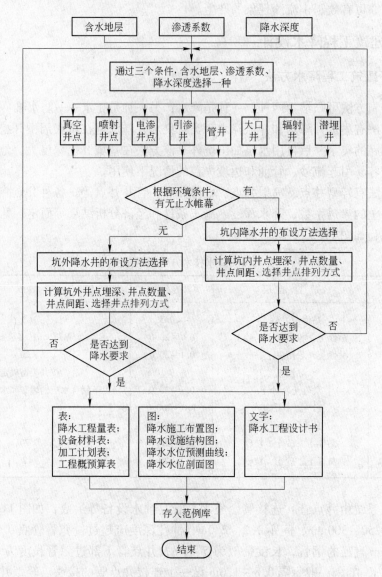

图 11.2　井点降水设计流程图

喷射井点系统由喷射井点、高压水泵和管路组成，以压力水为工作源，如图 11.4 所示。当基坑宽度小于 10m 时，井点可作单排布置；当大于 10m 时，可作双排布置；当基坑面积较大时，宜采用环形布置。喷射井点间距 2～3m，成孔的孔径常用 $\phi400～600mm$。间距 3.0～6.0m，冲孔深度应超过过滤管管底 1.0m。

管井井点系统由井壁管、过滤器、水泵组成，如图 11.5 所示。在坑外每隔一定距离设置一个管井，每个管井单独用一台水泵不断地抽水来降低地下水位。其井点间距为 14～18m，泵吸水口宜高于井底 1.0m 以上。

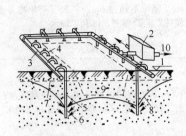

图 11.3 轻型井点降低地下水位全貌图

1—地面；2—水泵房；3—总管；4—弯联管；5—井点管；

6—油管；7—原有地下水位线；8—降低后地下水位线；

9—基坑；10—将水排放河道或沉淀池

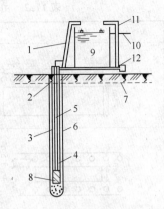

图 11.4 喷射井点工作示意图

1—排水总管；2—黏土封口；3—填砂；4—喷射器；

5—给水总管；6—井点管；7—地下水位线；8—过滤器；

9—水箱；10—溢流管；11—调压管；12—水泵

电渗井点是将井点管井身作阴极，以钢管作阳极，阴、阳极用电线连接成通路，使孔隙水向阴极方向集中产生电渗现象，如图 11.6 所示。阴、阳极两者距离：当采用轻型井点系统时，宜为 $0.8 \sim 1.0\text{m}$；当采用喷射井点系统时，宜为 $1.2 \sim 1.5\text{m}$。电压梯度可采用 0.5V/cm，工作电压不宜大于 60V，土中通电时的电流密度宜为 $0.5 \sim 1.0\text{A/m}^2$。

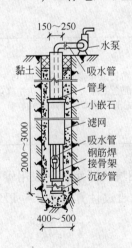

图 11.5 管井井点构造

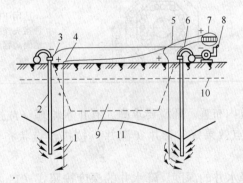

图 11.6 电渗井点布置示意图

1—阳极；2—阴极；3—用扁钢、螺栓或电线将阳极连接；4—用钢筋或电线将阳极连通；5—阳极与电机连接电线；6—阴极与发电机连接电线；7—直流发电机（或直流电焊机）；8—水泵；9—基坑；10—原有地下水位线；11—降水后的水位线

11.2.2 降水工程的平面布置

（1）坑外降水井布置。如果环境要求不高，无止水帷幕，用坑外降水井点布置，见表 11.2。

表11.2　由基坑形状及宽度确定的布井方法

类型	布置简图	适用条件
单排线状加密		坑宽 <6m，降深不超过6m，一般可用单排井点；沟壕两端部宜使井点间距加密，以利于降水
双排线状井点		对宽度 >6m 基坑沟壕，宜采用双排井点降水；对淤泥质粉质黏土，有时坑宽 <6m 亦采用双排井点降水
环形井点系统		当基坑宽度 <40m 时，可用单环形井点系统；对环形井点应在泵的对面安置一阀，使集水管内水流入泵设备，避免素流；或将总管在泵对面断开；或在环形总长的 1/5 距离，将井点在四角附近加密，以加强降水
多环形井点系统		当基坑宽度 >40m 时，应考虑地质条件，可用多环形井点系统，在中央加一排或多排井点，并布置相应的水流总管和井点泵系统
八角形环圈井点系统		适用于圆形沉井施工，可布设八角形集水管，由 45° 弯管接头连接井点。图示表明配合上部大开挖，在明挖降低地面高程后，安装井点泵和总管，从而加深降水深度

（2）坑内布置。环境要求高，有止水帷幕（或连续墙），采用坑内降水，一般用管井（深井）井点效果好。管井（深井）按棋盘点状布置，井距可以通过计算得到，一般为 10~20m。

（3）降水井的深度。降水井的深度按照式（11.2）计算即可。

11.2.3　基坑总排水量计算

根据基坑的形状将基坑分为两类，当基坑的长度与宽度之比大于 10 时，为条状基坑；当长宽之比小于 10 时，称为面状基坑。

11.2.3.1　面状基坑出水量计算

（1）对于潜水完整井

$$Q_{\mathrm{T}} = 1.366k \frac{(2H_0 - S_{\mathrm{w}})S_{\mathrm{w}}}{\lg R_0 - \lg r_0} \tag{11.3}$$

式中　Q_T——基坑总出水量，m^3/d；

　　　k——土竖直向渗透系数，m/d；

　　　H_0——潜水含水层厚度，m；

　　　S_w——基坑设计水位降深值，m；

　　　R_0——影响半径，$R_0 = R + r_0$，$R = 2S_w\sqrt{kH_0}$，R 为抽水井影响半径，m；

　　　r_0——基坑范围的引用半径，m。

（2）对于承压完整井

$$Q_T = 1.366k\frac{H_m S_w}{\lg R_0 - \lg r_0} \tag{11.4}$$

式中　H_m——承压含水层厚度，m。

如果是多层含水层，则分层计算后相加即可。引用半径 r_0，计算公式如表 11.3。r_0 计算公式中其参数取值见表 11.4、表 11.5。

表 11.3　引用半径 r_0 计算方法

井群平面布置图形	计算公式	说　明
矩　形	$r_0 = \eta\dfrac{a+b}{4}$ 当 $a/b \geqslant 10$ 时， $r_0 = 0.25a$	a、b 为基坑的长和宽，η 为系数，查表 11.4 确定
正方形	$r_0 = 0.59a$	a 为基坑的边长
菱　形	$r_0 = \eta'\dfrac{c}{2}$	c 为菱形的边长，η' 为系数，查表 11.5 确定
椭圆形	$r_0 = \eta\dfrac{d_1 + d_2}{4}$	d_1，d_2 分别为椭圆长轴和短轴长度
不规则的圆形	$r_0 = 0.565\sqrt{S}$	S 为基坑面积
不规则多边形	$r_0 = \dfrac{\rho}{2\pi}$	ρ 为多边形周长

表 11.4　系数 η 与 b/a 的关系

b/a	0	0.1	0.2	0.3	0.4	0.6	0.8	1.0
η	1.0	1.0	1.1	1.12	1.14	1.16	1.18	1.18

表 11.5　系数 η' 与菱形内角的关系

菱形内角	0°	18°	36°	54°	72°	90°
η'	1.0	1.06	1.11	1.15	1.17	1.18

11.2.3.2　条形基坑的出水量计算

（1）对于潜水完整井

$$Q_{\mathrm{T}} = 2.73 k \frac{H_0^2 - H_{\mathrm{w}}^2}{R_0} \tag{11.5}$$

$$H_{\mathrm{w}} = H_0 - S_{\mathrm{w}} \tag{11.6}$$

（2）对于承压完整井

$$Q_{\mathrm{T}} = \frac{2kLH_{\mathrm{m}}S_{\mathrm{w}}}{R_0} \tag{11.7}$$

式中　L——条状基坑的长度，m；

　　　H_{w}——抽水前与抽水时含水层厚度的平均值，即基坑动水位至含水层底板深度，m。

11.2.4　单井最大出水量计算

真空井点的出水量按 $1.5 \sim 2.5\mathrm{m}^3/\mathrm{h}$ 选择；喷射井点的出水量按 $4.22 \sim 30\mathrm{m}^3/\mathrm{h}$ 选择；管井降水的出水量计算公式按下式计算：

$$q_1 = 60\pi dl' \sqrt[3]{k} \tag{11.8a}$$

当含水层为软弱土层时，单井可能抽出的水量 q_2 按照下式计算

$$q_2 = 2.50 irkH_0 \tag{11.8b}$$

式中　d——过滤器外径，m；

　　　l'——过滤器淹没长度，m；

　　　r——井半径，m；

　　　q_1——单井最大出水量，m^3/d。

由于过滤器加工及成井工艺等人为影响，实际工作中也可在现场做抽水试验求得单井涌水量。

布设井点的数量是根据基坑总排水量与单井出水量进行试算而确定的。

（1）根据基坑总排水量及设计出水量确定初步布设井数 n

$$n = 1.1 \frac{Q_{\mathrm{T}}}{q_1} \tag{11.9}$$

式中　n——初步布设井数，计算结果取整且取大值；

　　　Q_{T}——基坑总排水量，m^3/d。

（2）验算井群总出水量是否满足要求。若 $nq_1 > Q_{\mathrm{T}}$，则认为所布的井点数合理；若 $nq_1 < Q_{\mathrm{T}}$，则需要增加布设井数。此时需要重新计算，直到计算的井群总出水量大于基坑

总排水量时，此井数便是需要的井数。

11.2.5　井点间距计算

井点间距的计算公式：

$$L_r = \frac{L_t}{n_b} \tag{11.10}$$

式中　n_b——初步布设井数；

　　　L_t——沿基坑周边布置降水井的总长度，m。

根据工程输入的基坑的形状和以上求出的布设井点的数量，以及井点的距离等，做出降水施工布置图。

11.2.6　降深与降水预测

井点数量、井点间距及排列方式确定后要计算基坑的水位降深，主要计算基坑内抽水影响最小处的水位降深值。对于稳定流干扰井群主要验算基坑中心部位的水位降深值。

11.2.6.1　面状基坑的水位降深

A　潜水完整井

（1）非稳定流

$$S_{r,t} = H_0 - \sqrt{H_0^2 - \frac{Q_T \ln \dfrac{2.25 a_w t}{(r_1^2 r_2^2 r_3^2 \cdots r_n^2)^{\frac{1}{n}}}}{2\pi k}} \tag{11.11}$$

（2）当 $\dfrac{r_i^2}{4 a_w t} \leqslant 0.1$ 时，采用稳定流

$$S_r = H_0 - \sqrt{H_0^2 - \frac{Q_T}{1.366 k} \Big[\lg R_0 - \frac{1}{n} \lg(r_1 r_2 r_3 \cdots r_n) \Big]} \tag{11.12}$$

B　承压水完整井

（1）非稳定流

$$S_{r,t} = \frac{Q_T \ln \dfrac{2.25 a_w t}{(r_1^2 r_2^2 r_3^2 \cdots r_n^2)^{\frac{1}{n}}}}{4\pi k H_m} \tag{11.13}$$

（2）当 $\dfrac{r_i^2}{4 a_w t} \leqslant 0.1$ 时，采用稳定流

$$S_r = \frac{0.266 Q_T}{H_m k} \Big[\lg R_0 - \frac{1}{n} \lg(r_1 r_2 r_3 \cdots r_n) \Big] \tag{11.14}$$

式中　a_w——含水层导压系数，m²/d；

　　　t——抽水时间，d；

　　　H_m——降水井的承压含水层厚度，m；

　　　H_0——潜水含水层厚度，m；

　　　r_i——降水井至任意计算点距离，m；

k——含水层渗透系数，m/d；

R_0——引用影响半径，m；

Q_T——基坑总排水量，m³/d。

11.2.6.2 条状基坑的水位降深

（1）潜水完整井

$$S_x = H - \sqrt{h_{1\mathrm{w}}^2 + \frac{X}{R}(H^2 - h_{1\mathrm{w}}^2)} \tag{11.15}$$

（2）承压水完整井

$$S_x = H_\mathrm{p} - \left(h_{2\mathrm{w}} + \frac{H_\mathrm{p} - h_{2\mathrm{w}}}{R}X\right) \tag{11.16}$$

式中　H_p——承压含水层水头值，m；

$h_{1\mathrm{w}}$——降水井的含水层厚度，m；

$h_{2\mathrm{w}}$——降水井的承压水水头值，m；

X——任意计算点到井排的距离，m。

经过计算，如果达不到设计水位降深的要求（过大或过小），必须重新调整井点数与井距，重新计算。根据上面的公式，在选择了合适的降水方法后，选定一处（即 r_1，r_2，…，r_n）可以做出水位降深与时间的 $S-t$ 曲线，如图 11.7 所示。

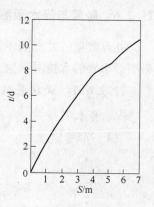

图 11.7　$S-t$ 曲线图

11.2.7 降水观测

降水过程中的观测非常重要，通常有以下几个观测措施：

（1）流量观测。流量观测采用流量表来观测。发现流量过大而水位降低缓慢甚至降不下去时应考虑改用流量较大的离心泵；反之，则可改用小泵，以免离心泵无水发热并节约电能。

（2）地下水位观测。地下水位观测可用井点管作观测井，在开始抽水时，每隔 4~8h 测一次，以观测整个系统的降水机能；3 天后或降水达到预定标高前，每天观测 1~2 次；地下水位降到预期标高后，可数日或一周测一次，但若遇下雨，特别是暴雨时须加强观测。

11.2.8 井点管拔除

拔除井点管后的孔洞，应立即用砂土填实，对于穿过不透水层进入承压含水层的井管，拔除后应用黏土球填塞封死，杜绝井管位置发生管涌。

当坑底承压水头较高时，井点井管宜保留至底板做完后再拔除。

11.2.9 例题

例 11.1　某基坑降水工程，基坑长 41m，宽 17m，深 5m，静止水位 0.9m，渗透系数 k 为 10m/d，含水层厚 10.1m，试作降水工程设计。

解： 根据已知条件知 $a = 41\mathrm{m}$，$b = 17\mathrm{m}$，$H_0 = 10.1\mathrm{m}$，$H_1 = 5\mathrm{m}$，如图 11.8 所示。降低后的地下水位与基坑底的距离 h，一般要求为 0.5~1m，这里取 $h = 1\mathrm{m}$。根据水文地质条件，选用管井井点降水，设计管井为完整井。过滤器直径 $d = 450\mathrm{mm}$，过滤器长度 $l' = 1\mathrm{m}$，

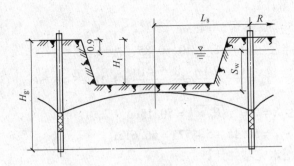

图 11.8　基坑降水剖面图

填砾厚度 75mm，则井径为 $d_1 = 600$mm，井点距井壁 1.0m，井管埋深 $H_g = 9.15$m。

（1）S_w、R、r 计算。

水位降低值：$S_w = H_1 - 0.9 + 1 = 5 - 0.9 + 1 = 5.1$m

抽水井影响半径：$R = 2S_w\sqrt{kH_0} = 2 \times 5.1 \times \sqrt{10 \times 10.1} = 102.5$m

井的半径：$r = d_1/2 = 300$mm

（2）涌水量的计算。

基坑引用半径：$r_0 = 1.14 \times (a + b)/4 = 0.285 \times (41 + 17) = 16.53$m

抽水计算影响半径：$R_0 = R + r_0 = 102.5 + 16.53 = 119.03$m

基坑排水量

$$Q = 1.366k\frac{(2H_0 - S_w)S_w}{\lg(R_0/r_0)} = 1.366 \times 10 \times \frac{(2 \times 10.1 - 5.1) \times 5.1}{\lg(119.03/16.53)} = 1236.94 \text{m}^3/\text{d}$$

（3）单井抽水量计算。

$$q = 2.5ikH_0d_1/2 = 2.50 \times 1 \times 10 \times 10.1 \times 0.6/2 = 75.75 \text{m}^3/\text{d}$$

$$q = 60\pi dl'\sqrt[3]{k} = 60 \times 3.14 \times 0.45 \times 1 \times \sqrt[3]{10} = 182.75 \text{m}^3/\text{d}$$

（4）井点数量计算。

$$n \geqslant 1.1Q_T/q_1 = 1.1 \times 1236.94/75.75 = 17.9$$

取井数 $n = 18$。

（5）井点间距计算。

井点绕基坑环状布置，18 个井点间距为

$$d = [(17 + 2) \times 2 + (41 + 2) \times 2]/18 = 6.8\text{m}$$

例 11.2　轻型井点法降水开挖流砂基坑。

某大桥位于陕西北部，地处毛乌素沙漠，大桥和河流正交，河流为黄河支流，旱季水深在 2~4m，雨季最大水深 6m，河水流量大致为 200m³/s。桥基为钻孔桩基础，桩基施工时采取筑岛方案，筑岛平面高于水位线 1.2m，基坑平面尺寸为 8.5m×10m，井点环状布置，井点离边坡 1.0m。基坑底宽 3.5m，长 5m，自筑岛平面算起，承台基坑开挖深度为 5m。基坑底部位于水位线以下 3.8m，含水层厚度为 6.8m。根据地质勘查资料显示，自筑岛平面算起，地面下 1.2m 为填筑黄土，此层下 6.8m 范围为细沙层，土的渗透系数为 $k = 5$m/d。

为了防止发生"流砂"现象，决定采用 PVC 管简易轻型井点降水法施工，机械开挖土方，坡面采用 3mm 铁丝 20cm×20cm 挂网，5cm 砂浆抹面防护，取得了工程施工的成功。

（1）基坑总涌水量计算：

降水深度：$S_w = 5 - 1.2 + 0.5 = 4.3\text{m}$

基坑范围的引用半径：$b/a = 8.5/10 = 0.85$，$\eta = 1.18$

$$r_0 = \frac{(a+b)\eta}{4} = \frac{8.5+10}{4} \times 1.18 = 5.4575\text{m}$$

抽水井影响半径：$R = 2S_w\sqrt{H_0 \times k} = 50.15\text{m}$

影响半径 $R_0 = R + r_0 = 50.15 + 5.4575 = 56.61\text{m}$

基坑总涌水量按潜水完整井计算

$$\begin{aligned}
Q_T &= [1.366k(2H_0 - S_w)S_w]/(\lg R_0 - \lg r_0)\\
&= [1.366 \times 5 \times (2 \times 6.8 - 4.3) \times 4.3]/(\lg 56.6075 - \lg 5.4575)\\
&= 268.88\text{m}^3/\text{d}
\end{aligned}$$

（2）单井点数量及间距：

单井出水量：$q_1 = 2.5ikH_0d_1/2 = 2.5 \times 1 \times 5 \times 6.8 \times 0.45/2 = 19.125\text{m}^3/\text{d}$

井点数量：$n = 1.1\dfrac{Q^T}{q_1} = 1.1 \times 268.88/19.125 = 15.46$，取整 16 根

间距：$L_a = 2 \times (8.5 + 10 + 4)/16 = 2.8\text{m}$

（3）设备选择及施工：

1）水泵规格及数量。排水可直接引入河道，对扬程不作要求。由于最初用水量较稳定后的用水量大，所以基坑涌水量增大 20%（$268.88 \times 1.2 = 322.656\text{m}^3/\text{d}$），又考虑水泵生产率受多种因素影响，所以按 80% 考虑。若选用流量 $20\text{m}^3/\text{h}$，功率 4.5kW，扬程 22m 的水泵，每个基坑需要水泵台数：$n = \dfrac{322.656}{20 \times 12} \times 0.8 = 1.07$，选 1 台。同时配备内径 0.03m 硬质 PVC 管若干米，自制射水机具一套，0.3mm 滤网若干。

2）井点管制作。井点管采用硬质 PVC 管，底部熔成尖嘴状，从底部开始 1.0m 范围制成滤管，打 5mm 小孔若干，间距 2cm。然后包裹宽 0.3mm 两层滤网，最后用尼龙线紧密缠绕。在尖嘴处固定一铁丝环，以和冲管挂钩连接。

3）井管埋设。冲管沿基坑四周冲孔（图 11.9），将井管铁丝环和冲管挂钩连接，在

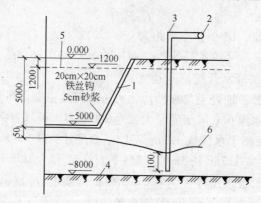

图 11.9　基坑剖面示意图

1—基坑；2—总管；3—3cm PVC 管；4—不透水层位置；5—地下水位线；6—降水后地下水位

压力水作用下冲管带着井管徐徐下沉至 7m 时，稍停供水 5min。然后再供水，冲管上提，冲管挂钩与井点管铁丝钩分离，井管便留在预定位置。

4）抽水。沿四周 2.8m 间距埋设井管后，井管连接要防止漏气。接好后往手动压水机内灌水，边灌边压，排出管内空气，直至各井点管内全部充满水为止，然后开动水泵。此时观察水泵出水孔水流，刚开始时，水流往往不稳，过一段时间后，则出水正常。

5）基坑开挖。降水达到要求就开挖基坑。按 1：0.5 放坡开挖，基底每侧留 1m 工作面。挖掘机开挖，挂网砂浆抹面防护，经过实践，在河漫滩内的基坑开挖成功。

11.3　地下建筑工程防水设计

11.3.1　设计原则

《地下工程防水技术规范》（GB 50108—2008）规定：地下工程防水的设计与施工应遵循"防、排、截、堵相结合，因地制宜，综合治理"的原则。

"防"，即要求地下结构具有一定的防水能力，能防止地下水渗入，如采用防水混凝土或塑料防水板等。

"排"，即地下工程应有排水设施并充分利用，以减少渗水压力和渗水量；但必须注意大量排水后引起的后果，如围岩颗粒流失，降低围岩稳定性或造成当地农田灌溉和生活用水困难等。要求设计时应事先了解当地环境要求，以"限量排放"为原则，结合注浆堵水制定设计方案与措施，妥善处理排水问题。

"截"，即地下结构顶部如有地表水易于渗漏处或有坑洼积水，应设置截、排水沟和采取消除积水的措施。

"堵"，即在地下工程施工过程中有渗漏水时，可采用注浆、喷涂等方法堵住；运营后渗漏水地段也可采用注浆、喷涂或用嵌填材料、防水抹面等方法堵水。

隧道防排水工作应结合水文地质条件、施工技术水平、工程防水等级、材料来源和成本等，因地制宜选择合适的方法，以达到防水可靠、排水通畅、线路基床底部无积水、经济合理，最终保障结构物和设备的正常使用及行车安全。

地下工程一般属大型构筑物，长期处于地下，时刻受地下水的渗透作用，防水问题能否有效地解决不仅影响工程本身的坚固性和耐久性，而且直接影响工程的正常使用。防排结合的提法仅限地下工程处于少水稳定的地层、围岩渗透系数小、可允许限排、因结构排水不致对周围环境造成不良影响的情况；反之，当围岩渗透系数大，使用机械排除工程内部渗漏水需要耗费大量能源和费用，且大量的排水还可能引起地面和地面建筑物不均匀沉降和破坏，这种情况则不允许排水。"刚柔结合，多道防线"，其出发点是从材料角度要求在地下工程中刚性防水材料和柔性防水材料结合使用。多道设防是针对地下工程的特点与要求，通过防水材料和构造措施，在各道设防中发挥各自的作用，达到优势互补、综合设防的要求，以确保地下工程防水和防腐的可靠性，从而提高结构的使用寿命。实际上，目前地下工程结构主体不仅采用了防水混凝土，同时也使用了柔性防水材料。"因地制宜，综合治理"，是指勘察、设计、施工、管理和维护保养各个环节都要考虑防水要求，应根据工程及水文地质条件、隧道衬砌的形式、施工技术水平、工程防水等级、材料来源和价格等因素，因地制宜地选择相适应的防水措施。

总之，地下工程因其种类、使用功能、所处的区域和环境保护要求等的不同，防水设计原则有所不同。

11.3.2　设计要求

（1）防水设计应定级准确、方案可靠、施工简便、经济合理。

（2）地下工程的防水必须从工程规划、结构设计、材料选择、施工工艺等方面统筹考虑。

（3）地下工程的钢筋混凝土结构应采用防水混凝土。

（4）地下工程的变形缝、施工缝、诱导缝、后浇带、穿墙管（盒）、预埋件、预留通道接头、桩头等细部构造应加强防水措施。

（5）地下工程的排水管沟、地漏、出入口、窗井、风井等，应有防倒灌措施，寒冷及严寒地区的排水沟应有防冻措施。

（6）地下工程防水设计，应根据工程的特点和需要搜集下列资料：

1）最高地下水位的高程及出现的年代，近几年的实际水位高程和随季节变化情况；

2）地下水类型、补给来源、水质、流量、流向、压力；

3）工程地质构造，包括岩层走向、倾角、节理及裂隙，含水地层的特性、分布情况和渗透系数，溶洞及陷穴，填土区、湿陷性土和膨胀土层等情况；

4）历年气温变化情况、降水量、地层冻结深度；

5）区域地形、地貌、天然水流、水库、废弃坑井及地表水、洪水和给水排水系统资料；

6）工程所在区域的地震烈度、地热，含瓦斯等有害物质的资料；

7）施工技术水平和材料来源。

（7）地下工程防水设计包括以下五方面的内容：

1）防水等级和设防要求；

2）防水混凝土的抗渗等级和其他技术指标、质量保证措施；

3）柔性防水层选用的材料及其技术指标、质量保证措施；

4）工程细部构造的防水措施，选用的材料及其技术指标，质量保证措施；

5）工程防排水系统，地面挡水、截水系统及工程各种洞口的防倒灌措施。

11.3.3　地下工程防水等级与设防要求

11.3.3.1　地下工程的防水等级

《地下工程防水技术规范》规定：地下工程的防水等级分为四级，各级的标准应符合表 11.6 的规定。

表 11.6　地下工程防水等级标准

防水等级	标　　　准
一级	不允许渗水，结构表面无湿渍
二级	不允许漏水，结构表面可有少量湿渍 工业与民用建筑：总湿渍面积不大于总防水面积（包括顶板、墙面、地面）的 1/1000；任意 100m² 防水面积上的湿渍不超过 1 处，单个湿渍的最大面积不大于 0.1m² 其他地下工程：总湿渍面积不应大于总防水面积的 6/1000；任意 100m² 防水面积的湿渍不超过 4 处，单个湿渍的最大面积不大于 0.2m²

防水等级	标　　准
三级	有少量漏水点，不得有线流和漏泥砂 任意 100m² 防水面积上的漏水点数不超过 7 处，单个漏水点的最大漏水量不大于 2.5L/d，单个湿渍的最大面积不大于 0.3m²
四级	有漏水点，不得有线流和漏泥砂 整个工程平均漏水量不大于 2L/(m²·d)；任意 100m² 防水面积的平均漏水量不得大于 4L/(m²·d)

各类地下工程的防水等级，应根据工程的重要性和使用中对防水的要求按表 11.7 选定。

表 11.7　不同防水等级的适用范围

防水等级	适　用　范　围
一级	人员长期停留的场所，因有少量湿渍会使物品变质、失效的储物场所及严重影响设备正常运转和危及工程安全运营的部位，极重要的备战工程
二级	人员经常活动的场所，在有少量湿渍的情况下不会使物品变质、失效的储物场所及基本不影响设备正常运转和工程安全运营的部位，重要的备战工程
三级	人员临时活动场所，一般备战工程

11.3.3.2　地下工程的防水设防要求

地下工程的防水设防要求应根据使用功能、结构形式、环境条件、施工方法及材料性能等因素合理确定：

（1）明挖法地下工程的防水设防要求应按表 11.8 选用；

表 11.8　明挖法地下工程防水设防

工程部位		主　体						施工缝						后浇带				变形缝、诱导缝					
防水措施		防水混凝土	防水砂浆	防水卷材	防水涂料	塑料防水板	金属板	遇水膨胀止水条	中埋式止水带	背贴式止水带	外抹防水砂浆	外涂防水涂料	膨胀混凝土	遇水膨胀止水条	背贴式止水带	防水嵌缝材料	中埋式止水带	背贴式止水带	可卸式止水带	防水嵌缝材料	外贴防水卷材	外涂防水涂料	遇水膨胀止水条
防水等级	一级	应选	应选一至两种					应选两种					应选	应选两种			应选	应选两种					
	二级	应选	应选一种					应选一至两种					应选	应选一至两种			应选	应选一至两种					
	三级	应选	宜选一种					应选一至两种					应选	应选一至两种			应选	应选一至两种					
	四级	宜选						宜选一种					应选	宜选一种			应选	宜选一种					

（2）暗挖法地下工程的防水设防要求应按表 11.9 选用；

表11.9　暗挖法地下工程防水设防

工程部位		主体				内衬砌施工缝					内衬砌变形缝、诱导缝			
防水措施		复合式衬砌	离壁式衬砌、衬套	贴壁式衬砌	喷射混凝土	背贴式止水带	遇水膨胀止水条	防水嵌缝材料	中埋式止水带	外涂防水材料	中埋式止水带	背贴式止水带	可卸式止水带	防水嵌缝材料
防水等级	一级	应选一种				应选两种					应选	应选两种		
	二级	应选一种				应选一至两种					应选	应选一至两种		
	三级			应选一种		宜选一至两种					应选	宜选一种		
	四级			应选一种		宜选一种					应选	宜选一种		

（3）处于侵蚀性介质中的地下工程，应采用耐侵蚀的防水混凝土、防水砂浆、卷材或防水涂料等防水材料；

（4）处于冻土层中的混凝土结构，其混凝土抗冻融循环不得少于100次；

（5）结构刚度较差或受振动作用的工程，应采用卷材、涂料等柔性防水材料。

防水混凝土是指以调整配合比或掺用外加剂的办法增加混凝土自身抗渗性能的一种混凝土。隧道衬砌常用的防水混凝土有以下两类：

（1）普通防水混凝土。普通防水混凝土是指以控制水灰比，适当调整含砂率和水泥用量的方法来提高其密实性及抗渗性的一种混凝土，其配合比需经过抗压强度及抗渗性能试验后按有关规定要求施工。

（2）外加剂防水混凝土。在混凝土中掺入适量的外加剂，如引气剂、减水剂或密实剂等使其达到防水的要求。这种防水混凝土施工较为方便，若使用得当，一般能满足隧道衬砌的防水要求。

当衬砌处于侵蚀性地下水环境中，混凝土的耐侵蚀系数不应小于0.8。

混凝土的耐侵蚀系数按下式计算，即

$$N_s = f_{ws}/f_{wy} \tag{11.17}$$

式中　N_s——混凝土的耐侵蚀系数；

f_{ws}——在侵蚀性水中养护6个月的混凝土试块抗折强度，kPa；

f_{wy}——在饮用水中养护6个月的混凝土试块抗折强度，kPa。

防水混凝土的设计抗渗等级，应符合表11.10的规定。

表11.10　防水混凝土设计抗渗等级

工程埋置深度/m	设计抗渗等级（标号）	工程埋置深度/m	设计抗渗等级（标号）
<10	S6	20~30	S10
10~20	S8	30~40	S12

混凝土的抗渗标号是以每组6个试件中4个未发现有渗水现象时的最大水压力表示。抗渗标号按下式计算，即

$$S_{con} = 10H - 1 \tag{11.18}$$

式中　S_{con}——混凝土抗渗标号；

H——第三个试块顶面开始有渗水时的水压力，MPa。

11.4　地下建筑防水材料

11.4.1　卷材防水层

卷材防水层适用于受侵蚀性介质作用或受振动作用的地下工程。卷材防水层应铺设在混凝土结构主体的迎水面上。用于建筑物地下室的卷材防水层应铺设在结构主体底板垫层至墙体顶端的基面上,在外围形成封闭的防水层。

卷材防水层为一层或两层。高聚物改性沥青防水卷材厚度不应小于3mm,单层使用时,厚度不应小于4mm;双层使用时,总厚度不应小于6mm。合成高分子防水卷材单层使用时,厚度不应小于1.5mm;双层使用时,总厚度不应小于2.4mm。

卷材防水层应选用高聚物改性沥青类或合成高分子类防水卷材并符合下列规定:

(1) 卷材外观质量、品种规格应符合现行国家标准或行业标准;

(2) 卷材及其胶粘剂应具有良好的耐水性、耐久性、耐刺穿性、耐腐蚀性和耐菌性;

(3) 高聚物改性沥青防水卷材的主要物理性能应符合表11.11的要求;

表 11.11　高聚物改性沥青防水卷材的主要物理性能

项　　目		性　能　要　求		
		聚酯毡胎体卷材	玻纤毡胎体卷材	聚乙烯膜胎体卷材
拉伸性能	拉力/(N/50mm)	≥800（纵横向）	≥500（纵向） ≥300（横向）	≥140（纵向） ≥120（横向）
	最大拉力时伸长率/%	≥40（纵横向）		≥250（纵横向）
低温柔度/℃		≤ −15		
		厚3mm,$r=15$mm;厚4mm,$r=25$mm;3S,弯180°无裂纹		
不透水性		压力为0.3MPa,保持时间为30min,不透水		

(4) 合成高分子防水卷材的主要物理性能应符合表11.12的要求。

表 11.12　合成高分子防水卷材的主要物理性能

项　目			性　能　要　求		
	硫化橡胶类		非硫化橡胶类	合成树脂类	纤维胎增强类
	JL_1	JL_2	JF_3	JS_1	
拉伸强度/MPa	≥8	≥7	≥5	≥8	≥8
断裂伸长率/%	≥450	≥400	≥200	≥200	≥10
低温弯折性/℃	−45	−40	−20	−20	−20
不透水性	压力为0.3MPa,保持时间为30min,不透水				

11.4.2　涂料防水层

涂料防水层包括无机防水涂料和有机防水涂料。无机防水涂料可选用水泥基防水涂料、水泥基渗透结晶型涂料。有机涂料可选用反应型、水乳型、聚合物水泥防水涂料。

无机防水涂料宜用于结构主体的背水面，有机防水涂料宜用于结构主体的迎水面。用于背水面的有机防水涂料应具有较高的抗渗性，且与基层有较强的粘结性。

水泥基防水涂料的厚度宜为 1.5～2.0mm；水泥基渗透结晶型防水涂料的厚度不应小于 0.8mm；有机防水涂料根据材料的性能，厚度宜为 1.2～2.0mm。

无机防水涂料、有机防水涂料的性能指标应符合表 11.13、表 11.14 的规定。

表 11.13　无机防水涂料的性能指标

涂 料 种 类	抗折强度/MPa	粘结强度/MPa	抗渗性/MPa	冻融循环
水泥基防水涂料	>4	>1.0	>0.8	>D50
水泥基渗透结晶型防水涂料	≥3	≥1.0	>0.8	>D50

表 11.14　有机防水涂料的性能指标

涂料种类	可操作时间/min	潮湿基面粘结强度/MPa	抗渗性/MPa			浸水168h后拉伸强度/MPa	浸水168h后断裂伸长率/MPa	耐水性/%	表干/h	实干/h
			涂膜/30min	砂浆迎水面	砂浆背水面					
反应型	≥20	≥0.3	≥0.3	≥0.6	≥0.2	≥1.65	≥300	≥80	≤8	≤24
水乳型	≥50	≥0.2	≥0.3	≥0.6	≥0.2	≥0.5	≥350	≥80	≤4	≤12
聚合物水泥	≥30	≥0.6	≥0.3	≥0.8	≥0.6	≥1.5	≥80	≥80	≤4	≤12

注：1. 浸水 168h 后的拉伸强度和断裂伸长率是在浸水取出后只经擦干即进行试验所得值；
　　2. 耐水性指标是指材料浸水 168h 后取出擦干即进行试验其粘结强度及抗渗性的保持率。

11.4.3　塑料防水板防水层

塑料防水板可选用乙烯 - 醋酸乙烯共聚物（EVA）、乙烯 - 沥青共聚物（ECB）、聚氯乙烯（PVC）、高密度聚乙烯（HDPE）、低密度聚乙烯（LDPE）类或其他性能相近的材料。

塑料防水板应符合下列规定：

（1）幅宽宜为 2～4m；

（2）厚宽宜为 1～2mm；

（3）耐刺穿性好；

（4）耐久性、耐水性、耐腐蚀性、耐菌性好；

（5）塑料防水板物理力学性能应符合表 11.15 的规定。

表 11.15　塑料防水板物理力学性能

项目	拉伸强度/MPa	断裂伸长率/%	热处理时的变化率/%	低温弯折性	抗　渗　性
指标	≥12	≥200	≤2.5	-20℃无裂纹	0.2MPa，24h 不透水

防水板应在初期支护基本稳定并经验收合格后进行铺设。

铺设防水板的基面应平整，无尖锐物。基面平整度应符合 $D/L = 1/10 \sim 1/6$ 的要求。其中，D 为初期支护基面相邻两凸面间凹进去的深度，L 为初期支护基面相邻两凸面间的距离。

铺设防水板前应先铺缓冲层。缓冲层应用暗钉圈固定在基面上（无钉孔敷设），如图 11.10 所示。

铺设防水板时，边铺边将其与暗钉圈焊接牢固。两幅防水板的搭接宽度应为 100mm，搭接缝应为双焊缝，单条焊缝的有效焊接宽度不应小于 10mm，焊接严密，不得焊焦焊穿。环向铺设时，先拱后墙，下部防水板应压住上部防水板。

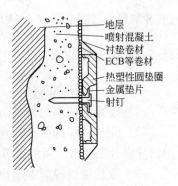

地层
喷射混凝土
衬垫卷材
ECB等卷材
热塑性圆垫圈
金属垫片
射钉

图 11.10　塑料防水板
无钉孔敷设

11.4.4　膨润土板（毯）防水层

用膨润土板（毯）做地下工程防水层最多的是美国、加拿大、日本、韩国、新加坡、马来西亚等国家。韩国有五个城市在近几年修建的地铁和垃圾填埋场中几乎百分之百用膨润土板（毯）防水。

膨润土（Bentonite）的矿物学名称为蒙脱石（montmorillonite），是天然的纳米材料。因其具有高度的水密实性和自我修补、自愈合功能，在理论上是最接近于完美的防水材料。

11.4.4.1　膨润土板（毯）的四种特性

（1）密实性。天然钠基膨润土在水压状态下形成凝胶隔膜，在约 5mm 的时候，它的透水系数小于 10^{-9}cm/s，近不透水。

（2）保水性。天然钠基膨润土在和水反应的时候，可以产生 $13 \sim 16$ 倍膨胀力的作用，从而对混凝土结构物已有的 2mm 以内的裂纹进行自我补修填补，使其继续维持其防水能力。

（3）永久性。因为天然钠基膨润土是天然无机矿物质，所以不会出现因为时间的增长而发生的老化或者腐蚀现象，也不会发生化学性质的变化，所以具有永久的防水性能。

（4）环保性。膨润土是天然无机矿物质，不会污染地下水。

11.4.4.2　使用膨润土防水的基本条件

（1）只有在密闭的空间（有压力）才能防水。如果密实度（一般 85% 以上）不够，膨润土不能正常发挥自己的作用。密实度可以用填充的方法解决。填充时要求压力一般为 $1.4 \sim 2.0$kPa（$139 \sim 200$kg/m^2）。为满足密实度的要求，在膨润土防水剂和结构物之间不能有影响密实度的其他物质。

（2）与水接触后发挥防水性能。膨润土只有和水接触才会水化膨胀并形成凝胶体，所以必须要有水。有时在施工完膨润土防水层后，将为了防止水化而设的保养薄膜去掉；有时也提前让其和水接触，形成胶体。

（3）膨润土和结构的结合。膨润土在特性上要求和结构物接触才会在结构物表面上形成胶体隔膜，从而达到防水的目的。

11.5　地下建筑混凝土结构防水

11.5.1　变形缝防水

11.5.1.1　一般规定

（1）变形缝应满足密封防水、适应变形、施工方便、检修容易等要求；

（2）用于伸缩的变形缝宜不设或少设，可根据不同的工程结构类别及工程地质情况采用诱导缝、加强带、后浇带等替代措施；

（3）变形缝处混凝土结构的厚度不应小于300mm。

11.5.1.2　变形缝防水设计

（1）用于沉降的变形缝其最大允许沉降差值不应大于30mm。当计算沉降差值大于30mm时，应在设计时采取措施。

（2）用于沉降的变形缝的宽度宜为20～30mm，用于伸缩的变形缝的宽度宜小于此值。

（3）变形缝的防水措施可根据工程开挖方法、防水等级按表11.8、表11.9选用，变形缝的几种复合防水构造形式如图11.11～图11.13所示。

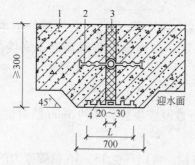

图11.11　中埋式止水带与背贴式止水带复合使用

1—混凝土结构；2—中埋式止水带；3—填缝材料；
4—背贴式止水带；其中，背贴式止水带 $L \geqslant 300$，
外贴防水卷材 $L \geqslant 400$，外涂防水层 $L \geqslant 400$

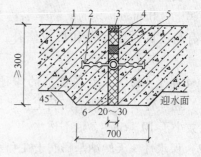

图11.12　中埋式止水带与遇水膨胀
橡胶条、填缝材料复合使用

1—混凝土结构；2—中埋式止水 H_w 带；3—嵌缝材料；
4—背衬材料；5—遇水膨胀橡胶条；6—填缝材料

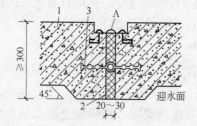

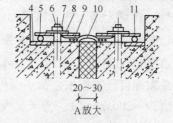

图11.13　中埋式止水带与可卸式止水带复合使用

1—混凝土结构；2—填缝材料；3—中埋式止水带；4—预埋钢筋；5—紧固体压板；6—预埋
螺栓；7—螺母；8—垫圈；9—紧固件压块；10—Ω形止水带；11—紧固件圆钢

（4）对环境温度高于50℃处的变形缝，可采用2mm厚的紫铜片或3mm厚不锈钢等金属止水带，其中间呈圆弧形，如图11.14所示。

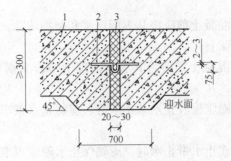

图 11.14　中埋式金属止水带

1—混凝土结构；2—中埋式止水带；3—嵌缝材料

（5）变形缝使用的钢边橡胶止水带的物理力学性能应符合表 11.16 的规定。

表 11.16　塑料防水板物理力学性能

项目	硬度/邵氏 A	拉伸强度/MPa	拉断伸长率/%	压缩永久变形（70℃，24h 拉伸 100%）	扯裂强度/N·mm⁻¹	热老化性能（70℃，168h）			拉伸永久变形（70℃，24h 拉伸 100%）	橡胶与钢带粘合试验	
						硬度变化（邵氏 A）	拉伸强度/MPa	扯断伸长率/%		破坏类型	粘合强度/MPa
性能指标	62±5	≥18.0	≥400	≤35	≥35	≤+8	≥16.2	≥320	≤20	橡胶破坏（R）	≥6

11.5.2　施工缝防水

施工缝防水的几种构造形式如图 11.15～图 11.17 所示。施工缝的施工应符合下列

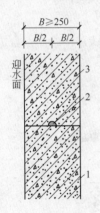

图 11.15　施工缝防水
基本构造（一）

1—先浇混凝土；2—遇水膨胀
止水条；3—后浇混凝土

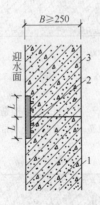

图 11.16　施工缝防水
基本构造（二）

1—先浇混凝土；2—背贴式止水条；
3—后浇混凝土；其中，背贴止水带
$L \geqslant 150$，外涂防水涂料 $L = 200$，
外抹防水砂浆 $L = 200$

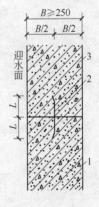

图 11.17　施工缝防水
基本构造（三）

1—先浇混凝土；2—中埋式止水带；
3—后浇混凝土；其中，钢板止水带
$L \geqslant 100$，橡胶止水带 $L \geqslant 125$，
钢边橡胶止水带 $L \geqslant 120$

规定：

（1）水平施工缝浇筑混凝土前应将其表面浮浆和杂物清除，铺水泥砂浆或涂刷混凝土界面处理剂并及时浇筑混凝土；

（2）垂直施工缝浇筑混凝土前应将其表面清理干净，涂刷界面处理剂并及时浇筑混凝土；

（3）施工缝采用遇水膨胀橡胶止水条止水时，应将止水条牢固地安装在缝表面预留凹槽内；

（4）施工缝采用中埋式止水带止水时，应确保止水带位置准确、固定牢靠。

11.5.3 后浇带防水

后浇带应设在受力和变形较小的部位，间距宜为 30~60m，宽度宜为 700~1000mm。后浇带可做成平直缝，结构主筋不宜在缝中断开，如必须断开，则主筋搭接长度应大于 45 倍主筋直径，并应按设计要求加设附加钢筋。后浇带的防水构造如图 11.18~图 11.20 所示。

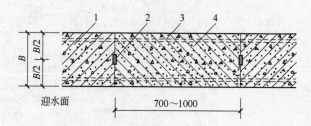

图 11.18 后浇带防水构造（一）

1—先浇混凝土；2—遇水膨胀止水条；3—结构主筋；4—后浇补偿收缩混凝土

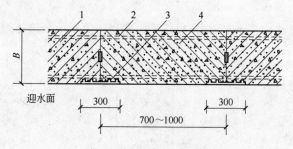

图 11.19 后浇带防水构造（二）

1—先浇混凝土；2—结构主筋；3—背贴式止水带；4—后浇补偿收缩混凝土

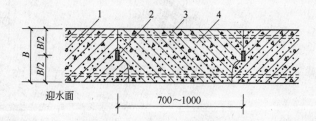

图 11.20 后浇带防水构造（三）

1—先浇混凝土；2—遇水膨胀止水条；3—结构主筋；4—后浇补偿收缩混凝土

思 考 题

11-1 简述几种井点降水方法的基本原理。

11-2 简述明挖与暗挖防水设防内容。

11-3 简述地下建筑工程防水设计的基本原则。

11-4 简述地下混凝土结构防水措施。

11-5 简述地下建筑防水材料的特性及其适用范围。

11-6 简述在地下工程施工中对地下水的保护措施。

11-7 地下工程环境保护的主要内容有哪些?

11-8 简述地下建筑工程降水的平面布置方法。

11-9 某大型建筑物深基坑降水设计：南水北调中线某渠道倒虹吸工程，管身总长 310m，其中进口斜管段和出口斜管段各长 55m，水平管身段长 200m，管身为三孔一联的箱形混凝土结构。本区地下水为第四系孔隙水，水量充沛，渗透性好。含水层的主要岩性为粗砂夹中砂、砾砂透镜体，厚度为 16m，具有承压性，地下水受降雨影响较大，补给较快，水的渗透系数为 $k = 15m/d$，确定采用管井井点降水方案，降水深度约 5.96m。

11-10 拟建某住宅 A2 栋为 18 层框架剪力墙结构建筑物，设地下室一层。场地地势较平坦，西临盘龙江，地下涌水量较大。场区内地下水位稳定埋深为 -3.0m，地下水对混凝土无腐蚀性。渗透系数为 $k = 29.656m/d$，地下水为潜水、完整井。基坑长乘宽为 45m×43m，设计基坑开挖深度 -6.85m，不透水层 -9.85m，试对该基坑进行真空井点降水设计。

参 考 文 献

[1] 彭丽敏，王薇，余俊．地下建筑规划与设计［M］．长沙：中南大学出版社，2012.

[2] 朱建明，王树理，张忠苗．地下空间设计与实践［M］．北京：中国建材工业出版社，2007.

[3] ［美］吉迪恩·S·格兰尼，［日］尾岛俊雄．城市地下空间设计［M］．许方，于海漪译．北京：中国建筑工业出版社，2005.

[4] 王文卿．城市地下空间规划与设计［M］．南京：东南大学出版社，2000.

[5] 《地下建筑规划与设计》编写组．地下建筑规划与设计［M］．北京：中国建筑工业出版社，1981.

[6] 仇文革．地下空间利用［M］．成都：西南交通大学出版社，2011.

[7] 图鸿宾，张金彪，那允伟．地下世界［M］．北京：人民交通出版社，2003.

[8] 陈立道，朱雪岩．城市地下空间规划理论与实践［M］．上海：同济大学出版社，1997.

[9] 王建国．现代城市理论设计与方法［M］．南京：东南大学出版社，2001.

[10] 关宝树，杨其新．地下工程概论［M］．成都：西南交通大学出版社，2001.

[11] 上海市民防办公室，上海市地下空间管理联席会议办公室编．城市地下空间安全简明教程［M］．上海：同济大学出版社，2009.

[12] 门玉明，王启耀．地下建筑结构［M］．北京：人民交通出版社，2007.

[13] 刘增荣．地下结构设计［M］．北京：中国建筑工业出版社，2011.

[14] 梁波，洪开荣，梁庆国．我国城市地下工程施工技术分类及发展趋势［J］．公路隧道，2008，4：1~6.

[15] 朱合华，张子新，廖少明．地下建筑结构［M］．北京：中国建筑工业出版社，2005.

[16] 束昱．地下空间资源的开发与利用［M］．上海：同济大学出版社，2002.

[17] 姜玉松，方江华．地下建筑施工技术［M］．武汉：武汉理工大学出版社，2008.

[18] 毛鹤琴．土木工程施工［M］．武汉：武汉理工大学出版社，2007.

[19] 应惠清．土木工程施工［M］．上海：同济大学出版社，2007.

[20] 李相然，岳同助．城市地下工程实用技术［M］．北京：中国建材工业出版社，2000.

[21] 徐思淑．岩石地下建筑设计与构造［M］．北京：中国建筑工业出版社，1981.

[22] 胡学玲，陈多宏，陈来国．地下工程建设中的环境地质问题研究及对策［J］．环境卫生工程，2009，17（2）：12~14.

[23] 李名淦．城市地下工程施工对环境的影响［J］．山西建筑，2004，30（8）：130~131.

[24] 王宝勇，束昱．影响城市地下空间环境的因素分析［J］．同济大学学报（自然科版），2000，28（6）：656~660.

[25] 王宝勇，侯学渊，束昱．地下空间心理环境影响因素研究综述与建议［J］．地下空间，2000，20（4）：276~281.

[26] 刘维宁，张弥，邝明．城市地下工程环境影响的控制理论及其应用［J］．土木工程学报，1997，30（5）：66~75.

[27] 黄汉芳．城市地下建设工程环境岩土及地质问题分析［J］．科技与企业，2012，7：168.

[28] 邵理中，潘国庆．盾构法长大隧道施工技术探讨［J］．中国市政工程，1994，2：29~32.

[29] 路清泉，李孝荣．盾构工法的出洞技术浅谈［J］．西部探矿工程，2003，90（11）：96~97.

[30] 王有为，等．城市地下空间开发利用设计施工技术若干问题的讨论［J］．建筑科学，2000，16（3）：1~6.

[31] 周传波，等．地下建筑工程施工技术［M］．北京：人民交通出版社，2008.

[32] 李夕兵，冯涛．岩石地下建筑工程［M］．长沙：中南工业大学出版社，1999.

[33] 贺永年，刘志强．隧道工程［M］．徐州：中国矿业大学出版社，2002.

[34] 李志业，曾艳华．地下结构设计原理与方法［M］．成都：西南交通大学出版社，2003.

[35] 贺少辉．地下工程［M］．北京：清华大学出版社，北京交通大学出版社，2008.

[36] 铁道部第二勘测设计院．铁路工程设计技术手册·隧道（修订版）［M］．北京：中国铁道出版社，1999.

[37] 翁家杰．地下工程［M］．北京：煤炭工业出版社，1995.

[38] 郑永来，等．地下结构抗震［M］．上海：同济大学出版社，2005.

[39] 张庆贺，廖少明，胡向东．隧道与地下工程灾害防护［M］．北京：人民交通出版社，2009.

[40] 高谦，等．现代岩土施工技术［M］．北京：中国建材工业出版社，2006.

[41] 朱永全，宋玉香．地下铁道［M］．北京：中国铁道出版社，2012.

[42] 彭立敏，等．地下铁道［M］．北京：中国铁道出版社，2006.

[43] 覃仁辉，王成．隧道工程［M］．重庆：重庆大学出版社，2011.

[44] 王树理．地下建筑结构设计［M］．2 版．北京：清华大学出版社，2009.

[45] 沈春林，等．地下防水设计与施工［M］．北京：化学工业出版社，2006.

[46] 汪班桥．支挡结构设计［M］．北京：冶金工业出版社，2012.

[47] 陈志龙．人民防空工程技术与管理［M］．北京：中国建筑工业出版社，2004.

[48] 陈建平，吴立．地下建筑工程设计与施工［M］．北京：中国地质大学出版社，2000.

[49] 张庆贺．地下工程［M］．上海：同济大学大学出版社，2005.

[50] 孙钧，侯学渊．地下结构［M］．北京：科学出版社，1987.

[51] 彭立敏，刘小兵，交通隧道工程［M］．长沙：中南大学出版社，2003.

[52] 荆万魁．工程建筑概论［M］．北京：地质出版社，1993.

[53] 耿永常．地下空间建筑与防护结构［M］．哈尔滨：哈尔滨工业大学出版社，2005.

[54] 周云，汤统壁，廖红伟．城市地下空间防灾减灾回顾与展望［J］．地下空间与工程学报，2006，2（3）：467～474.

[55] 李耀明，郝震．谈地下建筑火灾的特点及预防措施［J］．武警学院学报，2003，19（6）：27～28.

[56] 韩新．城市地下空间主要灾害特点及防治［J］．上海城市管理职业技术学院学报，2006，3：17～20.

[57] 万艳华．城市防灾学［M］．北京：中国建筑工业出版社，2003.

[58] 张兴凯．地下工程火灾原理及应用［M］．北京：首都经济贸易大学出版社，1997.

[59] 龚延风，陈卫．建筑消防技术［M］．北京：科学出版社，2002.

[60] 郑永来，杨林德．地下结构震害与防震对策［J］．工程抗震，1999，4：23～28.

[61] 吴金水．基坑工程事故施工问题的讨论［J］．建材与装饰，2007，8：183～184.

[62] 王曙光．深基坑支护事故处理经验录［M］．北京：机械工业出版社，2005.

[63] 张永波，孙新忠．基坑降水工程［M］．北京：地震出版社，2000.

[64] 黄强．建筑基坑支护技术规程应用手册［M］．北京：中国建筑工业出版社，1999.

[65] 李经中．政府危机管理［M］．北京：中国城市出版社，2003.

[66] 施仲衡．地下铁道设计与施工［M］．西安：陕西科学技术出版社，1997.

[67] 张庆贺，朱合华．土木工程专业毕业设计指南　隧道及地下工程分册［M］．北京：中国水利水电出版社，1999.

[68] 中华人民共和国行业标准．JTG F60—2009 公路隧道施工技术规范［S］．北京：人民交通出版社，1994.

[69] 中华人民共和国行业标准．TB 10204—2002 铁路隧道施工规范［S］．北京：中国铁道出版

社，2002.

[70] 中华人民共和国国家标准.GB 50010—2010 混凝土结构设计规范［S］.北京：中国建筑工业出版社，2010.

[71] 中华人民共和国行业标准.JGJ 120—2012 建筑基坑支护技术规程［S］.北京：中国建筑工业出版社，2012.

[72] 中华人民共和国国家标准.GB 50497—2009 建筑基坑工程监测技术规范［S］.北京：中国计划出版社，2009.

冶金工业出版社部分图书推荐

书　名	作　者	定价（元）
冶金建设工程	李慧民　主编	35.00
建筑工程经济与项目管理	李慧民　主编	28.00
土木工程安全管理教程（本科教材）	李慧民　主编	33.00
现代建筑设备工程（第2版）（本科教材）	郑庆红　等编	59.00
土木工程材料（本科教材）	廖国胜　主编	40.00
混凝土及砌体结构（本科教材）	王社良　主编	41.00
岩土工程测试技术（本科教材）	沈　扬　主编	33.00
地基处理（本科教材）	武崇福　主编	29.00
工程地质学（本科教材）	张　荫　主编	32.00
工程造价管理（本科教材）	虞晓芬　主编	39.00
建筑施工技术（第2版）（国规教材）	王士川　主编	42.00
建筑结构（本科教材）	高向玲　编著	39.00
建设工程监理概论（本科教材）	杨会东　主编	33.00
土力学地基基础（本科教材）	韩晓雷　主编	36.00
建筑安装工程造价（本科教材）	肖作义　主编	45.00
高层建筑结构设计（第2版）（本科教材）	谭文辉　主编	39.00
土木工程施工组织（本科教材）	蒋红妍　主编	26.00
施工企业会计（第2版）（国规教材）	朱宾梅　主编	46.00
工程荷载与可靠度设计原理（本科教材）	郝圣旺　主编	28.00
流体力学及输配管网（本科教材）	马庆元　主编	49.00
土木工程概论（第2版）（本科教材）	胡长明　主编	32.00
土力学与基础工程（本科教材）	冯志焱　主编	28.00
建筑装饰工程概预算（本科教材）	卢成江　主编	32.00
建筑施工实训指南（本科教材）	韩玉文　主编	28.00
支挡结构设计（本科教材）	汪班桥　主编	30.00
建筑概论（本科教材）	张　亮　主编	35.00
Soil Mechanics（土力学）（本科教材）	缪林昌　主编	25.00
SAP2000结构工程案例分析	陈昌宏　主编	25.00
理论力学（本科教材）	刘俊卿　主编	35.00
岩石力学（高职高专教材）	杨建中　主编	26.00
建筑设备（高职高专教材）	郑敏丽　主编	25.00
岩土材料的环境效应	陈四利　等编著	26.00
混凝土断裂与损伤	沈新普　等著	15.00
建筑施工企业安全评价操作实务	张　超　主编	56.00
现行冶金工程施工标准汇编（上册）		248.00
现行冶金工程施工标准汇编（下册）		248.00